“十二五”上海重点图书

环境科学概论

主　编　成　岳
副主编　刘　媚　乔启成　苏小丽

華東理工大學出版社
EAST CHINA UNIVERSITY OF SCIENCE AND TECHNOLOGY PRESS
·上海·

图书在版编目(CIP)数据

环境科学概论/成岳主编. —上海:华东理工大学出版社,2012.8
ISBN 978-7-5628-3286-7

Ⅰ.①环… Ⅱ.①成… Ⅲ.①环境科学 Ⅳ.①X

中国版本图书馆CIP数据核字(2012)第102264号

“十二五”上海重点图书

环境科学概论

主　　编 / 成　岳
责任编辑 / 李国平
责任校对 / 李　晔
封面设计 / 裘幼华
出版发行 / 华东理工大学出版社有限公司
地　　址:上海市梅陇路130号,200237
电　　话:(021)64250306(营销部)
传　　真:(021)64252707
网　　址:press.ecust.edu.cn
印　　刷 / 上海展强印刷有限公司
开　　本 / 787mm×1092mm　1/16
印　　张 / 20
字　　数 / 509千字
版　　次 / 2012年8月第1版
印　　次 / 2012年8月第1次
书　　号 / ISBN 978-7-5628-3286-7
定　　价 / 39.80元

联系我们:电子邮箱 press@ecust.edu.cn
官方微博 e.weibo.com/ecustpress

前　言

自产业革命以来，人类在社会文明和经济发展方面取得了巨大的成就。与此同时，人类对自然的改造也达到空前的广度、深度和强度。研究表明，地球一半以上的陆地表面都受到人为活动的改造，一半以上的地球淡水资源都已被人类开发利用，人类活动严重影响着地球系统的生物地球化学过程及能量和物质的循环，外来物种入侵、海洋鱼类的大量捕捞及鸟类的大量灭绝，使地球生态系统面临空前的压力。环境污染、过度开采利用导致水资源日益短缺、油气资源和战略性矿产资源面临枯竭、物种退化灭绝及可能的生态灾难、全球气候变化、频发的自然灾害等，都危及人类社会的生存和发展。

人口、资源、环境、发展问题，已经被公认为人类在21世纪必须面对的巨大挑战。1962年《寂静的春天》一书的出版，引起世界范围内公众对环境污染问题的普遍关注，同时也将环境保护问题摆到了各国政府面前，从而开始了环境保护事业。1972年的斯德哥尔摩人类环境会议及《只有一个地球》一书的发表，1987年世界环境与发展委员会在东京召开环境特别会议并发布《我们共同的未来》的报告，1992年里约热内卢联合国环境与发展大会发布的《二十一世纪议程》，表明国际社会在环境与经济社会协调发展的问题上达成共识，保护生态环境、实现可持续发展，已成为全世界紧迫而艰巨的任务。

环境科学源于人们对于周围环境及其影响的高度关注，并随着众多环境问题的出现而迅速发展成为一门新兴学科。它是一门介于自然科学、社会科学和技术科学之间的交叉学科，不仅涵盖地理学、生态学、物理学、化学、生物学等多个自然科学领域，还涉及经济学、社会学及政治学等社会科学领域。环境科学的学科形成历史虽然不长，但其学科框架日趋成熟、研究方法逐渐丰富、研究范围快速扩展、多学科交叉的特点日益彰显。从多学科到跨学科、从跨学科到学科交叉融合，环境科学经历了起源、发展并逐渐成熟的快速成长过程，同时也处于继续深入发展的重要关口。一些基本的理论问题需要归纳整理，一些重要的科学问题需要明确，一些关系到学科未来发展的框架需要搭建。

本书以人类生态系统的基本原理为基础，着重阐述环境问题的发生，发展；探讨人类活动对诸多环境要素的影响。重点介绍大气、水、土壤、生物等环境要素对环境的影响与污染处理方法；以及物理性污染、环境规划与管理、环境监测与环境影响评价、资源、能源、人口与可持续发展的理论等。因为是概论性的，故本书涉及的内容主要介绍环境科学中的基本概念、基础理论和研究方法。

本书共分12章，力求内容全面、翔实。第1、2章由成岳编写；第3章、第8章的8.4、8.5节、第12章的12.3、12.4节由乔启成编写，第4章由梁华银编写；第5章、第12章的12.1、12.2节由刘媚编写；第6、11章由朱华清编写；第7章、第8章的8.1、8.2、8.3节由苏小丽编写；第9、10章由廖润华编写；全书由成岳统稿。

本书作为环境科学的教学用书，既有较强的理论深度，又有最新的实例分析；既适合各类环境类专业读者的学习，也可供其他专业学生及相关技术人员学习参考。本书配有电子课件，有需要的教师请联系。E-mail:cy_jci@yahoo.com.cn 或 02164236455@189.cn

由于编写水平有限，书中不当之处欢迎读者批评指正。本书引用了较多书刊的资料、文献，在此向被引用的参考文献的作者们致以谢意！

编 者

2012.2

目　录

第1章 环境与环境科学概述

1.1 环境概述

"环境"一词,泛指某一主体周围的地域、空间、介质结构。对应的英文是Environment,俄语是Окружающая среда,其字面意思大抵相近。《世界大百科全书》对环境的定义是"环境是指生物体周围的物理和生物要素,其包括生物性要素(如植物、动物、微生物)和非生物性要素(如温度、土壤、大气和辐射)"。联合国环境规划署则将环境定义为"影响生物个体或群落的外部因素和条件的总和,其包括生物体周围的自然要素和人为要素"。

1.1.1 什么是环境

人们在一般意义上使用"环境"这一词汇时,往往是相对于某项中心事物而言的,总是作为某项中心事物的对立面而存在。即围绕某个中心事物的外部空间、条件和状态,便构成某一中心事物的"环境"。我们在研究某一具体"环境"概念时,必须先弄清它的中心事物是什么,是指的哪一中心事物的"环境",这样才能把握某一特指的"环境"。

1. 广义的概念

环境总是相对于某一中心事物而言,作为某一中心事物的对立面而存在。它因中心事物的不同而不同,随中心事物的变化而变化。与某一中心事物有关的周围事物,就是这个中心事物的环境。中心事物与环境是既互相对立,又相互依存、相互制约、相互作用和相互转化的,它们之间是对立统一的相互关系。

2. 狭义的概念

中心事物是人类,以人类为主体的外部世界,即人类生存、繁衍所必需的相适应的环境,或物质条件的综合体,可分为自然环境与人工环境两种。

环境科学中的环境是以人为中心的。

定义:环境科学中的环境是指围绕着人群的空间,以及直接、间接影响人类生存和发展的各种天然的和经人工改造过的自然因素的总体。

针对环境运动对"环境"一词大多定义在自然保护领域而使公众难以参与的现象,近年来,国际环境教育界提出了新颖而科学的"环境定义",主要有两要点:(1)人以外的一切就是环境;(2)每个人都是他人环境的组成部分。这一定义有利于公众理解环境问题与自己的关系,从而激发人们去为保护环境而脚踏实地做一些力所能及的事情。

《中华人民共和国环境保护法》明确指出,"本法所称的环境是指:大气、水、土地、矿藏、森林、草原、野生动物、野生植物、水生生物、名胜古迹、风景旅游区、温泉、疗养区、自然保护区、生活居住区等。"这里所指的环境是作用于人类这一客体的所有外界事物,是人类的生存环境。

由此看出,公众对"环境"的概念理解基本一致,其主体为"包括人在内的生物体",其客体包括"自然要素、人为要素和社会要素"。可以将环境划分为自然环境、人工环境和社会环境。自然环境,指基本未经人为改造而天然存在的自然要素,包括大气环境、水环境、土壤环境、地质环境和生物环境等,对应地球系统的五大圈层,即大气圈、水圈、土圈、岩石圈和生物圈;人工环境是相对于自然环境而言，指在自然环境的基础上经过人类加工改造所形成的次生环境；社会环境是指由各种社会关系形成的环境，包括政治制度、法律法规、经济体制、文化传统等。

从环境科学的角度出发，可以将环境定义为“环境，是在生物体的生命过程中对其产生影响的自然、人为、社会条件的总和”。对于人类来说，环境可以被理解为影响人类及其他生物生存发展的自然条件和社会条件。

1.1.2 环境的分类

环境作为一个十分复杂的系统，可按不同的原则进行分类。

(1) 按环境功能分为生活环境和生态环境。

生活环境是指与人类生活密切相关的各种天然的和经人工改造过的自然因素，如房屋周围的空气、河流、水塘、花草、树木、城镇、乡村等。

生态环境是指影响生态系统发展的各种生态因素即环境条件，包括气候条件（如光、热、降水等），土壤条件（如土壤的酸碱度、营养元素、水分等），生物条件（如地面和土壤中的动植物和微生物等），地理条件（如地势高低、地形起伏）和人为条件（如开垦、栽培、采伐等）的综合体。可见生态环境中也包括天然的自然因素和经过人工改造过的自然因素。

生活环境与生态环境之间的关系非常密切，它们共同组成了人类的环境，我国宪法中是这样分类的，《宪法》第26条规定：国家保护和改善生活环境和生态环境，防治污染和其他公害。

(2) 按环境范围的大小分为：居室环境、街区环境、城市环境、区域环境（如流域环境、行政区环境等）、全球环境等。

(3) 按环境要素的不同可分为：大气环境、水环境（包括海洋环境，湖泊环境）、土壤环境、生物环境（如森林环境、草原环境）、地质环境等。

(4) 按环境要素的属性可分为：自然环境和人工环境两类。

自然环境：指一切可以直接或间接影响到人类生活、生产的自然界中的物质、能量和自然现象的总体。自然环境的组成见图1-1。

- 自然环境
  - 物质
    - 空气
    - 水
    - 土壤、岩石
    - 动植物、微生物
  - 能量
    - 气温
    - 阳光
    - 引力
    - 地磁力
  - 自然现象
    - 太阳的稳定性
    - 水循环
    - 地壳的稳定性
      - 地震、火山活动
      - 地质构造情况
      - 海啸
    - 大气力量
    - 水土演变等多种自然现象

图1-1 自然环境的组成

自然环境需要人类珍惜的资源。

(1) 三大生命要素：空气、水和土壤；

(2) 自然资源：矿产、森林、淡水、土地、生物物种、燃料（石油、煤炭、天然气）；

(3) 两类生态系统：陆地生态系统（如森林、草原、荒野、灌丛等）与水生生态系统（如湿地、湖泊、河流、海洋等）；

(4) 多样景观资源：如山势、水流、本土动植物种类、自然与文化历史遗迹等。

人工环境：指人类活动形成的环境要素，包括由人工形成的物质、能量和精神产品，以及人类活动中形成的人与人之间的关系等，人工环境的组成见图1-2。

- 人工环境
  - 综合生产力
  - 技术进步
  - 人工构筑物
  - 人工产品和能量
  - 政治体制
  - 社会行为
  - 宗教信仰
  - 文化与地方因素等

图1-2 人工环境的组成

环境的主体和客体，构成环境系统。该系统包含不同时间尺度、不同空间尺度和不同组织方式的多个要素，且具有开放性、非线性和不确定性等复杂系统的典型特征，不妨称之为复杂环境系统。开放性，是指系统与外部存在广泛的物质、能量及信息的流动与交换。非线性，来源于环境系统各要素内部及要素之间存在的双向或多向的联系，以及由此产生的非线性作用、响应与反馈。系统的开放性使其远离平衡态，其非线性直接导致其不确定性，这也是环境系统复杂性的本质所在。

来自系统外部的扰动，以及系统内部复杂的物质和能量流动、各要素之间的非线性作用与反馈，都会影响复杂环境系统的稳定性，导致其波动乃至发生趋势性的变化（侯合银，2008）。在此过程中产生的一系列矛盾，即为环境问题。如果从人类及地球生态系统的角度出发，可以将环境问题限定为"由于人类活动对环境系统的扰动、影响和破坏，导致环境系统内部矛盾的加剧、环境系统结构和状态的改变、环境要素功能的丧失，并由此引发的一系列问题"。作为统筹全世界环境保护工作的组织——联合国环境规划署，每年 6 月 5 日举行世界环境日纪念活动，并制定每年的世界环境日的主题。这些主题的制定，基本反映了当年世界主要的环境问题及环境热点，很有针对性。表 1－1 为联合国环境规划署成立以来历年的环境日主题。

表 1－1　联合国环境规划署历年世界环境日主题

年　份	主　题	英文主题
1974 年	只有一个地球	Only one Earth
1975 年	人类居住	Human Settlements
1976 年	水：生命的重要源泉	Water: Vital Resource for Life
1977 年	关注臭氧层破坏，水土流失	Ozone Layer Environmental Concern; Lands Loss and Soil Degradation; Firewood
1978 年	没有破坏的发展	Development Without Destruction
1979 年	为了儿童和未来—没有破坏的发展	Only One Future for Our Children-Development Without Destruction
1980 年	新的十年，新的挑战—没有破坏的发展	A New Challenge for the New Decade: Development Without Destruction
1981 年	保护地下水和人类的食物链，防治有毒化学品污染	Ground Water; Toxic Chemicals in Human Food Chains and Environmental Economics
1982 年	纪念斯德哥尔摩人类环境会议十周年（提高环境意识）	Ten Years After Stockholm (Renewal of Environmental Concerns)
1983 年	管理和处置有害废弃物，防治酸雨破坏和提高能源利用率	Managing and Disposing Hazardous Waste: Acid Rain and Energy
1984 年	沙漠化	Desertification
1985 年	青年、人口、环境	Youth: Population and the Environment
1986 年	环境与和平	A Tree for Peace
1987 年	环境与居住	Environment and Shelter: More Than A Roof
1988 年	保护环境、持续发展、公众参与	When People Put the Environment First, Development Will Last
1989 年	警惕全球变暖	Global Warming; Global Warning

续表

年 份	主 题	英文主题
1990 年	儿童与环境	Children and the Environment
1991 年	气候变化——需要全球合作	Climate Change. Need for Global Partnership
1992 年	只有一个地球——一齐关心，共同分享	Only One Earth, Care and Share
1993 年	贫穷与环境——摆脱恶性循环	Poverty and the Environment-Breaking the Vicious Circle
1994 年	一个地球，一个家庭	One Earth One Family
1995 年	各国人民联合起来，创造更加美好的世界	We the Peoples: United for the Global Environment
1996 年	我们的地球、居住地、家园	Our Earth, Our Habitat, Our Home
1997 年	为了地球上的生命	For Life on Earth
1998 年	为了地球上的生命——拯救我们的海洋	For Life on Earth-Save Our Seas
1999 年	拯救地球就是拯救未来	Our Earth-Our Future-Just Save It!
2000 年	2000 环境千年——行动起来吧！	2000 The Environment Millennium-Time to Act
2001 年	世间万物 生命之网	Connect with the World Wide Web of life
2002 年	使地球充满生机	Give Earth a Chance
2003 年	水，20 亿人生命之所系	Water-Two Billion People are Dying for It!
2004 年	海洋存亡，匹夫有责	Wanted! Seas and Oceans—Dead or Alive
2005 年	营造绿色城市，呵护地球家园	Green Cities-Plan for the Planet!
2006 年	莫使旱地变荒漠	Deserts and Desertification-Don't Desert Drylands!
2007 年	冰川消融，是个热点话题吗？	Melting Ice — a Hot Topic?
2008 年	戒除嗜好！面向低碳经济	Kick the Habit! Towards a Low Carbon Economy.
2009 年	地球需要你：团结起来应对气候变化	Earth needs you: to unite to address climate change
2010 年	多样的物种，唯一的星球，共同的未来	Many Species. One Planet. One Future
2011 年	森林：大自然为您效劳	Forests: Nature at Your Service
2012 年	绿色经济，你参与了吗？	Green economy: Does it include you?

从联合国环境规划署历年世界环境日的主题大致可以看出，世界环境热点问题早期集中在农药污染等问题上，继而转向人类活动对自然生态系统的破坏，后来转向地区性的环境污染和环境公害问题，然后扩展到与人类生存密切相关的“全球气候变化”、“低碳经济”和“生物多样性”等全球性的环境问题。这种演替，一方面说明地球系统进入人文时期后环境问题从局部到区域、从区域到全球的大趋势，另一方面也展现了环境科学研究“单一问题→多学科→跨学科→复杂系统科学”的发展脉络。

1.1.3 环境要素与环境质量

1. 环境要素

环境要素又称环境基质，是指构成人类环境整体的、各个独立的、性质不同而又相互联系的基本物质成分。包括自然环境要素和人工环境要素。

自然环境要素：通常是指水、大气、生物、阳光、岩石、土壤等；

人工环境要素：包括综合生产力、技术进步、人工产品和能量、政治体制、社会行为、宗教信仰等。

环境与环境要素之间的关系：环境要素组成环境结构单元，环境结构单元又组成环境整体或环境系统。

例如：由水组成水体，全部水体总称水圈；由大气组成大气层，整个大气层总称大气圈；由生物体组成生物群落，全部生物群落构成生物圈。

环境要素的属性：

(1) 最差(小)限制律——环境的质量不是由环境各要素的平均状态决定，而是取决于环境要素中处于最低状态的那个要素。

(2) 等值性——各环境要素无论规模或数量有何不同，对环境的质量的限制作用无质的区别，即任何环境要素对于环境质量的限制，只有当它们处于最低状态时，才具有等同性。

(3) 整体大于个体之和——某处环境质量不等于组成该处环境的各要素性质之和，而是在量变(各个环境要素个体效应)基础上的质变。

(4) 出现先后、互相联系、互相依赖——各要素在地球演化过程中出现有先后，但又是互相联系、互相依赖的，某些要素的出现同时又孕育着其他要素。

如岩石圈的形成为大气圈的出现提供了条件，岩石圈和大气圈的存在，又为水的产生提供了条件，岩石圈、大气圈和水圈又孕育生物圈。

2. 环境质量

环境质量一般是指一个具体的环境内，环境的总体或环境的某些要素，对人群的生存和繁衍以及经济发展的适宜程度，是反映人群的具体要求而形成的对环境评定的一种概念。

环境质量主要包括大气环境质量、水环境质量、土壤环境质量、城市环境质量以及生产环境质量和文化环境质量等。

环境质量常用来表示环境污染的程度。

1.1.4　环境的功能特性

1. 整体性和区域性

整体性是指各要素构成的环境是一个完整的系统，区域性是指不同区域的环境有不同的整体特性。整体性和区域性是同一环境特性在两个侧面上的表现。

环境的整体性指的是环境的各个组成部分或要素构成了一个完整的系统，故又称系统性，就是说，在不同的空间中，大气、水体、土壤、植物乃至人工生态系统等环境的组成部分之间有着确定的数量、空间位置的排布与相互间的作用关系，也就是说，环境的各组成部分之间以特定的方式联系在一起，形成了特定的结构。通过稳定的物质、能量流动网络以及彼此关联的变化规律，该结构在不同的时刻呈现出不同的状态。

整体性是环境的最基本特性，整体虽由部分组成，但整体的功能却不是各组成部分的功能之和，而是由各部分之间通过一定的联系方式所形成的结构以及所呈现出的状态决定的，比如，一般来说，气、水、土、生物和阳光是构成环境的五个主要部分，作为独立的环境要素，它们对人类社会的生存发展各有自己独特的作用，这些作用功能不会因时空的不同而不同，但是，由这五部分所构成的某个具体环境的特性，则会因这五部分间的结构方式，组织程度，物质能量流动的规模与途径的不同而不同，比如：城市环境和农村环境，水网地区的环境与干旱地区的环境，海滨地区的环境和内陆地区的环境等，就分别有不同的整体特性与功能。

环境的区域性指的是环境(整体)特性的区域差异,具体说来就是:不同(面积大小的不同、地理位置的不同)区域的环境有不同的整体特性,因此,它与环境的整体性是同一环境特性在两个不同侧面上的表现。

环境的整体性与区域性使人类在不同的环境中采用了不同的生存方式和发展模式,并进而形成了不同的文化。

2. 变动性和稳定性

环境的变动性是指在自然和人类社会行为的共同作用下,环境的内部结构和外在状态始终处于不断变化之中,这一点是不难理解和被接受的,目前的地球环境与原始地球环境有很大差别,事实上,人类社会的发展史就是人类与自然界不断相互作用的历史,也就是环境的结构和状态不断变化的历史。

与变动性相对应的是环境的稳定性,所谓稳定性是指环境具有一定的自我调节能力的特性,即在人类社会行为作用下,环境结构与环境状态所发生的变化不超过一定的限度时,环境可以借助于自身的调解能力使这些变化逐渐消失,结构和状态得以恢复。

变动性与稳定性是共生的,变动是绝对的,稳定是相对的。前述的"限度"是决定能否稳定的条件,环境的这一特征表明:人类社会的行为会影响环境的变化,因此人类社会必须自觉地调控自己的行为,使之与环境自身的变化规律相适应,相协调,以求得环境向着更有利于人类社会生存和发展的方向变化。

3. 资源性和价值性

环境的资源性表现在物质性与非物质性两方面,其物质性(如空气、水、动植物、森林、草原、矿产资源等)是人类生存发展不可缺少的物质基础和能量基础;但是除物质性部分以外,环境资源还包括非物质性的部分,如环境容量、环境状态等。

环境状态是一种资源,不同的环境状态,对人类社会的生存发展将会提供不同的条件。这里所说的不同,既有所处方位上的不同,也有范围大小上的不同,同样是滨海地区,有的环境状况有利于发展港口码头,有的则有利于发展滩涂养殖;同样是内陆地区,有的环境状况有利于发展旅游,有的则有利于发展重工业,有的环境状况有利于发展城市,有的则有利于发展疗养地等。总之,环境状态将影响人类生存方式和发展方向的选择,并对人类社会发展提供不同的条件,因此,它是一种资源,这就是环境的资源性。因而,环境状态就是一种非物质性资源。

人类之所以如此重视环境,其根本原因在于人类越来越深刻地认识到环境是人类须臾不可离开的依托,甚至可以说,没有环境就没有人类的生存,更谈不上人类社会的发展,即环境和人类社会生存和发展之间客观地存在着一种特定的关系,从该意义上说,环境具有不可估量的价值。

环境的价值性源于环境的资源性,是由其生态价值和存在价值组成的。

1.2 环境科学

1.2.1 环境科学及其研究的对象、内容和任务

在人类和自然环境长期的发展过程中,随着社会生产力的发展,生产方式的演变和工艺技术的提高,人类面临的环境问题越来越严重,人类与环境之间的矛盾越来越显著,使得人们对自然现象和规律的认识日益深化,环境科学正是在这样一个发展过程中,在人们亟待解决环境

问题的社会需要下,迅速发展起来的,从零星的、不系统的环境保护和研究工作汇集成一门独立的、内容丰富的、领域广泛的新兴学科,也是一门介于自然科学、社会科学和技术科学之间的边缘学科,环境科学形成的历史虽然很短,只有几十年,但随着环境保护实际工作的迅速扩展和环境科学理论的深入,其概念和内涵日益丰富和完善。

对于环境科学的定义,试将国内外一些主流的定义引用如下:

我国的马世骏认为,环境科学是研究近代(包括现代)社会经济发展过程中出现的环境质量变化的科学。它研究环境质量变化的起因、过程和后果,并找出解决环境问题的途径和技术措施;

刘培桐认为,环境科学是以"人类-环境"系统为其特定的研究对象,研究"人类-环境"系统的发生和发展、调节和控制以及改造和利用的科学;

贾振邦等认为,环境科学是研究"人类-环境"之间辩证关系,掌握其发展规律,调控两者间物质、能量与信息的过程,寻求解决环境问题的途径和方法,谋求人类环境系统协调和持续发展的科学;

杨志峰等认为,环境科学是以"人类-环境"系统为特定整体,针对不断变化的环境问题,通过自然科学、社会科学、工程科学的跨学科综合研究,逐渐形成的交叉学科群;

郑度等认为,环境科学是研究人类活动与环境系统之间相互作用关系,寻求人类社会与环境协同演化、可持续发展的途径与方法的科学;

左玉辉认为,环境科学是研究和揭示人与环境相互作用规律、指导人类进行环境实践的科学体系;

Botkin 认为,Environmental science is a group of sciences that attempt to explain how life on the earth is sustained,what leads to environmental problems,and how these problems can be solved;

Wright 认为,Environmental science is a branch of science concerned with environmental issues. It stands at the interface between humans and Earth and explores the interactions and relations between them;

Enger 认为, Environmental science is an interdisciplinary field that includes both scientific and social aspects of human impact on the world.

从上面列举的环境科学定义来看,虽然表述有区别,但实质大同小异。可以归纳整理为:环境科学以复杂环境系统为研究对象、以各种环境问题为研究内容、以多学科融合交叉为典型特征、以揭示"人类-环境"相互作用规律为核心任务、以"人类-环境"协调和可持续发展为最终目标的学科群。

如前所述,环境科学是自然科学(地学、化学、物理学、生物学、医学等)、社会科学(法学、经济学、社会学、管理学等)和工程科学(材料、土建、机械等)相互交叉的边缘科学。由于环境科学是一门新兴的学科,其学科体系尚处在快速发展中,其学科分类还未完全定型。在此,仅根据杨志峰和左玉辉的观点,尝试将环境科学分为自然环境科学、社会环境科学和应用环境科学3个类别,并试图将主要的环境科学分支学科归类整理。

自然环境科学:环境科学与各自然科学的交叉学科群,运用自然科学的理论与方法,认识环境现象、揭示环境规律、解决环境问题。其内容包括环境地学、环境化学、环境生物学、环境毒理学、环境物理学、环境医学等分支学科。

社会环境科学:环境科学与各社会科学的交叉学科群,运用社会科学的理论与方法,解析环境现象、建立环境规则、调控人类活动对环境的影响。其内容包括环境法学、环境伦理学、环境管理学、环境经济学等分支学科。

应用环境科学:环境科学与各工程科学的交叉学科群,运用工程技术科学的理论与方法,认识环境特征、治理环境污染、改善生态环境质量。其内容包括环境监测学、环境工程学、环境规划学、环境控制学等。其中环境工程学是修复污染环境、改善生态环境质量的重要途径。

由于环境科学本身就是一门交叉学科,其分支学科也不可避免地相互交叉和相互渗透。可以预见,随着环境科学各分支学科的发展,这种相互交叉与相互渗透仍将继续深入。一些新的分支学科可能出现,一些分支学科可能发展壮大,建立独具特色的理论与方法,甚至从环境科学中独立出来。环境科学的学科体系将持续完善,环境科学的学科网络将更加丰富,环境科学的综合性、复杂性特点将更加鲜明。

目前,环境科学可定义为:其是一门研究人类社会发展活动与环境(结构和状态)演化规律之间相互作用关系,寻求人类社会与环境协同演化、持续发展的途径与方法的科学。

环境科学的研究对象是"人类和环境"这对矛盾之间的关系,其目的是要通过调整人类的社会行为,保护、发展和建设环境,从而使环境永远为人类社会持续、协调、稳定的发展提供良好的支持和保证。

人生活在环境之中,人类的一切活动无不受环境的影响,因此,环境问题涉及各行各业,关系到人的生活、工作和健康。这也决定了环境科学的内容是丰富多彩的,涉及自然科学、社会科学、工程技术的诸多领域。"人类与环境"这一矛盾在更广泛的范围内,以它的特殊性把环境科学与其他科学区分开来,又以赋予其中的普遍性而把环境科学同相邻科学联系起来,使环境科学成为一门独立而非孤立的科学。

环境科学研究的主要内容有四方面:

(1) 人类社会经济行为引起的环境污染和生态破坏;

(2) 环境系统在人类活动影响下的变化规律;

(3) 当前环境(结构与状态)恶化的程度及其与人类社会经济活动的关系;

(4) 寻求人类社会经济与环境协调持续发展的途径和方法,以争取人类社会和自然界的和谐。

从环境科学的研究对象和研究内容来看,它有两个明显的特点:

(1) 整体性:人类环境是一个整体,环境中的各种因素相互依存,相互影响。因此,环境遭到污染和破坏,常常不是一个因素,而是多种因素发生变化且互相影响的综合结果。所以,对环境整体进行研究是环境科学的主要特点,20 世纪 50 年代,环境污染问题出现以后,一般认为是技术问题,以为分别采取大气,水质污染的治理措施就可以解决,但实际收效并不大。例如,我国为解决城市大气污染,曾采取改造锅炉的办法,花了很多资金,虽然取得了一定的效果,节约了煤炭,减少了烟尘排放,但城市大气污染的状况并没有得到有效控制,70 年代后期已注意到这一问题必须同城市区域供热、锅炉改造、居住区布局、植树造林等统一研究解决。目前,从世界各国来看,环境问题的整体研究,除了综合分析环境各要素及它们的运动变化、相互联系外,还应侧重于人类活动与环境相互作用,开展人口、资源、环境与发展之间的整体研究。

(2) 综合性:环境是一个有机的整体,涉及面非常广泛,几乎关系到每一个自然因素和众多的社会因素,因此,解决某一环境问题,都必须组织多学科的综合研究。环境科学研究领域已从 60 年代侧重于自然科学和工程技术,跨越到社会学、经济学、法学等多门社会科学,环境问题的研究,基本上可以分为两大类。一类是研究社会经济活动排放的污染物进入环境的危害及其对人体健康的影响。这就需要各有关部门协同采取措施,才能控制污染。另一类是研究社会经济对环境资源的开发引起的水土流失、土壤沙化、森林减少、野生动植物灭绝等一系列自然破坏和生态失调现象,这同样也是一项综合性很强的工作,这既与自然科学、工程技术科学有关,又与社会学、经济学等社会科学密切相关,所以环境科学是一门综合性很强的科学。可见,环境科学是以解决环境问题为开端,以研究环境建设、寻求社会、经济与环境协调发展途径为中心,以争取人类社会与自然界的和谐为目标的一门科学,环境科学的研究内容决定了它是一门融自然科学、社会科学和技术科学于一体的应用性很强的新科学。

环境科学的主要任务是:

第一,探索全球范围内环境演化的规律。环境总是不断地演化,环境变异也随时随地发生。在人类改造自然的过程中,为使环境向有利于人类的方向发展,避免向不利于人类的方向发展,就必须了解环境变化的过程,包括环境的基本特性、环境结构的形式和演化机理等。

第二,揭示人类活动同自然生态之间的关系。环境为人类提供生存条件,其中包括提供发展经济的物质资源。人类通过生产和消费活动,不断影响环境的质量。人类生产和消费系统中物质和能量的迁移、转化过程是异常复杂的。但必须使物质和能量的输入同输出之间保持相对平衡。这个平衡包括两项内容。一是排入环境的废弃物不能超过环境自净能力,以免造成环境污染,损害环境质量。二是从环境中获取可更新资源不能超过它的再生增殖能力,以保障永续利用;从环境中获取不可更新资源要做到合理开发和利用。因此,社会经济发展规划中必须列入环境保护的内容,有关社会经济发展的决策必须考虑生态学的要求,以求得人类和环境的协调发展。

第三,探索环境变化对人类生存的影响。环境变化是由物理的、化学的、生物的和社会的因素以及它们的相互作用所引起的。因此,必须研究污染物在环境中的物理、化学的变化过程,在生态系统中迁移转化的机理,以及进入人体后发生的各种作用,包括致畸作用、致突变作用和致癌作用。同时,必须研究环境退化同物质循环之间的关系。这些研究可为保护人类生存环境、制定各项环境标准、控制污染物的排放量提供依据。

第四,研究区域环境污染综合防治的技术措施和管理措施。工业发达国家防治污染经历了几个阶段:20 世纪 50 年代主要是治理污染源;60 年代转向区域性污染的综合治理;70 年代侧重预防,强调区域规划和合理布局。引起环境问题的因素很多,实践证明需要综合运用多种工程技术措施和管理手段,从区域环境的整体出发,调节并控制人类和环境之间的相互关系,利用系统分析和系统工程的方法寻找解决环境问题的最优方案。

1.2.2　环境科学的形成和发展

随着生产能力的提高,社会组织程度的增强,文明的进步,人类与环境逐渐分离,并反过来对环境施加作用,使自然环境发生变化,一方面为人类提供更好的生存发展的物质条件,另一方面又给人类带来日益严重的环境污染和环境破坏问题。因此,环境科学是在环境问题日益严重中产生和发展起来的一门综合性学科,其形成和发展大体可分为两阶段。

第一阶段,是有关学科分别探索阶段:

古代人类在生产中和在同自然斗争中,逐渐积累了防治污染,保护自然的技术和知识,但并未系统化、理论化(主要是经验的积累)。如中国大约在公元前 5 000 年,在烧制陶瓷的柴窑中,已知热烟上升的道理而用烟囱排烟,在公元前 2 000 多年就知用陶土管修建地下排水管道。

19世纪中期以后，随着世界经济社会的发展，环境问题已开始受到社会的重视，地学、生物学、物理学、医学和一些工程技术等学科的学者分别从本学科的角度开始对环境问题进行探索和研究，如德国植物学家C.N.弗拉斯在1847年出版的《各个时代的气候和植物界》一书中，从全球观点出发论述人类活动对地理环境的影响，特别是对森林、水、土壤和野生动植物的影响，并呼吁开展对它们的保护运动。英国生物学家达尔文在1859年出版的《物种的起源》一书中，以无可辩驳的材料论证了生物是进化而来的，生物的进化同环境的变化有很大关系，生物只有适应环境才能生存。

公共卫生学从20年代以来逐渐由注意传染病进而注意环境污染对人群健康的危害。1915年日本学者极胜三郎用实验证明煤焦油可诱发皮肤癌，从此，环境因素的致癌作用成为引人注目的研究课题。

在工程技术方面，1850年人们开始用化学消毒法杀灭饮水中的病菌，防止以水为媒介的传染病流行。1897年英国建立了污水处理厂，在硝烟除尘方面，20世纪开始采用布袋除尘器和旋风除尘器。

由于这些基础科学和应用科学的进展，为解决环境问题提供了原理和方法。

第二阶段，是环境科学出现阶段：

这是从20世纪50年代环境问题成为全球性重大问题后开始的，环境科学是在20世纪50年代环境问题严重化的背景下诞生的，1954年美国学者最早提出了“环境科学”一词。

20世纪50年代～60年代，全球性的环境污染与破坏，引起人类极大的震动和全面反省，1962年，美国海洋生物学家R.卡尔森出版了《寂静的春天》一书，通俗地说明了杀虫剂污染造成严重的生态危害，是人类全面反省的信号，也是近代环境科学开始产生并发展的标志。当时，许多科学家，包括生物学家、化学家、物理学家、地理学家、医学家、工程学家和社会学家等对环境问题共同进行调查和研究，通过这些研究，逐渐出现了一些新的分支学科，如：环境生物学、环境化学、环境地学、环境物理学、环境医学、环境工程学、环境经济学、环境法学、环境管理学等，在这些分支学科的基础上孕育产生了环境科学。最早提出“环境科学”这一名词的是美国学者，当时指的是研究宇宙飞船中人工环境问题。1968年国际科学联合会理事会设立了环境问题科学委员会。70年代出现了以环境科学为书名的综合性专门著作。1972年英国经济学家B.沃德和美国微生物学家R.杜博斯受联合国人类环境会议秘书长的委托，主编出版了《只有一个地球》一书，主编者试图不仅从整个地球的前途出发，而且也从社会、经济和政治的角度来探讨环境问题，要求人类明智地管理地球。这可被认为环境科学的一部绪论性质的著作。不过这个时期有关环境问题的著作，大部分是研究污染或公害问题。

到70年代下半期，人们逐渐认识到环境问题还应包括自然保护和生态平衡，以及维持人类生存发展的自然资源。随着人们对环境和环境问题的研究和探讨，以及利用和控制技术的发展，环境科学迅速发展起来。许多学者认为，环境科学的出现，是60年来自然科学迅猛发展的一个重要标志。这表现在以下两个方面：

(1) 推动了自然科学和社会科学各个学科的发展。如自然科学是研究自然现象及其变化规律的。各种自然现象的变化，除了自然界本身的因素外，人类活动对自然界的影响越来越大，自然界对人类的反作用也日益显示出来。环境问题的出现，使自然科学的许多学科把人类活动产生的影响作为一个重要研究内容，从而给这些学科开拓出新的研究领域，推动了它们的发展，同时也促进了学科之间的相互渗透。

(2) 推动了科学整体化研究。环境是一个完整的有机的系统，是一个整体。过去，各门自然科学都是从本学科的角度探讨自然环境中各种现象。但是，环境中的各种变化都不是孤立的，而是多种因素的综合变化。比如臭氧层的破坏，大气中二氧化碳含量增高及其影响，土壤中含氮量的不足等，这些问题表面上看来原因各异，但却都是互相联系的。因为全球性的碳、氧、氮、硫等物质的生物化学循环之间有许多联系。人类的活动，诸如人口增长、资源开发、经济结构等都会对环境发生影响。因此，在研究和解决环境问题时，必须全面考虑，实行跨部门、跨学科的合作。环境科学就是在科学整体化过程中，充分运用各种学科知识，对人类活动引起的环境变化、对人类的影响以及控制途径进行系统的综合研究。

把地球作为一个有生命的整体来进行研究，是近年来环境科学发展的重要飞越。这种新的思考、观察和研究角度，帮助人们从“头疼医头，脚痛治脚”的局部治污思维方式升华到发展出了一种顾及整体的眼光，尤其是帮助人们开始认识到，要利用自然环境自身的恢复力、顺从自然界的循环规则来解决污染和资源破坏问题。有学者预言：这一重要的认识飞越将帮助人类在21世纪走出困境，开始一次全新的工业革命，让人与地球生命系统的和谐关系成为21世纪的主宰。

随着人类在控制环境污染方面所取得的进展，环境科学这一新兴学科也日趋成熟，并形成自己的基础理论和研究方法。它将从分门别类研究环境和环境问题，逐步发展到从整体上进行综合研究。例如关于生态平衡的问题，如果单从生态系统的自然演变过程来研究，是不能充分阐明它的演变规律的。只有把生态系统和人类经济社会系统作为一个整体来研究，才能彻底揭示生态平衡问题的本质，阐明它从平衡到不平衡，又从不平衡到新的平衡的发展规律。人类要掌握并运用这一发展规律，有目的地控制生态系统的演变过程，使生态系统的发展越来越适宜于人类的生存和发展。通过这种研究，逐渐形成生态系统和经济社会系统的相互关系的理论。环境科学的方法论也在发展。例如在环境质量评价中，逐步建立起一个将环境的历史研究同现状研究结合起来，将微观研究同宏观研究结合起来，将静态研究同动态研究结合起来的研究方法；并且运用数学统计理论、数学模式和规范的评价程序，形成一套基本上能够全面、准确地评定环境质量的评价方法。

环境科学现有的各分支学科，正处于蓬勃发展时期。这些分支学科在深入探讨环境科学的基础理论和解决环境问题的途径和方法的过程中，还将出现更多的新的分支学科。例如环境生物学在研究污染对微生物生命活动和种群结构的影响，以及由于微生物种群的变化而引起的环境变化方面，将导致环境微生物学的出现。这种发展情况将使环境科学成为一个枝繁叶茂的庞大学科体系。

1.2.3　环境科学的分科

环境科学经过短短几十年的发展，环境科学的概念与内涵日益丰富和完善，到现阶段，环境科学是主要研究环境结构与状态的运动变化规律及其与人类社会活动之间的关系，研究人类社会与环境之间协同演化、持续发展的规律和具体途径的科学。

环境科学的形成及发展过程与传统的自然科学、社会科学、技术科学都有着十分密切的联系，主要涉及的自然科学和社会科学领域见表1-2。

环境科学是一门综合性的新兴学科，已逐步形成各种学科交叉渗透的庞大的学科体系。环境科学目前正处于蓬勃发展的阶段，对环境科学的分科体系还没有成熟一致的看法。不同的学者从不同的角度提出了各种不同的分科方法。现介绍其中较多采纳的两种分科体系，分别见图 1-3,图 1-4。

表 1-2 环境科学的分科

自然科学	社会科学
生物学	哲学
化学	经济学
物理学	道德学
地球科学	政治学
农学	社会学
医学	公共关系学
工程学	法学

在现阶段,环境科学主要是运用自然科学和社会科学的有关学科的理论、技术和方法来研究环境问题,形成与有关学科相互渗透、交叉的许多分支学科。属于自然科学方面的有环境地学、环境生物学、环境化学、环境物理学、环境医学、环境工程学;属于社会科学方面的有环境管理学、环境经济学、环境法学等。

环境学:这是环境科学的核心,着重于对环境科学基本理论与方法论的研究。

环境物理学:研究物理环境和人类之间的相互作用。主要研究声、光、热、电磁场和射线对人类的影响,以及消除其不良影响的技术途径与措施。

- 环境科学
  - 环境学
  - 基础环境学
    - 环境社会学
    - 环境数学
    - 环境物理学
      - 环境声学
      - 辐射污染及控制
      - 热污染及其控制
    - 环境化学
    - 环境生态学
    - 环境毒理学
    - 环境地质学
  - 应用环境学
    - 环境控制学
    - 环境工程
      - 环境污染
      - 防治工程技术及原理
        - 大气污染防治工程
        - 水污染防治工程
        - 固体废弃物治理及利用工程
        - 核工业环境工程
        - 噪声及热污染控制工程
      - 环境污染综合防治技术和环境规划
      - 环境系统工程
      - 环境水利工程
    - 环境经济学
    - 环境医学
    - 环境法学
    - 环境工效学

图 1-3 环境科学分类 I

- 环境科学
  - 基础环境科学
    - 环境生物学
    - 环境物理学
      - 环境声学
      - 环境光学
      - 环境热学
      - 环境电磁学
      - 环境空气动力学
    - 环境地学
    - 环境化学
      - 环境分析化学
      - 环境污染化学
      - 污染控制化学
    - 环境生态学
    - 环境医学
      - 环境流行病学
      - 环境毒理学
      - 环境医学监测
  - 环境控制学
  - 环境工程学
    - 环境防治工程技术及原理
    - 环境系统工程
    - 环境水利工程
  - 环境工效学
  - 环境法学
  - 环境经济学
  - 环境管理学
    - 环境质量评价
    - 环境规划学
  - 环境教育学
  - 环境美学
  - 环境心理学
  - 环境伦理学

图1-4　环境科学分类Ⅱ

环境化学：运用化学的理论和方法，研究大气、水、土壤环境中潜在有害有毒化学物质的鉴定和含量测定、污染物存在状态、迁移转化规律、生态效应以及减少或消除其产生的科学。

环境医学：研究环境与人群健康的关系，特别是研究环境污染对人群健康的有害影响及其预防措施。内容有探索污染物在人体内的动态和作用机理，查明环境致病条件，阐明污染物对健康损害的早期危害和远期效应，以便为制定环境卫生标准和预防措施提供科学依据。

环境管理学：研究采用行政的、法律的、经济的、教育的和科学技术的各种手段调整社会经济发展同环境保护之间的关系，处理国民经济各部门、各社会集体和个人有关环境问题的相互关系，通过全面规划和合理利用自然资源，达到保护环境和促进经济发展的目的。

环境经济学：运用经济科学和环境科学的原理及方法，分析经济发展和环境保护的矛盾，以及经济再生产、人口再生产和自然再生产三者之间的关系，选择经济、合理的物质交换方式，以使最小的劳动消耗为人类创造清洁、舒适、幽雅的生活和工作环境。

环境生态学：研究人为干扰下，生态系统内的变化机理、规律和对人类的反效应，寻找受损生态系统恢复、重建和保护对策的科学。将运用生态学理论，阐明人与环境之间的相互作用及解决环境问题的生态途径。

环境工效学：研究环境因素与工作效率的关系。

环境伦理学:从伦理和哲学的角度研究人类与环境的关系,是人类对待环境的思维和行为的准绳。

环境心理学:研究从心理学角度保持符合人们心愿的环境的一门学科。

环境美学:研究审美立体、环境意识、环境道德以及技术美的设计,从而达到美感、审美享受的要求,使社会物质不断发展。

环境地学:以人-地系统为对象,研究它的发生和发展,组成和结构,调节和控制,改造和利用。主要研究内容有:地理环境和地质环境等的组成、结构、性质和演化,环境质量调查、评价和预测,以及环境质量变化对人类的影响等。环境地学的学科体系尚未完全定型,目前较成熟的分支学科有环境地质学、环境地球化学、环境海洋学、环境土壤学、污染气象学等。

环境生物学:研究生物与受人类干预的环境之间的相互作用的机理和规律。它有两个研究领域:一个是针对环境污染问题的污染生态学;一个是针对环境破坏问题的自然保护。环境生物学以研究生态系统为核心,向两个方向发展:从宏观上研究环境中污染物在生态系统中的迁移、转化、富集和归宿,以及对生态系统结构和功能的影响;从微观上研究污染物对生物的毒理作用和遗传变异影响的机理和规律。

环境工程学:运用工程技术的原理和方法,防治环境污染,合理利用自然资源,保护和改善环境质量。主要研究内容有大气污染防治工程、水污染防治工程、固体废物的处理和利用、噪声控制等,并研究环境污染综合防治,以及运用系统分析和系统工程的方法,从区域环境的整体上寻求解决环境问题的最佳方案。此外,环境工程学还研究控制污染的技术经济问题,开展技术发展的环境影响评价工作。

环境法学:研究关于保护自然资源和防治环境污染的立法体系、法律制度和法律措施,目的在于调整因保护环境而产生的社会关系。

环境是一个有机的整体,环境污染又是极其复杂的、涉及面相当广泛的问题。因此,在环境科学发展过程中,环境科学的各个分支学科虽然各有特点,但又互相渗透,互相依存,它们是环境科学这个整体的不可分割的组成部分。

1.2.4　复杂环境系统的挑战与环境科学研究

环境科学的发展源于两个重要的驱动力:一是多个学科的科学家对环境问题的共同关注和研究兴趣,二是人类社会生存和发展的需要;前者使学科交叉融合成为环境科学的鲜明特色,后者则是环境科学的社会价值与意义所在。在复杂环境系统的背景下,21世纪的环境科学,宏观地说,面临以下主要挑战。

(1) 来自持续加重的环境压力。复杂环境系统的矛盾与问题,其根本驱动是人类活动,其表现是环境系统各要素之间的协调发展被破坏,其结果是威胁到地球生态系统的稳定性乃至人类生存和发展。目前,人类生产活动及其对自然环境的改造达到空前的强度,自然生态系统改变和物种消失也日益加重。与此同时,世界各国的社会经济体系正变得相互联系、相互依存,局部的环境变化有可能相互叠加、相互增强,从而对整个人类社会的经济、安全和发展构成实际威胁。

(2) 来自复杂环境系统及其变化的不确定性。复杂环境系统内部矛盾及由此衍生出的环境变化和环境问题,都具有较强的不确定性,对其进行准确预测难度极大。因此,各类应对措施和环境政策,都不免滞后于复杂环境系统的变化与问题。可以想象,面对诸多的环境问题和环境变化,无论是科学家、公众,还是决策者,对于问题和变化不确定性的担忧,都将超过来自问题和变化事实本身的压力。在这样的情况下，增强对区域性和全球性环境变化与问题的预测能力、提高反应速度和应对能力，具有非常重要的现实意义。

(3) 来自环境科学研究创新与发展的需求。复杂环境系统也是一个动态的复杂适应性系统，即系统中的局部变化会引起系统的其他部分连锁的响应和适应性变化。因此，仅仅掌握单个或几个环境要素的变化规律，仅仅了解单个或几个重要环境过程的发生发展机理，尚不足以准确描述上述连锁的非线性响应与反馈，也不能帮助有效解决一些区域性乃至全球性的环境问题。

为应对复杂环境系统背景下的诸多挑战，环境科学研究需要更新研究理念、开拓研究思路、同时加强对复杂环境系统的方法论研究，将复杂环境系统（包括人类和人类活动在内）作为一个整体，开展长期的、区域性的环境综合研究，重点研究复杂环境系统各要素之间的相互联系、作用、响应与反馈机制。这将产生大量开创性的研究成果，在促进学科发展的同时，也必将有助于准确了解和及时应对可能发生的环境变化及环境问题。

具体而言，以下几个领域需要首先加强研究并尽快取得实质性进展。

1. 环境信息基础设施与环境研究网络

信息基础设施是美国国家科学基金会于2003年在《Revolutionizing Science and Engineering through Cyberinfrastructure》报告中首次提出，其核心思想是利用网络技术将地理上位置不同的数据、设备、仪器等集成在一起，建立面向网络服务的通用基础支撑环境，实现Internet上各种资源的有效聚合与广泛共享，支持以大规模计算和数据处理为特征的科学活动。对复杂环境系统的研究数据，包括生态、水文、气象、能源、社会经济、土地利用和污染监测等多种类型，采用统计分析、仪器分析及遥感监测等多种途径，涉及陆表、大气、海洋等多个圈层，具有多个时间尺度和空间尺度。如果能将这些数据资源有机整合，建设环境信息基础设施，不仅能实现数据资源共享，还能深度挖掘这些数据资源的科学价值，从而增进环境科学研究中的合作与交流，提高工作效率，促进多学科交叉，并将有力推动环境科学研究中的创新和发现。

在环境信息基础设施框架下，如果增加环境研究团队，环境研究模型计算工具，环境研究仪器仪表设备，则构成环境研究网络。该网络是一个能实现区域或全球协作的虚拟环境科学研究平台。虚拟的环境研究实验室或虚拟的环境研究团队，更具有学术活力、更具有灵活性和创新性，能真正实现环境科学研究涵盖从分子水平到全球水平的所有空间尺度、从实时监测到长时间序列的所有时间尺度，也必将取得突破性的研究成果。

2.“人类-自然环境”系统的综合研究

人类活动与自然环境相互联系、相互作用与反馈，“人类-自然环境”是复杂环境系统中最重要的子系统，也是最复杂的子系统。其涉及地理、地质、生态、水文、工程、人口、社会、经济等复杂环境系统的诸多要素，需要多学科交叉进行综合研究。如大型水力发电工程，影响河流沿岸的植被、土地利用及生物多样性，也影响其下游的水资源、渔业及经济发展，库区的移民还会牵涉诸多社会经济问题。再如草原畜牧养殖，影响草原土地利用和草原生态系统，继而带来土地沙化、沙尘暴等诸多环境问题。这些问题，都需要加强“人类-自然环境”系统综合研究才能科学认识和有效解决。

试列举“人类-自然环境”系统几个相对严重且急需加强研究的环境问题，也是“人类-自然环境”系统综合研究的重要领域。

城市化——土地、资源和生态系统：城市化过程中对土地资源、水资源和森林资源的掠夺性开发利用，对生态系统和生物多样性的严重扰动，城市化过程中产生的人口问题、环境污染问题，城市化带来的人群对待资源和环境的方式改变，综合起来是包括"人口-资源-环境-生态系统-社会经济"的复杂问题。

环境污染——人类和生态系统健康：人为环境污染对人体健康的影响、环境污染及生态效应、由环境污染导致的疾病或生态系统健康问题，包括环境污染物排放清单、污染物毒理、生态毒理、生态系统对环境污染的响应等重要科学问题。

人类活动——水资源、河口及海岸生态环境：工业、农业对水资源的过度利用，人为污染对水资源的破坏，大型水利水电工程（如南水北调、大型水电站等）导致的生态系统变化，以及上述人类活动对河口及海岸生态环境的影响等，涉及社会、经济、资源和生态环境，是非常复杂也非常重要的研究课题。

这些综合性的复杂环境问题，主要关注人类活动对土地资源、水资源、环境和生态系统的影响，也包含自然环境和生态系统的反馈及其对人类活动的影响。这些问题的科学认识与妥善解决，需要对人类活动及自然环境进行综合观测，需要建立复杂的应用模型，需要多学科的交叉与协作。

3."生物-物理-化学"系统的综合研究

复杂环境系统中的生物要素与物理、化学要素，组成一个相互联系、相互影响、相互作用与反馈的复杂子系统。"生物-物理-化学"系统的综合研究主要针对该系统中的关键过程和系统的动力学特征，研究生态系统中物质和能量的流动与交换，研究生物、物理、化学要素与过程的相互联系和相互作用。其中，几个关键研究领域分别是：

物质的生物地球化学循环：研究 C、N、重金属、POPs 等在生态系统中的生物地球化学循环及其对生态系统的影响。

气候变化与生态系统：研究地球系统能量收支发生的波动与变化，气候变化对生态系统的影响，以及生态系统在气候变化中的作用等。

生物多样性与生态系统动力学：研究生物多样性变化的原因、生物多样性对生态系统动力学特征的影响等。

这几个研究领域多集中在复杂环境系统的自然部分，重点研究自然环境系统中的物质和能量迁移与转化的过程、机理，以及复杂环境系统中不同自然要素对这些过程的响应和适应。"生物-物理-化学"系统的综合研究，要求超越单要素及其变化所涉及的微观过程与机理，更强调各要素之间的相互联系、相互作用和相互适应。

1.2.5 环境科学的研究方法

1. 生态学的方法

生态学方法中比较常用的是生态模拟。生态学研究是在野外调查和实验获得有关数据和资料的基础上，通过建立模型对问题进行概括，为研究工作提供极为有用的手段，可以进行许多不同的模拟实验。

模拟实验是现代环境科学研究的一种强有力的手段，实际实验往往需要较长的时间与较多的实验经费，特别是在污染生态学的研究中，许多实际试验会带来严重的后果，如污染的发生，流行病的传播，虫害的爆发等，因此进行实际实验是不可能的，也是不允许的。

例如：罗马俱乐部根据几十年来人类活动引起的全球性影响，其中包括工农业的发展、人口的增长、营养的分配、环境的污染、资源的利用等，应用大量的状态变量的参数，建立了"世界模型”，并用电子计算机进行模拟，预测人类未来的环境状况。

2. 系统论的方法

系统论可以在对一个系统的信息并未彻底弄清的情况下研究这个系统，并预测该系统在某些参数变化时所发生的变化。它是用数学的概念与方法，概括事物结构的整体，舍弃其特定的性质与用途，深入研究其结构和因果关系上的共性，得到具有普遍意义的结果。其核心问题是可预测性、可观察性、可控制性、稳定性和最佳方案设计等。

3. 模型法

用模型法模拟实际环境状态，是研究环境科学的方法之一。通过建立模型能够把复杂的环境系统中各因素之间数量关系和动态机理较为清晰地表现出来，使人们能把握环境问题的主要方面和内在规律。

复杂环境系统是非平衡、非线性、不确定的，系统各要素之间不仅存在相互的联系和影响，还存在相互的适应与反馈。因此，将复杂环境系统作为一个整体进行研究，势必会遇到一系列的难点。比如在“环境信息基础设施与环境研究网络”领域，海量数据资源和模型资源分别来自不同地理位置和不同行业，具有差异极大的属性和组织方式，其远程的管理、查询、分析和互操作都超出一般数据库或数据引擎的范畴，如何从信息技术科学领域借鉴经验、汲取灵感，是完成这一任务的主要难点。再如对于“人类-自然环境”系统的综合研究，需要建立包含人类活动及自然环境各要素的复杂定量模型。其中，需要选取哪些指标来定量表征相应的人类活动及其社会经济行为？这些指标如何进行取样和观测？复杂模型如何综合表达人类活动与自然环境的相互联系和相互作用？这些都是常规的环境模型未曾面临的问题。另外，在“生物-物理-化学”系统的综合研究中，如何将分子水平的微观机理研究与区域或全球尺度的宏观过程研究有机结合？如何在研究中体现“生物-物理-化学”系统中多要素、多过程的相互联系与相互作用？如何将室内实验、地面监测及遥感观测等多种资料与模型有机结合，实现多时间尺度、多空间尺度的时空耦合复杂模型？

针对这些问题，有必要加强复杂环境系统研究中的方法学研究，几个可能比较关键的方向包括：海量数据资源和模型资源的远程管理、查询、分析和互操作；人类活动及其社会经济行为的定量表征、取样和观测；微观和宏观的交叉与结合；包含人类活动及多环境要素的综合模型；具有多时间尺度、多空间尺度的时空耦合模型；考虑复杂环境系统各要素相互联系、相互作用和相互适应的复杂模型等。

究其实质，复杂环境系统中的主要矛盾，就是“人-资源”、“人-环境”的矛盾。如何准确揭示矛盾相互转化的机理，如何为解决矛盾提供科学支撑，是环境科学的重要任务。无论是环境问题还是资源的合理开发与利用，其核心在于人类活动的生态系统效应以及复杂环境系统中的非线性响应、适应与反馈。

1.2.6 环境科学的发展与未来

21世纪的环境科学，面临复杂环境系统的诸多挑战。整体的、综合的、长期的、多空间尺度的、多学科融合的环境科学研究是发展的大趋势，各环境要素与环境过程之间的相互联系、作用、响应、适应与反馈，是环境科学研究的重点。从学科发展的角度来看，这种挑战也是一个重大的机遇。因为跨学科的交叉研究、多要素多过程的综合研究、微观与宏观结合的多尺度研究、强调相互联系、相互作用与相互适应机理的研究，将产生大量开创性的研究成果，环境科学将实现全面快速的发展。

总的来说，21 世纪的环境科学，将是微观更微、宏观更宏，但微观和宏观的结合、过程和机理的结合、多学科交叉融合等方面将会有实质性的突破。环境科学的学科体系，将会面临调整、丰富和完善。在发展原有的"污染环境"研究的基础上，环境科学研究需要更注重资源与生态系统、更注重环境与生态系统的变化演替、更注重灾害与生态环境安全等方面的研究，更注重提升人类社会对可能到来的环境变化的应对能力。

国家自然科学基金对环境科学研究的支持与推动，也面临一些难点课题。大的方面，如何将研究对象由以前的分散状态逐渐聚合到"复杂环境系统"上？如何引导环境科学研究从各分支学科研究向"复杂环境系统综合研究"转变？具体说来，有以下方面：

加强国家自然科学基金框架内环境科学研究的战略研究，确定优先发展方向、统筹协调资助预算，增强国家自然科学基金对环境科学研究发展的战略引导作用；加强国家自然科学基金框架内跨学部、多学科的环境科学研究，鼓励综合研究、促进学科交叉，推动环境科学从多学科到跨学科、从跨学科到学科交叉融合的发展；同时，由于多学科交叉的研究团队组成比较复杂，交叉和融合需要一个过程，可以考虑设立一些长期项目，在较长时间内支持一些多学科交叉的研究团队，帮助其成长和发展。

随着人类在控制环境污染方面所取得的进展，环境科学这一新兴学科也日趋成熟，并形成自己的基础理论和研究方法。它将从分门别类研究环境和环境问题逐步发展到从整体上进行综合研究。

环境科学的方法论也在发展。例如在环境质量评价中，逐步建立起一个将环境的历史研究同现状研究结合起来，将微观研究同宏观研究结合起来，将静态研究同动态研究结合起来的研究方法；并且运用数理统计理论、数学模式和规范的评价程序，形成一套基本上能够全面、准确地评定环境质量的评价方法。

环境科学现有的各分支学科，正处于蓬勃发展时期。这些分支学科在深入探讨环境科学的基础理论和解决环境问题的途径和方法的过程中，还将出现更多的新的分支学科。例如环境生物学在研究污染对微生物生命活动和种群结构的影响，以及由于微生物种群的变化而引起的环境变化方面，将导致环境微生物学的出现。这种发展情况将使环境科学成为一个枝繁叶茂的庞大学科体系。

人类只有一个地球。集天地之灵气，采万物之精华，勇敢的人类从洪荒时代走到了文明的世纪。人类的智慧创造了经济的奇迹，无知与贪婪却留下了可怕的恶果。环境污染，生态恶化，地球发出了痛苦的呻吟；善待万物，就像善待我们的朋友；拯救地球，就是拯救我们的家园！人类渐渐从噩梦中觉醒：人与自然和谐相处、可持续发展才是唯一的出路。

保护环境，任重而道远！保护环境是每个地球人义不容辞的责任和义务！

思考题

1. 环境的定义，举例说明环境的重要性？
2. 什么叫复杂环境系统？有哪些挑战？
3. 现代环境科学有哪些特点？
4. 绘制一张环境科学的学科分支表，并且阐述对该学科知识体系和发展前景的看法？
5. 你知道四大圈层分别指什么？结合实际简述四大圈层与人类休戚相关的关系？
6. 举例说明环境承载力的存在和意义？

第2章　环境问题与环境保护

人类社会发展到今天，创造了前所未有的文明，但同时也带来了一系列的环境问题，随着人口的激增，工业与经济的发展，特别是发展中国家急切改变本国贫穷落后状况的愿望与行动，在工业发达国家环境治理刚刚取得某种进展的同时，又增加了发展中国家的生态破坏和更为严重的环境污染，反过来又强烈制约和影响着经济发展，甚至明显地危及人类的生存和繁衍，使当今世界环境问题具有明显的时代特征。

2.1　环境问题

2.1.1　什么是环境问题

环境问题：由自然因素或人为因素引起生态平衡破坏，以致直接或间接影响人类生存和发展的各种情况称之为环境问题。对于环境问题的理解，可有广义与狭义两种。

狭义的环境问题：是指在人类社会经济活动的作用下，人们周围环境的结构和状态发生不利于人类生存和发展的变化。

广义的环境问题：是指任何不利于人类生存和发展的环境结构和状态的变化，其产生的原因既有人为因素又有自然因素。

2.1.2　环境问题的特点

产业革命后，特别是第二次产业革命以来，环境问题一直呈加速度发展，至现代，环境问题已经成为全球人类所面临的最严峻的挑战之一，具有以下明显的特点：

(1) 是全球人类面临的共同性问题；

(2) 从局部扩展到区域甚至全球，从地表延伸到高空及地下，呈立体态；

(3) 表现形式更加多样化；

(4) 有明显的地域性；

(5) 严重损害人类的健康与福利，并威胁人类的生存与发展。

美国学者 Paul Hawken 对汽车工业 100 年来给美国带来的环境问题计算出了下列数字：

铺建了一条相当于俄亥俄州、印第安纳州和宾夕法尼亚州所有耕地面积的路面，每天所需的保养费超过 2 亿美元；

使 2.5 亿人因交通事故而致残或受伤，引起的死亡的人数较之美国历史上所有的战争中死亡的人数还要多；

每天烧掉 800 万桶汽油，每人一年平均 450 加仑(约 1 703 升)；

使美国越来越依赖外国的石油，一年要为此付出 600 亿美元的代价；

为了增加石油供应，美国在产油国地区要付出大量的军事费用和保持不断的战争准备；

每周压死 100 万头野生动物，从鹿和麋到鸟类、蛙类和鼠貂，再加上数以万计的家养宠物；

在城市市区造成一片噪声和污染，使有些城市中的空气不适宜呼吸，使哮喘、肺气肿、心脏病和支气管炎的病人大量增加；

释放出的温室气体占美国温室气体总排放量的 1/4，从而对全球的气候稳定性和农业造成威胁；

每年造成约 32 亿公斤没有回收利用的废金属和废物。

然而，在当今飞速进入汽车时代的中国，以上信息和数据却几乎不为社会、公众、甚至政府的决策部门所了解。环保专业与其他学科之间的隔离，尤其是与社会科学之间缺少信息交流，导致了中国社会在对经济发展方向作出选择时，很少考虑可能连锁发生的环境效应会给社会带来的严重负面影响和经济负担。

2.1.3 环境问题的性质和实质

环境问题性质：

(1) 环境问题具有不可根除和不断发展的属性，它与人的欲望、经济的发展、科技的进步同时产生、同时发展，呈现孪生关系；

(2) 环境问题范围广泛而全面，存在于生产、生活、政治、工业、农业、科技等全部领域中；

(3) 对人类的行为具有反馈作用，使人类的生产方式、生活方式、思维方式等一系列问题引起新的变化；

(4) 可控性，即通过教育，提高人们的环境意识，充分发挥人的智慧和创造力，借助法律的、经济的和技术的手段，总可以把环境问题控制在影响最小的范围内。

环境问题的实质：是一个经济问题和社会问题，是人类自然的，而且是自觉的建设人类文明的问题。包括两层意思：一是所谓的环境问题都是人类经济活动的直接或间接的结果；二是要对人类经济活动产生的环境污染和破坏进行治理和控制，必须要有相当的经济实力。

2.2 环境问题的分类

环境问题分类很多，根据产生的原因可将环境问题分为两大类：

一是不合理地开发和利用资源而产生的各种负面效应：如森林消失、物种灭绝、草地退化、耕地减少及水土流失等；

二是工农业发展和人类生活造成的负面效应：即环境污染问题，包括大气污染、土壤污染、水污染等，也包括由上述污染所衍生的环境效应，如温室效应、臭氧层破坏、酸雨等，在有的地区，环境问题可能以某一类为主，但在更多的地区却是两类环境问题交织在一起，相互影响、相互作用，使问题进一步加剧。

如果按先后和发生机制进行分类，环境问题主要有以下几种类型(表 2－1)：

表 2－1 环境问题的分类

<table>
<tr><td rowspan="5">环境问题</td><td colspan="4">内容</td></tr>
<tr><td colspan="2">原生环境问题</td><td colspan="2">火山、地震、台风等</td></tr>
<tr><td rowspan="3">次生环境问题</td><td>环境破坏</td><td colspan="2">水土流失、沙漠化、盐渍化、物种灭绝</td></tr>
<tr><td rowspan="2">环境污染与干扰</td><td>环境污染</td><td>水污染、大气污染、土壤污染等</td></tr>
<tr><td>环境干扰</td><td>噪声、振动、电磁波干扰、热干扰等</td></tr>
</table>

2.2.1　原生环境问题

原生环境问题也叫第一环境问题，它是由自然环境自身变化引起的，没有人为因素或很少有人为因素参与。

因为这类环境问题是自然诱发的，是经过较长时间自然蕴蓄过程之后才发生的，或者主要是由自然力引起并使人类社会受到一定损害的环境问题，故而称之为原生环境问题。

主要包括：地震、火山活动、滑坡、泥石流、台风、洪水、干旱、自然地球化学异常等自然灾害问题。

原生环境问题不完全属于环境科学所解决的范围。

原生环境问题为灾害学的主要研究对象。

2.2.2　次生环境问题

次生环境问题也叫第二环境问题，是人类活动作用与周围环境引起的环境问题。

次生环境问题，主要是人类不合理利用资源所引起的环境衰退和工业发展所带来的环境污染等问题。次生环境问题是环境科学的主要研究对象。

次生环境问题又可分成环境破坏和环境污染与干扰两类。

(1) 环境破坏（又称生态破坏）主要是指人类的社会活动引起的生态退化及由此而衍生的有关环境效应，它们导致了环境结构与功能的变化，对人类的生存与发展产生了不利影响。

例如：人类违背自然生态规律，急功近利，盲目开发自然资源等。

环境破坏的表现形式多种多样，按对象性质可分为两类：一类是生物环境破坏，如因过度砍伐引起的森林覆盖率锐减，因过度放牧引起的草原退化，因滥肆捕杀引起的许多动物物种濒临灭绝等等。

另一类属非生物环境破坏，如盲目占地造成耕地减少，因毁林开荒造成水土流失和沙漠化，地下水过度开采造成地下水漏斗、地面下沉，因其他不合理开发利用，造成地质结构破坏、地貌景观破坏等。

(2) 环境污染与干扰。

① 环境污染

环境污染是指有毒的污染物或污染因素进入环境，在环境中扩散、迁移、转化，超过环境容量和环境自净能力，使环境的化学组成或物理状态发生了改变，环境质量恶化，扰乱和破坏了生态系统，从而影响和破坏了人类正常的生活和生产的现象。常简称“污染”。有毒的污染物或污染因素可以是人类活动产生的，也可以是自然活动的结果，或两类活动的共同结果。通常情况下，环境污染主要是指人类活动导致环境质量的下降。

环境容量是指在人类生存和自然环境不致受害的前提下，环境可容纳污染物的最大负荷量。

环境自净能力是指环境自身将污染物或污染因素清除出环境从而达到自然净化的能力。

环境污染的划分：

按污染物的性质分　生物污染、化学污染、物理污染；

按环境要素分　大气污染、水污染、土壤污染、放射性污染等。

② 环境干扰

环境干扰是指人类活动所排出的能量进入环境，达到一定程度后，对人类生产和活动产生不良的影响。环境干扰主要包括噪声、振动、电磁波干扰、热干扰等。环境干扰一般是局部性的、区域性的，在环境中不会有残留物质的存在，当污染源停止作用后，环境干扰也就立即消失。

2.3 环境问题的产生与发展

环境问题是随着人类开发利用环境资源能力的不断提高而有不同的特点，因此，按环境问题的产生和发展历程，分三阶段来描述。

1. 原始捕猎阶段

人类在诞生以后的漫长岁月里，只是自然食物的采集者和捕食者，人类对环境的影响与动物区别不大，主要是利用环境，而很少有意识地去改造环境。因此，当时的环境问题并不突出，而且很容易被自然生态系统自身的调节能力所抵消。如果说那时有环境问题，也只不过表现为因人口自然增长、乱采乱捕、利用自然的能力低而引起的饥荒，还构不成对环境的危害。

2. 农牧渔业阶段

为了解除饥荒这一环境威胁，人类就被迫学会吃一切可能吃的东西，以扩大和丰富自己的食谱，或是被迫扩大自己的生活领域，学会在新的环境中生活的本领。由于生产工具的不断进步，生产力逐渐提高，人类学会了培育植物和驯化动物，开始了农业和畜牧业，这在人类生产发展史上是一次大革命，而随着农业和畜牧业的发展，人类改造自然环境的作用也越来越明显地显示出来，与此同时也产生了相应的环境问题。人类为了发展农牧业，大量焚烧和砍伐森林，破坏植被，造成水土流失，于是水旱灾害日趋严重，大片土地变成了不毛之地或茫茫的沙漠，这一阶段生产力和生产关系虽然有很大发展，但生产仍以农牧业为主，工业基本上是手工操作，产值很低。能源主要是风力、水力和畜力，燃料主要是木材，所以这时的环境问题主要是由农牧业生产活动引起的生态破坏问题。

3. 现代工业阶段（该阶段根据环境问题的特点可分为三个阶段）

（1）工业革命阶段：18 世纪后半叶至 20 世纪初，由于蒸汽机出现，引起了工具和能源的巨大变革，使生产力大为提高，使一些工业发达的城市和工矿区人口密集，人类同自然界物质和能量交换量增大，燃煤量急剧增加，以大气污染为主的环境问题不断发生，但从全球来看，还只是一些局部地区的污染问题。

（2）工业发展阶段：20 世纪初到 60 年代，特别是第二次世界大战之后，随着工业化和城市化的迅猛发展，煤炭、电力等新能源的开发利用、农药化肥的出现和施用等，致使许多国家普遍发生了由现代工业、农业发展带来的范围更广、情况更加严重的环境污染问题和生态破坏问题，世界著名的八大公害事件就是在这期间发生的，见表 2-2。

表 2-2 世界著名的八大公害事件

事件名称	时间、地点	污染源	主要危害
马斯河谷烟雾	1930 年比利时马斯河谷	工厂排放的含有烟尘及 SO_2 废气蓄积于长条形深谷空气中	呼吸道发病，约 60 人死亡
多诺拉烟雾	1948 年美国宾夕法尼亚州多诺拉镇	炼锌、钢铁硫酸等工厂排放的含烟尘及 SO_2 废气蓄积于马蹄形深谷中	呼吸道发病，死亡 10 多人，患病约 6 000 人

续表

事件名称	时间、地点	污染源	主要危害
伦敦烟雾	1952年伦敦	含烟尘及 SO_2 的废气	呼吸道发病，5天内4 000多人死亡
光化学烟雾	每年5—11月洛杉矶	汽车排放的含 NO_X、CH_X 尾气在一定条件下形成光化学烟雾	刺激眼、喉，引起眼病、喉头炎、头痛
四日事件	1970年日本四日市	炼油厂排放的含 SO_2、煤尘、重金属粉尘的废气	500多人患哮喘病，死亡30多人
骨痛病	1931年日本富山县	锌冶炼厂排放的含镉废水	骨折，患者200多人，多人因不堪痛苦而自杀
水俣病	1953年日本熊本市水俣湾	化工厂排放的含汞废水形成的甲基汞	中枢神经受伤害，听觉、语言、运动失调，死亡200多人
米糠油事件	1968年日本北九州市、爱知县	米糠油中残留多氯联苯	死亡10多人，中毒1万余人

(3) 现代工业阶段：自20世纪60年代以来，科学技术和工业的发展速度大大超过了以往任何历史时期，人类的活动范围已上至太空，下至海底，正以排山倒海之势，开发利用自然资源，大规模地改变着环境的组成和结构，造成的环境污染和生态破坏规模也空前宏大，影响深远。据估计，全世界每年生产的具有不同程度毒性的人工化合物约50万种，共约400万吨，每年施用矿物肥料四亿吨，由此而引起的污染物排放也急剧增加。今天，所有这些物质，有相当数量都滞留在大气和地面水体里，致使全球许多地区相继发生严重污染事件(表2-3)。惨痛的教训使人们感到自身的生存和安全受到了威胁。当前环境污染问题已扩展到全球的范围内，这是当前环境问题的一个突出特点，所以环境问题已成为全球性的问题，成为人类社会进步面临的严峻挑战，受到了全世界的关注。

表2-3　现代工业阶段的环境事件

事件	时间	地点	危害	原因
阿摩柯卡的斯油轮泄油	1978.3	法国西北部不列塔尼半岛	藻类、湖间带动物、海鸟灭绝、工农业、旅游业损失大	油轮触礁，2.2×10^5 t原油入海
三哩岛核电站泄漏	1979.3.28	美国宾夕法尼亚州	周围80 km，200万人口极度不安	核电站反应堆严重失水
威尔士饮用水污染	1985.1	英国威尔士	200万居民饮水污染	化工公司将酚排入迪河
墨西哥油库爆炸	1984.11.9	墨西哥	4 200人受伤，400人死亡，300栋房被毁，10万人被疏散	石油公司一个油库爆炸
博帕尔农药泄漏	1984.12.2—3	印度中央邦博帕尔市	1 408人死亡，2万人严重中毒，15万人治疗，20万人逃离	45 t异氰酸泄漏
切尔诺贝利核电站泄漏	1986.4.26	前苏联、乌克兰	31人死亡，203人受伤，直接损失达30亿美元	四号反应堆机房爆炸
莱茵河污染	1986.11.1	瑞士巴塞尔市	事故段生物绝迹，160 km内鱼类死亡，480 km内水不能饮用	化学公司仓库起火，30 t S.P.Hg剧毒物入河

续表

事件	时间	地点	危害	原因
莫农格希拉河污染	1988.11.1	美国	沿岸100万居民生活受严重影响	石油公司仓库爆炸，1.3×10^4 m^3 原油入海
埃克森·瓦尔迪兹油轮泄油	1989.3.24	美国阿拉斯加	海域严重污染	漏油 4.2×10^4 m^3
雅典“紧急状态事件”	1989.11.2	希腊首都雅典市	许多市民出现头疼、乏力、呕吐、呼吸困难等中毒症状	空气中二氧化碳浓度 604 mg/m^3
海湾战争油污染事件	1990.8.2—1991.2.28	波斯湾一带	使数万只海鸟丧命，并毁灭了大部分海洋生物	泄入海湾的石油达150万吨

2.4 当今全球主要环境问题

当今全球主要环境问题是指对全球产生直接影响的，或具有普遍性，随后又发展为对全球造成危害的环境问题，也就是引起全球范围内生态环境退化的问题。主要包括人口问题、城市化问题、淡水资源缺乏问题、植被破坏—物种灭绝（即生物多样性）问题、海洋污染问题、危险废弃物越境转移问题以及全球变暖、臭氧层破坏、酸沉降等全球性大气环境问题。

1. 全球气候变化

在过去的一个世纪里，全球表面平均温度上升了0.3～0.6摄氏度，海平面上升了10～25 cm。目前地球大气中的二氧化碳浓度已由工业革命（1750年）之前的280 mg/kg增加到了近360 mg/kg。1996年政府间气候变化小组发表的评估报告表明：如果世界能源消费的格局不发生根本性变化，到21世纪中叶，大气中的二氧化碳浓度将达到560 mg/kg，全球平均温度可能上升1.5～4摄氏度。

2. 臭氧层破坏和损耗

自1985年南极上空出现臭氧层空洞以来，地球上空臭氧层被损耗的现象一直有增无减。到1994年，南极上空的臭氧层破坏面积已达2 400万平方公里。现在在美国、加拿大、西欧、俄罗斯、中国、日本等国的上空，臭氧层都开始变薄。在对消耗臭氧层物质（ODS）实行控制之前（1996年以前），全世界向大气排放的ODS已达到了2 000万吨。由于ODS相当稳定，可以存在50～100年，所以被排放的大部分ODS目前仍留在大气层中。在它们陆续升向平流层时，就会与那里的臭氧层发生反应，分解臭氧分子。因此，即使全世界完全停止排放ODS，也要再过20年，人类才能看到臭氧层恢复的迹象。

3. 酸雨污染

现在“酸雨”一词已用来泛指酸性物质以湿沉降（雨、雪）或干沉降（酸性颗粒物）的形式从大气转移到地面上。酸雨中绝大部分是硫酸和硝酸，主要来源于人类广泛使用化石燃料，向大气排放了大量的二氧化硫和氮氧化物。欧洲是世界上一大酸雨区，美国和加拿大东部也是一大酸雨区。亚洲的酸雨主要集中在东亚，其中中国南方是酸雨最严重的地区，成为世界上又一大酸雨区。由于欧洲地区土壤缓冲酸性物质的能力弱，酸雨使欧洲30%的林区因酸雨的影响而退化。在北欧，由于土壤自然酸度高，水体和土壤酸化都特别严重，有些湖泊的酸化导致鱼类灭绝。美国国家地表水调查数据显示，酸雨造成了75%的湖泊和大约一半的河流酸化。加拿大政府估计，加拿大 43%的土地（主要在东部）对酸雨高度敏感，有 14 000 个湖泊是酸性的。水体酸化会改变水生生态，而土壤酸化会使土壤贫瘠化，导致陆地生态系统的退化。

4. 土地荒漠化

荒漠化是当今世界最严重的环境与社会经济问题。1991 年联合国环境规划署对全球荒漠化状况的评估是：全球荒漠化面积已近 36 亿公顷，约占全球陆地面积的 1/4，已影响到全世界 1/6 的人口（约 9 亿人），100 多个国家和地区。而且，荒漠化扩展的速度是：全球每年有 600 万公顷的土地变为荒漠，其中 320 万公顷是牧场，250 万公顷是旱地，12.5 万公顷是水浇地，另外还有 2 100 万公顷土地因退化而不能生长谷物。亚洲是世界上受荒漠化影响的人口分布最集中的地区，遭受荒漠化影响最严重的国家依次是中国、阿富汗、蒙古、巴基斯坦和印度。

5. 水资源危机

世界上许多地区面临着严重的水资源危机。根据国际经验，每人每年 1 000 立方米可重复使用的淡水资源是一个基本指标，低于这个指标的国家可能会遭受阻碍发展和损害健康的长期性水荒。然而，目前世界上约有 20 个国家已低于这一指标，主要位于西亚和非洲，总人口数已过亿。另一方面，由生活污水、工业废水、农业污水、固体废物渗漏、大气污染物等引起的水体污染，使全球可供淡水的资源量大大减少。世界银行的报告估计，由于水污染和缺少供水设施，全世界有 10 亿多人口无法得到安全的饮用水。

6. 森林植被破坏

由于推测的难度，全世界的森林面积尚无准确数值。但据推算，地球上的森林面积约为 30～60 亿公顷，约占陆地面积的 20%～40%，其中约一半是热带林（包括热带雨林和热带季雨林），另一半以亚寒带针叶林为主。从森林植物的干重测定值来看，热带林是亚寒带针叶林的两倍，所以，热带林占陆地总生物量的很大部分。但在工业化过程中，欧洲、北美等地的温带森林有 1/3 被砍伐掉了，所以近 30 年来，发达国家对全球的热带林进行了大规模的开发。欧洲国家进入非洲，美国进入中南美洲，日本进入东南亚，大量砍伐热带林，他们进口的热带木材增长了十几倍。森林大面积被毁引起了多种环境后果，主要有：降雨分布变化，二氧化碳排放量增加，气候异常，水土流失，洪涝频发，生物多样性减少等。

7. 生物多样性锐减

科学家估计地球上约有 1 400 万种物种，但当前地球上的生物多样性损失的速度比历史上任何时候都快，比如鸟类和哺乳动物现在的灭绝速度可能是它们在未受干扰的自然界中的 100 倍至 1 000 倍。主要原因是七种人类活动造成的：①大面积对森林、草地、湿地等生境的破坏；②过度捕猎和利用野生物种资源；③城市地域和工业区的大量发展；④外来物种的引入或侵入毁掉了原有的生态系统；⑤无控制旅游；⑥土壤、水和大气受到污染；⑦全球气候变化。这些活动在累加的情况下，会对生物物种的灭绝产生成倍加快的作用。20 世纪 90 年代初，联合国环境规划署首次评估生物多样性的结论是：在可以预见的未来，5%～20%的动植物种群可能受到灭绝的威胁。

8. 海洋资源破坏和污染

据估计，全世界有 9.5 亿人把鱼作为蛋白质的主要来源。但近几十年来，人类对海洋生物资源的过度利用和对海洋日趋严重的污染，有可能使全球范围内的海洋生产力和海洋环境质量出现明显退化。1993 年，在全世界捕捞的 1.01 亿吨鱼中，有 77.7%来自海洋。当年，联合国粮农组织估计，2/3 以上的海洋鱼类已被最大限度或过度捕捞，特别是有数据资料的 25%的鱼类，由于过度捕捞，已经灭绝或濒临灭绝，另有 44%的鱼类的捕捞已达到生物极限。而另一方面，人类活动产生的大部分废物和污染物最终都进入了海洋。全球每年有数十亿吨的淤泥、污水、工业垃圾和化工废物等被直接排入了海洋，河流每年也将近百亿吨淤泥和废水、废物带入沿海水域，引起沿海生态环境改变，使动物的栖息和繁殖地遭到破坏。海洋污染的主要来源和比例约是：城市污水和农业径流排放 44%，空气污染 33%，船舶 12%，倾倒垃圾 10%，海上油、气生产 1%。

9. 持久性有机污染物的污染

全世界已有约 3 000 多万已知化学物，同时，每年还有约 1 000 种新的化学物进入市场。化学物是当今许多大规模生产所必须的原料，但这些化学物在制造、储存、运输、使用和废弃过程中常常危害环境和生态。现在，全世界每年产生的有毒有害化学废物达 3～4 亿吨，其中对生态危害很大、并在地球上扩散最广的是持久性有机污染物(POP)，最具代表性的是多氯联苯和滴滴涕。这类化学污染物从人类的工业和农业活动中释放，已广泛进入了空气、土地、河流和海洋。由于这类污染物能被海洋中微小的浮游生物吸收并积累，从而将其浓缩上百万倍。海中的鱼吃下这些浮游生物，又能将其浓缩，于是浓度增大到上千万倍。当大型海洋动物吞食了这些鱼之后，会使污染毒素的浓缩系数增加到上亿倍。这是因为污染毒素聚集在动物的脂肪里而很难通过躯体排除体外。通过食物链，这些毒素对海洋生态系统产生了强烈的干扰，比如：多氯联苯的作用之一就是损害生殖系统。有人认为多氯联苯是导致波罗的海海豹出生率下降 60%～80%的罪魁祸首。这些毒素也引起人类健康方面的严重问题。几年前科学家发现，生活在北极地区的因纽特人的母乳里含有高浓度的多氯联苯，而鲸、海豹等海生动物正是因纽特人主要的蛋白质来源。当这些动物现在携带了很高的污染毒素时，因纽特人的生活不再安全。按同样的原理，持久性有机污染物对陆地生态系统也有很大的干扰和危害，因而成为目前全世界关注的重大环境问题之一。

2.5 中国的环境问题

2.5.1 全国环境质量状况

2010 年全国环境质量状况报告显示，我国部分环境质量指标持续好转，但环境总体形势依然十分严峻，面临许多困难和挑战。据国家环境质量监测网监测结果显示，2010 年，全国环境质量与去年相比保持稳定。

1. 城市空气质量逐年提高

(1) 中国城市空气质量界定

中国城市每天报道的空气质量按环保部门监测的空气污染指数而定。根据污染指数的不同，空气质量被分为一、二、三、四、五级。级别数字的增加表示空气质量变差。空气污染指数、空气质量级别与健康的关系，见图 2-1。

(2) 重点城市空气质量逐年提高

全国城市空气质量总体良好，但部分城市污染仍较重；酸雨分布区域保持稳定，但酸雨污染仍较重。全国 471 个县级及以上城市开展环境空气质量监测，其中 3.6%的城市达到一级标准，79.2%的城市达到二级标准，15.5%的城市达到三级标准，1.7%的城市劣于三级标准。113 个环境保护重点城市达到二级标准的比例为 73.5%。

2010 年，环保重点城市空气污染物年均浓度达到国家环境空气质量二级标准的城市比例

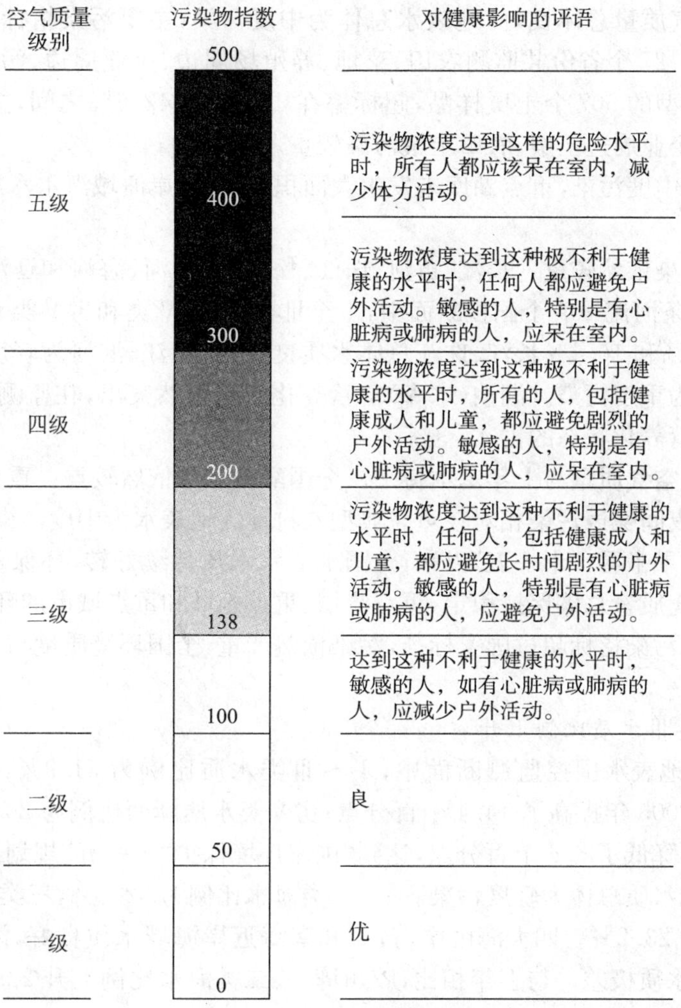

图 2-1　空气指数图

为 73.5%，较 2009 年提高了 6.2 个百分点，较 2005 年提高了 30.3 个百分点。95.6%的重点城市空气质量优良天数超过 292 天，比 2005 年提高了 27.1 个百分点，达到《国家环境保护“十一五”规划》目标(75%)要求。

全国城市声环境质量总体较好。全国 73.7%的城市区域声环境质量处于好或较好水平，环境保护重点城市区域声环境质量处于好或较好水平的占 72.5%；全国 97.3%的城市道路交通声环境质量为好或较好；全国城市各类功能区昼间达标率为 88.4%，夜间达标率为 72.8%。

2010 年，重点城市空气中二氧化硫年均浓度较 2009 年下降了 2.3%，二氧化氮和可吸入颗粒物年均浓度分别上升 2.9%和 1.1%。与 2005 年相比，二氧化硫、可吸入颗粒物年均浓度分别下降了 26.3%和 12.0%，二氧化氮年均浓度基本持平。

世博会期间，上海市空气质量总体良好，优良天数比例为 98.4%，较 2009 年上升 2.7 个百分点，二氧化硫、二氧化氮、可吸入颗粒物浓度均达到二级标准，达到历年同期最低水平。

亚运会期间，广州市空气质量总体良好。优良天数比例为 100%，较 2009 年上升 12.5 个百分点。二氧化硫、二氧化氮、可吸入颗粒物浓度均达到二级标准，空气质量明显改善。

2. 农村空气质量总体良好

2010 年，对 31 个省(自治区、直辖市)的 274 个农村“以奖促治”村庄开展了环境质量监测。结果表明，空气质量总体良好，地表水总体为中度污染，主要污染指标为粪大肠菌群、氨氮、高锰酸盐指数。27个省份共监测农田、菜地、养殖场周边、企业周边、污灌区、垃圾场周边等6种土地利用类型的507个土壤样品，超标率在11.1%～42.6%之间，主要污染指标为重金属、滴滴涕等。企业周边土壤、农田土壤污染较重。

地表水总体为中度污染，重点湖库未发生大面积水华，近岸海域海水水质与去年相比有所下降，为轻度污染。

全国地表水污染依然较重。长江、黄河、珠江、松花江、淮河、海河和辽河等七大水系总体为轻度污染。204条河流409个国控断面中，Ⅰ至Ⅲ类、Ⅳ至Ⅴ类和劣Ⅴ类水质的断面比例分别为59.9%、23.7%和16.4%长江、珠江总体水质良好，松花江、淮河为轻度污染，黄河、辽河为中度污染，海河为重度污染。湖泊(水库)富营养化问题依然突出，在监测营养状态的26个湖泊(水库)中，富营养化状态的占42.3%。

环保重点城市空气质量与上年基本持平。全国酸雨污染依然较重。重点城市功能区声环境质量保持稳定，夜间噪声污染相对较重。典型农村地区地表水为中度污染，空气质量良好。

从环境监测结果来看，"十一五"以来，全国地表水水质持续好转，环保重点城市空气质量逐年提高，生态环境质量总体保持稳定，重点流域、重点区域和重点城市的环境质量明显改善。但个别地方和区域污染指标超过国家标准，污染依然严重，全国环境质量与发达国家相比依然存在差距。

3. 地表水Ⅰ～Ⅲ水质比例上升

2010年，全国地表水国控监测断面中，Ⅰ～Ⅲ类水质比例为51.9%，较2009年提高了3.7个百分点，较2005年提高了14.4个百分点；劣Ⅴ类水质断面比例为20.8%，与2009年基本持平，较2005年降低了6.6个百分点，达到《国家环境保护"十一五"规划》目标(22%)要求。

全国近岸海域水质总体为轻度污染。一、二类海水比例为62.7%，三类海水为14.1%，四类和劣四类海水为23.2%。四大海区中，黄海和南海近岸海域水质良好，渤海近岸海域水质差，东海近岸海域水质极差。与上年相比，胶州湾一、二类海水比例上升25.0%，渤海湾、长江口和珠江口一、二类海水比例下降20.0%以上。

全国地表水国控断面高锰酸盐指数(COD_{Mn})年平均浓度呈逐年下降趋势，2010年高锰酸盐指数年平均浓度较2009年下降了3.9%，较2005年下降了31.9%，好于国家地表水环境质量Ⅲ类水质标准。地表水氨氮年平均浓度超过Ⅲ类水质标准，成为影响水环境质量的重要因素。西南诸河、海河、长江、黄河等水系共有40个断面出现铅、汞等重金属超标现象。

七大水系Ⅰ～Ⅲ类水质断面比例为59.6%，较2009年提高了2.3个百分点，较2005年提高了18.6个百分点，达到《国家环境保护"十一五"规划》目标(>43%)要求。

七大水系中，长江干流水质为优，支流水质良好。三峡水库水质为优。黄河干流水质为优，支流为重度污染。珠江干流水质良好，支流水质为优。松花江干流为轻度污染，支流为中度污染。淮河干流水质为优，支流为中度污染。海河水系为重度污染。辽河干流为轻度污染，支流为中度污染。

重点湖泊中，太湖湖体为重度污染，属轻度富营养，综合营养状态指数和总氮、总磷浓度较2009年有所下降。与2009年相比，4～6月水华发生频次降低，7～8月水华有所加重。滇池湖体为重度污染，属重度富营养，较2009年有所加重，4～8月持续出现区域性水华。巢湖湖体为中度污染，属轻度富营养，4～8月，水华发生情况较2009年有所加重。洪泽湖湖体为中度污染，属轻度富营养。洞庭湖湖体为重度污染，属轻度富营养。鄱阳湖湖体为轻度污染，属轻度富营养。丹江口水库水质良好，属中营养。

2010年，监测的39条国界河流中，入境河流水质为优，出境河流、界河为轻度污染，主要污染指标为高锰酸盐指数、石油类和五日生化需氧量。中俄界湖兴凯湖为轻度污染，主要污染指标为总磷。中蒙界湖贝尔湖为重度污染，主要污染指标为化学需氧量、高锰酸盐指数和总氮。

4. 近岸海域海水水质有所下降

2010年，全国近岸海域为轻度污染，一、二类海水比例占62.7%，较2009年下降10.2个百分点，较2005年下降4.5个百分点。三类海水比例为14.1%，四类和劣四类海水比例为23.2%，主要污染指标为无机氮和活性磷酸盐。

四大海区中，黄海和南海近岸海域海水水质良好，渤海近岸海域海水为中度污染，东海近岸海域海水为重度污染。9个重要海湾中，黄河口和北部湾水质为优，胶州湾为轻度污染，辽东湾为中度污染，渤海湾、长江口、杭州湾、闽江口和珠江口为重度污染。11个沿海省份中，海南、广西、山东一、二类海水比例超过80%，其中海南一、二类海水比例达到100%。

5. 酸雨污染依然较重

2010年，全国酸雨（pH年均值低于5.6）面积约120万平方公里，约占国土面积的12.6%，与2009年基本持平，较2005年下降1.3个百分点，总体略有减小。较重酸雨区（pH年均值低于5.0）和重酸雨区（pH年均值低于4.5）的面积基本稳定。酸雨集中分布于长江沿线及以南、青藏高原以东地区。全国酸雨分布区域、酸雨类型未出现明显变化，降水中主要致酸物质为硫酸盐。全国开展酸雨监测的494个城市（县）中，出现酸雨的城市249个，占50.4%，酸雨程度严重或较重（降水年均pH值小于5.0）的城市有107个，占21.6%，与上年基本持平。

6. 城市噪声质量保持稳定

2010年，环保重点城市功能区声环境质量保持稳定。各类功能区噪声昼间达标率高于夜间，3类功能区达标率高于其他类功能区。4类功能区（交通干线两侧区域）夜间噪声超标较严重，超标率约62.7%。

7. 全国辐射环境质量总体良好

环境电离辐射水平保持稳定，核设施、核技术利用项目周围环境电离辐射水平总体未见明显变化；环境电磁辐射水平总体情况较好，电磁辐射设施周围环境电磁辐射水平总体未见明显变化。

8. 生态指数值总体呈上升趋势

2005～2009年，全国生态环境质量总体保持在“一般”水平，未发生明显变化，2009年全国生态环境状况指数值（EI）与2008年相比，增加0.5，与2005年相比，增加0.9。EI值总体呈上升趋势。据显示，全国部分生态系统功能有所改善，但主要生态环境问题依然突出。生物多样性下降趋势尚未得到有效遏制，遗传资源不断丧失和流失。此外，我国农村环境问题日益显现，农业源污染物排放总量较大，局部地区形势有所好转，但总体形势仍十分严峻。

2.5.2　中国对环境与发展问题的十大对策

(1) 解决环境问题的根本途径，控制人口；

人口问题艰巨而复杂，2011年4月28日，国家统计局公布的人口普查公报显示，全国总人口为1 339 724 852人，最近10年的年增长率趋缓，只有0.57%，比过去少了0.5%。在城乡分布方面，有约6.6亿人口居住在城镇，十年城市化速度可谓迅猛。

中国人口增速减缓，老龄化加深，男女比例失调，这可以视为中国人口三大特征，但如何理解它却并不简单。例如是否是一胎制产生了人口增速急剧下降？因为从亚洲各国历史看，二战后那些率先拥抱自由市场的国家和地区，尽管它们从未实施计划生育，但其出生率马上大规模下降。因为自由市场让人们的时间成本大规模上升，传统农业社会提供给青年人的机会非常有限，用工业社会的观点看，这种状态称之为隐蔽失业，他们的时间也不值钱，但市场经济则鼓励人们去城镇寻找机会、努力工作，那么养育孩子的机会成本就大增，生育是件奢侈的事，人们就会用避孕药不断推迟生育时间和减少生育数量。

(2) 采取有效措施，防治工业污染；

(3) 深入开展城市环境综合整治，认真治理城市“四害”(烟尘、污水、废物和噪音)；

(4) 提高能源利用效率，改善能源结构；

(5) 推广生态农业，坚持不懈地植树造林，切实加强生物多样性的保护；

(6) 大力推广科技的进步和发展，加强环境科学研究，积极发展环保产业；

(7) 运用经济手段保护环境，增加环保资金投入；

(8) 健全环境法制，强化环境管理；加强环境教育，不断提高全民族的环境意识；

(9) 实行可持续发展战略；

(10) 参照国际社会环境与发展精神，制订我国的行动计划。

2.6 环境保护

2.6.1 环境保护的概念

完整的环境保护概念的形成经历了一个历史过程，20 世纪 50 年代以前，人们虽然采取过污染治理的技术措施，但未曾提出环境保护的概念，50 年代后，一些发达国家出现了“反污染起义”、“生态运动”、“绿党”等，人们对环境保护的概念有了一个初步的认识，但多认为其是“三废”治理。70 年代由巴巴拉·沃德和雷内·杜博斯两人执笔为 1972 年人类环境会议提供的背景材料——《只有一个地球》一书，提出环境问题不仅是工程技术问题，更主要的是社会经济问题，不是局部问题，而是全球性问题。从此，环境保护这一术语在世界范围内被广泛采用。过去日本的“公害防治”，“自然资源保全”等逐渐被“环境保护”概念所代替。欧洲国家一般也使用环境保护这一术语。在我国于 1956 年提出“综合利用”的概念，60 年代提出了“三废”治理和“回收利用”的概念，1972 年提出了著名的环境保护的“32 字方针”(全面规划，合理布局，综合利用，化害为利，依靠群众，大家动手，保护环境，造福人民)，比较完整的环境保护概念开始在我国形成。

环境保护是一项范围广、综合性强，涉及自然科学和社会科学的许多领域，又有自己独特研究对象的工作。概括起来说，环境保护就是利用环境科学的理论与方法协调人类和环境的关系，解决各种环境问题，是保护、改善和创建环境的一切人类活动的总称。

根据《中华人民共和国环境保护法》的规定，环境保护的内容：包括“保护自然环境”与“防治污染和其他公害”两个方面。

2.6.2 环境保护发展历程

近百年来，世界各国，主要是发达国家的环境保护工作，大致经历了四个发展阶段。

(1) 限制阶段：20 世纪 50 年代前后，相继发生了著名的八大公害事件，由于当时人们对这些公害事件的原因和机理并未搞清楚，一般是采取限制性措施，如英国伦敦发生烟雾事件后，制定了法律，限制燃料使用量和污染物排放时间。

(2)"三废"治理阶段：20世纪50年代末、60年代初，发达国家环境污染问题日益突出，环境保护成了举世瞩目的国际性大问题，于是发达国家相继成立了环境保护专门机构。

由于这时，环境问题只被看作是工业污染问题，因此，环境保护工作主要就是治理污染源，减少排污量的工作，采取了一些法律的、经济的措施解决污染问题，经过大量投资，环境污染有所控制，环境质量有所改善和提高，但主要采取的是末端治理的办法，从根本上来说是被动的，所以收效并不显著。

(3) 综合防治阶段：1972年6月5日至16日，联合国在瑞典斯德哥尔摩召开人类环境会议，会议通过了《人类环境宣言》，这次会议，成为人类环境保护工作的历史转折点，它加深了人们对环境问题的认识，扩大了环境问题的范围，另外，它冲破了以环境论环境的狭隘观点，把环境与人口、资源和发展联系在一起，从整体上来解决环境问题，对环境污染问题，也开始实行建设项目环境影响评价制度和污染物排放总量控制制度，从单项治理，发展到综合治理。

(4) 规划管理阶段：20世纪80年代初，发达国家经济萧条和能源危机，各国都急需协调发展、就业和环境三者之间的关系，并寻求解决办法。这阶段环境保护工作的重点是：制定经济增长、合理开发利用自然资源与环境保护相协调的长期政策。其特点是，重视环境规划和环境管理，对环境规划措施，既要求促进经济发展，又要求保护环境；既要有经济效益，又要有环境效益；要在不断发展经济的同时，不断改善和提高环境质量。

2.6.3 中国环境保护工作的发展历程

1. 复兴阶段：(1949—1972年)

1949年以后，我国开展了一些与环境保护有关的活动，以除害灭病，改善环境卫生为内容的爱国卫生运动，对一些大型工程注意了全面规划，合理布局，在选址、设计、施工时，考虑了治理淮河、黄河、海河、长江等大型水利工程的建设，加强了植树造林和水土保持工作，70年代初，针对工业污染和城市环境质量日趋恶化的情况，周总理曾指出：要消灭废水、废气对城市的危害，并使其变为有利的东西。1972年6月，中国政府派代表团出席了在瑞典斯德哥尔摩召开的联合国人类环境会议，从此，我国把环境保护工作正式列入议程。

2. 创建阶段：(1973—1977年)

1973年8月5日至20日，在北京召开了第一次全国环境保护会议，这在中国环境保护事业上是具有重大和深远历史意义的大会，它从思想上唤起了各级领导干部和广大人民群众对环境保护工作重要性、迫切性和现实性的认识，从政策上明确了我国环境保护工作的方针、策略；从组织上开始筹建中央和地方的环境管理机构，1974年5月，国务院批准成立国务院环境保护领导小组及其办公室，随后，各省、自治区、直辖市和国务院有关部局也相应设立了环境保护管理机构。

总的来说，在该阶段，环境污染和生态破坏未能有效地控制，主要原因一是"文革"期间，极"左"路线的干扰和破坏，对环境问题和环境保护事业缺乏认识，二是环境保护事业还未纳入国家和地方国民经济和社会发展计划的轨道，治理污染的资金和物质条件不落实。

我国环境保护事业尽管起步较晚，但发展较快，取得了一定的成绩，主要表现在：①环境保护法规建设有较大发展，颁布了《环境保护法》、《大气污染防治法》、《水污染防治法》、《固体废物污染环境防治法》、《噪声污染防治法》以及有关森林、草原、土地、矿产、海洋等环境方面的单行法规。同时为实现环境管理的现代化、科学化和定量化，先后颁布了《海水水质标准》、《大气环境质量标准》等一系列环境质量标准，污染物排放标准，环境方法标准和环境基础标准，初步形成了中国的环境标准体系。②在污染防治方面，从抓单项治理扩大到加强环境管理，以防为主，防治结合，综合防治。③开始重视自然生态环境的保护，近十几年来，中国颁布了一系列保护自然资源的法规，采取有力措施，制止森林破坏和水土流失，积极开展植树造林，绿化环境运动，改善自然生态环境，为了减轻有机氯农药对土壤的污染，停止了低效高残留“六六六”和“DDT”的生产，许多地区采取生物防治，保护害虫天敌，以减少农药对自然环境的污染。④发展了环境科研、监测、教育和宣传工作，中国已有27个省、市、自治区建立了环境科学研究机构，国家建立了环境科学研究院，中国环境系统省、市(地)两级和中国科学院、社会科学院及高等院校建立了环境科学研究所、室，初步形成了一支能开展多学科综合研究的科研队伍。

3. **发展阶段**:(1978年—)

1978年3月5日，五届人大一次会议通过的《中华人民共和国宪法》明确规定:国家保护环境和自然资源，防治污染和其他公害。

1979年9月13日，颁布了《中华人民共和国环境保护法(试行)》，这是我国第一部环境保护基本法，标志着我国环境保护工作开始走上法制轨道。

1983年12月31日至1984年1月7日，国务院在北京召开了第二次全国环境保护会议，会上，李鹏代表国务院宣布:“环境保护是中国的一项基本国策”。

1989年召开了第三次全国环境保护会议，会上提出了环境管理的新的五项制度:环境保护目标责任制，城市环境综合整治定量考核制度，排污许可证制度，污染集中控制制度和限期治理制度。

1992年8月党中央、国务院批准了我国环境与发展的十大对策，之后，又组织制定了《中国21世纪议程》，这是指导今后中国环境保护工作的行动指南。

1996年7月14日，召开了第四次全国环境保护会议，这次会议总结了第三次全国环境保护会议以来的经验，作出了《关于环境保护若干问题的决定》，明确了跨世纪环境保护工作的目标、任务和措施。决定实施《污染物总量控制计划》和《跨世纪绿色工程计划》两大举措。全国开始展开了大规模的重点城市、流域、区域、海域的污染防治及生态建设和保护工程。环境保护工作进入了崭新的阶段。

1997年在日本京都举行的《联合国气候变化框架公约》缔约方第三次会议上，中国代表团强调该公约和其缔约方第一次会议(“柏林授权”)的精神，仅对一些发达国家提出的超过这一原则的问题(他们力图为发展中国家强加新的义务)。中国代表表示:中国在达到中等发达国家水平之前，不可能承担减排温室气体的义务，它只能从四方面采取措施减缓温室气体的排放增长率:①控制人口;②节能;③发展可再生能源;④绿化造林。

2003年党的十六届三中全会上，科学发展观的提出，将生态环境问题融入到了我国的总体发展理念之中。

2005年胡锦涛在联合国成立60周年首脑会议上发表《努力建设持久和平共同繁荣的和谐世界》的讲话，向全世界表达了中国特有的和谐世界观。同年党的十六届五中全会把新型工业化道路，建设社会主义新农村，大力发展循环经济，作为构建和谐社会的战略安排。

2006年3月，我国“十一五”规划纲要提出两个主要约束性指标，即到2010年单位GDP能耗比2005年降低20%，主要污染物排放总量减少10%。

2007年党的十七大会议上，胡锦涛总书记提出要建设生态文明，基本形成节约能源资源和保护生态环境的产业结构和增长方式、消费模式，进一步将生态环境问题提升为全党、全国的重要战略目标。十七大还提出了解决我国新阶段资源环境问题的发展路线，即建设资源节约型、环境友好型社会，报告指出“必须把建设资源节约型、环境友好型社会放在工业化、现代化发展战略的突显位置，落实到每个单位、多个家庭”。在2007年公布的《中国应对气候变化国家方案》中，我国政府向国内外郑重提出了中期减排目标，即截至2010年，仅通过传统能源转化为新能源一个措施，中国5年内节省能源6.2亿吨标准煤，相当于少排放15亿吨二氧化碳(CO_2)。

2008年10月，我国发表了《中国应对气候变化的政策行动》白皮书，全面介绍了气候变化对中国的影响，中国减排缓和适应气候变化的政策与行动，以及中国对此进行的体制机制建设。

2009年5月，中国政府公布了“落实巴厘岛路线图”的文件，阐述了中国关于哥本哈根会议落实“巴厘岛路线图”的立场和主张，表明了中国推动哥本哈根会议取得积极成果的意愿和决心。2009年8月继续制定了《可再生能源法》、《循环经济促进法》后，十一届全国人大常委会高票通过了关于积极应对气候变化的决议。

2009年9月召开的联合国气候变化峰会上，胡锦涛总书记发表了题为《携手应对气候变化挑战》的讲话表示：“中国愿同各国携手努力共同为子孙后代创造更加美好的未来。”并提出了中国今后应对气候变化的具体措施：一是加强节能，提高能效，争取到2020年单位GDP的CO_2排放量比2005年有显著的下降；二是大力发展可再生能源和核能，争取2020年非化石能源占一次能源消费的比重达到15%左右；三是大力增加森林，争取到2020年森林面积比2005年增加13亿立方米；四是大力发展绿色经济，积极发展低碳经济和循环经济。

2009年11月25日在由温家宝主持召开的国务院常务会议上，除了作出2020年我国碳排放强度下降40%～45%承诺，会议还决定通过大力发展可再生能源，积极推广核电建设等行动。此次会议还要求，要把应对气候变化作为国家经济社会发展的重大战略等决议。

2009年12月的丹麦哥本哈根气候大会，发达国家和发展中国家成为两大对立阵营，两大阵营代表着不同的利益和所求。以美国为代表的西方发达国家很明显要摆脱其应负的责任和给予的资金补偿和技术支持的义务与责任的同时，将罪责强加在发展中国家头上。而发展中国家则要求有平等的发展权力和资金、技术援助的要求。双方争吵不休几乎使哥本哈根会议陷入僵局的时候，2009年12月18日，中国总理温家宝以哥本哈根气候变化会议领导人的名义发表讲话指出：“中国在发展过程中高度重视气候变化问题，为应对气候变化作出不懈努力和积极贡献，中国正处在工业化、城镇化快速发展关键阶段，能源结构以煤为主，降低排放存在特殊困难，但仍然始终把应对气候变化作为重要战略任务。”中国总理温家宝在此次会议的新闻中心，向全世界宣布中国的减排决心：“中国政府确定减缓温室气体排放的目标，是中国根据国情采取的自主行动，是对中国人民和全人类负责的，不附加任何条件，不与任何国家的减排目标挂钩。我们言必行，行必果，都将坚定不移地为实现，甚至超过这个目标而努力。”在这场全球减排的博弈中，中国坚定地表达了自己的立场。

2011年6月，环境保护部发布《国家环境保护“十二五”科技发展规划》(简称《规划》)。《规划》包括“十二五”环境科技面临的形势与挑战、指导思想和原则、发展目标、重点领域与主要任务、环境科技支撑能力建设、投资估算和落实途径、实施保障措施等七部分内容。

《规划》设定的总体目标为：适应“十二五”以至今后更长时期经济社会可持续发展的环境保护要求，初步阐明区域、流域重大生态与环境问题的发生机制与演化机理，基本建立起基于环境污染和生态退化全防全控的环境科技创新体系和环境技术管理体系。围绕约束性指标取得一批具有自主知识产权的控源减排共性和关键技术；围绕环境质量改善构建适合中国国情的环境管理技术体系；围绕风险防范构建风险管理和风险控制技术体系。调查和掌握重点地区环境污染与人体健康的状况，夯实环境基准、标准制定的科学基础；逐步搭建起国家环境科技基本能力、基础数据信息获取与人才培养平台，为全面完成“十二五”环境保护目标、建设生态文明和环境友好型社会提供强有力的科技支撑。

《规划》提出的重点领域与主要任务为：水污染防治领域，大气污染防治领域，生态保护领域，固体废物污染防治与化学品管理领域，土壤污染防治领域，绿色经济、清洁生产和循环经济领域，环境与健康领域，环境监管技术领域，环境基准与标准领域，核与辐射安全领域，全球环境问题研究领域，战略性新兴环保产业培育。

《规划》针对重点行业污染控制类国家环境保护工程技术中心建设提出，针对重点行业污染问题，开展清洁生产技术、行业污染防治共性技术的开发、示范和推广，为制定行业环境保护相关技术政策、标准和指南提供技术支撑。主要建设方向：水泥行业、火电行业、石油和化学工业、印染行业、农药行业、制革毛皮行业、酒精酿造行业、造纸行业等重点行业的清洁生产技术、污染防治共性技术与设备。

为实施《规划》12 个领域的重点科技任务以及建设一批国家环境保护重点实验室、环境保护工程技术中心和野外观测研究站，预计需要国家在环境保护科技领域投入经费约 220 亿元（不包括地方配套、企业投入和国际合作资金）。

2.6.4 环境保护工作方针

1. 环境保护是中国的一项基本国策

所谓基本国策是指那些对国家经济社会发展和人民物质文化生活提高具有全局性、长期性和决定性影响的重大问题和解决对策，是立国、治国之策。

1983 年底，我国召开了第二次全国环境保护会议，在会上当时的国务院副总理李鹏同志代表国务院所作的报告中宣布环境保护是我国的一项基本国策。中国的基本国策有两项：计划生育和环境保护。可见，环境保护是何等重要，何况控制人口与环境保护是密切相关的，我国之所以把环境保护定为一项基本国策，是因为环境问题是一个涉及全局的战略性问题，解决这一问题，保护和改善环境，是我们国家、社会和人民的根本利益，它关系到社会主义的物质文明和精神文明建设的成败，关系到我中华民族的世代繁荣昌盛。

把环境保护作为一项基本国策是有我国国情决定的。第一，我国人口众多，人均资源占有量少，因此，亟待保护我们有限的资源并使其尽可能地增殖；第二，我国的环境污染，环境破坏已十分严重，已成为社会经济发展的严重障碍；第三，为了避免重蹈“先污染，后治理”的老路，必须处理好经济发展和环境保护的关系；第四，保护人民健康，为人民创造清洁适宜的环境是社会主义建设的目的之一。

国家把环境保护定为一项基本国策，并在宪法总纲里作出明确规定，意味着保护环境是一切国家机关，企事业单位、团体、组织和公民的重要职责和宪法性义务，是一项全民的事业。

2. 对今后我国环境保护工作的展望

(1) 我国国情决定中国必须发展低碳经济

一是从中国国情来看，人口多，人均资源短缺，因而经济结构转型更为紧迫而意义重大，作为一个发展中国家完成这项任务也将面临更多现实的困难和挑战。

二是从发展阶段来看，中国正处在工业化、城镇化过程中，温室气体排放增长较快，难以避免。经济发展水平还比较低，经济结构性矛盾仍然突出，能源以煤为主，随着经济的增长能源需求还将继续增长，能源消耗量还会相对增加，控制温室气体排放的确面临巨大压力。既要保持经济合理增长及相伴而生的适当排放量，又要降低温室气体增长速度，加快发展低碳经济的矛盾依然存在。

三是从与发达国家相比来看，中国发展低碳经济的基础还较为薄弱。以重工业化为特征的产业结构，造成了我国资源消耗强度大，低碳产业比重较低，低碳技术领域和具有自主知识产权的低碳技术都落后于发达国家。在碳交易市场我国所占的份额还很小，没有碳交易定价权，相关的碳交易金融衍生品极度缺乏。

四是从对外贸易来看，中国作为出口贸易大国的出口产品由发达国家消费，其温室气体排放量却由中国买单，这大体占中国排放量的14.5%～24.0%左右，也就是说，在中国的CO_2排放总量中，有一部分来自发达国家，对此，我们不能忽略和排除这个客观事实。在保护环境节能减排问题上，中国作为发展中国家和排放大国的双重身份，决定了中国承担着越来越重要的责任和减排压力，发展低碳经济，中国别无选择。

(2) 我国决心走中国特色的低碳经济之路

中国除了在国际社会与绝大多数国家达成了有关以降低温室气体排放为目标的低碳经济来解决气候变化问题的一些共识和有效方式上，中国做出了一些实际行动。并要将降低碳排放强度的具体指标写入“十二五”发展规划。这意味着“十二五”期间我国的碳排放目标将会更高，减排的力度也会更大。

但中国和绝大多数发展中国家一样，历史排放是无法改变的。因为发达国家已占用了发展中国家未来的排放空间，即使同样发展低碳经济，在一些机制和政策制定上，中国需要更宽松的国际环境，这并不意味着中国对遏制气候变化没有责任和义务。

从绿色刺激计划来看，中国从2009年和2010年投入到绿色刺激计划中的开支是美国的6倍多，我国提倡发展清洁能源，包括新能源的风能、太阳能、地热、潮汐、生物能等，也包括清洁能源的水电、核电等，并在资金与政策方面给予支持。在下一个工业革命中，我国的绿色经济、低碳经济、可替代能源和清洁能源等方面的发展将走在世界的最前沿。

从低碳技术运用来看，我国很多国有大企业所采用的低碳技术已达到世界先进水平，但这些低碳技术并没有大规模地在本行业内得到扩散，尤其是广大中小企业采用的技术往往远远落后于大企业。因此，未来我国要尽快推进低碳技术在中小企业的应用，帮助企业进入低碳经济轨道。

从产业链的角度来看，需要打造新的低碳产业链，使低碳经济价值分布由资源型企业倾斜向重工业、轻工业等方面倾斜，并由此带动产业结构的调整，将高碳产业结构逐步向低碳产业结构过渡，最终使国民经济的产业结构逐步趋向低碳产业的标准，抢占低碳经济的先机。

从国际贸易的角度来看，要鼓励低碳产品贸易和低碳技术贸易，但要反对以发展低碳经济为由而设置的各种“绿色壁垒”。就资金、技术等问题，中国积极推动发达国家和发展中国家在资金和技术转让方面实现共识，并达成具有诚意的有效协议。

从技术机制运行来看，除了引进世界先进的低碳技术外，更重要的是低碳技术的自主创新，研发具有完全自主知识产权的低碳技术，以抢占低碳经济的竞争先机。中国作为发展中国家的大国，要积极促成以低成本获得发达国家的气候友好型技术转让和信息交流及技术信息方面的咨询。

(3) 我国自主、自愿、自我约束的减排行动

20年后,中国绝对成为低碳国家。中国的低碳之路表明:中国作为一个发展中国家,从社会条件看,中国人口众多,人均年收入只有3 000多美元,还有1 500万贫困人口,正处在工业化、城镇化加快发展的重要阶段,发展经济、改善民生的任务十分繁重。从自然条件看,中国气候条件复杂、生态环境脆弱、自然灾害严重,又是最容易遭受气候变化不利影响的国家之一,适应气候变化的任务十分艰巨。鉴于这样的国情,中国政府高度重视应对气候变化问题,明确提出到2020年全国单位国内生产总值CO_2排放比2005年下降40%~45%,作为约束性指标纳入"十二五"及其后的国民经济和社会发展中长期规划,并制定相应的国内统计、监测、考核办法加以落实。这些清晰而明确的量化减排信号充分表明,中国作为一个负责任的发展中国家,已经充分认识应对气候变化的重要性和紧迫性,统筹考虑经济发展和生态建设、国内与国际、当前与长远,制定并实施应对气候变化一系列的具体措施和方针政策。

我国自主、自愿、自我约束的减排行动表明:一是到2009年上半年我国已完成单位GDP能耗比2005年降低13%,"十一五"规划的到2010年降低20%的目标有望实现。这意味着我国在5年当中减少了15亿吨以上的CO_2排放。这在全世界各个国家当中减排量都是非常大的。二是即便是在金融危机中,我国也没有放弃和减缓减排的步伐,在四万亿的刺激经济的措施中,直接用于节能减排、可持续发展方面的投资就达到2 100多亿。三是国家强制关闭了一批高耗能、高污染的小钢厂、小煤矿,数量达数万家。而且中国将大力推广低碳技术,加快向低碳经济转型也是当前市场经济环境下社会发展的必然趋势。四是从发电到炼钢,从汽车到住宅等相关产业的低碳经济趋势化日益显现。大力发展可再生能源、清洁能源和各种蓄电池产业,并为这些产品打造世界上最大规模的绿色产业市场,将为社会发展提供更多的经济增长点,成为我国国际竞争力又一着力点。这些自主、自愿、自我约束的减排行动对中国发展模式,改善社会经济结构,增加就业机会的意义不言而喻。毫无疑问,中国将成为清洁能源技术创新和发展低碳经济的先导,中国在节能减排所作出的贡献必将推动世界经济的发展。中国在节能减排上的所有作为,势必将中国的经济推向又一个新的里程碑。

思考题

1. 你知道有哪些环境问题?举一实例就其成因和解决方法谈谈你的认识?
2. 如何正确认识人类社会的科技进步与环境问题的关系?
3. 全球环境问题的主要特点及空间分布?
4. 全球变暖的主要根源及其危害?控制全球变暖的主要对策?
5. 臭氧层破坏的主要原因、危害及控制对策?
6. 生物多样性的价值?生物多样性减少的根源及保护途径?
7. 酸雨的形成及其危害?防治对策?
8. 全球环境问题发展的趋势及人类采取的行动?
9. 结合中国的现实情况,列举中国面临的主要环境问题?
10. 结合你的专业,谈一谈中国为保护人类生存环境所作出的主要贡献?
11. 结合中国的生态环境的特点,谈一谈中国环境治理的长期性和艰巨性?

第 3 章　生态学基础

生物圈主要由生命物质、生物生成性物质和生物惰性物质三部分组成。生命物质又称活质，是生物有机体的总和；生物生成性物质是由生命物质所组成的有机-矿质作用和有机作用的生成物，如煤、石油、泥炭和土壤腐殖质等；生物惰性物质是指大气低层的气体、沉积岩、黏土矿物和水。

由此可见，生物圈是一个复杂的、全球性的开放系统，是一个生命物质与非生命物质的自我调节系统。它的形成是生物界与水圈、大气圈及岩石圈长期相互作用的结果。

生物圈存在的基本条件是：第一，可以获得来自太阳的充足光能。因一切生命活动都需要能量，而其基本来源是太阳能，绿色植物吸收太阳能合成有机物而进入生物循环。第二，要存在可被生物利用的大量液态水。几乎所有的生物全都含有大量水分，没有水就没有生命。第三，生物圈内要有适宜生命活动的温度条件，在此温度变化范围内的物质存在气态、液态和固态三种变化。第四，提供生命物质所需的各种营养元素，包括 O_2、CO_2、N、C、K、Ca、Fe、S 等，它们是生命物质的组成或中介。

总之，地球上有生命存在的地方均属生物圈。生物的生命活动促进了能量流动和物质循环，并引起生物的生命活动发生种种变化。生物要从环境中取得必需的能量和物质，就得适应于环境；环境因生命活动发生变化，又反过来推动生物的适应性，这种反应作用促进了整个生物界持续不断的变化。

3.1　生态学概述

3.1.1　生态学的概念

生态学是研究生物和环境之间相互关系以及生物与生物之间相互关系及其作用机理的一门科学。生态学诞生至今有 100 多年历史，出现了许多分支学科。

生态学以一般生物为研究对象，着重于研究自然环境因素与生物的相互关系，单纯属于自然科学的范畴。而环境科学则以人类为主要对象，把环境与人类生活的互相影响作为一个整体来研究，从而和社会科学有十分密切的联系。

3.1.2　生态学的主要研究内容

(1)研究生物个体与环境的生态关系；

(2)研究生物群落与环境的生态关系；

(3)研究生态系统中生产者、消费者和还原者之间以及环境之间的生态关系，最终目的是研究和认识环境对生物的作用，以及生物对环境的改造作用，并运用这些基本原理为人类服务。

3.1.3 生态学的分支学科

按生物类别作为研究对象分：生物生态学；人类生态学；动物生态学；植物生态学；微生物生态学。

按环境性质分：湖泊生态学；海洋生态学；岛屿生态学；山地生态学。

按生命系统的复杂程度分：个体生态学（生理生态学）；种群生态学；群落生态学；生态系统生态学。

按学科渗透关系分：系统生态学；数学生态学；城市生态学；生态经济学；地理生态学；化学生态学。

按生产性质和任务分：农业生态学；资源生态学；工业生态学。

3.2 生态系统及其组成

3.2.1 生态系统的概念

生态系统就是在一定的空间内，生物群落与其环境之间通过不断地物质循环和能量流动而相互作用、相互制约、不断演化，达到动态平衡，形成相对稳定的统一整体，是具有一定结构和功能的单位。

一个生物物种在一定范围内所有个体的总和在生态系统中称为种群；在一定的自然区域中许多不同种的生物的总和称为群落，在任何情况下，群落都不是孤立存在的，总是和环境密切相关，相互作用。来自非生物环境的物质和能量，使群落的生命机能开始动起来，这就使能量和物质在群落内部从一个生物转移到另一个生物，最终又回到环境中去。群落与环境之间这种互补关系，以及能量流动和物质循环的机能系统，就是生态系统。

生态系统是一个很广的概念，任何生物群体与其环境组成的自然体都可视为一个生态系统，如一块草地、一片森林都是生态系统。在我们生活的地球上有无数大大小小的生态系统，大至整个海洋，整块的大陆，小至一片森林、一块草地、一个小池塘，甚至你家里养着水草的金鱼缸等都可以看成是生态系统，一个复杂的、大的生态系统中又包含无数小的生态系统，各种形形色色、丰富多彩的生态系统成为生物圈，因此，整个生物圈便是一个最大的生态系统。

3.2.2 生态系统的组成

地球上任何一个生态系统都是由生产者、消费者、分解者和无生命物质四部分组成（图 3-1）。其中生产者、消费者、分解者是有生命部分，无机环境是非生命部分，在生态系统中，生产者、消费者、分解者的作用是不同的。

生态系统的基本组成部分为：生产者、消费者、分解者、无生命物质（图 3-2）。

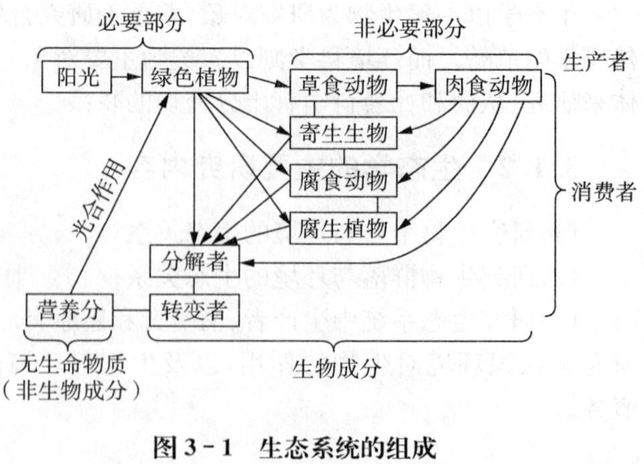

图 3-1 生态系统的组成

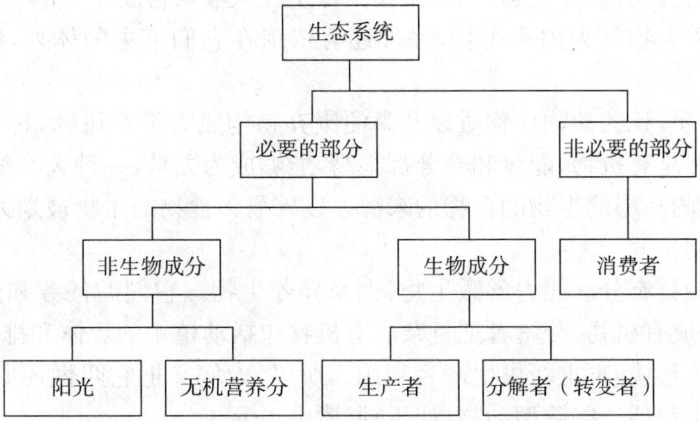

图3-2　生态系统组成的结构框图

生产者：主要是绿色植物和某些能进行光合作用或化能合成作用的细菌，它们能利用太阳能或化学能把无机物转化为有机物，把太阳能转化为化学能，不仅供自身生长发育的需要，而且也养活着生态系统的其他生物。因此，人们给它取了一个好听的名字——生产者，也称为自养生物。

绿色植物通过光合作用把 CO_2、H_2O 和无机盐类转化成有机物质，把太阳能以化学能的形式固定在有机物中，这些有机物是生态系统其他生物维持生命活动的食物来源。因此，绿色植物是整个生态系统的物质生产者。

此外，光能合成细菌和化能合成细菌也能把无机物合成为有机物。如硝化细菌能将 NH_3 氧化为 HNO_2 和 HNO_3，并利用氧化过程中释放的能量，把 CO_2、H_2O 合成为有机物。这类细菌虽然合成的有机物质不多，但它们对某些营养物质的循环却有重要意义。

消费者：直接或间接以生产者为食的生物称为消费者，它们不能直接利用无机物来养活自己，只能靠吃其他生物来生活。这类生物也称异养生物。

所有动物都是消费者，根据它们食性的不同可以分为三类：吃"素"的为食草动物，即吃植物的动物，如蚜虫、蚂蚱、兔子、牛等，它们有的蚕食植物，有的大口大口地吞食植物，直接靠生产者养活。在生态系统中，绿色生产者所制造的有机物质首先作为这类动物的食物，所以，草食动物又称为初级消费者或第一级消费者。

吃"荤"的为食肉动物，即以其他动物为食的消费者，如鲨鱼、狼、虎、鹰等，它们靠吃草食动物或者比它们弱小的肉食动物生活着。

既吃"素"，又吃"荤"的为杂食性动物，即以植物和动物为食的动物，如某些鸟类、昆虫、哺乳动物。杂食性在动物界是相当普遍的，它们的食性复杂，很难归类，如狐狸，既吃兔子、鼠类、其他小动物，又吃浆果，有时还吃动物尸体。熊也是这样。

生态学还给消费者划分了等级，以生产者为食的生物称之为初级消费者（昆虫、鼠类、牛、羊、鹿等），以初级消费者为食的生物称为第二级消费者（如以胡萝卜为食的野兔是初级消费者，而以野兔为食的狐狸则是第二级消费者），接下去可以有第三级消费者，第四级消费者，甚至更高级的消费者。某些动物可以是多级消费者。如当人们吃蔬菜时是初级消费者，当他们吃牛肉时，是第二级消费者，当他们吃以藻类为食的鱼为食物的鱼时，他们就是第三级消费者。

寄生生物构成另一种重要的消费者，它不像其他消费者那样吃掉它的"捕获物"，而是与它的"捕获物"密切联系在一起，长期地以"捕获物"为食，通常不会杀死"捕获物"（至少不会立即杀死），但常会伤害它。有的寄生物（如绦虫——寄生在人或家畜肠子里的一种虫子）生活在它们寄主的体内，这种生物称为内寄生物，另外还有依附在它们寄主的体外，称为外寄生生物，如：虱。

死的植物性物质，死的动物性物质以及粪便废弃物构成大量有机物，称为碎屑，虽然这些物质是死的，但仍然是有机物，能量和养分都很高，能够成为秃鹫（一种大型猛兽）、蚯蚓、白蚁、甲虫等这样一些大的和小的生物的食物的来源。以碎屑为食物的生物被划为单独的一类消费者，称为食碎屑生物。

分解者：指各种具有分解能力的微生物，也属异养生物。它们的任务和生产者正好相反，生产者把无机物变成有机物，分解者把复杂的有机物包括动植物的尸体和排泄物，分解成简单的无机物，还给无机环境，再重新供生产者利用。所以，人们又把它叫做还原者。分解者主要包括细菌和真菌，也包括一些微型动物，如蚯蚓、鞭毛虫等。

无生命物质也称为非生物成分，是生态系统中生物赖以生存的物质和能量的源泉及活动场所，可分为：原料部分，主要是阳光、O_2、CO_2、H_2O、无机盐及非生命的有机物；媒质部分，指水、土壤、空气等；基质，指岩石、砂、泥。

生产者、消费者、分解者、无生命物质，自然界的生态系统一般都含有这四个组成部分，其中，非生物部分和生物部分中的生产者和分解者是必不可少的。生态系统中的物质循环和能量流动都是通过这四部分来实现的。

3.2.3 生态系统的基本结构

1. 形态结构

生态系统的生物种类、种群数量、种的空间位置、种的时间变化等构成了生态系统的形态结构。

2. 营养结构

生态系统的各组成部分之间建立起来的营养关系，构成了营养结构（图 3－3）。

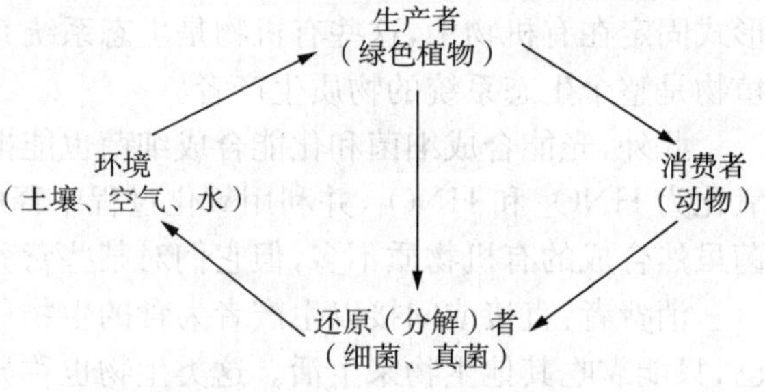

图 3－3 生态系统的营养结构

3.2.4 生态系统的基本特征（图 3－4，图 3－5）

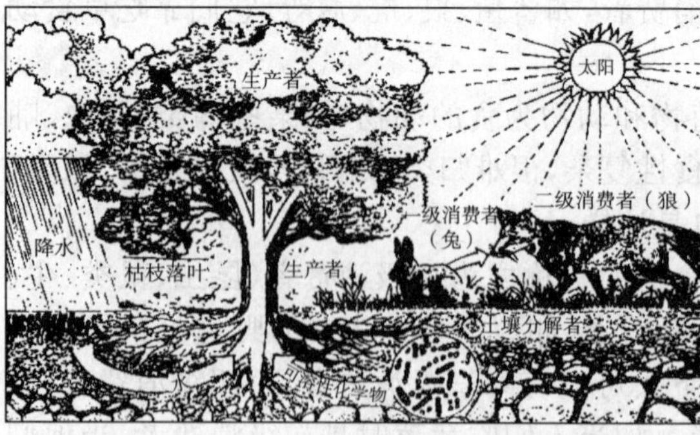

图 3－4 一个简化了的陆地生态系统

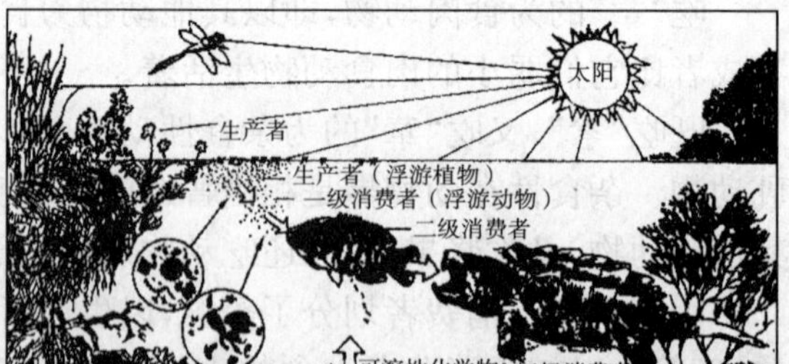

图 3－5 一个简化了的池塘生态系统

（1）包含一定的空间概念，具有水平结构、层次结构、多维结构。

（2）具有发育、繁殖、生长和衰亡等生物有机体的特性。可分为初期、成长期和成熟期，具有时间特征，表现为演替和进化。

(3) 具有生物代谢机能。其代谢通过生产者、消费者和分解者三个不同营养水平的生物类群来完成。这三个生物类群既是生态系统的基本组成成分，也是系统组成物质循环的基本结构。

(4) 具有生物机体自动调节的功能。

3.3　生态系统中的物质能量循环

3.3.1　能量循环

地球上所有生态系统的能量都来源于太阳。生态系统中的所有生物，除了少数几种化学合成细菌外，其生存所需能量都是由太阳供应的(图3-6，图3-7)。

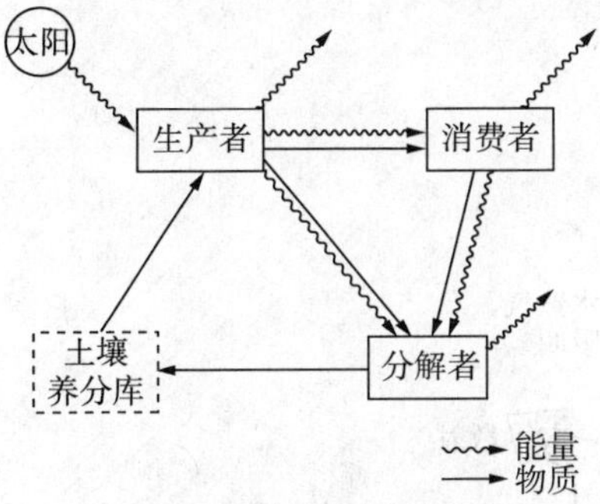

图3-6　生态系统中的物质流动和能量流动

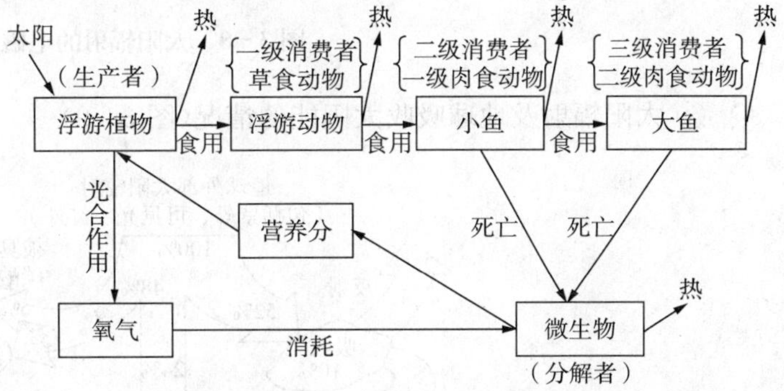

图3-7　水生生物的生态系统及其物质和能量的流动示意图

1. 食物链及营养级

(1) 食物链和食物网

所谓食物链，就是一种生物以另一种生物为食，彼此形成一个以食物连接起来的链式关系。在一个生态系统中，食物关系往往很复杂，各种食物链互相交错，形成食物网。能量的流动、物质的迁移和转化都是通过食物链和食物网进行的。

(2) 营养级

营养级：食物链的各个环节。

生产者为第一营养级，依次是第二、第三、第四营养级，一般不超过七级。低位营养级的能量仅有10%(水生系统)被上一个营养级利用。

在数量上，第一营养级就必须大大超过第二营养级，逐渐递减，就造成了生物数目金字塔、生物量金字塔、生产率金字塔。

注意：

营养级之间的能量转化效率约为1/10，只是针对湖泊等水域生态系统的经验性法则；不同生态系统的能量转化效率差别很大；森林约为5%、草地是25%左右，浮游生物占优势的群落可达50%。

(3) 生物富集作用

2. 生态系统中的能量流动

(1) 照射到地球上的太阳能量

① 太阳辐射的电磁波情况(图 3-8)

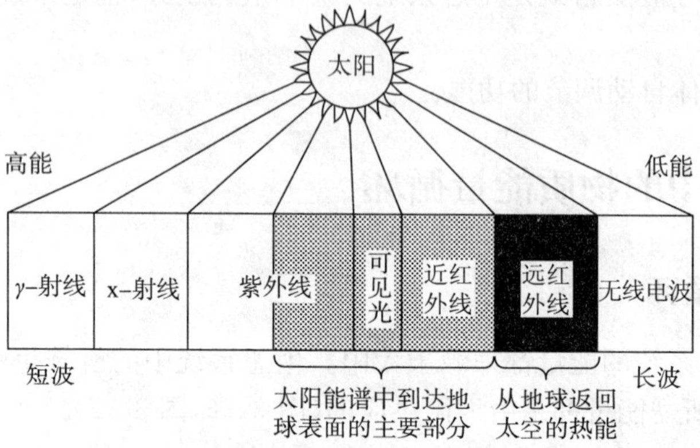

图 3-8 太阳辐射的电磁波

② 太阳辐射及地球吸收太阳能的情况(图 3-9)

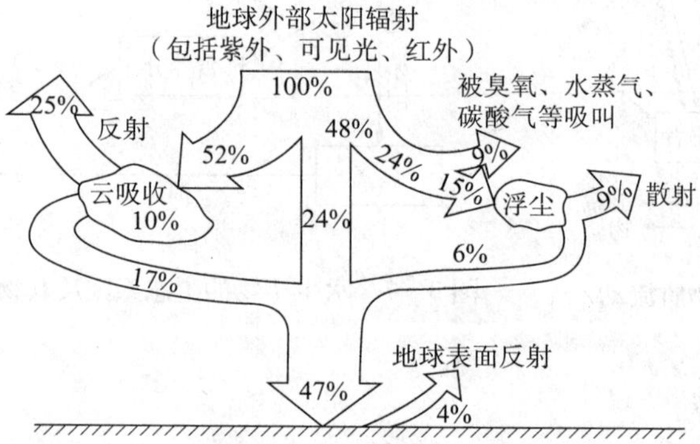

图 3-9 太阳辐射及地球吸收太阳能的情况

(2) 生态系统中的能量流动

① 通过各级食物链,组成了生态系统的能量流动,并且服从热力学定律。

② 能量流动的实现途径:光合作用和有机成分的输入;呼吸的热消耗和有机物的输出。

③ 生态系统热力学公式:$P_g = P_n + R$

其中:P_g 为食物链某营养级的总产量或输入的能量;P_n 为净产量;R 为呼吸作用消耗的能量。

④ 能量流动的特点(图 3-10)

a. 生产者即绿色植物对太阳能的利用率很低,只有 1.2%;

b. 能量只朝单一方向流动;

c. 流动中能量逐渐减少,每经过一个营养级都有能量以热的形式散失掉;

d. 各级消费者之间能量的利用率也不高,在 4.5%~17%之间,平均起来约为 10%;

e. 只有当生态系统生产的能量与消耗的能量相平衡时,生态系统的结构和功能,才能保持动态的平衡。

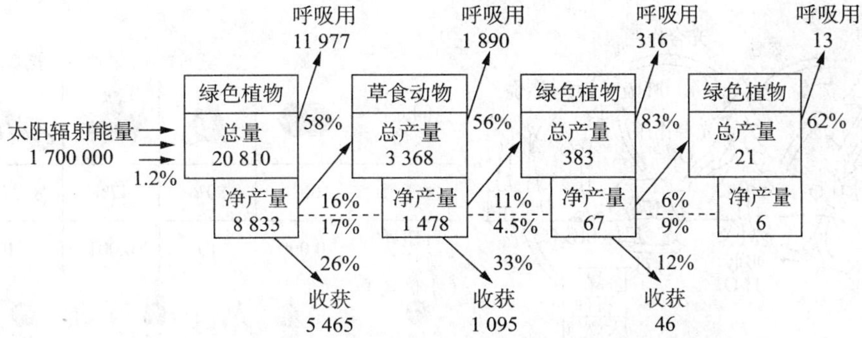

图3-10 美国南方某河流生态系统中食物链能量流动示意图

单位:千米/(米^2·年)(注:1千卡=4.2×10^{3}焦耳)

3.3.2 物质循环

生物体原生质中97%以上是由氧、氢、碳、氮、磷组成,还有硫、钙、镁、钾等。

生态系统中的主要物质循环有以下几方面。

1. 水循环

水是地球上分布最广的物质之一。大气圈、水圈、岩石圈和生物圈处处都有水的踪迹。水也是地球上最古老的物质之一。在地球形成之后不久,就产生了水。在以后漫长的岁月中,水孕育了生命,自身也成为构成生命不可缺少的物质。现在的地球,其70%的表面为水所覆盖。在阳光照射下,地面的水开始蒸发,水分进入大气并逐渐聚集为云层。云层冷却到一定程度即出现降水(包括降雨和降雪)。水分又回到地面并开始了新的循环。如此周而复始,构成了全球水的大循环。生态系统的水循环只是全球水循环的一小部分,但是由于它和人类的紧密联系而显得更为重要。人类的活动深刻地改变了生态系统的水循环。同时它也对人类的生活造成了极大的影响。生态系统的水循环简言之就是降水与地表蒸发作用的往复运动。当大气中的水分以降水的形式落到地面后,一部分渗入地下,一部分成为地表径流,还有一部分为地表植被所截取。在降水不多的地区,植物汲取的水分有时非常可观。例如,在温带地区,被汲取的降水可达总降水量的25%。随后在阳光的作用下,部分地下水渗上地面与地面水一同被蒸发。植被本身的部分水分也通过叶面被蒸发,如此往复,构成了整个生态系统的水循环。在整个循环中,植被对水的汲取对整个生态环境尤为重要。降水偏多的季节,大量的植被可以减少地表径流水量,避免或减少洪涝的灾害。而降水减少的季节,植被又可以保持土壤的湿润。但是由于人类认识上的偏差,地球生态系统中的植物正被大量地破坏。这种情况在许多发展中国家,尤其是非洲大陆非常显著。因而这些地方也成为了遭受灾害最频繁的地区。

地球上的水循环通过三条主要途径完成,即降水、蒸发和水蒸气输送(图3-11)。从空中以雨或雪的形式降落的水量(每年约385 000立方千米)中的大部分降落到海洋,然后又蒸发到大气中。还有一部分以径流或地下水的形式从陆地流向海洋。另一条途径是大气中的气流带着水蒸气从海洋到陆地。

2. 氮循环(图3-12)

氮在地球大气圈、岩石圈和生物圈都有广泛的分布。在大气中氮的储量最为丰富。在地壳中的氮也是常见元素之一。生物圈中的氮总量最少,但是它对生命体却有着决定性的作用。无论是生命必须的蛋白质还是核酸,处处都离不开氮的存在。

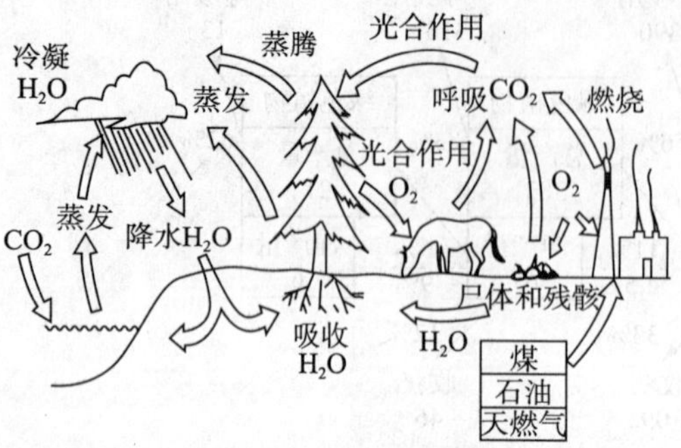

图 3-11 水循环

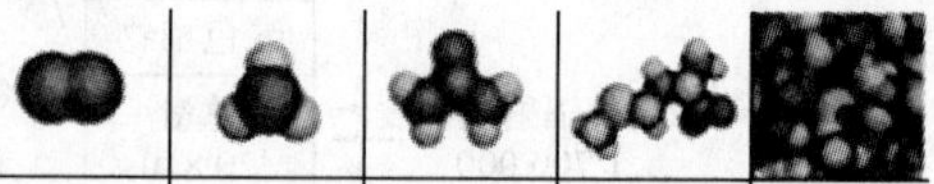

	氮	氨	尿素	氨基酸	蛋白质
空间立体模型					
含氮量	100%	80%	47%	8–27%	16%
自然界蕴藏量（十亿吨）	10 000	10	0.001	10	1

大气中的氮以分子形式存在，占大气总量的 78%。但是氮分子在化学性质上具惰性，只有大气中偶尔的闪电可以分解少量氮分子成为氮的化合物。这部分氮化合物随降水进入土壤和海洋。陆地上也有少量植物可以直接吸收氮分子。此外，还有极少量的氮分子溶解于海洋中。但总的来说，大气中参与氮循环的氮是很少的。岩石和矿物中的氮被风化后进入土壤，一部分被生物体吸收，一部分被地表径流带入海洋。海洋接纳了来自土壤和大气的氮，其中的一部分被生物体吸收。生物体死后，生物体内的氮一部分以挥发性氮化合物的形式进入大气，一部分又返回土壤，还有一部分以沉积物的形式沉积在大洋深处。

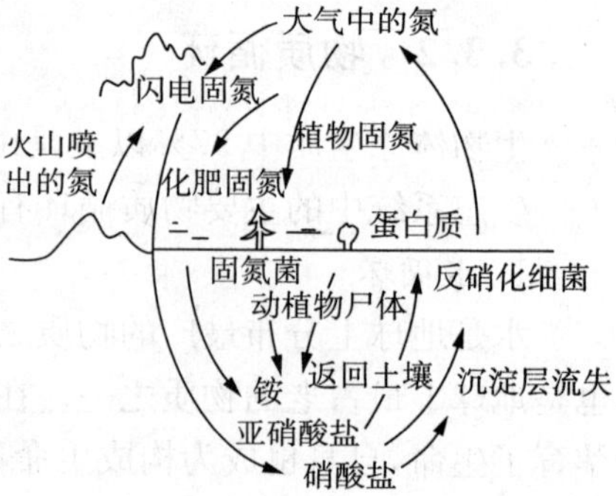

图 3-12 氮循环

氮是构成生命的主要元素。植物的生长更缺少不了氮的补充。但是由于地表径流的溶解和搬运作用，土壤中的氮往往消耗极大而补充很少。而大多数植物又不能直接吸收大气中的氮。自然条件下，很多植被丰茂的地区都面临着氮的缺乏。人类利用自身的智慧使全球氮循环，尤其是大气的氮循环得到了补充。现代化肥工业成功地固定了大气中的氮，并将其转化为可被初级生产者利用的形式。这个产业带来了全世界范围内农作物产量的大幅度增长，因而被称之为“绿色革命”。

3. 碳循环（图 3-13）

碳是地球上储量最丰富的元素之一。它广泛地分布于大气、海洋、地壳沉积岩和生物体中，并随地球的运动循环不止。同时碳又是有机化合物的基本成分，是构成生命体的基本元素。碳循环还与生命活动紧密相连。亿万年来，在地球的生物圈和大气圈中，碳通过生命的新陈代谢，往复循环、生生不息。

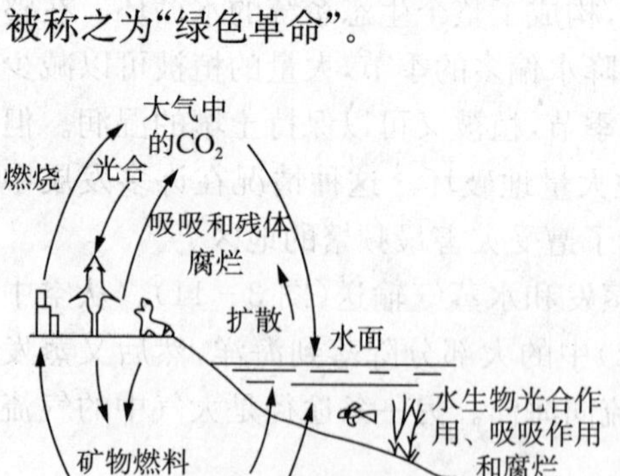

图 3-13 碳循环

自然界中绝大多数的碳并非储存于生物体内，而是储存于大量的地壳沉积岩中。一方面沉积岩中的碳因自然和人为的各种化学作用分解后进入大气和海洋；另一方面生物体死亡以及其他各种含碳物质又不停地以沉积物的形式返回地壳中，由此构成了全球碳循环的一部分。在碳的生物循环中，大气中的二氧化碳被植物吸收后，通过光合作用转变成有机物质，然后通过生物呼吸作用和细菌分解作用又从有机物质转换为二氧化碳而进入大气。碳的生物循环包括了碳在动、植物及环境之间的迁移。碳的生物循环虽然对地球的环境有着很大的影响，但是从以百万年计的地质时间上来看，缓慢变化的碳的地球化学大循环才是地球环境最主要的控制因素。

碳的地球化学循环控制了碳在地表或近地表的沉积物和大气、生物圈及海洋之间的迁移，而且是对大气二氧化碳和海洋二氧化碳的最主要的控制。沉积物含有两种形式的碳：干酪根和碳酸盐。在风化过程中，干酪根与氧反应产生二氧化碳，而碳酸盐的风化作用却很复杂。含在白云石和方解石矿物中的碳酸镁和碳酸钙受到地下水的侵蚀，产生出溶解的钙离子、镁离子和重碳酸根离子。它们由地下水最终带入海洋。在海洋中，浮游生物和珊瑚之类的海生生物摄取钙离子和重碳酸根离子来构成碳酸钙的骨骼和贝壳。这些生物死了之后，碳酸钙就沉积在海底而最终被埋藏起来。自然界自发进行的碳循环，在很长的时期内始终处于一种均衡的状态，使地球的环境基本保持不变。

然而人类的行为却在很短的时间内打破了这种平衡。尤其是近200年来，人类对煤、石油和天然气等含碳能源的大量开采利用，致使更多的二氧化碳被排入大气。本世纪以来，大气测量的众多数据表明，大气中二氧化碳浓度正在呈指数上升。虽然许多科学家认为几乎所有工业产生的二氧化碳会被海洋吸收，但实际上海洋对二氧化碳的可能吸收率比人们曾经认为的要低得多。因此，煤、石油和天然气等燃烧释放的大量二氧化碳，很可能将在大气中滞留相当长的时间，这也许会对世界气候产生深远的影响。斯克里普斯海洋学研究所的 Charles David Keeling 在夏威夷的莫纳罗亚(MaunaLoa)山顶设置了高精度的气体分析器对二氧化碳进行了连续测量。经过20年的观测，结果表明二氧化碳浓度有一个年周期，这一周期反映了绿色植物的季节变化。在生长季节由于光合作用，大气中的二氧化碳有减少的趋向；在非生长季节由于植物组织的氧化作用，二氧化碳又返回到空气中。消除季节变化之后，记录到的资料表明，大气中的二氧化碳大致有一个呈指数形式的增加。在刚开始测量时，二氧化碳浓度的上升率约为每年 $0.7\ mL/m^3$，而到70年代末期，上升率已达到每年 $1.4\ mL/m^3$。

二氧化碳能吸收地表的红外辐射，是一种典型的温室气体。自从100年前瑞典化学家阿伦尼乌斯(Svante Arrhenius)提出大气中二氧化碳丰度的变化会影响地表温度的假说以来，越来越多的科学家致力于大气中二氧化碳与环境关系的研究。时至今日，大量的研究表明，大气中二氧化碳浓度的增长，将继续使全球气候发生变化，从而也给人类社会带来了深远的影响。科学家们提供的种种研究都说明，二氧化碳正在逐渐地改变着全球气候，无论是对全球气温还是对大气降水，这种效应正日益明显。因此，很自然地就会影响到人类社会，其后果可能是复杂的，甚至是极其严重的。

4. 氧循环

氧的地球化学循环涉及的环节非常复杂，包括了大气圈、生物圈、岩石圈，甚至整个地球的方方面面，是目前研究较多的领域之一。大气与海水的相互作用，生物的生理活动，地球内部的物质分异以及岩石圈表层的地质作用，大气圈臭氧层的变化等过程都发生着氧的交换。目前氧循环的研究主要通过分析氧同位素的构成，分馏机理等特征来探求氧的分异、固定、流动和混合的过程。至今科学家们还没有建立起氧循环系统的完整结构。

5. 硫循环(图3-14)

自然界的硫最初来自于黄铁矿(FeS_2)和黄铜矿($CuFeS_2$)等含硫的矿物。但这些矿物被风化剥蚀后，硫就进入了土壤。土壤中的硫一部分被地表径流溶解进入海洋，一部分被氧化以挥发性气体的形式进入大气，还有一部分被植物吸收，通过食物链的关系分布于生物圈。进入海洋的硫，一部分以沉积的方式，亿万年之后成为煤或石油中的硫，一部分进入生物体被吸收。生物体中的硫在生物体死亡腐败过程中，一部分以 H_2S 的方式进入大气，其余的重又回到土壤，使循环得以继续。而大气中的硫却以降水的形式落到海洋、土壤中，又开始了它们的下一轮次的循环。

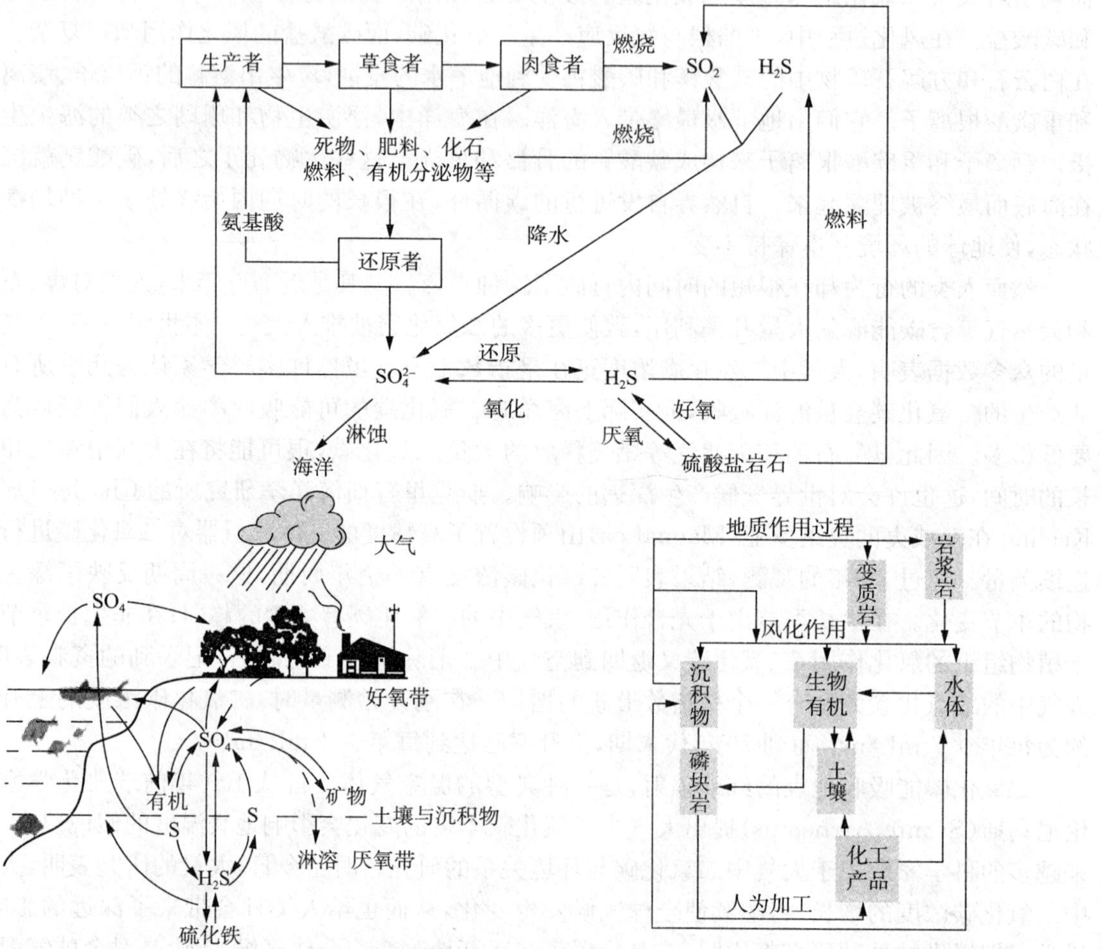

图 3-14 硫循环

6. 磷循环(图 3-15)

磷灰石构成了磷的巨大储备库，而含磷灰石岩石的风化，又将大量磷酸盐转交给了陆地上的生态系统。与水循环同时发生的则是大量磷酸盐被淋洗并被带入海洋。在海洋中，它们使近海岸水中的磷含量增加，并供给浮游生物及其消费者的需要。而后，进入食物链的磷将随该食物链上死亡的生物尸体沉入海洋深处，其中一部分将沉积在不深的泥沙中，而且还将被海洋生态系统重新取回利用。埋藏于深处沉积岩中的磷酸盐，其中有很大一部分将凝结成磷酸盐结核，保存在深

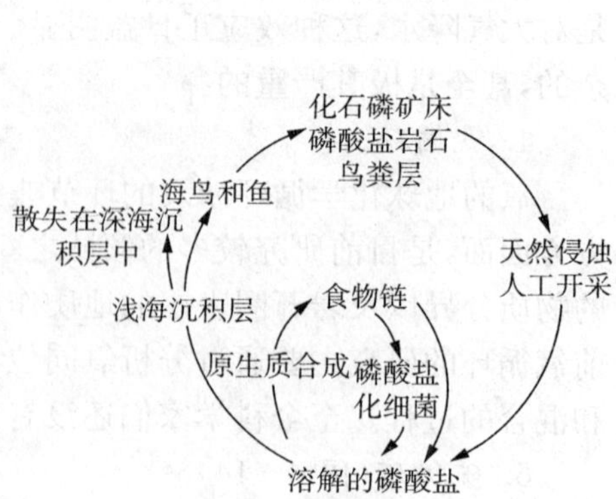

图 3-15 磷循环

水之中。一些磷酸盐还可能与 SiO_2 凝结在一起而转变成硅藻的结皮沉积层，这些沉积层组成了巨大的磷酸盐矿床。通过海鸟和人类的捕捞活动可使一部分磷返回陆地。但从数量上比起来，返回陆地的磷与每年从岩层中溶解出来的以及从肥料中淋洗出来的磷酸盐相比要少多了。其余部分则将被埋存于深处的沉积物内。

3.3.3　生态系统中的信息流动

1. 信息的分类及传递(图 3－16)

营养信息—食物链；化学信息—昆虫分泌激素；物理信息—声、光、色、电等行为信息；

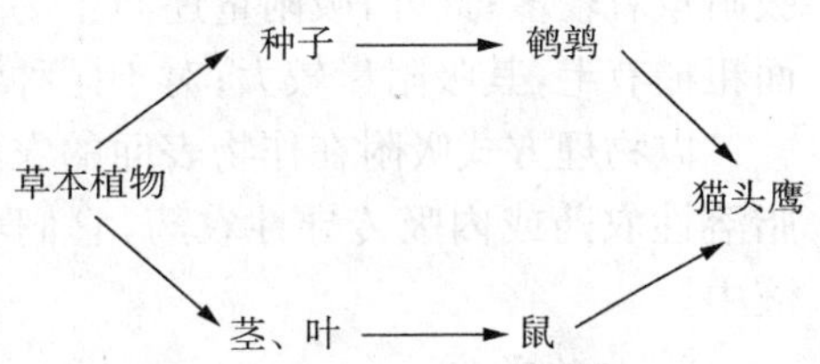

图 3－16　信息的分类及传递

2. 信息流的特点

信息的多样性；

信息传递方式的复杂性；

信息的种类多，物种信息储存量大；

信息量与日俱增，大量信息有待开发。

3. 信息流动的过程

产生、获取、传递、处理、再生、施效。

3.3.4　小结

(1) 生态系统是一个主要的生态学单位，它包括生物与非生物成分；并且在土壤、水、营养物质、生产者、消费者和还原者之间具有某种结构上的相互关系，以适应能量和营养物质在生物和非生物成分之间进行物质循环和能量流动。

(2) 生态系统的功能与通过生态系统各结构成分的物质循环和能量流动相关。这种功能的单位是种群。

(3) 流经一个自然生态系统的总能量，取决于植物或生产者所固定的能量。当能量在营养级间逐一传递时，有相当大的部分作为呼吸热而损失掉。这种情况限制了每一营养级所能维持的有机体的数量和质量。

(4) 生态系统有趋于成熟的倾向，在这过程中，生态系统由简单的状态变为较复杂的状态，这种定向性的变化称为演替。

(5) 在任何一个生态系统中，环境和能量都是有限的，当一个种群达到生态系统所给予的限制时，种群数量趋于稳定；或出于疾病、竞争、饥饿、低繁殖率等原因，引起种群数量下降。

(6) 环境的改变和波动(如环境的开发和种间竞争)，表现为对种群的选择压力，有机体必须调整以适应这种选择压力，不能适应的有机体便会消失，这可能在一定时间内降低生态系统的成熟性。

(7) 生态系统有其历史的状况，现在与过去有关，而未来与现在也有关。

3.4　生物污染与生态破坏

3.4.1　生物污染

当污染环境的某些物质在生物体内累积，其数量超出了生物体内正常含量，并足以对生物的生活产生影响和危害时，就称生物受到了污染。

生物体受污染的途径主要有三个方面：生物吸附、生物吸收和生物富集。

1. 生物吸附

污染物质通过共价、静电或分子力的作用吸附在生物体表面的现象，称为生物吸附。如大气中的尘埃、细菌、重金属、农药等能被吸附在植物叶片上；水体中的颗粒物及一些污染物也能被水草、藻类及鱼贝所吸附。生物吸附作用与生物体表面积有关，表面积越大，其对污染物的吸附量就较多；此外，吸附量还与生物表面性质和吸附剂的不同而异，表面具有绒毛的植物，表面粗糙有毛，其吸附量较大；对于同种农药，使用乳剂比用粉剂的吸附量大。

以物理方式吸附在作物表面的农药可因蒸发、风吹或随雨露流失而脱离作物表面。但对脂溶性农药或内吸传导性农药，它们可溶入作物表面的蜡质层或组织内部，而进入植株的汁液中。

2. 生物吸收

大气、水体和土壤等环境因素中的污染物可经过生物体各种器官的主动和被动吸收进入生物体。如一些植物通过植物叶面吸收某些污染物后再通过细胞间隙运转至其他部分，使植物受到污染，有的是通过植物根系，从水体或土壤中吸收有毒物质引起污染，而动物则主要是通过呼吸道、消化道和皮肤吸收等途径使污染物进入动物机体，空气中的有毒物质通过呼吸道吸入后最后也吞咽到消化道，再被吸收到机体内。一般情况下，毒物主要是通过消化道进入机体，如甲基汞、镉等即由消化道侵入。

动物的皮肤是保护机体的有效屏障，但是有些毒物具有脂溶性，能通过皮肤吸收进入动物体内。

3. 生物浓缩

那些较稳定不易分解的物质被生物吸收后常在体内积累，经过食物链，它们可以逐渐积累浓缩，这种现象称为生物浓缩或生物富集。生物富集的程度可用富集系数（或浓缩系数）来表示，即某种元素或难分解物质在生物体内的浓度与生物生长环境中该元素或物质的浓度之比。该系数与环境中元素或物质的种类和浓度、不同生物的生理生化特性以及环境因素等有关。

3.4.2 生态破坏

生态破坏是指生态系统的平衡遭到破坏，也就是外界的压力和冲击超过了系统的忍耐力或“阈值”，导致系统的结构和功能的严重失调，从而威胁到人类的生存和发展。

1. 全球生态破坏

人类造成的全球生态破坏主要表现在以下几个方面。

(1) 森林在缩小

历史上地球的森林面积多达 76 亿公顷，19 世纪减少到 55 亿公顷。到 1980 年和 1985 年，全世界森林面积又分别减少到 43.2 亿公顷和 41.47 亿公顷。全世界每年损失森林面积达 1 800 ～ 2 000 万公顷。目前，全世界热带森林面积为 30 亿公顷，自 1976 年以来，全世界每年砍伐森林 600～800 万公顷的热带森林。

造成森林面积不断减少的原因，主要是对木材、薪柴和农业、放牧用地以及人口居住用地的需求不断增加所致。

(2) 土地在丧失

随着森林的砍伐，土地沙漠化和土壤侵蚀日趋严重。目前全世界沙漠化面积已达 40 多亿公顷，100多个国家受其影响。因沙漠化进展，全世界每年损失土地600多万公顷。其中包括草地320万公顷，靠雨水浇灌的农田250万公顷，人工浇灌的农田12.5万公顷。有史以来已经损失土地大约20亿公顷，比目前全球耕种的土地还多。据联合国粮农组织的估计，全世界30%～80%的灌溉土地不同程度地受到盐碱化和水涝灾害的危害，由于侵蚀而流失的土壤每年高达240亿吨。有人认为，在自然力的作用下，形成1 cm厚的土壤需要100～400年的时间，因而土壤侵蚀是一场无声无息的生态灾难。

(3) 草原在退化

全球的草原约占陆地总面积的20%左右，各大洲均有分布。草原一般分为在比较干旱和半干旱地区，土地过平坦，土壤肥沃。但是，由于过度放牧与不适宜的开垦耕种，往往引起草场退化，发生土壤侵蚀、土壤盐渍化与沼泽化，并可进一步荒漠化。草场退化与荒漠化的另一严重后果是大大缩小了草原动物栖居地，使食草兽类的数目大量减少，以至濒临物种灭绝的境地，而捕食这些食草兽的肉食动物的数目亦大为减少，导致整个生态系统平衡的破坏。

(4) 生物种消失

生物种是大自然的遗传资源，是天然的"基因库"。地球上所有生物，在营养上彼此依赖，即构成食物链或营养链。因而，生物种或生物多样性的消失，将给生态系统及人类带来无法弥补的损失。目前生物种消失已成为全球最严重的生态环境问题之一。

生物种消失的主要原因是由于世界人口猛增，居住和食物的矛盾越来越突出，城市和部分发达地区变得十分拥挤，迫使人们去开拓那些原始地区，从而导致动植物的减少。世界上的热带森林地区是目前生态系统改变最剧烈的地区，占地球面积7%的热带森林从20世纪40年代以来，已被毁坏一半。

环境专家认为，要维持地球上人类的生存和发展，就必须保护自然界自身的繁荣，拯救濒危物种，使地球上生物资源得以永续利用。如果不采取有效措施阻止野生动植物的灭绝，我们失去的不仅是食品、药材、能源和工业原料，还会引起世界性的贫困。

2. 我国生态破坏的基本状况

当前我国的生态破坏相当严重，主要表现为植被破坏，并由此导致水土流失、土地沙化、野生动植物资源减少和自然灾害加剧。

(1) 植被破坏

植被是覆盖地面植物的总称，我国植被破坏的表现在森林面积锐减和草场退化等方面。

我国历史上曾是多森林国家之一，但到20世纪40年代后变成了世界上的少森林国家。据林业部门统计，建国后我国林地最高曾达18.7亿亩，森林覆盖率为13%，目前估计实际覆盖率只有11.5%，还不及世界平均31.3%的一半。全国许多重要林区，由于长期重采轻造，森林资源锐减趋势十分严重。如四川省建国初全省森林覆盖率在20%左右，川西地区达40%以上，但到70年代末，川西地区覆盖率减到14.1%，全省减到12.5%，川中丘陵地带森林覆盖率只有3%。又如西双版纳地区，建国初期，天然森林覆盖率达60%，目前已降到30%以下，自1957年以来，天然林每年约减少25万亩。

造成这种森林破坏的原因，是由于人们只把森林看作是生产木材的场所，对森林在生态环境中的重要作用缺乏认识，长期消耗量大于生长量，再加上毁林种粮、森林火灾，造林成活率低(仅30%)，成林率更低，促使森林资源锐减，森林覆盖率下降。

植被覆盖率降低的另一个表现是草场退化。我国草原总面积约53亿亩，可利用的约46亿亩，占国土面积的40%以上，居世界第四位。但是，自新中国建立以来对合理利用草原资源，维护草原生态平衡缺乏深刻认识，导致过度放牧、重用轻养、盲目开垦，草原退化比较严重。

森林面积锐减，草场退化，给生态环境带来了严重的后果。

(2) 水土流失

据有关部门估算，全国水土流失面积约150万平方公里，折22.5亿亩，占国土面积的1/6。近30年来，虽开展了大量的水土保持工作，但总的情况是：点上有治理，面上在扩大，水土流失的总面积有增无减，全国总耕地有1/3受到水土流失的危害。

水土流失的直接危害是淤积江河湖泊，破坏水利设施，降低土壤肥力。由于水土流失，全国每年表土流失量达50亿吨以上，相当全国耕地每年剥去1cm的肥土层，损失的氮、磷、钾养分，相当于4 000多万吨的化肥。同时，在水土流失地区，地面被切割得支离破碎、沟壑纵横，给土地资源和农业生产带来极大破坏。

(3) 土地沙化

由于植被破坏，我国北方干旱、半干旱地区的沙漠化土地不断扩大。据调查，我国北方沙漠化土地已达33.4万平方公里(不包括自然因素造成的沙漠和砾质荒漠)，约合5亿亩，占我国北方地区面积的10.3%，占全国面积的3.4%。其中，历史时期形成的有12万平方公里，现代沙漠化土地5.6万平方公里，潜在沙漠化土地15.8万平方公里，东西长达5 500 km，涉及13个省、市、自治区的212个县、旗。

造成我国北方土地沙漠化的原因中，自然风力作用造成沙丘前移，仅占5.5%，而绝大部分是人为原因造成的。其中主要的是：过度樵采、草原过度放牧和草原过度农垦，实为土地不合理利用的结果。如果这种不合理的土地利用不改变，我国北方的沙漠化土地还将以3.5%的年增长率增长。

(4) 野生动植物减少

我国野生动植物种类丰富，野生鸟、兽、两栖、爬行类动物有2 100种，约占世界种类数的10%；高等植物3万种，其中不少属于珍贵、稀有的。但是，由于森林大量被砍伐，天然植被的破坏，许多野生动植物的栖息和生长环境遭到破坏，加之滥捕乱猎、滥采滥伐，已使许多野生植物大减，有很多种类已面临灭种的威胁。据初步统计，野鸟、高鼻羚羊、犀牛、豚鹿、白臀叶猴、黄腹角雉等珍稀动物已基本灭绝；大熊猫、白鹤、长臂猿、老虎、大象、海南坡鹿、黑金丝猴、白鳍豚、扬子鳄等20种动物已濒临灭绝。野生植物的破坏也相当严重，我国珍稀濒危植物共389种，包括蕨类植物13种，裸子植物71种，被子植物305种。划为濒危类别的有121种，稀有类别110种，渐危(受威胁)类别的有158种。

(5) 自然灾害增加

据全国政协经济建设组和农业组的调查，由于森林过量采伐和植物破坏，四川省已有46个县年降雨量减少了15%～20%，不仅导致江河水量减少，而且旱灾日益加剧。在四川盆地，20世纪50年代伏旱一般三年一遇，现在变为三年两遇，甚至连年出现，而且旱期成倍延长。春旱也在加剧，由50年代的三年一遇变为十春八旱，自古雨量充沛的“天府之国”，出现了缺雨少水的现象。

自然生态环境的破坏，打破了原有生态系统平衡，使鼠、虫危害加重。例如，原始森林的破坏和草原的退化，使鼠类的天敌(猫头鹰、蛇、黄鼠狼等)因失去适宜的栖息场所而减少，但鼠类却因杂木林和杂草丛生，食料丰富，栖息场所扩大而迅速繁殖起来，对林业、农业和畜牧业造成重大危害。

3.4.3　保护生物多样性

生物多样性指的是地球上生物圈中所有的动物、植物和微生物，以及它们所拥有的基因和生存环境。

生物多样性包含三方面概念：①基因多样性（也叫遗传多样性）；②物种多样性；③生态环境多样性。

简单地说：生物多样性表现的是地球上千千万万种生物和它们生存的环境。

保护生物多样性的意义：

生物多样性具有很高的价值，最为宝贵的是：它是大自然造就的基因资源库。每一个物种都有一套自己独特的基因，这是物种在漫长的进化过程中既顺应了自然，又保留下了自己物种特性的基因组合，极为珍贵，而且不可再生。在这方面，人类的知识几乎为零。对于人类的使用价值来说，许多植物成分是人类治疗疾病所离不开的药物成分。人类在日常生活中使用的各类纤维、油脂、芳香油、去污剂、胶和建筑材料等，都来自大自然中多种不同的生物资源。所以说，充满了生物多样性的地方是一座巨大的、可再生的资源宝库。

在地球的陆地生态系统中，生物多样性最为丰富的区域是热带雨林。那里生活着世界上50%的物种。但由于森林砍伐、滥捕乱猎和环境污染，全世界的物种在以每天几十种的速度消失。这是地球资源的巨大损失，因为一个物种灭绝之后，永不再生，而消失的物种还会通过生物链引起其他物种的消失。所以，保护生物多样性是当今保护地球环境的重大课题之一。

1. 中国的生物多样性

(1) 中国的物种资源

中国是世界上动植物种类最多的国家之一，生物多样性居全球第八位，北半球第一位。

中国有高等植物 32 800 种，占世界总种数的 10%，仅次于马来西亚和巴西，居世界第三位。其中，被子植物 24 500 多种，裸子植物约 250 种，苔藓植物约 2 000 种，蕨类植物 2 600余种，植物药材 4 773 种，淀粉原料植物 300 种，纤维原料植物 500 种，油脂植物 800 种，香料植物 350 种，已开发利用的真菌 800 种。我国特有的植物约有 200 个属，17 300 余种。银杉、水杉、水松、金钱松、台湾松、银杏、珙桐、水青树、钟萼木、香果树等都是中国特有的珍贵树种。

中国是世界三大栽培植物起源中心之一，水稻、大豆、谷子、黄麻等多种作物起源于中国。中国拥有大量栽培植物的野生亲缘种，如野核桃、野板栗、野荔枝、野龙眼、野杨梅、野生稻、野生大麦、野生大豆、野生茶叶、野苹果等，是珍贵的野生植物资源。中国常见的栽培作物有 50 多种，果树品种万余个。

中国动物种类约 10.45 万种，占世界总数的 10%。脊椎动物 6 347 种(667 种为中国特有脊椎动物)，占世界总种数的 14%，其中，哺乳类 581 种、鸟类 1 244 种、爬行类 376 种、两栖类 284 种、鱼类 3 862 种。

中国拥有的包括昆虫在内的无脊椎动物、低等植物和真菌、细菌、放线菌的种类更为繁多，因大部分种类迄今尚未被认识，目前尚难作出确切的估计。据专家估计，中国拥有的昆虫约为 10 万种。

中国动物中有鹤类 9 种、雁鸭类 46 种、食肉类 54 种、雉类 276 种、灵长类 190 种。

(2) 中国的多样生态系统

中国具有地球陆地生态系统的各种类型，包括森林、灌丛、草原、稀树草原、草甸、荒漠、高山冻原以及复杂的农田生态系统，而且每种生态系统还包括多种气候型和多种土壤型。中国的森林有针叶林、针阔叶林和阔叶林，以乔木的优势种、共优势种或特征种为标志的类型主要有212类，竹类有36类。中国的灌丛类型极为多样，主要有113类。中国的草甸可分为典型草甸(27类)、盐生草甸(20类)、沼泽化草甸(9类)、高寒草甸(21类)。中国的草本沼泽有14类，木本沼泽有4类，并有1类泥炭沼泽。中国的红树林主要有18类。草原分为草甸草原、典型草原、荒漠草原和高寒草原，共55类。中国的荒漠分为小乔木荒漠、灌木荒漠、小半灌木荒漠、垫状小半灌木荒漠，共52类。中国的高山冻原、高山垫状植被和高山流石滩植被主要有17类。

(3) 中国物种的损失状况

由于人口的急剧增长、不合理的资源开发活动以及环境污染和自然生态破坏，中国的生物多样性损失严重，动植物种类中已有总物种数的15%～20%受到威胁，高于世界10%～15%的水平。在《濒危野生动植物种国际贸易公约》所列640个种中，中国就占156个种。

近50年来，中国约有200种植物已经灭绝，高等植物中濒危和受威胁的高达4 000～5 000种，约占总种数的15%～20%。许多重要药材如野人参、野天麻等濒临灭绝。《中国珍稀濒危保护植物名录》确定珍稀濒危植物354种，其中，一级8种，二级143种，三级203种。

中国近百年来，约有10余种动物绝迹，如高鼻羚羊、麋鹿、野马、犀牛、新疆虎等。目前，有大熊猫、金丝猴、东北虎、雪豹、白鳍豚等20余种珍稀动物又面临绝灭的危险。《国家重点保护野生动物名录》确定国家重点保护动物257种，其中一级96种，二级161种。丹顶鹤、台湾猴、扭角羚、白唇鹿、华南虎、褐马鸡、黑颈鹤、绿尾红雉、扬子鳄、中华鲟等属于我国100多种珍稀动物之列。

(4) 中国的自然保护区

从1956年起，中国开始建立自然保护区，到1985年，全国建立的自然保护区数量达到119个，总面积为1 933万公顷，占中国陆地国土面积的2.10%。1985年以后，中国建立自然保护区的数目明显增加，截止到2000年底，全国范围内建立的国家级、省级、地、市级自然保护区达到1 227个，总面积为9 827万公顷，约占中国陆地国土面积的9.85%。这些自然保护区包括了多种湿地生态系统和海洋海岸生态系统。

2. 中国的气候变化与自然灾害

(1) 中国气候出现变暖趋势

近40年来中国的气候存在着变暖的总趋势，20世纪80年代的年均气温值比前30年的平均气温值高0.21摄氏度。

气温增高增大了地表水的蒸发量，从而加重了中国华北和西北地区的干旱、土地沙化、碱化以及草原退化，使得近年来，春季北方沙尘天气异常频繁。

气候变暖对中国西北、华北、东北、西南、华中的夏季气候造成影响，使农业病虫害频繁产生。2000年中国遭受了罕见的全国性干旱，而且干旱高温致使北方部分省市发生大面积严重的蝗虫灾。

全球气候变暖造成的海平面上升对三角洲地带和平原沿岸危害最大，而这些地区都是中国经济密集、比较发达的地区。海平面上升，必将对中国的社会、经济发展产生巨大影响。

(2) 中国的自然灾害特点

中国的自然灾害常常与人口密集和人为对自然界的破坏有直接联系。与世界其他国家相比，中国是一个自然灾害发生频繁而且后果严重的国家，其灾害类型包括：干旱、洪涝、滑坡、泥石流、台风、冰雹、霜冻、病虫害、地震等。

干旱灾害：中国有45%的国土属于干旱或半干旱地区，加上人类活动对植被及土层结构的破坏使大量天然降水无效流失，导致了中国的水资源持续减少。比如，河川径流下降、河水断流、湖泊水面缩小、湖泊干涸、冰川退缩、雪线明显上升等问题。由于干旱造成过量开采地下水又导致了中国不少大城市地面下沉和沿海地带因海水入侵带来的土地盐碱化问题。

洪涝灾害：由于盲目砍伐造成的水土流失、江河泥沙淤积、河床抬高，20世纪80年代以后，中国的洪涝灾害有加剧趋势。1998年夏季发生的长江全流域性大洪水，松花江、嫩江出现的超历史纪录的特大洪水，使全国29个省市遭受了灾害，造成的直接经济损失达1 600多亿元(人民币)。

滑坡灾害：中国滑坡灾害的严重程度和分布的广泛性在世界少有。滑坡发生地区主要在云南、贵州、四川、西藏东部、甘肃省南部和黄土高原沟壑区。除了自然形成的条件外，多种人为活动会对滑坡灾害有引发作用，如：爆破、开挖坡脚、开矿、在坡面上堆填加载、生产和生活用水下渗改变了原有的地质环境等。近十年来，中国的滑坡灾害出现了规模大，速度快，损失大的特点。

泥石流灾害：中国是一个多山的国家，山地、高原、丘陵占国土面积的69%，复杂的地质条件使得中国成为世界上泥石流灾情最严重的国家之一。受泥石流危害的主要地区是西南、西北山区，其次是青藏高原东部、南部和北部边缘、秦巴山区、太行山-燕山-辽南山区。泥石流灾害给城镇、农田、工矿企业、交通运输、能源和水利设施等带来了极大的危害，每年造成数亿元的经济损失，数百甚至上千的人员伤亡。虽然地质结构的演变孕育了发生泥石流灾害的条件，但地表自然结构受到人为破坏，生态环境恶化等因素会促使泥石流的发生。引发泥石流灾害的人为活动主要有：在山区建工矿企业，城镇、交通、农田和水利建设不断发展，滥伐森林、草地过牧、陡坡垦殖、开矿弃渣、筑路弃土、劈山引水等。

生物灾害：由于生态失衡、外来物种入侵、大面积单一种植等，中国每年都有一些重大的病、虫、草、鼠害暴发或流行，造成每年粮食损失数十亿公斤，棉花300～400万担，木材近千万立方米，加上其他经济作物的损失，每年全国的总损失近百亿元。

3.5 生态平衡

3.5.1 生态平衡的概念

生态平衡指的是生态系统中，通过生物链和其他自然因素来维系的一种平衡状态，它包括两方面的稳定：

(1) 生物种类的组成和数量比例相对稳定；

(2) 非生物环境条件(如：空气、阳光、水、土壤等)相对稳定。

生态平衡是一种动态平衡。比如，一个生物种群中的个体会不断死亡和新生，但从总体上看，整个种群数量没有剧烈变化，因此系统保持相对稳定。

生态系统一旦失去平衡，会发生非常严重的连锁性后果。例如，20世纪50年代，我国曾发起把麻雀作为四害来消灭的运动。然而，在麻雀被大量捕杀之后的几年里，却出现了严重的虫灾，使农业生产受到巨大的损失。后来科学家们发现：麻雀在大自然中要吃大量的虫子。麻雀被消灭了，天敌没有了，虫子就大量繁殖起来。结果出现虫灾暴发，引起农田绝收的惨痛后果。

生态平衡是大自然经过了很长时间才建立起来的动态平衡。一旦受到破坏，有些平衡就无法重建了，带来的恶果可能是靠人的努力而无法弥补的。因此人类要尊重生态平衡，帮助维护这个平衡，绝不要轻易去干预大自然，引起这个平衡被打破。

3.5.2 破坏生态平衡的因素

破坏生态平衡的因素有自然因素和人为因素。自然因素如水灾、旱灾、地震、台风、山崩、海啸等。由自然因素引起的生态平衡破坏称为第一环境问题。由人为因素引起的生态平衡破坏称为第二环境问题。人为因素是造成生态平衡失调的主要原因。人为因素主要有以下三方面。

(1) 环境因素的改变　如人类的生产和生活活动产生大量的废气、废水、垃圾等，不断排放到环境中；人类对自然资源不合理利用或掠夺性利用，例如盲目开荒、滥砍森林、水面过围、草原超载等，都会使环境质量恶化，产生近期或远期效应，使生态平衡失调。

(2) 生物种类改变　在生态系统中，盲目增加一个物种，有可能使生态平衡遭受破坏。例如美国于1929年开凿的韦兰运河，把内陆水系与海洋沟通，导致八目鳗进入内陆水系，使鳟鱼年产量由2 000万公斤减至5 000公斤，严重破坏了内陆水产资源。在一个生态系统减少一个物种也有可能使生态平衡遭到破坏。20世纪50年代中国曾大量捕杀过麻雀，致使一些地区虫害严重。究其原因，就在于害虫天敌麻雀被捕杀，害虫失去了自然抑制因素所致。

(3) 生物信息系统的破坏　生物与生物之间彼此靠信息联系才能保持其集群性和正常的繁衍。人为地向环境中施放某种物质，干扰或破坏生物间的信息联系，有可能使生态平衡失调或遭到破坏。例如自然界中有许多昆虫靠分泌释放性外激素引诱同种雄性成虫交尾，如果人们向大气中排放的污染物能与之发生化学反应，则雌虫的性外激素就失去了引诱雄虫的生理活性，结果势必影响昆虫交尾和繁殖，最后导致种群数量下降甚至消失。

人类对生物圈的破坏性影响主要表现在三个方面：

一是大规模地把自然生态系统转变为人工生态系统，严重干扰和损害了生物圈的正常运转，农业开发和城市化是这种影响的典型代表；

二是大量取用生物圈中的各种资源，包括生物的和非生物的，严重破坏了生态平衡，森林砍伐、水资源过度利用是其典型例子；

三是向生物圈中超量输入人类活动所产生的产品和废物，严重污染和毒害生物圈的物理环境和生物组分，包括人类自己，化肥、杀虫剂、除草剂、工业三废和城市三废是其代表。

3.5.3 生态平衡破坏的影响

生态系统一旦失去平衡，会发生非常严重的连锁性后果。生态系统中的能量流和物质循环在通常情况下(没有受到外力的剧烈干扰)总是平稳地进行着，与此同时生态系统的结构也保持相对的稳定状态，这叫做生态平衡。生态平衡的最明显表现就是系统中的物种数量和种群规模相对平稳。

当然，生态平衡是一种动态平衡，即它的各项指标，如生产量、生物的种类和数量，都不是固定在某一水平，而是在某个范围内来回变化。这同时也表明生态系统具有自我调节和维持平衡状态的能力。当生态系统的某个要素出现功能异常时，其产生的影响就会被系统作出的调节所抵消。生态系统的能量流和物质循环以多种渠道进行着，如果某一渠道受阻，其他渠道就会发挥补偿作用。

对污染物的入侵，生态系统表现出一定的自净能力，也是系统调节的结果。生态系统的结构越复杂，能量流和物质循环的途径越多，其调节能力，或者抵抗外力影响的能力，就越强。反之，结构越简单，生态系统维持平衡的能力就越弱。农田和果园生态系统是脆弱生态系统的例子。

一个生态系统的调节能力是有限度的。外力的影响超出这个限度，生态平衡就会遭到破坏，生态系统就会在短时间内发生结构上的变化，比如一些物种的种群规模发生剧烈变化，另一些物种则可能消失，也可能产生新的物种。但变化总的结果往往是不利的，它削弱了生态系统的调节能力。

这种超限度的影响对生态系统造成的破坏是长远性的，生态系统重新回到和原来相当的状态往往需要很长的时间，甚至造成不可逆转的改变，这就是生态平衡的破坏。作为生物圈一分子的人类，对生态环境的影响力目前已经超过自然力量，而且主要是负面影响，成为破坏生态平衡的主要因素。

3.6　生态学的一般规律

3.6.1　生态学的一般规律

1. 相互依存与相互制约规律——反映了生物间的协调关系

(1) 普遍的依存和制约——“物物相关”规律：就是系统中各种生物间相互依存、相互制约关系是普遍存在的；

(2) 通过“食物”而相互联系与制约——“相生相克”规律：就是每一种生物在食物链和食物网中，都占据一定的位置，并具有特定的作用。

2. 物质循环转化与再生规律——防止有毒物质进入环境、提高能源的利用效率

3. 物质输入输出的动态平衡规律——防止输入不足(如施肥不足)、输入过多(如富营养化、重金属)

4. 相互适应与补偿的协同进化规律——生物与环境之间的作用与反作用

5. 环境资源的有效极限规律——生物赖以生存的环境资源在质量、数量、空间和时间等方面都有一定的限度(过度放牧、竭泽而渔、超标排放污染物等)

3.6.2　生态学在环境保护中的应用

1. 利用生态系统的整体观念，全面考察人类活动对环境的影响

即人类活动对环境的影响要从时间和空间上全盘考虑，统筹兼顾，不仅要考虑现在，还要考虑将来；不仅要考虑本地区，还要考虑有关的其他地区。(建设项目必须进行环境影响评价)

2. 充分利用生态系统的调节能力

如大气污染物的高烟囱排放、水体自净、土地处理系统(污水灌溉)等(图3-17)。

1) 生态系统的自净

(1) 植物对大气污染的净化作用

① 吸收CO_2，放出O_2。

② 对降尘和飘尘有滞留和过滤作用。

③ 吸收大气中的有害物质。

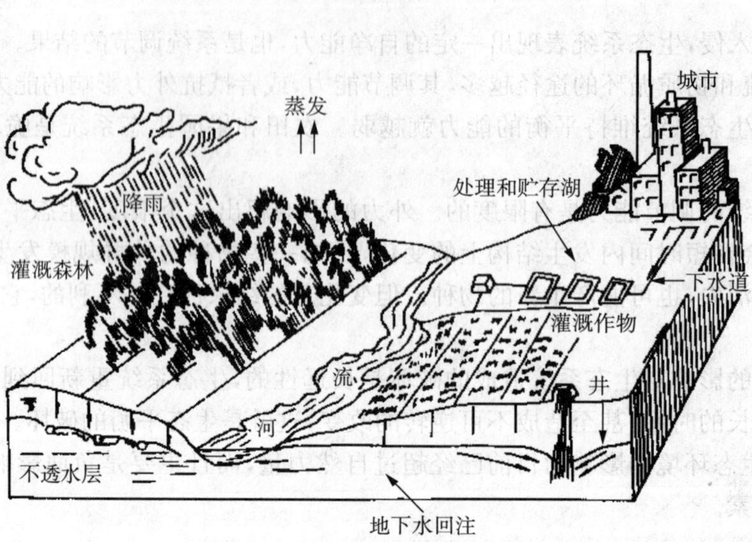

图 3-17 生态系统的调节

④ 植物还有减轻光化学污染、吸收和净化某些重金属、减轻空气中的含菌量以及降低城市噪声的作用。

(2) 对水体污染的生物净化作用

利用微生物,主要是细菌、活性污泥法、生物膜法、生物氧化塘等。

(3) 土地-植物系统的生物净化作用

① 植物根系的吸收、转化、降解和合成作用。

② 土壤中的真菌、细菌和放线菌等微生物区系对污染物的降解、转化和生物固化作用。

③ 土壤中的动物区系对含有氮、磷、钾的有机物质的代谢作用。美国从土壤中分离出反硝化小球菌,它的酶提取液能除去三氯酸或三氯丁酸中的氯。日本从土壤中分离出红酵母和蛇癣菌,能分别降解 30%～40%的多氯联苯。

2) 生物防治病虫害

(1) 以虫治虫

草蛉、瓢虫、蜘蛛、蛙、蟾蜍、食蚊鱼、寄生蜂和许多食虫益鸟等。

(2) 以菌治虫

利用病原微生物在害虫种群中引起流行病以达到控制害虫的目的。细菌、真菌和病毒可以利用。此外,还有利用耕作防治(改变农业环境)、不育昆虫防治(控制害虫繁殖能力)和遗传防治(改变昆虫的基因)等方法。

3) 污染物在环境中的迁移、转化、积累和富集规律 DDT、Hg、Cd、……

3. 解决近代城市中的环境问题

(1) 编制生态规划(环境规划)

这是指在编制国家或地区的发展规划时,不是单纯考虑经济因素,还有考虑地球物理因素、生态因素和社会因素。(各类规划必须进行环境影响评价)

(2) 进行城市生态系统的研究

利用生态学原则和系统论的方法来研究,即把城市作为特殊的人工环境系统来研究。

4. 综合利用资源和能源

生态工程——输入的物质和能量获得最大限度的利用,资源和能源的浪费最少,且废弃物完全能被自然界分解、吸收或利用。

(1) 生态工程的定义

生态工程(ecological engineering)于1962年由美国生态学家H. T. Odum首先使用，他定义为“人类通过运用少量的辅助能而对以自然能为主的系统进行的环境控制”，1971年他又指出生态工程即是人对自然的管理，1983年，他修订此定义为设计和实施经济与自然的工艺技术(Odum，1963，1971)。此外，国外不少人还提出生态工艺(ecological technology或ecotechnology)，定义为在深入了解生态学原理的基础上，通过最少代价和对环境的最少损伤，将管理技术应用到生态系统中(Strascraba，1993；Strascraba & Gnauck，1985)。

按照马世骏教授1984年对生态工程的较详细和明确的定义，生态工程是应用生态系统中物种共生与物质循环再生原理、结构与功能协调原则，结合系统工程的最优化方法，设计的分层和多级利用物质的生产工艺系统。生态工程的目标就是在促进自然界良性循环的前提下，充分发挥资源的生产潜力，防止环境污染，达到经济效益与生态效益同步发展。

(2) 生态工程的类型

① 农业生态工程；②污水处理生态工程；③工业生态工程。

(3) 生态农场

国内外的农业生态工程首先是从农业方面开始的，主要是针对传统农业——能源农业出现的一系列弊端所采取的代替性措施。人们开始不用化肥、农药等人工化学物质，充分发挥农业生态系统中的生物学过程，尽量减少对土壤的人工干扰，维持土壤的合理结构和保护与提高土壤的生物学过程、防止表土的侵蚀等。具体表现在综合农业、再生农业、有机农业、持久农业、生物农业、生物动力农业以及自然农业等的提法上。

例如，辽宁省大洼县西安农场养猪场，多年来实行生态养猪模式，取得了明显的经济效益、生态效益。他们将猪粪引入高耐肥的水葫芦池，净化为二级废水；引入细绿萍池内，净化为三级废水；引入鱼、蟹池内，净化为四级废水；直接灌溉稻田，经水稻和鱼利用后变成清水，再次回到猪舍循环利用。在节约用水的情况下，使猪舍保持清洁，水生植物生长繁茂，池塘内的鱼大蟹肥，稻谷丰收，使物质能量高效率转化，形成一个良性循环的生态系统。

(4) 生态工程使用的有关原理和遵循的原则

生态工程遵循生态学和生态系统的有关原理，有与其他工程措施不同的基本原则。

首先，生态工程的建设有应用生态系统和自然界的自我设计和组织能力。

其次，生态工程是进行基础生态学研究的工具。

第三，生态工程的建设特别强调将生态系统作为一个整体考虑，而不是其中的若干物种或成分，需要综合一系列的生物学、生态学、系统科学、物理、化学等相关学科原理，使用建模、边际分析等方法来理解并处理设计生态系统中所遇到的问题。

第四，生态系统是以太阳能为支持的一个自我发展的系统。系统在萌生之后，几乎全部依靠太阳能，通过自我设计和组织的能力来发展。现代的环境技术大多依赖于不可更新的化石能源，而生态工程在设计和建设的开始时，需要使用部分的不可更新能源，然后依赖于太阳能系统能量，如同自然生态系统一样的发展。因而，生态工程在解决环境问题中，积极保护不可再生能源。

第五，生态工程选择能满足人类的生态系统，以及那些适应于现存的生态系统的人类需要，来设计新的生态系统。生态工程的方法是一项保护生态和环境，使人类与自然和谐相处，共同持续发展的战略。

5. 在环境保护其他方面的应用

(1) 阐明污染物质在环境中的迁移转化规律(食物链)

(2) 环境质量和生物监测和生物评价

① 利用植物对大气污染进行监测和评价(如菠菜监测二氧化硫等);

② 利用水生生物监测和评价水体污染。

(3) 为环境标准的制定提供依据

(4) 人工生态系统及其在污染防治研究中的应用(如曝气池中指示生物)

思考题

1. 什么是种群,其主要特征是什么?
2. 种群生物年龄结构对预测种群兴衰的作用?
3. 如何在实际中应用生态平衡的原理来解决问题?
4. 种群关系主要有哪些类型?
5. 何谓生物群落,其基本特征是什么?
6. 举例说明生物群落的垂直结构和水平结构?
7. 什么是生态系统,其主要组成成分包括哪些,其结构和功能是什么?
8. 解释食物链、食物网和营养级的含义?
9. 地球生态系统可分为哪些主要类型?

第 4 章 大气环境与大气污染

4.1 概述

4.1.1 大气的组成

1. 大气

大气是指包围地球外围的空气层，总质量大约为 5.3×10^{15} 吨，仅为地球总质量的百万分之一，自然状态下，大气是由混合气体、水汽和杂质组成。除去水汽和杂质的空气称为干洁空气。干洁空气的主要成分为 78.09% 的 N_2，20.94% 的 O_2，0.93% 的 Ar。这三种气体占总量的 99.96%，其他各项气体含量计不到 0.1%，这些微量气体包括氖、氦、氪、氙等稀有气体。在近地层大气中上述气体的含量几乎可认为是不变化的，称为恒定组分。干洁空气的气体成分见表 4-1。

表 4-1 干洁空气的气体成分

气体	体积分数（$\times10^{-6}$）	气体	体积分数（$\times10^{-6}$）
氮	780 900	氪	1
氧	209 400	一氧化氮	0.5
氩	9 300	氢	0.5
二氧化碳	315	氙	0.08
氖	18	二氧化碳	0.02
甲烷	1.0～1.2		

(1) 氮气（N_2）

氮气是大气中最多的气体，它能起冲淡氧，使氧化作用不致过于激烈的作用。有的植物通过菌根的作用，可直接将大气中的氮改造为植物体内不可缺少的养料。

(2) 氧气（O_2）

氧气是大气中次多的气体，是地球上一切生命所必需的。氧还决定着有机物的燃烧、腐烂和分解过程，以及影响到在大气中进行的各种化学反应过程。

(3) 二氧化碳（CO_2）

主要来源于燃料的燃烧、有机物的腐烂分解和生物的呼吸作用。这些作用集中在大气底层，因此二氧化碳分布在大气底层 20 km 的气层内。它的现有浓度约为 0.033%（330 mL/m^3）。在 20 km 高度以上，二氧化碳含量显著减少。大气中二氧化碳含量随时间和地点不同。大致在一年中是冬季多夏季少，夜间多白天少，城市及工业区多农村少。在大工业城市中，空气中的二氧化碳含量可达 0.05%，甚至 0.07%。

随着近代工业的发展，大气中二氧化碳含量逐渐增加。由于二氧化碳能强烈吸收地面辐射和发射长波辐射，它的增多将对地面和空气温度产生一定影响。大气中，二氧化碳是植物进行光合作用制造有机物质不可缺少的原料，它的增多也会对提高植物光合效率产生一定的影响。二氧化碳是一种重要的温室气体。

(4) 臭氧(O_3)

氧分子在太阳紫外线作用下分解为活性氧原子，然后又与氧分子化合而成臭氧。它在大气中的含量极少，分布也极不均匀。从 10 km 高度开始增加，在 12～15 km 以上含量增加得特别显著，在 20～30 km 高度处达最大值，再往上则逐渐减少，到 55 km 高度上就极少了。造成这一现象的原因是由于在大气的上层中，太阳光短波辐射的强度很大，使得氧分子解离增多，因此氧原子和氧分子相遇的机会很少，即使臭氧在此处形成，由于它吸收一定波长的紫外线，又引起自身的分解，因此在大气上层臭氧的含量并不多。在 20～30 km 高度这一层中，既有足够的氧分子，又有足够的氧原子，这就造成了臭氧形成的最适宜条件，故这一层又称臭氧层。在低于这一层的空气中，太阳短波紫外线大大减少，氧分子的分解也就大为减弱，所以氧原子数量减少，以致臭氧形成减少。

2. 水汽

大气中的水汽主要来源于江、河、湖、海等的水面蒸发，潮湿陆地和物体表面蒸发以及植物的蒸腾，并借助空气的垂直对流向上输送。

空气中的水汽含量有明显的时空变化，一般情况是夏季多于冬季。低纬暖水洋面和森林地区的低空水汽含量最大，按体积来说可占大气的 4%，而在高纬寒冷干燥的陆面上、其含量则极少，可低于 0.01%。从垂直方向而言，空气中的水汽含量随高度的增加而减少。观测证明，在 1.5～2 km 高度上，空气中的水汽含量已减少为地面的一半；在 5 km 高度，减少为地面的 1/10；再向上含量就更少了。

大气中水汽含量虽不多，但它是大气变化中的一个重要角色。在大气温度变化的范围内，它可以凝结或凝华为水滴或冰晶，成云致雨，落雪降雹，成为淡水的主要来源。水的相变和水循环不仅把大气圈、海洋、陆地和生物圈紧密地联系在一起，而且对大气运动的能量转换和变化，以及对地面和大气温度都有重要的影响。

3. 大气气溶胶

大气中悬浮着多种固体微粒和液体微粒，统称大气气溶胶粒子。固体微粒有的来源于自然界，如火山爆发的烟尘，被风吹起的土壤微粒、海水飞溅扬入大气后蒸发留下的盐粒，细菌、微生物、植物的孢子花粉、流星燃烧所产生的细小微粒和宇宙尘埃等；有的是由于人类活动，如燃烧物质排放至空气中的大量烟粒等。它们多集中于大气的低层。这些固体杂质，有许多可以成为水汽凝结的核心，对云、雾的形成有重要作用。同时固体微粒能散射、反射和吸收部分太阳辐射，也能减少地面长波辐射的外逸，对地面和空气温度有一定影响，并会使大气的能见度变差。

液体微粒是悬浮于大气中的水滴和冰晶等水汽凝结物。它们常集聚在一起，以云、雾形式出现，不仅使能见度变坏，还能减弱太阳辐射和地面辐射，对气候有很大的影响。

4. 空气污染物质

由于工业、交通运输业等的发展，在废气不加以利用的情况下，空气中增加了许多污染物质，这些污染物质有污染气体，也有固体和液体气溶胶粒子。一氧化碳、二氧化硫、硫化氢、氨等都是污染气体。燃烧过程排放的烟尘、工业生产过程排放的粉尘等均为气溶胶污染物质。污染物质的含量虽微，但对人类和气候环境的危害都是不容忽视的。

4.1.2 大气的结构

1. 大气的垂直范围(大气上界)

根据某些物理现象出现的最大高度来确定的大气上界称为大气的物理上界。据气象卫星探测资料推算,大气上界大约在800～1 000 km 高度上。如极光现象出现在1 200 km的高度上,把1 200 km定为大气的物理上界。极光是在高纬度地区高空的一种辉煌闪烁的彩色光环或光幕,多见于晴夜。极光是磁层中沿磁力线沉降的高能电子或质子,通过高层大气时碰撞并激发大气原子而形成的高空彩色光象。主要出现在高纬度地带。利用人造卫星探测资料来分析,发现2 000～3 000 km间的大气密度已接近于星际空间的气体密度,故又把大气上界定义在2 000～3 000 km。

2. 大气的垂直分层

大气的垂直分层的方法多种多样,但应用最多、最广泛的是按大气的温度结构分层,即根据大气温度的垂直分布特点对大气进行分层。描述大气温度在垂直方向上的变化,通常采用垂直温度梯度的概念。

(1) 垂直温度梯度

又称气温垂直递减率(气温直减率),指在垂直方向上,高度每变化100 m,气温的变化值,并以温度随高度的升高而降低为正值。通常用r表示,即$r=-\Delta t/\Delta z$。并且规定:

$r>0$,表示气温随高度的升高而降低;

$r<0$,表示气温随高度的升高而升高,该气层称为逆温层或阻挡层;

$r=0$,表示气温随高度的升高保持不变,该气层称为等温层。

(2) 大气的分层

世界气象组组根据大气温度的垂直分布、扰动程度、电离现象等不同性质,统一规定将大气在铅直方向分为五层:即对流层、平流层、中间层、热层和逸散层。根据大气垂直方向上的热状况和运动状况,大气分为5层,见图4-1。

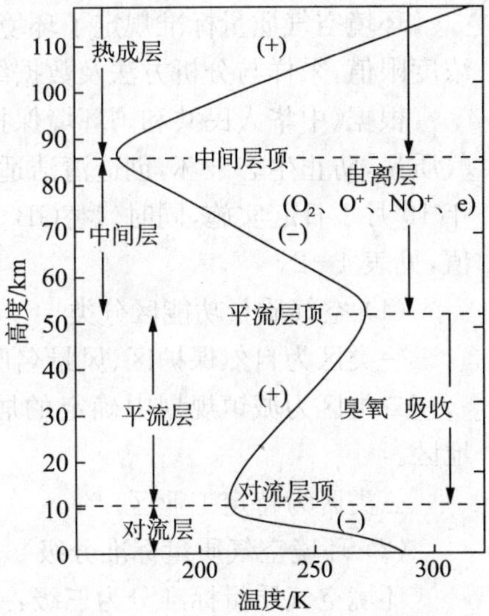

图4-1 大气结构图

① 对流层

对流层是大气中最低的一层,底界为地面,上界高度从赤道向两极逐渐减小。由于对流层和地面接触,从地面获得热量,使得大气温度随高度的增加而降低,通常每升高100 m大气温度降低0.65℃。对流层内具有强烈的对流作用,其强度随纬度的升高而减弱,即低纬度较强而高纬度较弱,这也就是对流层厚度为什么会从赤道向两极减少的原因。对流层厚度低纬度地区为17～18 km,中纬度地区为10～12 km,高纬度地区为8～9 km。大气层质量的75%都集中在这里,云、雾、雨、雪等主要大气现象都发生在这一层,这里的空气比较潮湿。对流层下界,自地表向上延伸1～1.5 km受地表影响最大,称为摩擦层或称为大气边界层。对流层对人类生产、生活和生态平衡影响最大。大气污染现象也主要发生在这一层,特别是近地面的大气边界层。

② 平流层和臭氧层

对流层顶上直至大约 50 km 高度之间称为平流层。该层几乎没有水汽，因此空气比较干燥。垂直温度先是随高度增加而变化甚小，到 30～35 km 高度基本保持在 −55℃ 左右，再往上温度则随高度增加而上升，到平流层顶温度升至－3℃以上。对流层顶以上，平流层内臭氧量增加，在 15～25 km 臭氧浓度达到最大值，称为臭氧层。臭氧层能吸收绝大部分太阳紫外线，阻挡了强紫外线辐射到地面，同时加热平流层，使地面生物和人类免受紫外线伤害。

③ 中间层

离地表 50～85 km 这一区域称为大气的中间层。在平流层之上温度随着高度增加而下降，中间层的温度可降至－100℃，在该层内又出现比较强的垂直对流作用。

④ 热层

中间层之上，上界可达 800 km 以上的大气层称为热层。该层内大气因直接吸收太阳辐射而得到能量，因此温度随高度而增加，并且日变化和季变化明显，昼夜温差可达几百度，由于在太阳辐射的作用下，大部分气体分子发生电离，而且有较高密度的带电粒子，是电离层的主要分布层。电离层能反射无线电波，其变化对全球的无线通讯有重大意义。

⑤ 逸散层

这是大气圈的最外层，离地表 800 km 以上。由于大气向上越来越稀薄，地心引力减弱，以致一个气体质点被碰撞出这一层后，就很难有机会再被上层气体质点撞回来，而进入宇宙空间了。逸散层是一层相当厚的过渡层，其高度约为 2 000～3 000 km，该层温度也随高度增加而升高。

4.1.3 环境空气质量标准

环境空气质量标准规定了环境空气质量功能区划分、标准分级、污染物项目、取值时间及浓度限值，采样与分析方法及数据统计的有效性规定。

根据《中华人民共和国环境保护法》和《中华人民共和国大气污染防治法》，为改善环境空气质量，防止生态破坏，创造清洁适宜的环境，保护人体健康，特制定本标准。本标准从 1996 年 10 月 1 日起实施，同时代替GB 3095—82。本标准规定了各项污染物不允许超过的浓度限值，见表 4-2。

(1) 空气质量功能区分类

一类区为自然保护区、风景名胜区和其他需要特殊保护的地区。

二类区为城镇规划中确定的居住区、商业交通居民混合区、文化区、一般工业区和农村地区。

三类区为特定工业区。

(2) 环境空气质量标准分级

环境空气质量标准分为三级：一类区执行一级标准，二类区执行二级标准，三类区执行三级标准

现行的《环境空气质量标准》，在加强空气污染防治、保护公众健康方面发挥了积极作用。但随着我国经济高速发展，环境空气污染特征已由煤烟型向复合型转变，区域性大气细颗粒物和臭氧污染不断加重，一些城市经常出现长时间灰霾天气，空气污染对公众健康产生了严重威胁，同时，发布的评价结果与人民群众主观感受存在差异。为适应我国经济发展水平和人民群众对空气质量要求，落实以人为本，切实保障人民群众健康的要求，有必要在总结实践经验的基础上，对《环境空气质量标准》进行修订，进一步完善环境监测标准，增加大气污染物监测指

标，改进环境质量评估办法。

表4-2　环境空气污染物各项污染物的浓度限值（GB3095—1996）

污染物名称	取值时间	浓度限值			浓度单位
		一级标准	二级标准	三级标准	
二氧化硫 SO_2	年平均	0.02	0.06	0.10	mg/m³ （标准状态）
	日平均	0.05	0.15	0.25	
	1小时平均	0.15	0.50	0.70	
总悬浮颗粒物 TSP	年平均	0.08	0.20	0.30	
	日平均	0.12	0.30	0.50	
可吸入颗粒物 PM_{10}	年平均	0.04	0.10	0.15	
	日平均	0.05	0.15	0.25	
氮氧化物 NO_x	年平均	0.05	0.05	0.10	
	日平均	0.10	0.10	0.15	
	1小时平均	0.15	0.15	0.30	
二氧化氮 NO_2	年平均	0.04	0.04	0.08	
	日平均	0.08	0.08	0.12	
	1小时平均	0.12	0.12	0.24	
一氧化碳 CO	日平均	4.00	4.00	6.00	
	1小时平均	10.00	10.00	20.00	
臭氧 O_3	1小时平均	0.12	0.16	0.20	
铅　Pb	季平均	1.50			μg/m³ （标准状态）
	年平均	1.00			
苯并[a]芘 B[a]P	日平均	0.01			
氟化物（以F计）	日平均	7①			
	1小时平均	20①			
	月平均	1.8②		3.0③	μg/(m²·d)
	植物生长季平均	1.2②		2.0③	

注：①适用于城市地区；②适用于牧业区和以牧业为主的半农半牧区，蚕桑区；③适用于农业和林业

与现行标准相比较，新修订后的标准草案作了如下调整：①调整了环境空气功能区分类方案，将三类区（特定工业区）并入二类区（城镇规划中确定的居住区、商业交通居民混合区、文化区、一般工业区和农村地区）；②调整了污染物项目及限值，增设了 $PM_{2.5}$ 平均浓度限值和臭氧8小时平均浓度限值，收紧了 PM_{10}、二氧化氮、铅和苯并[a]芘等污染物的浓度限值；③收严了监测数据统计的有效性规定，将有效数据要求由50%～75%提高至75%～90%；④更新了二氧化硫、二氧化氮、臭氧、颗粒物等的分析方法标准，增加自动监测分析方法；五是明确了标准实施时间。规定新标准发布后分期分批予以实施。各地最迟在2016年1月1日全面实施新标准。

通过了修订的《环境空气质量指数（AQI）技术规定》和“十二五”国家环境空气监测网建设

方案。修订后的环境空气质量技术规定与现行规定相比，调整了指数的名称和分级分类表述方式，强调了AQI服务于公众健康指引的作用，增加了参与评价的污染物项目，完善了监测数据和空气质量指数发布方式。《环境空气质量指数（AQI）技术规定》经进一步修改后发布实施。

2012年，发布了《环境空气质量标准》（GB3095—2012），以代替GB3095—1996，GB9137—88。

4.2 大气污染及污染发生类型

4.2.1 大气污染

按照国际标准化组织（ISO）的定义，“大气污染通常是指由于人类活动或自然过程引起某些物质进入大气中，呈现出足够的浓度，达到足够的时间，并因此危害了人体的舒适、健康和福利或环境污染的现象”。

4.2.2 大气污染源

大气污染源可分为自然的和人为的两大类。自然污染源是由于自然原因（如火山爆发，森林火灾等）而形成，人为污染源是由于人们从事生产和生活活动而形成。由于人为污染源普通和经常地存在，所以比起自然污染源来更为人们所密切关注。在人为污染源中，按照其分布特点可分为固定的（如烟囱、工业排气筒）和移动的（如汽车、火车、飞机、轮船）两种。按照其来源领域可分为：工业污染源、交通污染源、生活污染源等。

1. 工业污染源

工业企业是大气污染的主要来源，也是大气卫生防护工作的重点之一。随着工业的迅速发展，大气污染物的种类和数量日益增多。由于工业企业的性质、规模、工艺过程、原料和产品种类等不同，其对大气污染的程度也不同。产生大气污染的企业主要有钢铁、有色金属冶炼、火力发电、水泥、石油炼制以及造纸、农药、医药等企业。建筑施工工地的扬尘也不容忽视。

2. 交通污染源

近几十年来，由于交通运输事业的发展，城市行驶的汽车日益增多，火车、轮船、飞机等客货运输频繁，其中具有重要意义的是汽车排出的废气。汽车污染大气的特点是排出的污染物距人们的呼吸带很近，能直接被人吸入。汽车内燃机排出的废气中主要含有一氧化碳、氮氧化物、烃类（碳氢化合物）、铅化合物等，据统计，汽车排放的铅占大气中铅含量的97%。

3. 生活污染源

人们由于做饭、取暖、沐浴等生活需要，造成大气污染的污染源称为生活污染源。这类污染源具有分布广、排放污染物量大、排放高度低等特点。生活污染源主要有：①生活燃料的污染；②居住环境的污染；③其他生活污染。

大气污染源按预测模式的模拟形式分为点源、面源、线源、体源四种类别。

点源：通过某种装置集中排放的固定点状源，如烟囱、集气筒等。

面源：在一定区域范围内，以低矮密集的方式自地面或近地面的高度排放污染物的源，如工艺过程中的无组织排放、储存堆、渣场等排放源。

线源：污染物呈线状排放或者由移动源构成线状排放的源，如城市道路的机动车排放源等。

体源：由源本身或附近建筑物的空气动力学作用使污染物呈一定体积向大气排放的源，如焦炉炉体、屋顶天窗等。

4.2.3 大气污染物

大气污染物是指由于人类活动或自然过程排入大气的并对人或环境产生有害影响的物质。随着经济和环境保护的发展，大气污染物的名单越来越长。目前已经认定的约有100种。进入大气的污染物的种类很多，根据大气污染物的存在的形态可分为气溶胶态污染物和气态污染物两大类。

1. 气溶胶态污染物

气溶胶是指沉降速度可以忽略的固体或液体颗粒在气体介质中的悬浮体。按气溶胶产生的来源和存在的相态，以及物理化学特性等条件，气溶胶可以细分为10多种类型。从大气污染控制的角度，将气溶胶态污染物分为以下三种形式。

(1) 粉尘。指分散悬浮于气体介质中的较小固体颗粒，尺寸为1～200 μm。大于10 μm的粒子靠重力作用能在较短时间内沉降到地面，称为降尘；小于10 μm的粒子能长期在大气中漂浮，称为飘尘，它的形状往往不规则，是在破碎加工、运输、建筑施工、农业活动、或土壤与岩石风化、火山喷发过程中形成的。在重力作用下能发生沉降，但在某一段时间内能保持悬浮状态。粉尘的种类很多，如煤粉、水泥、金属粉尘、粘土粉尘、石棉等。在国际化标准组织(ISO)的定义中，将粒径小于75 μm的固体颗粒的悬浮体称为粉尘，而将在空气或烟道中能传输的固体颗粒（大于75 μm的粒子）称为粗尘。

(2) 烟尘。指气溶胶态物系中由燃烧、冶金过程形成的细微颗粒物，通常包括三种类型：①烟：在冶金过程中形成的固体粒子的气溶胶。它是熔融物质在挥发过程产生的气态物质的冷凝物，在生成过程中总是伴有诸如氧化之类的化学反应。烟的粒径非常微小，一般小于1 μm。如金属铝、锌、铅的冶炼过程中，在高温熔融状态下，这些物质能够迅速挥发，并氧化生成氧化铝、氧化锌和氧化铅等烟尘；②飞灰，燃料燃烧中产生的呈悬浮状的非常分散的细小灰粒，包括燃料完全燃烧和不完全燃烧后残留的固体残渣，尺寸一般小于10 μm，主要在炉窑中产生，尤以粉煤为燃料燃烧时排出的飞灰比较多；③黑烟，燃烧产生的能见气溶胶。主要是化石燃料燃烧时，在高温缺氧条件下，烃类物质热分解生成的炭黑颗粒，粒径尺寸一般为0.01～1 μm。

(3) 雾。大气中微小液体颗粒悬浮体的总称，泛指蒸气凝结、液体雾化和化学反应而形成的液滴，如水雾、油雾、酸雾、碱雾等，粒径尺寸小于100 μm。在气象学中则是指造成能见度小于1 km的小水滴悬浮体。

悬浮于大气中的固态和液态气溶胶态污染物的粒径尺寸通常小于500 μm，大于100 μm的颗粒易于沉降，对大气造成的危害较小。在大气污染控制中，对小于100 μm的气溶胶固体颗粒物，又分为：①飘尘，粒径小于10 μm的固体颗粒物，它的粒度小，质量轻，不易沉降而能长期飘浮于空气中；②降尘，粒径大于10 μm的固体颗粒物，靠重力作用，能在较短时间内沉降到地表面上；③总悬浮微粒(TSP)，粒径小于100 μm的所有固体颗粒物。

2. 气态污染物

气态污染物在大气中以分子状态形式存在。气态污染物种类繁多，影响较大的气态污染物仍然来源于燃料燃烧。依据与污染源的关系，可将污染物分为一次污染物和二次污染物。

主要的一次污染物有：硫化合物、氮化合物、碳氧化合物、碳氢化合物、卤素化合物，以及某些行业排放的氧化剂如臭氧、氟化物等，二次污染物有光化学烟雾、硫酸烟雾等。通常，二次污染物对环境的危害比一次污染物更大。

(1) 含硫化合物。主要是指 SO_2、SO_3 和 H_2S 等，其中 SO_2 的来源广、数量最大，是影响和破坏全世界范围大气质量的最主要的气态污染物，尤其在燃用高硫煤的地区。含硫化石燃料燃烧、有色金属冶炼、火力发电、石油炼制、造纸、硫酸生产及硅酸盐制品熔烧等过程都向大气排放 SO_2，以化石燃料燃烧产生的 SO_2 最多，约占70%以上。工业生产和生活中的煤燃烧是最大的 SO_2 排放源，火力发电厂排出的 SO_2 浓度虽然较低，但是总排放量却最大。SO_3 往往伴随着 SO_2 同时排放，但数量比较少。大气中的 H_2S 来源除了有机物的腐败外，主要是造纸厂、炼油厂、炼焦厂、石化企业、农药制造、染料厂等工业生产中的排放。H_2S 在大气中属于不稳定物质，在有颗粒物存在条件下，很快就会被氧化成 SO_3 或 SO_2。含硫化合物是造成二次污染硫酸烟雾的主要物质，并参与了酸雨的形成。

(2) 含氮化合物。大气污染物中含氮化合物种类很多，如 NO、NO_2、N_2O(一氧化二氮)、N_2O_3(三氧化二氮)，以及 NH_3(氨)、HCN(氰化物)等，通常用符号 NO_x 表示这些氮氧化物。其中造成大气污染的 NO_x 主要是 NO 和 NO_2。NO_x 主要来源于化石燃料的燃烧，大约83%的 NO_x 是由燃料的燃烧而产生的。如各种燃烧设备如锅炉、窑炉、燃气轮机装置，以及各种交通车辆，特别是以汽油、柴油为燃料的机动车辆排放出 NO_x 最多。在汽车稠密的城市，NO_x 是最主要的大气污染物。此外，硝酸生产、氮肥厂、石化企业以及炸药制备过程也产生 NO_x，土壤和水体的硝酸盐在微生物的反硝化作用下也可生成 N_2O。在燃烧过程中，空气中的氮气和燃料中的含氮化合物在不同的燃烧条件下生成 NO_x，其中主要是 NO 和少量 NO_2，进入大气的 NO 在空气中被进一步氧化为 NO_2。

(3) 碳氧化合物。污染大气的碳氧化合物主要有两种物质，即 CO 和 CO_2。CO 和 CO_2 是各种大气污染物中排放量最大的污染物之一，既来源于人工污染源，也来源于天然污染源。化石燃料的燃烧排放是主要的人工污染源，当燃料完全燃烧时形成 CO_2；在缺氧条件下的不完全燃烧则形成 CO。全世界 CO 每年排放量约为 2.10×10^8 t，排放量为大气污染物之首，主要来源于燃料的燃烧和汽车尾气。虽然 CO 氧化成 CO_2 的速率很慢，但多年来地球上 CO 的浓度并未持续增加，始终保持在大气本底浓度大约为 0.1×10^{-6} m^3/m^3 的水平，这表明自然界肯定存在着抑制 CO 增长的机制，如土壤微生物的代谢作用和 HO 自由基的氧化作用能将 CO 转化为 CO_2。但是，对于 CO 排放集中的城市，化石燃料的大量使用使城区的 CO 浓度远远超过自然水平。尤其是大城市交通繁忙时区或冬季取暖季节，在不利于废气扩散时，CO 的浓度则有可能达到危害环境的水平。此外，向大气释放 CO 的天然源有：烃类物质的转化，如甲烷经 OH 自由基氧化形成的 CO；海水中的海洋生物代谢向大气释放 CO；植物叶绿素光分解产生的 CO 等。

来源于化石燃料燃烧和生物呼吸作用的 CO_2 是无毒的气体，参与地球上的碳循环。CO_2 是主要的温室气体之一。近年来，化石燃料的大量使用，使地球上的 CO_2 逐年增多，导致全球性气候变暖，即温室效应加强。

(4) 碳氢化合物。大气中的碳氢化合物(HC)通常是指可挥发的各种有机烃类化合物，由碳和氢两种元素组成，如烷烃、烯烃和芳烃等。大气中的碳氢化合物大部分来自于植物的分解，人工来源主要是石油燃料的不完全燃烧和石油类物质的蒸发。其中，汽车尾气排放占有主要的比重，此外，石油炼制、石化工业、油漆、干洗等都会产生碳氢化合物而融入大气。人工排放的碳氢化合物数量虽然有限，但它对环境的影响不可忽视。各种复杂的碳氢化合物，如多环芳烃(PAH)中的苯并[a]芘具有明显的致癌作用，是一种强致癌剂，油炸食品、抽烟会产生苯并[a]芘，更大危害还在于碳氢化合物和氮氧化合物的共同作用会形成光化学烟雾。

(5) 卤素化合物。对大气构成污染的卤素化合物，主要是含氯化合物及含氟化合物，如 HCl、HF、SiF_4 等。其来源比较广泛，钢铁工业、石油化工、农药制造、化肥工业等工矿企业的生产过程中都有可能排放卤素化合物。虽然这些氟氯烃类气体排放数量不多，但对局部地区的植物生长具有很大的伤害；同时，它也是破坏臭氧层的主要成分之一。

(6) 硫酸烟雾。硫酸烟雾是大气中的 SO_2 等含硫化合物，在有水雾、颗粒气溶胶以及氮氧化合物存在时，在一定的气象条件下，发生一系列化学或光化学反应而形成的硫酸雾或硫酸盐气溶胶。通常是在相对湿度比较高，气温比较低，并伴有煤烟尘、含有重金属的飘尘等存在时发生的。SO_2 在洁净的大气中比较稳定，但在污染大气中，能在颗粒气溶胶表面上迅速氧化，从而形成硫酸烟雾，在大气中滞留或被远距离输送。

(7) 光化学烟雾。在太阳光紫外线照射下，大气中的氮氧化物、碳氢化合物和氧化剂之间发生一系列光化学反应而生成的淡蓝色(有时呈紫色或黄褐色)二次污染物，即光化学烟雾，其主要成分是臭氧、过氧乙酰基硝酸酯(PAN)、醛类及酮类等。由于美国洛杉矶市的地貌和气候特征，非常适合于光化学烟雾的生成，其在20世纪40年代工业发展速度很快，排放出数量巨大的汽车废气，致使最早发生光化学烟雾。随后，在世界各地，如日本、加拿大、法国、澳大利亚等国的大城市以及我国兰州西固石油化工区都曾相继发生过光化学烟雾。光化学烟雾的危害非常大，如具有特殊的呛人气味，刺激眼睛和喉粘膜，造成呼吸困难，使植物叶片变黄甚至枯萎等。

4.2.4 大气污染类型

1. 大气污染的分类

(1) 大气污染按其影响所及范围可分为四类：局部性污染、地区性污染、广域性污染、全球性污染。上述分类方法中所涉及的范围只能是相对的，没有具体的标准。例如广域污染是大工业城市及其附近地区的污染，但对某些国家来说(面积有限)可能产生国与国之间的广域污染。

(2) 根据能源性质和大气污染物组成和反应，一般将大气污染划分为四种类型：煤炭型、石油型、混合型、特殊型。煤炭型污染的一次污染物是烟气、粉尘和二氧化硫。二次污染物是硫酸及其盐类所构成的气溶胶。此污染类型多发生在以燃煤为主要能源的国家与地区，历史上早期的大气污染多属于此种类型。石油型污染又称排气型或联合企业型污染，其一次污染物是烯烃、二氧化氮以及烷、醇、羰基化合物等。二次污染物主要是臭氧、氢氧基、过氧氢基等自由基以及醛、酮和PAN(过氧乙酰硝酸酯)。此类污染多发生在油田及石油化工企业和汽车较多的大城市。近代的大气污染，尤其在发达国家和地区一般属于此种类型。混合型污染是指以煤炭为主，还包括以石油为燃料的污染源而排放出的污染物体系。此种污染类型是由煤炭型向石油型过渡的阶段，它取决于一个国家的能源发展结构和经济发展速度。特殊型污染是指某些工矿企业排放的特殊气体所造成的污染，如氯气、金属蒸气或硫化氢、氟化氢等气体。前三种污染类型造成的污染范围较大，而第四种污染所涉及的范围较小，主要发生在污染源附近的局部地区。

4.2.5 大气污染的危害

人类体验到的大气污染的危害，最初主要是对人体健康的危害，随后逐步发现了对工农业生产的各种危害以及对天气和气候产生的不良影响。人们对大气污染物造成危害的机理、分布和规模等问题的深入研究，为控制和防治大气污染提供了必要的依据。

大气污染后，由于污染物质的来源、性质、浓度和持续时间的不同，污染地区的气象条件、地理环境等因素的差别，甚至人的年龄、健康状况的不同，对人均会产生不同的危害。

1. 对人体健康的危害

大气污染对人体的影响，首先是感觉上不舒服，随后生理上出现可逆性反应，再进一步就出现急性危害症状。大气污染对人的危害大致可分为急性中毒、慢性中毒、致癌三种。

(1) 急性中毒

大气中的污染物浓度较低时，通常不会造成人体急性中毒，但在某些特殊条件下，如工厂在生产过程中出现特殊事故，大量有害气体泄漏外排，外界气象条件突变等，便会引起人群的急性中毒。如印度帕博尔农药厂甲基异氰酸酯泄漏，直接危害人体，2 500 人丧生，十多万人受害。

(2) 慢性中毒

大气污染对人体健康慢性毒害作用，主要表现为污染物质在低浓度、长时间连续作用于人体后，出现的患病率升高等现象。近年来中国城市居民肺癌发病率很高，其中最高的是上海市，城市居民呼吸系统疾病明显高于郊区。

(3) 致癌作用

这是长期影响的结果，是由于污染物长时间作用于肌体，损害体内遗传物质，引起突变，如果生殖细胞发生突变，使后代机体出现各种异常，称致畸作用；如果引起生物体细胞遗传物质和遗传信息发生突然改变作用，又称致突变作用；如果诱发成肿瘤的作用称致癌作用。这里所指的“癌”包括良性肿瘤和恶性肿瘤。环境中致癌物可分为化学性致癌物，物理性致癌物，生物性致癌物等。致癌作用过程相当复杂，一般有引发阶段，促长阶段。能诱发肿瘤的因素，统称致癌因素。由于长期接触环境中致癌因素而引起的肿瘤，称环境瘤。

2. 对工农业生产的危害

大气污染对工农业生产的危害十分严重，这些危害可影响经济发展，造成大量人力物力和财力的损失。大气污染物对工业的危害主要有两种：一是大气中的酸性污染物如二氧化硫、二氧化氮等，对工业材料、设备和建筑设施的腐蚀；二是飘尘增多给精密仪器、设备的生产、安装调试和使用带来的不利影响。大气污染对工业生产的危害，从经济角度来看就是增加了生产的费用，提高了成本，缩短了产品的使用寿命。

大气污染对农业生产也造成很大危害。酸雨可以直接影响植物的正常生长，又可以通过渗入土壤及进入水体，引起土壤和水体酸化、有毒成分溶出，从而对动植物和水生生物产生毒害。严重的酸雨会使森林衰亡和鱼类绝迹。

3. 对大气和气候的影响

大气污染物质还会影响天气和气候。颗粒物能使大气能见度降低，减少到达地面的太阳光辐射量。尤其是在大工业城市中，在烟雾不散的情况下，日光比正常情况减少 40%。高层大气中的氮氧化合物、碳氢化合物和氟氯烃类等污染物能使臭氧大量分解，引发的“臭氧空洞”问题，成为了全球关注的焦点。

从工厂、发电站、汽车、家庭小煤炉中排放到大气中的颗粒物，大多具有水汽凝结核或冻结核的作用。这些微粒能吸附大气中的水汽使之凝成水滴或冰晶，从而改变该地区原有降水（雨、雪）的情况。人们发现在离大工业城市不远的下风向地区，降水量比四周其他地区要多，这就是所谓"拉波特效应"。如果，微粒中央夹带着酸性污染物，那么，在下风地区就可能受到酸雨的侵袭。

大气污染除对天气产生不良影响外，对全球气候的影响也逐渐引起人们关注。由大气中二氧化碳浓度升高引发的温室效应，是对全球气候的最主要影响。地球气候变暖会给人类的生态环境带来许多不利影响，人类必须充分认识到这一点。

河流干涸，森林减少，动物灭绝，臭氧层破坏，温室效应、酸雨就是由大气污染衍生出的环境效应。这种由环境污染衍生的环境效应具有滞后性，往往在污染发生的当时不易被察觉或预料到，然而一旦发生就表示环境污染已经发展到相当严重的地步。当然，环境污染的最直接、最容易被人所感受的后果是使人类生存环境的质量下降，影响人类的生活质量、身体健康和生产活动。例如城市的空气污染造成空气污浊，人们的发病率上升等。

4.2.6　全球环境大气污染问题

随着地球上人口的急剧增加，人类经济增长的急速增大，地球上的大气污染日趋严重，其影响也日趋深刻，如由于一些有害气体的大量排放，不仅使大气造成局部地区的污染，而且影响到全球性的气候变化以及大气成分的组成，即出现所谓的全球环境问题。目前，全球性大气污染问题主要表现在温室效应、酸雨问题和臭氧空洞问题三个方面。

1. 温室效应

温室效应是指透射阳光的密闭空间由于与外界缺乏热交换而形成的保温效应，就是太阳短波辐射可以透过大气射入地面，而地面增暖后放出的长波辐射却被大气中的二氧化碳等物质所吸收，从而产生大气变暖的效应。大气中的二氧化碳就像一层厚厚的玻璃，使地球变成了一个大暖房。

除二氧化碳以外，对产生温室效应有重要作用的气体还有甲烷、臭氧、氯氟烃以及水汽等。随着人口的急剧增加，工业的迅速发展，排入大气中的二氧化碳相应增多；又由于森林被大量砍伐，大气中应被森林吸收的二氧化碳没有被吸收，导致二氧化碳逐渐增加，温室效应也不断增强。据分析，在过去200年中，二氧化碳浓度增加25%，地球平均气温上升0.5℃。

空气中含有二氧化碳，而且在过去很长一段时期中，含量基本上保持恒定。这是由于大气中的二氧化碳始终处于"边增长、边消耗"的动态平衡状态。大气中的二氧化碳有80%来自人和动、植物的呼吸，20%来自燃料的燃烧。散布在大气中的二氧化碳有75%被海洋、湖泊、河流等地面的水及空中降水吸收溶解于水中。还有5%的二氧化碳通过植物光合作用，转化为有机物质贮藏起来。这就是多年来二氧化碳占空气成分0.03%（体积分数）始终保持不变的原因。

但是近几十年来，由于人口急剧增加，工业迅猛发展，呼吸产生的二氧化碳及煤炭、石油、天然气燃烧产生的二氧化碳，远远超过了过去的水平。而另一方面，由于对森林乱砍乱伐，大量农田建成城市和工厂，破坏了植被，减少了将二氧化碳转化为有机物的条件。再加上地表水域逐渐缩小，降水量大大降低，减少了吸收溶解二氧化碳的条件，破坏了二氧化碳生成与转化的动态平衡，就使大气中的二氧化碳含量逐年增加。空气中二氧化碳含量的增长，就使地球气温发生了改变。

在空气中，氮和氧所占的比例是最高的，它们都可以透过可见光与红外辐射。但二氧化碳不行，它不能透过红外辐射。所以二氧化碳可以防止地表热量辐射到太空中，具有调节地球气温的功能。如果没有二氧化碳，地球的年平均气温会比目前降低 20℃。但是，二氧化碳含量过高，就会使地球仿佛捂在一口锅里，温度逐渐升高，就形成“温室效应”。形成温室效应的气体，除二氧化碳外，还有其他气体。其中二氧化碳约占 75%、氯氟代烷约占 15%～20%，此外还有甲烷、一氧化氮等 30 多种。

科学家预测，大气中二氧化碳每增加 1 倍，全球平均气温将上升 1.5～4.5℃，而两极地区的气温升幅要比平均值高 3 倍左右。因此，气温升高不可避免地使极地冰层部分融解，引起海平面上升。海平面上升对人类社会的影响是十分严重的。如果海平面升高 1 m，直接受影响的土地约 5×10^6 km^2，人口约 10 亿，耕地约占世界耕地总量的 1/3。如果考虑到特大风暴潮和盐水侵入，沿海海拔 5 m 以下地区都将受到影响，这些地区的人口和粮食产量约占世界的 1/2。一部分沿海城市可能要迁入内地，大部分沿海平原将发生盐渍化或沼泽化，不适于粮食生产。同时，对江河中下游地带也将造成灾害。当海水入侵后，会造成江水水位抬高，泥沙淤积加速，洪水威胁加剧，使江河下游的环境急剧恶化。温室效应和全球气候变暖已经引起了世界各国的普遍关注，目前正在推进制订国际气候变化公约，减少二氧化碳的排放已经成为大势所趋。

受到温室效应和周期性潮涨的双重影响，科学家预测：如果地球表面温度的升高按现在的速度继续发展，到 2050 年全球温度将上升 2～4℃，南北极地冰山将大幅度融化，导致海平面大大上升，一些岛屿国家和沿海城市将淹没于水中，其中包括几个著名的国际大城市：纽约、上海、东京和悉尼。

为“将大气中的温室气体含量稳定在一个适当的水平，进而防止剧烈的气候改变对人类造成伤害”。1997 年 12 月，联合国气候变化框架公约参加国三次会议制定《京都议定书》。中国于 1998 年 5 月签署并于 2002 年 8 月核准了该议定书。至 2009 年 2 月，一共有 183 个国家通过了该条约(超过全球排放量的 61%)。

2005 年 2 月 16 日，《京都议定书》正式生效。这是人类历史上首次以法规的形式限制温室气体排放。为了促进各国完成温室气体减排目标，议定书允许采取以下四种减排方式：①两个发达国家之间可以进行排放额度买卖的“排放权交易”，即难以完成削减任务的国家，可以花钱从超额完成任务的国家买进超出的额度。②以“净排放量”计算温室气体排放量，即从本国实际排放量中扣除森林所吸收的二氧化碳的数量。③可以采用绿色开发机制，促使发达国家和发展中国家共同减排温室气体。④可以采用“集团方式”，即欧盟内部的许多国家可视为一个整体，采取有的国家削减、有的国家增加的方法，在总体上完成减排任务。

2. 酸雨

酸雨(acid rain)是指 pH 值小于 5.6 的雨雪或其他形式的降水。雨水被大气中存在的酸性气体污染。酸雨主要是人为地向大气中排放大量酸性物质造成的。我国的酸雨主要是因大量燃烧含硫量高的煤而形成的，多为硫酸雨，少为硝酸雨，此外，各种机动车排放的尾气也是形成酸雨的重要原因。近年来，我国一些地区已经成为酸雨多发区，酸雨污染的范围和程度已经引起人们的密切关注。

由于人类大量使用煤、石油、天然气等化石燃料，燃烧后产生的硫氧化物或氮氧化物，在大气中经过复杂的化学反应，形成硫酸或硝酸气溶胶，或为云、雨、雪、雾捕捉吸收，降到地面成为酸雨。如果形成酸性物质时没有云雨，则酸性物质会以重力沉降等形式逐渐降落在地面上，这叫做干性沉降，以区别于酸雨、酸雪等湿性沉降。干性沉降物在地面遇水时复合成酸。

酸雨的危害：

(1) 酸雨可导致土壤酸化。我国南方土壤本来多呈酸性，再经酸雨冲刷，加速了酸化过程，土壤中含有大量铝的氢氧化物，土壤酸化后，可加速土壤中含铝的原生和次生矿物风化而释放大量铝离子，形成植物可吸收的形态铝化合物。植物长期和过量的吸收铝，会中毒，甚至死亡。酸雨能加速土壤矿物质营养元素的流失；改变土壤结构，导致土壤贫瘠化，影响植物正常发育；酸雨还能诱发植物病虫害，使农作物大幅度减产，特别是小麦，在酸雨影响下，可减产 13%～34%。大豆、蔬菜也容易受酸雨危害，导致蛋白质含量和产量下降。酸雨对森林的影响在很大程度上是通过对土壤的物理化学性质的恶化作用造成的。在酸雨的作用下，土壤中的营养元素钾、钠、钙、镁会释放出来，并随着雨水被淋溶掉。所以长期的酸雨会使土壤中大量的营养元素被淋失，造成土壤中营养元素的严重不足，从而使土壤变得贫瘠。此外，酸雨能使土壤中的铝从稳定态中释放出来，使活性铝的增加而有机络合态铝减少。土壤中活性铝的增加能严重地抑制林木的生长。酸雨可抑制某些土壤微生物的繁殖，降低酶活性，土壤中的固氮菌、细菌和放线菌均会明显受到酸雨的抑制。酸雨可对森林植物产生很大危害。

(2) 酸雨能使非金属建筑材料(混凝土、砂浆和灰砂砖)表面硬化水泥溶解，出现空洞和裂缝，导致强度降低，从而损坏建筑物。导致建筑材料变脏，变黑，影响城市市容质量和城市景观，被人们称之为"黑壳"效应。我国酸雨正呈蔓延之势，是继欧洲、北美之后世界第三大重酸雨区。

我国三大酸雨区分别为：

① 西南酸雨区　是仅次于华中酸雨区的降水污染严重区域；

② 华中酸雨区　目前它已成为全国酸雨污染范围最大，中心强度最高的酸雨污染区；

③ 华东沿海酸雨区　它的污染强度低于华中、西南酸雨区。

目前世界上减少二氧化硫排放量的主要措施有：

① 原煤脱硫技术，可以除去燃煤中大约 40%～60%的无机硫；

② 优先使用低硫燃料，如含硫较低的低硫煤和天然气等；

③ 改进燃煤技术，减少燃煤过程中二氧化硫和氮氧化物的排放量；

④ 对煤燃烧后形成的烟气在排放到大气中之前进行烟气脱硫；

⑤ 开发新能源，如太阳能，风能，核能，可燃冰等。

3. 臭氧空洞

人类生产生活中向大气排放的氯氟烃等化学物质在扩散至平流层后与臭氧发生化学反应，导致臭氧层反应区产生臭氧含量降低的现象。

1984 年，英国科学家首次发现南极上空出现臭氧空洞。大气臭氧层的损耗是当前世界上又一个普遍关注的全球性大气环境问题，它同样直接关系到生物圈的安危和人类的生存。由于臭氧层中臭氧的减少，照射到地面的太阳光紫外线增强，其中波长为 240～329 nm 的紫外线对生物细胞具有很强的杀伤作用，对生物圈中的生态系统和各种生物，包括人类，都会产生不利的影响。

大气中的臭氧吸收了大部分对生命有破坏作用的太阳紫外线，对地球生命形成了天然的保护作用。太阳紫外线中波长小于 290 nm 的部分被平流层臭氧分子全部吸收，但波长为 290～320 nm，也就是通常所说的 UV－B 波段的紫外线也有 90%被臭氧分子吸收，从而大大减弱了它到达地面的强度。如果平流层臭氧的含量减少，则地面受到的 UV－B 段紫外辐射的强度将会增加。可以毫不夸赞地说，地球上的一切生命就像离不开水和氧气一样离不开大气臭氧层，大气臭氧是地球上一切生灵的保护伞。

臭氧具有吸收太阳紫外辐射的特性，臭氧层会保护我们不受到阳光紫外线的伤害，所以对地球生物来说是很重要的保护层。不过，随着人类活动，特别是氟氯碳化物(CFCs)等人造化学物质被大量使用，很容易就会破坏臭氧层，使大气中的臭氧总量明显减少，在南北两极上空下降幅度最大。

国际组织《关于消耗臭氧层物质的蒙特利尔议定书》规定了 15 种氯氟烷烃、3 种哈龙、40 种含氢氯氟烷烃、34 种含氢溴氟烷烃、四氯化碳(CCl_4)、甲基氯仿(CH_3CCl_3)和甲基溴(CH_3Br)为控制使用的消耗臭氧层物质，也称受控物质。

2008 年形成的南极臭氧空洞的面积已达 2 700 万平方公里，北极上空 2011 年春天臭氧减少状况超出先前观测记录，首次像南极上空那样出现臭氧空洞，面积最大时相当于 5 个德国。

臭氧空洞的危害：

臭氧是一种温室气体，它的存在可以使全球气候增暖。但是，臭氧与其他温室气体不同，这是自然界中受自然因子(太阳辐射中紫外线对高层大气氧分子进行光化作用而生成)影响而产生，并不是人类活动排放产生的。臭氧除了能够对气候变化产生影响，从而影响环境和生态外，还对人类健康产生强烈的直接影响。由实验及实际观测推论会造成以下的影响。

(1) 对人类健康影响

① 增加皮肤癌：臭氧减少 1%，皮肤癌患者增加 4%～6%，主要是黑色素癌；

② 损害眼睛，增加白内障患者；

③ 削弱免疫力，增加传染病患者。

(2) 对生态影响

① 农产品减产及其品质下降。试验 200 种作物对紫外线辐射增加的敏感性，结果 2/3 有影响，尤其是大米、小麦、棉花、大豆、水果和洋白菜等人类经常食用的作物。估计臭氧减少 1%，大豆减产 1%；

② 减少渔业产量。紫外线辐射可杀死 10 m 水深内的单细胞海洋浮游生物。实验表明，臭氧减少 10%，紫外线辐射增加 20%，将会在 15 天内杀死所有生活在 10 m 水深内的鳗鱼幼鱼。

(3) 破坏森林

据研究，臭氧减少影响人类健康及生态系统的主要机制是紫外线辐射的增加会破坏核糖核酸(DNA)，以改变遗传信息及破坏蛋白质。除了影响人类健康和生态外，因臭氧减少而造成的紫外辐射增多还会造成对工业生产的影响，如使塑料及其他高分子聚合物加速老化。

4.3 影响大气污染的气象因素

大气污染物在大气湍流混合作用下被扩散稀释。大气污染扩散主要受到气象条件、地貌状况及污染物特征的影响。

4.3.1 气象因子影响

影响污染物扩散的气象因子主要是大气稳定度和风。

1. 大气稳定度

大气稳定度随着气温层结的分布而变化,是直接影响大气污染物扩散的极重要因素。大气越不稳定,污染物的扩散速率就越快;反之,则越慢。当近地面的大气处于不稳定状态时,由于上部气温低而密度大,下部气温高而密度小,两者之间形成的密度差导致空气在竖直方向产生强烈的对流,使得烟流迅速扩散。大气处于逆温层结的稳定状态时,将抑制空气的上下扩散,使得排向大气的各种污染物质因此在局部地区大量聚积。当污染物的浓度增大到一定程度并在局部地区停留足够长的时间,就可能造成大气污染。

烟流在不同气温层结及稳定度状态的大气中运动,具有不同的扩散型态。图4-2为烟流在五种不同条件下,形成的典型烟云。

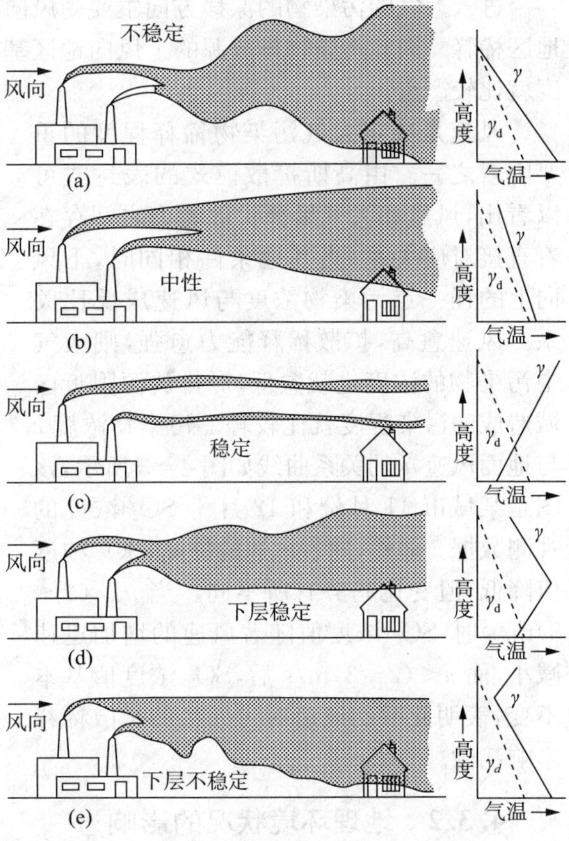

图4-2 典型烟云与大气稳定度关系

(a)波浪型;(b)锥型;(c)带型;(d)爬升型;(e)熏烟型

(1) 波浪型。这种烟型发生在不稳定大气中,即$\gamma>0,\gamma>\gamma_d$。大气湍流强烈,烟流呈上下左右剧烈翻卷的波浪状向下风向输送,多出现在阳光较强的晴朗白天。污染物随着大气运动向各个方向迅速扩散,地面落地浓度较高,最大浓度点距排放源较近,大气污染物浓度随着远离排放源而迅速降低,对排放源附近的居民有害。

(2) 锥型。大气处于中性或弱稳定状态,即$\gamma>0,\gamma<\gamma_d$。烟流扩散能力弱于波浪型,离开排放源一定距离后,烟流沿基本保持水平的轴线呈圆锥形扩散,多出现阴天多云的白天和强风的夜间。大气污染物输送距离较远,落地浓度也比波浪型低。

(3) 带型。这种烟型出现在逆温层结的稳定大气中,即$\gamma<0,\gamma<\gamma_d$。大气几乎无湍流发生,烟流在竖直方向上扩散速度很小,其厚度在漂移方向上基本不变,像一条长直的带子,而呈扇形在水平方向缓慢扩散,也称为扇型,多出现于弱风晴朗的夜晚和早晨。由于逆温层结的存在,污染物不易扩散稀释,但输送较远。若排放源较低,污染物在近地面处的浓度较高,遇到高大障碍物阻挡时,会在该区域聚积以致造成污染。如果排放源很高时,近距离的地面上不易形成污染。

(4) 爬升型。爬升型为大气某一高度的上部处于不稳定状态,即$\gamma>0,\gamma>\gamma_d$,而下部为稳定状态,即$\gamma<0,\gamma<\gamma_d$时出现的烟流扩散型态。如果排放源位于这一高度,则烟流呈下侧边界清晰平直,向上方湍流扩散形成一屋脊状,故又称为屋脊型。这种烟云多出现于地面附近有辐射逆温日落前后,而高空受冷空气影响仍保持递减层结。由于污染物只向上方扩散而不向下扩散,因而地面污染物的浓度小。

(5)熏烟型。与爬升型相反,熏烟型为大气某一高度的上部处于稳定状态,即$\gamma<0,\gamma<\gamma_d$,而下部为不稳定状态,即$\gamma>0,\gamma>\gamma_d$时出现的烟流运动型态。若排放源在这一高度附近,上部的逆温层结好像一个盖子，使烟流的向上扩散受到抑制，而下部的湍流扩散比较强烈，也称为漫烟型烟云。这种烟云多出现在日出之后，近地层大气辐射逆温消失的短时间内，此时地面的逆温已自下而上逐渐被破坏，而一定高度之上仍保持逆温。这种烟流迅速扩散到地面，在接近排放源附近区域的污染物浓度很高，地面污染最严重。

上述典型烟云可以简单地判断大气稳定度的状态和分析大气污染的趋势。但影响烟流形成的因素很多，实际中的烟流往往更复杂。

2. 风

进入大气的污染物的漂移方向主要受风向的影响，依靠风的输送作用顺风而下在下风向地区稀释。因此污染物排放源的上风向地区基本不会形成大气污染，而下风向区域的污染程度就比较严重。

风速是决定大气污染物稀释程度的重要因素之一。由高斯扩散模式的表达式可以看出，风速和大气稀释扩散能力之间存在着直接对应关系，当其他条件相同时，下风向上的任一点污染物浓度与风速成反比关系。风速愈高，扩散稀释能力愈强，则大气中污染物的浓度也就愈低，对排放源附近区域造成的污染程度就比较轻。污染物浓度 c 与地面风速 u 的关系曲线如图 4－3 所示，该图是某城市 11 月份和 12 月份 SO_2 浓度的观测数据。显然，随着风速的提高，SO_2 浓度值降低，但变化趋势有所不同。当 $u>(2\sim3)$m/s 时，SO_2 浓度值随着风速的增加迅速减小，而 $u<(2\sim3)$m/s 后，SO_2 浓度值基本不变，表明此时的风速对污染物的扩散稀释影响甚微。

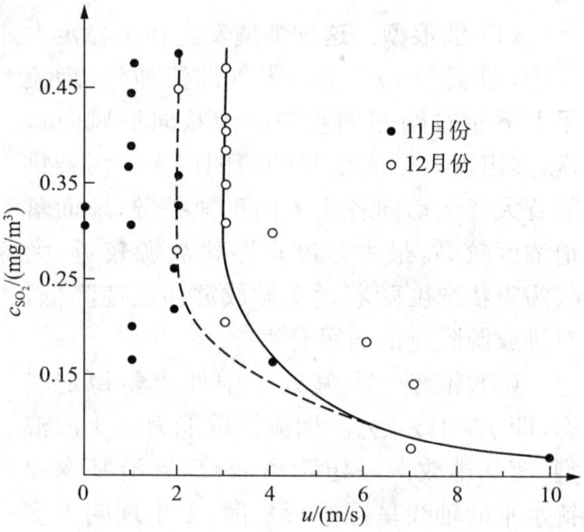

图 4－3　SO_2 浓度与风速的关系曲线

4.3.2　地理环境状况的影响

影响污染物在大气中扩散的地理环境包括地形状况和地面物体。

1. 地形状况

陆地和海洋，以及陆地上广阔的平地和高低起伏的山地及丘陵都可能对污染物的扩散稀释产生不同的影响。局部地区由于地形的热力作用，会改变近地面气温的分布规律，从而形成前述的地方风，最终影响到污染物的输送与扩散。

海陆风会形成的局部区域的环流，抑制大气污染物向远处的扩散。例如，白天，海岸附近的污染物从高空向海洋扩散出去，可能会随着海风的环流回到内地，这样去而复返的循环使该地区的污染物迟迟不能扩散，造成空气污染加重。此外，在日出和日落后，当海风与陆风交替时大气处于相对稳定甚至逆温状态，不利于污染物的扩散。还有，大陆盛行的季风与海陆风交汇，两者相遇处的污染物浓度也较高，如我国东南沿海夏季风夜间与陆风相遇。有时，大陆上气温较高的风与气温较低的海风相遇时，会形成锋面逆温。

山谷风也会形成的局部区域的封闭性环流，不利于大气污染物的扩散。当夜间出现山风时，由于冷空气下沉谷底，而高空容易滞留由山谷中部上升的暖空气，因此时常出现使污染物难以扩散稀释的逆温层结。若山谷有大气污染物卷入山谷风形成的环流中，则会长时间滞留在山谷中难以扩散。

如果在山谷内或上风峡谷口建有排放大气污染物的工厂，则峡谷风不利于污染物的扩散，并且污染物随峡谷风流动，从而造成峡谷下游地区的污染。

当烟流越过横挡于烟流途径的山坡时，在其迎风面上会发生下沉现象，使附近区域污染物浓度增高而形成污染，如背靠山地的城市和乡村。烟流越过山坡后，又会在背风面产生旋转涡流，使得高空烟流污染物在漩涡作用下重新回到地面，可能使背风面地区遭到较严重的点污染。

2. 地面物体

城市是人口密集和工业集中的地区。由于人类的活动和工业生产中大量消耗燃料，使城市成为一大热源。此外，城市建筑物的材料多为热容量较高的砖石水泥，白天吸收较多的热量，夜间因建筑群体拥挤而不易冷却，成为一巨大的蓄热体。因此，城市与周围郊区的气温比周围郊区气温高，年平均气温一般高于乡村 1～1.5℃，冬季可高出 6～8℃。由于城市气温高，热气流不断上升，乡村低层冷空气向市区侵入，从而形成封闭的城乡环流。这种现象与夏日海洋中的孤岛上空形成海风环流一样，所以称之为城市“热岛效应”。如图 4－4 所示。

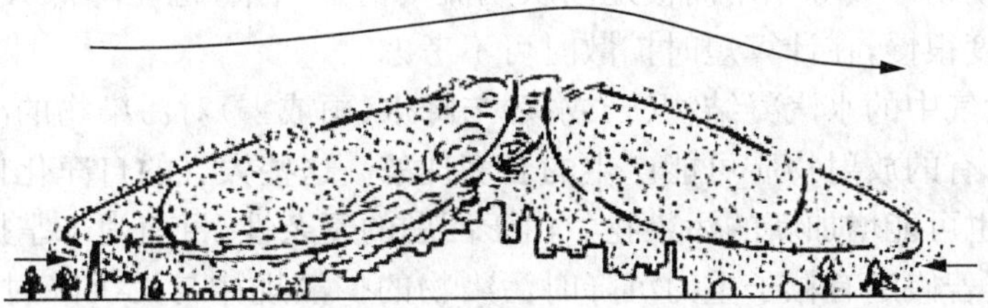

图 4－4　城市热岛效应

城市热岛效应的形成与盛行风和城乡间的温差有关。夜晚城乡温差比白天大，热岛效应在无风时最为明显，从乡村吹来的风速可达 2 m/s。虽然热岛效应加强了大气的湍流，有助于污染物在排放源附近的扩散。但是这种热力效应构成的局部大气环流，一方面使得城市排放的大气污染物会随着乡村风流返回城市；另一方面，城市周围工业区的大气污染物也会被环流卷吸而涌向市区，这样，市区的污染物浓度反而高于工业区，并久久不易散去。

城市内街道和建筑物的吸热和放热的不均匀性，还会在群体空间形成类似山谷风的小型环流或涡流。这些热力环流使得不同方位街道的扩散能力受到影响，尤其对汽车尾气污染物扩散的影响最为突出。如建筑物与在其之间的东西走向街道，白天屋顶吸热强而街道受热弱，屋顶上方的热空气上升，街道上空的冷空气下降，构成谷风式环流。晚上屋顶冷却速度比街面快，使得街道内的热空气上升而屋顶上空的冷空气下沉，反向形成山风式环流。由于建筑物一般为锐边形状，环流在靠近建筑物处还会生成涡流。当污染物被环流卷吸后就不利于向高空的扩散。

排放源附近的高大密集的建筑物对烟流的扩散有明显影响。地面上的建筑物除了阻碍气流运动而使风速减小，有时还会引起局部环流，这些都不利于烟流的扩散。例如，当烟流掠过高大建筑物时，建筑物的背面会出现气流下沉现象，并在接近地面处形成返回气流，从而产生涡流。结果，建筑物背风侧的烟流很容易卷入涡流之中，使靠近建筑物背风侧的污染物浓度增大，明显高于迎风侧，如图 4－5 所示。如果建筑物高于排放源，这种情况将更加严重。通常，当排放源的高度超过附近建筑物高度 2.5 倍或 5 倍以上时，建筑物背面的涡流才不对烟流的扩散产生影响。

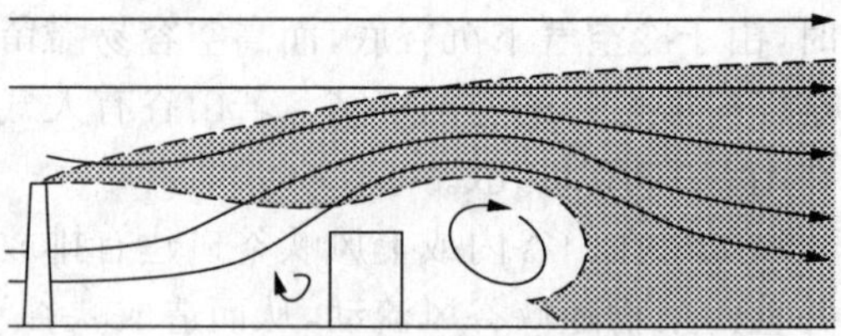

图 4－5 建筑物对烟流扩散的影响

4.3.3 污染物特征的影响

实际上，大气污染物在扩散过程中，除了在湍流及平流输送的主要作用下被稀释外，对于不同性质的污染物，还存在沉降、化合分解、净化等质量转化和转移作用。虽然这些作用对中、小尺度的扩散为次要因素，但对较大粒子沉降的影响仍须考虑，而对较大区域进行环境评价时净化作用的影响不能忽略。大气及下垫面的净化作用主要有干沉积、湿沉积和放射性衰变等。

干沉积包括颗粒物的重力沉降与下垫面的清除作用。显然，粒子的直径和密度越大，其沉降速度越快，大气中的颗粒物浓度衰减也越快，但粒子的最大落地浓度靠近排放源。所以，一般在计算颗粒污染物扩散时应考虑直径大于 10 μm 的颗粒物的重力沉降速度。当粒径小于 10 μm 的大气污染物及其尘埃扩散时，碰到下垫面的地面、水面、植物与建筑物等，会因碰撞、吸附、静电吸引或动物呼吸等作用而被逐渐从烟流中清除出来，也能降低大气中污染物浓度。但是，这种清除速度很慢，在计算短时扩散时可不考虑。

湿沉积包括大气中的水汽凝结物（云或雾）与降水（雨或雪）对污染物的净化作用。放射性衰变是指大气中含有的放射物质可能产生的衰变现象。这些大气的自净化作用可能减少某种污染物的浓度，但也可能增加新的污染物。由于问题的复杂性，目前尚未掌握它们对污染物浓度变化的规律性。若假定有粒子重力沉降时污染物的扩散规律与无沉降时相同，且地面对粒子全吸收，并假定污染物浓度在湿沉积、放射性衰变和化学反应净化作用下随时间按指数规律衰减，则高架源扩散时的浓度分布可以参考相关公式粗略估算。

4.4 大气污染的防治

要减少大气污染物的排放量，必须在污染源调查的基础上，运用技术的、经济的、法律的以及其他管理手段和措施，对大气污染源进行控制。大气污染源控制包括减少污染物的产生和治理净化已产生的污染物两个方面。主要措施为：①改革能源结构，采用无污染和低污染能源；②对燃料进行预处理，以减少燃烧时产生污染大气的物质；③改进燃烧设备，提高燃烧效率；④改革生产工艺，优先采用无污染或低污染工艺；⑤合理利用能源；⑥利用净化装置去除烟尘和各种工业粉尘；⑦利用物理、化学方法净化尾气中的有害成分；⑧回收利用有用物质；⑨加强监督管理，减少事故性排放和无组织排放；⑩制定地方排放标准、合格的能源价格和分配政策。

4.4.1 防治大气污染的基本措施

4.4.1.1 颗粒污染物防治措施

除尘是指将气体中固态或液态粒子分离出来的过程，除尘根据介质环境可分为湿式除尘、干式除尘两类，按分离原理可分为机械式除尘、洗涤式除尘、过滤式除尘、电除尘、声波除尘等，其中机械式除尘包括重力除尘、惯性除尘、离心除尘。

1. 机械除尘器

机械除尘器是依靠机械力(重力、惯性力、离心力等)将尘粒从气流中去除的装置。特点是结构简单，设备费和运行费均较低，但除尘效率不高。按出尘粒的不同可设计为重力沉降室、惯性除尘器和旋风除尘器，适用于含尘浓度高和颗粒力度较大的气流。广泛用于除尘要求不高的场合或用作高效除尘装置的前置预除尘器。

(1) 重力沉降室

重力沉降室是通过重力作用使尘粒从气流中沉降分离的除尘装置，气流进入重力沉降室后，流动截面积扩大，流速降低，较重颗粒在重力作用下缓慢向灰斗沉降，设计重力沉降室的模式有层流式和湍流式两种。图 4-6 是层流式重力沉降室纵截面的示意图。

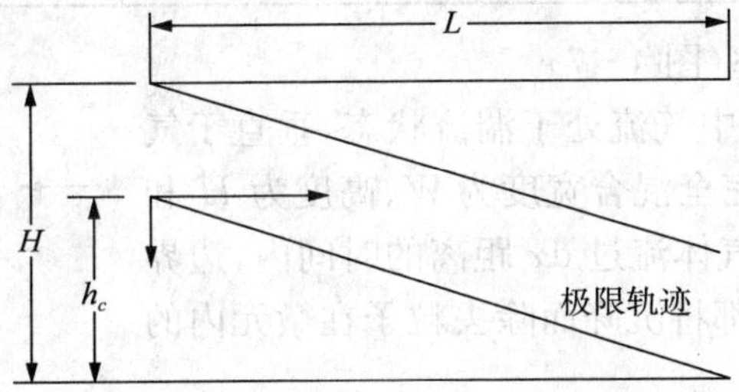

图 4-6　层流式重力沉降室纵截面的示意图

沉降室的长宽高分别为 L、W、H，处理烟气量为 Q，烟气水平速度为 v_0，气流在沉降室内的停留时间为 t

$$t = L/v_0 = \frac{LWH}{Q} \tag{4-1}$$

在 t 时间内粒子的沉降距离 h_c

$$h_c = u_s \cdot t = \frac{u_s L}{v_0} = \frac{u_s LWH}{Q} \tag{4-2}$$

该粒子的除尘效率

$$\eta_i = \frac{h_c}{H} = \frac{u_s L}{v_0 H} = \frac{u_s LW}{Q} \quad (h_c < H) \tag{4-3}$$

对于 stokes 粒子，重力沉降室能 100%捕集的最小粒子的 $d_{\min}$

$$h_c = H$$

$$u_s = \frac{d_p^2 \rho_p g}{18\mu}$$

即

$$\frac{d_p^2 \rho_p g}{18\mu} \frac{LWH}{Q} = H$$

$$\Rightarrow d_{\min} = \sqrt{\frac{18\mu Q}{\rho_p g WL}} \tag{4-4}$$

提高沉降室效率的主要途径有降低沉降室内气流速度、增加沉降室长度、降低沉降室高度。沉降室内的气流速度一般为 0.3～2.0 m/s，不同粉尘的最高允许气流速度见表 4-3。

表 4-3 不同粉尘的最高允许气流速度

粉尘种类	粒子的密度/(kg/m^3)	平均粒径/(μm)	允许的最高气流速度/(m/s)
铝屑尘	2 720	335	4.3
石棉尘	2 200	261	5.0
熔化炉排出的非金属粉尘	3 020	117	5.6
氧化铅粉尘	8 260	14.7	7.6
石灰石粉尘	2 780	71	6.4
淀粉粉尘	1 270	64	1.75
钢屑尘	6 850	96	4.7
木屑尘	1 180	1 370	4.0
锯末	—	1 400	6.6

(2) 湍流式重力沉降室(图 4-7)

湍流模式:假定沉降室中气流处于湍流状态,垂直于气流方向的每个断面上粒子完全混合宽度为 W、高度为 H 和长度为 dx 的捕集元,假定气体流过 dx 距离的时间内,边界层 dy 内粒径为 dp 的粒子都将沉降而除去粒子在微元内的停留时间

$$dt = dx/v_0 = dy/u_s \tag{4-5}$$

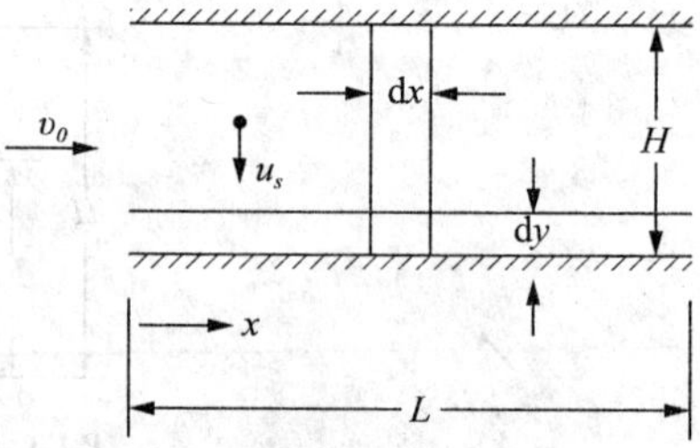

图 4-7 湍流式重力沉降室示意图

被去除的分数

对上式积分得

$$\frac{dN_p}{N_p} = \frac{dy}{H} = -\frac{u_s dx}{v_0 H} \tag{4-6}$$

边界条件:

$$\ln N_p = -\frac{u_s dx}{v_0 H} + \ln C$$

$$x = 0 \quad N_p = N_{p0}; \quad x = L \quad N_p = N_{pL}$$

$$N_{pL} = N_{p0} \exp\left(-\frac{u_s L}{v_0 H}\right) \tag{4-7}$$

因此,其分级除尘效率

$$\eta_1 = 1 - \frac{N_{p,L}}{N_{p,0}} = 1 - \exp\left(-\frac{u_s L}{v_0 H}\right)$$

$$= 1 - \exp\left(-\frac{u_s L W}{Q}\right) \tag{4-8}$$

重力沉降室的优点:结构简单、投资少、压力损失小(一般为 50～100 Pa)、维修管理容易;缺点:体积大、效率低、仅作为高效除尘器的预除尘装置,除去较大和较重的粒子。

(3) 惯性除尘器

除尘机理:在沉降室内设置各种形式的挡板,含尘气流冲击在挡板上,气流方向发生急剧转变,借助尘粒本身的惯性力作用,使其与气流分离。图 4-8 是惯性除尘器的除尘机理。

惯性除尘器的结构类型:惯性除尘器结构类型可分为冲击式和反转式两种,图 4-9 为冲击式的结构图,图 4-10 为反转式结构图。

惯性除尘器的应用:一般净化密度和粒径较大的金属或矿物性粉尘,净化效率不高,一般只用于多级除尘中的一级除尘,捕集 10～20 μm 之间的粗颗粒,压力损失 100～1 000 Pa。

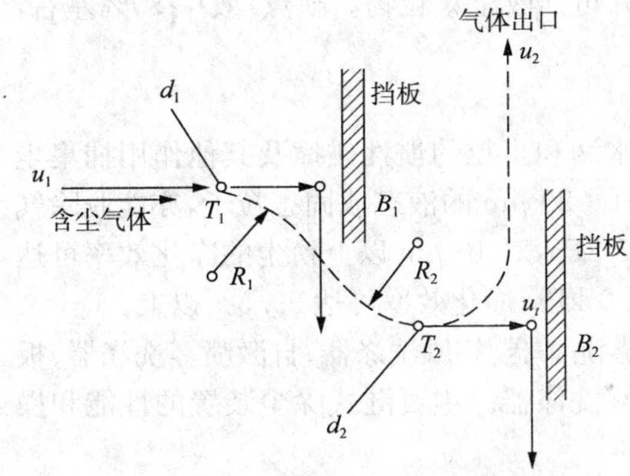

图 4-8　惯性除尘器的分离机理

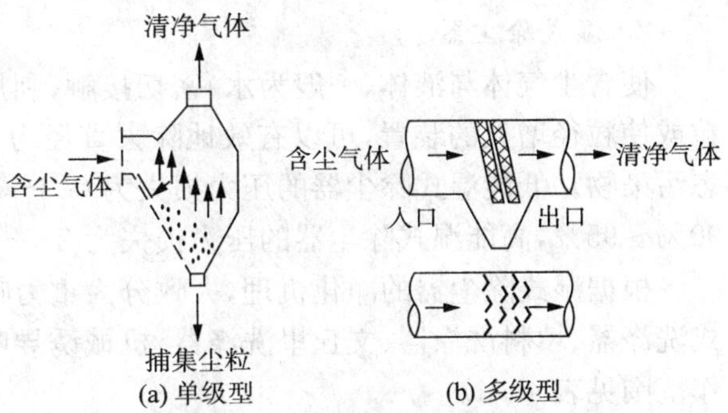

图 4-9　冲击式惯性除尘装置

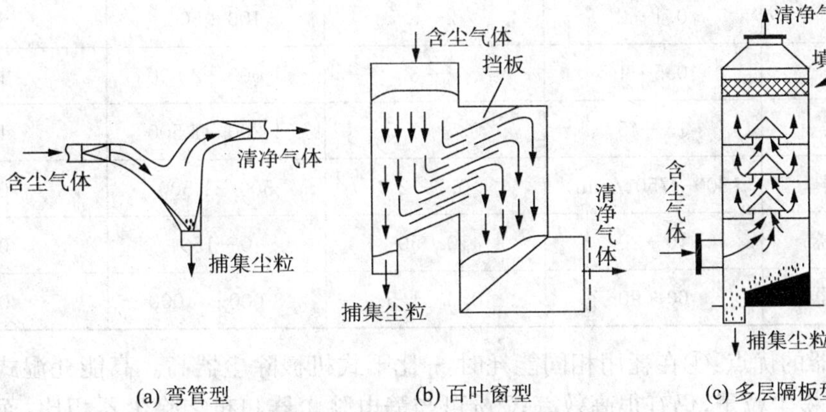

图 4-10　反转式惯性除尘装置

(4) 离心除尘器

离心除尘器主要为旋风除尘器，利用旋转气流产生的离心力使尘粒从气流中分离，用来分离粒径大于 10 μm 的尘粒。

工作原理：普通旋风除尘器是由进气管、筒体、锥体和排气管等组成，气流运动状况如图 4-11 所示。气流沿外壁由上向下旋转运动（外涡旋），少量气体沿径向运动到中心区域，旋转气流在锥体底部转而向上沿轴心旋转（内涡旋），气流运动包括切向、轴向和径向，切向速度决定气流质点离心力大小，颗粒在离心力作用下逐渐移向外壁，到达外壁的尘粒在气流和重力共同作用下沿壁面落入灰斗，上涡旋-气流从除尘器顶部向下高速旋转时，一部分气流带着细小的尘粒沿筒壁旋转向上，到达顶部后，再沿排出管外壁旋转向下，最后从排出管排出。

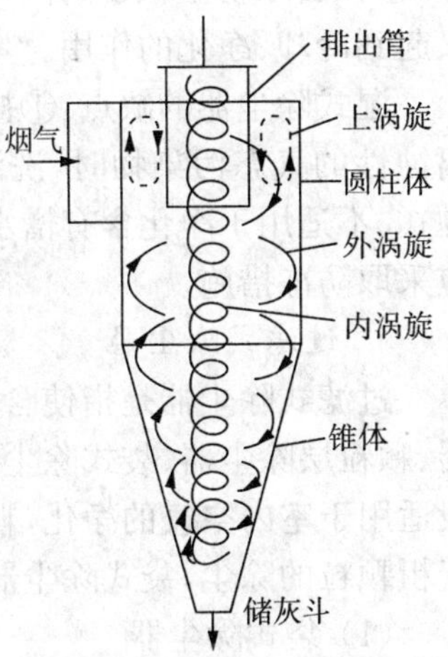

图 4-11　普通旋风除尘器的结构及内部气流运动状况

特点：结构简单、占地面积小，投资低，操作维修方便，压力损失中等，动力消耗不大，可用于各种材料制造，能用于高温、高压及腐蚀性气体，并可回收干颗粒物。缺点：效率 80%左右，捕集<5 μm 颗粒的效率不高，一般作预除尘用。

2. 湿式除尘器

使含尘气体与液体（一般为水）密切接触，利用水滴和尘粒的惯性碰撞及其他作用捕集尘粒或使粒径增大的装置，可以有效地除去直径为 0.1～20 μm 的液态或固态粒子，亦能脱除气态污染物。低能湿式除尘器的压力损失为 0.2～1.5 kPa，对 10 μm 以上粉尘的净化效率可达 90%～95%，高能湿式除尘器的压力损失为 2.5～9.0 kPa，净化效率可达 99.5%以上。

根据湿式除尘器的净化机理，大致分为重力喷雾洗涤器、旋风洗涤器、自激喷雾洗涤器、板式洗涤器、填料洗涤器、文丘里洗涤器、机械诱导喷雾洗涤器。主要湿式除尘装置的性能和操作范围见表 4－4。

表 4－4 主要湿式除尘装置的性能和操作范围

装置名称	气体流速/(m/s)	液气比/(L/m^3)	压力损失/Pa	分割直径/μ
喷淋塔	0.1—2	2—3	100—500	3.0
填料塔	0.5—1	2—3	1 000—2 500	1.0
旋风洗涤器	15—45	0.5—1.5	1 200—1 500	1.0
转筒洗涤器	(300—750r/min)	0.7—2	500—1 500	0.2
冲击式洗涤器	10—20	10—50	0—150	0.2
文丘里洗涤器	60—90	0.3—1.5	3 000—8 000	0.1

湿式除尘器的优点：①在耗用相同能耗时，η 比干式机械除尘器高。高能耗湿式除尘器清除 0.1μm 以下粉尘粒子，仍有很高效率；②η 可与静电除尘器和布袋除尘器相比，而且还可适用于它们不能胜任的条件，如能够处理高温，高湿气流，高比电阻粉尘，及易燃易爆的含尘气体；③在去除粉尘粒子的同时，还可去除气体中的水蒸气及某些气态污染物。既起除尘作用，又起到冷却、净化的作用。

湿式除尘器的缺点：①排出的污水污泥需要处理，澄清的洗涤水应重复回用；②净化含有腐蚀性的气态污染物时，洗涤水具有一定程度的腐蚀性，因此要特别注意设备和管道腐蚀问题；③不适用于净化含有憎水性和水硬性粉尘的气体；④寒冷地区使用湿式除尘器，容易结冻，应采取防冻措施。

3. 过滤式除尘器

过滤式除尘器是指使含尘气流通过过滤材料将粉尘分离捕集的装置。主要有空气过滤器、颗粒层除尘器、袋式除尘器三种形式。空气过滤器采用滤纸或玻璃纤维作为过滤介质，一般适用于室内空气的净化，颗粒层除尘器以砂、砾、焦炭等颗粒物堆积层为过滤介质，一般应用于粗颗粒的除尘，袋式除尘器以纤维织物为过滤介质，可以用于细颗粒的除尘。

(1) 袋式除尘器

采用纤维织物作滤料的袋式除尘器，见图 4－12，在工业尾气的除尘方面应用较广，除尘效率一般可达 99%以上，效率高，性能稳定可靠、操作简单，因而获得越来越广泛的应用。

工作原理：含尘气流从下部进入圆筒形滤袋，在通过滤料的孔隙时，粉尘被捕集于滤料上，沉积在滤料上的粉尘，可在机械振动的作用下从滤料表面脱落，落入灰斗中，粉尘因截留、惯性碰撞、静电和扩散等作用，在滤袋表面形成粉尘层，常称为粉尘初层；粉尘初层形成后，成为袋式除尘器的主要过滤层，提高了除尘效率，随着粉尘在滤袋上积聚，滤袋两侧的压力差增大，会把已附在滤料上的细小粉尘挤压过去，使除尘效率下降，除尘器压力过高，还会使除尘系统的处理气体量显著下降，因此除尘器阻力达到一定数值后，要及时清灰。

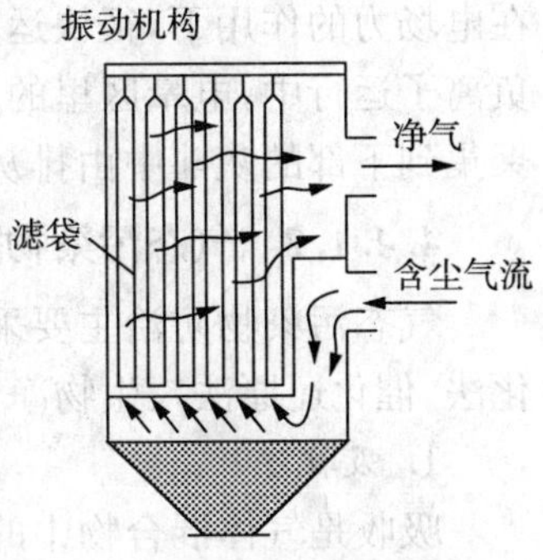

图 4-12　机械振动袋式除尘器

袋式除尘器的滤料：滤料按滤料材质分天然纤维、无机纤维、合成纤维，天然纤维主要为棉毛织物，适于无腐蚀、350～360 K 以下气体，无机纤维主要指玻璃纤维，化学稳定性好，耐高温；质地脆，合成纤维性能各异，满足不同需要，扩大除尘器的应用领域。按滤料结构可分为滤布（编织物）和毛毡两类，主要滤料的性能指标见表 4-5。

表 4-5　主要滤料的性能指标

滤料名称	直径/μm	耐温性能/K		吸水率/%	耐酸性	耐碱性	强度
		长期	最高				
棉织物（植物短纤维）	10—20	348—358	368	8	很差	稍好	1
蚕丝（动物长纤维）	18	353—363	373	16—22			
羊毛（动物短纤维）	5—15	353—363	373	10—15	稍好	很差	0.4
尼龙		348—358	368	4.0—4.5	稍好	好	2.5
奥纶		398—408	423	6	好	差	1.6
涤纶（聚酯）		—413	433	6.5	好	差	1.6
玻璃纤维（用硅酮树脂处理）	5—8	523		4.0	好	差	1
芳香族聚酰胺（诺梅克斯）		493	533	4.5—5.0	差	好	2.5
聚四氟乙烯		493—523		0	很好	很好	2.5

4. 电除尘

电除尘是利用高压直流电源产生的强电场使气体电离，产生电晕放电，进而使悬浮尘粒荷电，并在电场力的作用下，将悬浮尘粒从气体中分离并加以捕捉的除尘装置。

电除尘器分类：按电极清灰方式不同可分为：干式、湿式、雾状粒子捕集器和半湿式除尘器。按气体在电场内的运动方向分为立式和卧式。按收尘极形式分为管式和板式、棒帏式。按收尘极和电晕极不同配置分为单区和双区电除尘器。按间距分为窄间距（≤150 mm）和宽间距（>150 mm）。按温度分为常温（≤350℃）和高温（>350℃）。

电除尘具有除尘效率高、设备阻力小、总的能耗低、处理烟气量大、耐高温、能捕集腐蚀性大、黏附性强的气溶胶颗粒等优点；但同时一次性投资和钢材消耗大、占地面积和占空体积大、安装和运行要求较高、易受工况条件的影响。

工作原理：在电晕极和集尘极组成的不均匀电场中，以放电极（电晕极）为负极，集尘极为正极，当电场的强度提高到某一值时，电晕极周围形成负电晕，气体分子的电离作用加强，产生了大量的正负离子。正负离子被电晕极中和，负离子和自由离子则向集尘极转移，当带有粉尘的气体通过时，这些带负电荷的粒子就会在运动中不断碰到并被吸附在尘粒上，使尘粉荷电，在电场力的作用下，很快运动到达集尘极(阳极板)，放出负电荷，本身沉积在集尘板上。在正负离子运行中，电晕区里的粉尘带正电荷，移向电晕极，收集到的粉尘通过振动装置使其跌落，聚集到下部的灰斗中由排灰电机排出，使气体得到净化。

4.4.1.2 气态污染物防治措施

气态污染物防治主要采用的物理化学方法有吸收法、吸附法、冷凝法、催化转化法(催化氧化法、催化还原法)、生物净化法、燃烧法、膜分离法等。

1. 吸收法

吸收是气体混合物中的一种或多种组分溶解于吸收液中，或者与吸收液中的组分进行选择性化学反应，从而将物质从气相中分离出来的操作过程。吸收法应用非常广泛，如原料气的净化、有用组分的回收、产品的制备、气体的净化等。有害气体如 SO_2，NO_x，HCl，HF，碳氢化合物等常用吸收法加以净化。吸收可分为物理吸收和化学吸收两种类型，物理吸收不发生明显的化学反应，化学吸收的吸收质与吸收剂发生化学反应。在大气污染控制中，由于废气气体量大、成分复杂，仅靠物理吸收难以达到净化要求，因此大多情况下物理吸收和化学吸收同时存在。

(1) 吸收原理

气液吸收一般遵循双膜理论，如图 4-13 所示。在吸收过程中，溶质首先由气相主体以涡流扩散方式到达气膜边界，再以分子扩散方式通过气膜到达气液相界面，在界面上溶质不受任何阻力由气相进入液相，然后在液相以分子扩散的方式穿过液膜到达气液膜边界，最后又以涡流扩散的方式转移到液相主体。

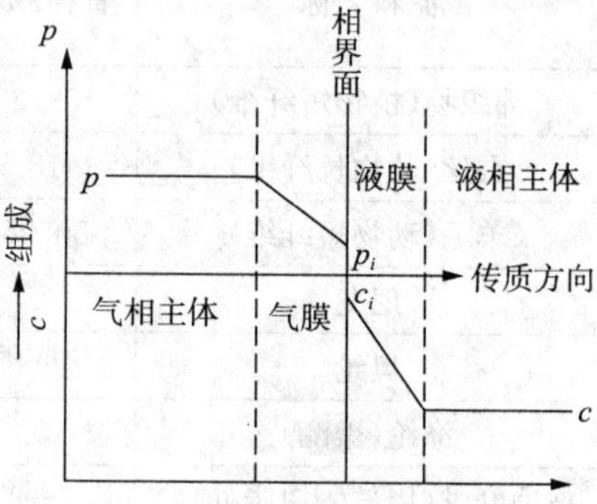

图 4-13 气液吸收双膜模型

(2) 吸收设备

吸收的主要设备包括：板式塔、喷淋塔、填料塔、湍球塔、文丘里吸收器。

填料塔的典型结构如图 4-14 所示。塔内装有支撑板，板上堆放填料层，喷淋的液体通过安装在填料上部的分布器洒向填料。在吸收塔内，气体和液体经常逆流接触，即吸收剂自塔顶向下喷淋，气体从塔底被送入，沿填料间空隙上升，填料的润湿表面作为气液接触的传质表面。常用的填料塔填料种类有拉西环、鲍尔环、鞍形和波纹填料等。

为保证填料塔运行稳定，一般要求液体喷淋密度在 10 $m^3/(m^2 \cdot h)$以上，并力求喷淋均匀。填料塔的空塔气速一般为 0.3～1.5 m/s，压降通常为 0.15～0.60 kPa/m 填料，液气比为 0.5～2.0 kg/m^3。

填料塔具有结构简单、便于制造，汽液接触良好，压降较小等优点。缺点是当烟气中含有悬浮颗粒时，填料容易堵塞，清理检修时填料损耗大。

筛板塔的结构如图 4-15 所示。在截面为圆形的塔内，沿塔高装有多层筛板。筛板上开有 2～15 mm 的小孔，开孔率一般为 6%～25%。操作时，气体从下而上经筛孔进入筛板上的液层，塔板上的液层厚度为 30 mm 左右，气液在筛板上交错流动，通过气体的鼓泡进行吸收。气液可以进行逐级的多次接触。

操作时一般控制气体通过筛板塔的空塔速度为 1.0～2.5 m/s，气体穿过筛孔的气速约为 4.5～12.8 m/s，每块板的压降为 0.8～2.0 kPa。

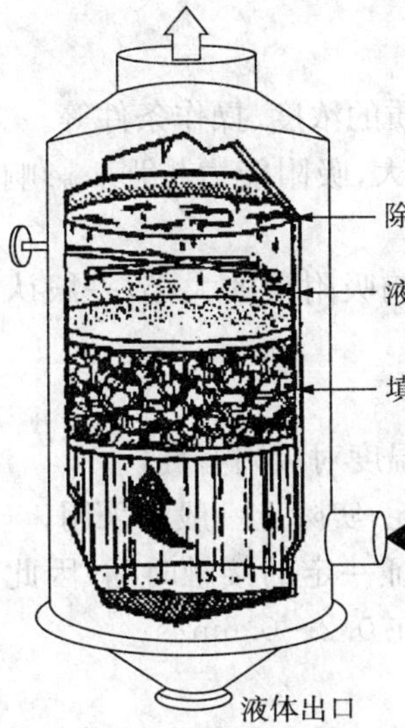

图 4-14　填料塔的典型结构

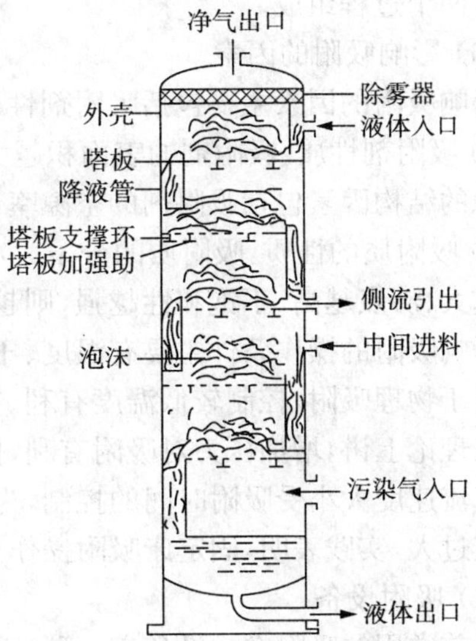

图 4-15　筛板塔的结构

2. 吸附法

吸附法是利用多孔性物质与气体接触，靠多孔性物质表面存在的剩余能量，使有害气体分子附着其上，而从气体中分离的方法。吸附的推动力主要靠分子间力、静电力和化学键力。

根据吸附过程中吸附剂与吸附质作用力的不同，可以把吸附分为物理吸附和化学吸附两大类。当吸附剂与吸附质作用力为分子间力时，称为物理吸附；当吸附剂与吸附质作用力为化学键力时，称为化学吸附。

物理吸附与化学吸附不同点在于，物理吸附吸附剂与吸附质之间不发生化学反应，物质性质不发生变化，吸附进行速度较快，很快能达到吸附平衡，吸附反应是放热反应，吸附热较小，相当于物质的液化热或汽化热，吸附没有选择性，吸附质往往是多层的，具有可逆性；化学吸附进行缓慢，达到平衡需要时间长，吸附时发生化学反应，并在吸附剂表面生成新物质，吸附为吸热过程，吸热量较大，相当于化学反应热，吸附有选择性，常常是不可逆的，一般为单层吸附。在实际吸附过程中，物理吸附和化学吸附常同时存在，低温时主要是物理吸附，高温时主要为化学吸附。

(1) 吸附过程

关于吸附平衡的理论有多种，主要有势能论、BET 学说、静电学说、电吸附学说、朗格缪尔学说等。

吸附的全过程分为外扩散、内扩散、吸附和脱附四个阶段。外扩散是指吸附质通过吸附剂外部的气膜，扩散到吸附剂表面的过程。内扩散是指吸附质分子从吸附剂表面进入吸附剂微孔的过程。吸附是扩散到吸附剂内表面的吸附质被吸附在其表面的过程。脱附是被吸附的吸附质分子重新回到气体中的过程。

(2) 吸附平衡

吸附与脱附同时进行，在吸附开始时，吸附速度大于脱附速度，以吸附为主，随着吸附的进行，脱附速度不断增加，当吸附速度与脱附速度相同时，达到吸附平衡。

吸附达到动态平衡状态时，吸附剂不再有吸附能力，为使吸附剂恢复其吸附能力，必须使吸附质从吸附剂表面脱除下来，这个过程称为脱附，有时脱附后的吸附剂还必须经过活化才能恢复吸附能力，吸附和活化过程综合起来称为吸附剂的再生过程。因此吸附的全过程由吸附和再生两个过程组成。

(3) 影响吸附的因素

影响吸附的因素主要包括吸附剂性质、吸附质性质、吸附质的浓度、操作条件等。

① 吸附剂性质：吸附剂的表面积越大，提供的吸附表面越大，吸附能力越强。影响吸附剂表面积的结构因素包括吸附剂的空隙率、孔径、颗粒大小等。

② 吸附质的性质：吸附质的分子大小、沸点、饱和度等影响吸附量的大小，一般认为分子质量越大、沸点越高、不饱和性越强，则越容易被吸附。

影响吸附的操作条件主要有温度、压力、气流速度等。

对于物理吸附，控制较低温度有利。对于化学吸附，提高温度对吸附有利，

从理论上讲，增加压力对吸附有利，但提高压力会增加能耗，实际上一般不采用。

气流速度大小受吸附时间的控制，为保证吸附完全，应保证一定的接触时间，因此气流速度不宜过大，实践表明，固定床吸附操作合理的气流速度控制在 0.2～0.6m/s。

(4) 吸附设备

目前常用的吸附净化设备有三种：固定床吸附器、移动床吸附器和流化床吸附器。

固定床吸附器如图 4－16 所示，把吸附剂固定在一个床层上，床层厚度 0.5～2m，被净化气体通过床层时被吸附。固定床吸附器按气流运动方式分为立式和卧式两种，立式气流上下运动，卧式气流水平运动；按形状分为方形和圆形两种。固定床吸附器的特点是结构简单、投资较低，操作方便，适合于小型、分散、间歇性的污染源处理。

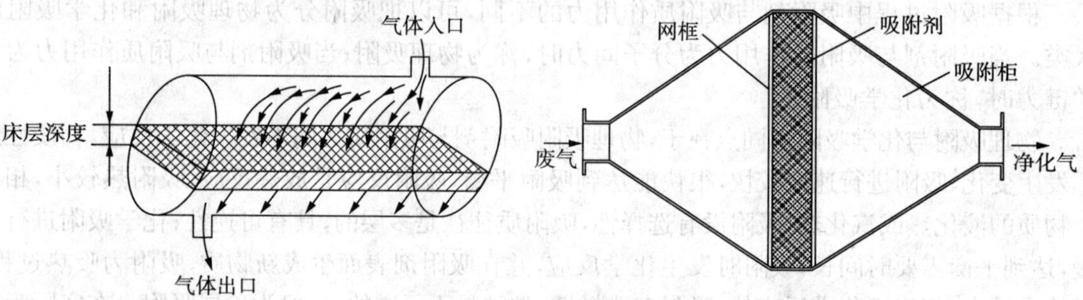

图 4－16　固定床吸附器

移动床吸附器由吸附剂冷却器、吸附剂加料装置、吸附剂卸料装置、吸附剂分配装置和脱附器组成。工作时吸附剂从设备顶部进入冷却器，降温后由分配板进入吸附段，借助重力作用不断下降，与从下部引入的气体接触，完成逆流接触吸附，净化后的气体从顶部排出。当吸附剂下降到气提段时，由底部引入的脱附气与其接触，将脱附的气体置换出来，最后进入脱附器对吸附剂进行再生。

流化床吸附器由带有溢流装置的多层吸附器和移动式脱附器组成。废气从吸附器的下部引入，气体通过筛板向上移动，将吸附剂吹起，在吸附段完成吸附操作，吸附后的气体进入扩大段，降低气流速度，减少吸附剂的携带。完成吸附从底部另一侧排出的吸附剂直接用蒸气进行脱附和干燥，然后从顶部送回吸附段继续使用。

(5) 吸附剂

吸附剂种类很多，常用吸附剂有活性白土、硅藻土、活性炭、硅胶、活性氧化铝、沸石分子筛、树脂等。下面介绍常用吸附剂的性能。

活性炭是应用最早、最广泛的优良吸附剂。它是由含碳物质如煤炭、木材、果壳、果核等炭

化后,再用水蒸气或化学试剂进行活化制成。其具有非极性、疏水性和亲有机物特性,孔径范围在 10～50 μm,选择性较强,可用于回收有机溶剂、除臭或去除其他气态污染物。

活性氧化铝是用含水的氧化铝经加热脱水后形成的多孔物质。它吸附极性分子,无毒,机械强度大,不易膨胀。针对不同物质选用的吸附剂见表 4-6。

表 4-6　不同物质选用的吸附剂

吸附剂	应用范围
活性炭	苯、甲苯、二甲苯、甲醛、乙醇、乙醚、煤油、汽油、光气、乙酸乙酯、苯乙烯、CS、CCl_4、$CHCl_3$、CH_2Cl_2、H_2S、Cl_2、CO、SO_2、NO_x
活性氧化铝	H_2S、SO_2、HF、烃类
硅胶	H_2S、SO_2、烃类
分子筛	H_2S、Cl_2、CO、SO_2、NH_3、Hg、NO_x

吸附剂的容量有限,当吸附剂达到饱和或接近饱和时,必须进行再生处理,常用的再生方法有升温再生、降压再生、吹扫再生、置换再生、化学转化再生等。

3. 催化转化法

催化转化法是利用催化剂的作用,将废气中的有害物质转变为无害物质或易于回收物质的操作方法。采用催化法能去除的气态污染物有 SO_2、NO_x、CO 等,特别适用于汽车尾气中 CO、CH 化合物和 NO_x 的净化。

(1) 催化原理

催化是利用催化剂的作用,改变反应途径,降低反应的活化能,使反应容易进行,提高反应速度,降低达到平衡的时间;或改变反应方向,使反应向着特定的方向进行。

(2) 催化剂

催化剂是参与了化学反应,改变了反应速度,而反应前后其本身的化学性质和物质量均不发生变化的物质。通常对催化剂的要求是:①具有较高的催化性能,能明显地改变速度或改变反应方向;②具有较高的机械性能,不易破损失效;③具有较高的耐热性,高温下不易变形或烧毁;④不易中毒,使用寿命长;⑤化学稳定性好,选择性强。

工业用固体催化剂主要由活性物质、助催化剂和载体组成。活性物质是催化作用的主体,是保证催化作用的关键;助催化剂是存在于催化剂成分中的添加剂,其本身没有活性,但当它与活性物质共存时,能显著地增强催化剂的催化性能;载体是承载活性物质和助催化剂的多孔性物质,其作用是提高活性组分的分散度,使催化剂的作用面积增大,提高催化性能,载体还能使催化剂具有一定的形状和粒度,保证其机械强度。

催化剂性能指标有活性、选择性和稳定性等,催化剂的活性是衡量催化剂性能的指标。工业催化剂的活性常用单位量催化剂在单位时间所得到的产品质量来表示,催化剂的选择性是指如果化学反应可能向几个方向进行,而催化剂只能对某一方向反应起催化作用。催化剂的稳定性是指催化剂参与催化反应,并保持催化活性的能力。

(3) 催化流程和设备

催化净化有害气体采用的反应器有固定床反应器和流化床反应器两种,主要采用固定床反应器。固定床反应器的优点在于:①反应速度快;②催化剂用量少;③速度、温度便于控制;④催化剂不易碰撞磨损,使用寿命长。缺点是传热性能差,反应中的热量不易导出。按照反应器的结构,固定床反应器分为管式和径向两种,按照反应器的温度条件,分为等温式、绝热式和非绝热式三种,绝热反应器又分为一段式和多段式。

4.4.2 主要大气污染物的治理技术

4.4.2.1 脱硫技术

将煤中的硫元素用钙基等方法固定成为固体防止燃烧时生成 SO_2。通过对国内外脱硫技术以及国内电力行业引进脱硫工艺试点厂情况的分析研究，目前脱硫方法一般可划分为燃烧前脱硫、燃烧中脱硫和燃烧后脱硫等 3 类。其中燃烧后脱硫，又称烟气脱硫（Flue gas desulfurization，简称 FGD），在 FGD 技术中，按脱硫剂的种类划分，可分为以下五种方法：以 $CaCO_3$（石灰石）为基础的钙法，以 MgO 为基础的镁法，以 Na_2SO_3 为基础的钠法，以 NH_3 为基础的氨法，以有机碱为基础的有机碱法。世界上普遍使用的商业化技术是钙法，所占比例在 90%以上。按吸收剂及脱硫产物在脱硫过程中的干湿状态又可将脱硫技术分为湿法、干法和半干（半湿）法。湿法 FGD 技术是用含有吸收剂的溶液或浆液在湿状态下脱硫和处理脱硫产物，该法具有脱硫反应速度快、设备简单、脱硫效率高等优点，但普遍存在腐蚀严重、运行维护费用高及易造成二次污染等问题。干法 FGD 技术的脱硫吸收和产物处理均在干状态下进行，该法具有无污水废酸排出、设备腐蚀程度较轻，烟气在净化过程中无明显降温、净化后烟温高、利于烟囱排气扩散、二次污染少等优点，但存在脱硫效率低，反应速度较慢、设备庞大等问题。半干法 FGD 技术是指脱硫剂在干燥状态下脱硫、在湿状态下再生（如水洗活性炭再生流程），或者在湿状态下脱硫、在干状态下处理脱硫产物（如喷雾干燥法）的烟气脱硫技术。特别是在湿状态下脱硫、在干状态下处理脱硫产物的半干法，以其既有湿法脱硫反应速度快、脱硫效率高的优点，又有干法无污水废酸排出、脱硫后产物易于处理的优势而受到人们广泛的关注。按脱硫产物的用途，可分为抛弃法和回收法两种。

1. 燃烧前脱硫

燃烧前脱硫是在煤燃烧前把煤中的硫分脱除掉，燃烧前脱硫技术主要有物理洗选煤法、化学洗选煤法、煤的气化和液化、水煤浆技术等。洗选煤是采用物理、化学或生物方式对锅炉使用的原煤进行清洗，将煤中的硫部分除掉，使煤得以净化并生产出不同质量、规格的产品。微生物脱硫技术从本质上讲也是一种化学法，它是把煤粉悬浮在含细菌的气泡液中，细菌产生的酶能促进硫氧化成硫酸盐，从而达到脱硫的目的；微生物脱硫技术目前常用的脱硫细菌有：属硫杆菌的氧化亚铁硫杆菌、氧化硫杆菌、古细菌、热硫化叶菌等。煤的气化，是指用水蒸气、氧气或空气作氧化剂，在高温下与煤发生化学反应，生成 H_2、CO、CH_4 等可燃混合气体（称作煤气）的过程。煤炭液化是将煤转化为清洁的液体燃料（汽油、柴油、航空煤油等）或化工原料的一种先进的洁净煤技术。水煤浆（Coal Water Mixture，简称 CWM）是将灰分小于 10%，硫分小于 0.5%、挥发分高的原料煤，研磨成 250～300 μm 的细煤粉，按 65%～70%的煤、30%～35%的水和约 1%的添加剂的比例配制而成，水煤浆可以像燃料油一样运输、储存和燃烧，燃烧时水煤浆从喷嘴高速喷出，雾化成 50～70 μm 的雾滴，在预热到 600～700℃的炉膛内迅速蒸发，并拌有微爆，煤中挥发分析出而着火，其着火温度比干煤粉还低。

燃烧前脱硫技术中物理洗选煤技术已成熟，应用最广泛、最经济，但只能脱无机硫；生物、化学法脱硫不仅能脱无机硫，也能脱除有机硫，但生产成本昂贵，距工业应用尚有较大距离；煤的气化和液化还有待于进一步研究完善；水煤浆是一种新型低污染代油燃料，它既保持了煤炭原有的物理特性，又具有石油一样的流动性和稳定性，被称为液态煤炭产品，市场潜力巨大，目前已具备商业化条件。

煤的燃烧前的脱硫技术尽管还存在着种种问题，但其优点是能同时除去灰分，减轻运输量，减轻锅炉的沾污和磨损，减少电厂灰渣处理量，还可回收部分硫资源。

2. 燃烧中脱硫

又称炉内脱硫。炉内脱硫是在燃烧过程中，向炉内加入固硫剂如 $CaCO_3$ 等，使煤中硫分转化成硫酸盐，随炉渣排除。其基本原理是：

$$CaCO_3 \xrightarrow{\text{高温}} CaO + CO_2 \uparrow$$

$$CaO + SO_2 \longrightarrow CaSO_3$$

$$2CaSO_3 + O_2 \longrightarrow 2CaSO_4$$

(1) LIMB 炉内喷钙技术

早在20世纪60年代末70年代初，炉内喷固硫剂脱硫技术的研究工作已开展，但由于脱硫效率低于10%～30%，既不能与湿法FGD相比，也难以满足高达90%的脱除率要求。一度被冷落。但在1981年美国国家环保局EPA研究了炉内喷钙多段燃烧降低氮氧化物的脱硫技术，简称LIMB，并取得了一些经验。Ca/S在2以上时，用石灰石或消石灰作吸收剂，脱硫率分别可达40%和60%。对燃用中、低含硫量的煤的脱硫来说，只要能满足环保要求，不一定非要求用投资费用很高的烟气脱硫技术。炉内喷钙脱硫工艺简单，投资费用低，特别适用于老厂的改造。

(2) LIFAC 烟气脱硫工艺

LIFAC工艺即在燃煤锅炉内适当温度区喷射石灰石粉，并在锅炉空气预热器后增设活化反应器，用以脱除烟气中的 SO_2。芬兰 Tampella 和 IVO 公司开发的这种脱硫工艺，于1986年首先投入商业运行。LIFAC工艺的脱硫效率一般为60%～85%。

加拿大最先进的燃煤电厂 Shand 电站采用 LIFAC 烟气脱硫工艺，8个月的运行结果表明，其脱硫工艺性能良好，脱硫率和设备可用率都达到了一些成熟的 SO_2 控制技术相当的水平。我国下关电厂引进 LIFAC 脱硫工艺，其工艺投资少、占地面积小、没有废水排放，有利于老电厂改造。

3. 燃烧后脱硫

又称烟气脱硫。燃煤的烟气脱硫技术是当前应用最广、效率最高的脱硫技术。对燃煤电厂而言，在今后一个相当长的时期内，FGD将是控制 SO_2 排放的主要方法。目前国内外火电厂烟气脱硫技术的主要发展趋势为：脱硫效率高、装机容量大、技术水平先进、投资省、占地少、运行费用低、自动化程度高、可靠性好等。

(1) 干式烟气脱硫工艺

该工艺用于电厂烟气脱硫始于20世纪80年代初，与常规的湿式洗涤工艺相比有以下优点：投资费用较低；脱硫产物呈干态，并和飞灰相混；无需装设除雾器及再热器；设备不易腐蚀，不易发生结垢及堵塞。其缺点是：吸收剂的利用率低于湿式烟气脱硫工艺；用于高硫煤时经济性差；飞灰与脱硫产物相混可能影响综合利用；对干燥过程控制要求很高。

① 喷雾干式烟气脱硫工艺：喷雾干式烟气脱硫（简称干法FGD），最先由美国JOY公司和丹麦 Niro Atomier 公司共同开发的脱硫工艺，20世纪70年代中期得到发展，并在电力工业迅速推广应用。该工艺用雾化的石灰浆液在喷雾干燥塔中与烟气接触，石灰浆液与 SO_2 反应后生成一种干燥的固体反应物，最后连同飞灰一起被除尘器收集。我国曾在四川省白马电厂进行了旋转喷雾干法烟气脱硫的中间试验，取得了一些经验，为在200～300 MW机组上采用旋

转喷雾干法烟气脱硫优化参数的设计提供了依据。

② 粉煤灰干式烟气脱硫技术：日本从1985年起，研究利用粉煤灰作为脱硫剂的干式烟气脱硫技术，到1988年底完成工业实用化试验，1991年初投运了首台粉煤灰干式脱硫设备，处理烟气量644 000 m^3/h。其特点：脱硫率高达60%以上，性能稳定，达到了一般湿式法脱硫性能水平；脱硫剂成本低；用水量少，无需排水处理和排烟再加热，设备总费用比湿式法脱硫低1/4；煤灰脱硫剂可以复用；没有浆料，维护容易，设备系统简单可靠。

(2) 湿法FGD工艺

世界各国的湿法烟气脱硫工艺流程、形式和机理大同小异，主要是使用石灰石($CaCO_3$)、石灰(CaO)或碳酸钠(Na_2CO_3)等浆液作洗涤剂，在反应塔中对烟气进行洗涤，从而除去烟气中的SO_2。这种工艺已有50年的历史，经过不断地改进和完善后，技术比较成熟，而且具有脱硫效率高(90%～98%)，机组容量大，煤种适应性强，运行费用较低和副产品易回收等优点。据美国环保局(EPA)的统计资料，全美火电厂采用湿式脱硫装置中，湿式石灰法占39.6%，石灰石法占47.4%，两法共占87%；双碱法占4.1%，碳酸钠法占3.1%。世界各国(如德国、日本等)，在大型火电厂中，90%以上采用湿式石灰/石灰石-石膏法烟气脱硫工艺流程。

石灰或石灰石法主要的化学反应机理为：

石灰法：$SO_2+CaO+\frac{1}{2}H_2O \longrightarrow CaSO_3\cdot\frac{1}{2}H_2O$

石灰石法：$SO_2+CaCO_3+\frac{1}{2}H_2O \longrightarrow CaSO_3\cdot\frac{1}{2}H_2O+CO_2$

其主要优点是能广泛地进行商品化开发，且其吸收剂的资源丰富，成本低廉，废渣既可抛弃，也可作为商品石膏回收。目前，石灰/石灰石法是世界上应用最多的一种FGD工艺，对高硫煤，脱硫率可在90%以上，对低硫煤，脱硫率可在95%以上。

传统的石灰/石灰石工艺有其潜在的缺陷，主要表现为设备的积垢、堵塞、腐蚀与磨损。为了解决这些问题，各设备制造厂商采用了各种不同的方法，开发出第二代、第三代石灰/石灰石脱硫工艺系统。

湿法FGD工艺较为成熟的还有：氢氧化镁法；氢氧化钠法；美国Davy Mckee公司Wellman-Lord FGD工艺；氨法等。

在湿法工艺中，烟气的再热问题直接影响整个FGD工艺的投资。因为经过湿法工艺脱硫后的烟气一般温度较低(45℃)，大都在露点以下，若不经过再加热而直接排入烟囱，则容易形成酸雾，腐蚀烟囱，也不利于烟气的扩散。所以湿法FGD装置一般都配有烟气再热系统。目前，应用较多的是技术上成熟的再生(回转)式烟气热交换器(GGH)。GGH价格较贵，占整个FGD工艺投资的比例较高。近年来，日本三菱公司开发出一种可省去无泄漏型的GGH，较好地解决了烟气泄漏问题，但价格仍然较高。德国SHU公司开发出一种可省去GGH和烟囱的新工艺，它将整个FGD装置安装在电厂的冷却塔内，利用电厂循环水余热来加热烟气，运行情况良好，是一种十分有前途的方法。

(3) 等离子体烟气脱硫技术

等离子体烟气脱硫技术研究始于20世纪70年代，目前世界上已较大规模开展研究的方法有2类。

① 电子束辐照法(EB)

电子束辐照含有水蒸气的烟气时，会使烟气中的分子如O_2、H_2O等处于激发态、离子或裂解，产生强氧化性的自由基O、OH、HO_2 和 O_3 等。这些自由基对烟气中的 SO_2 和NO进行氧化，分别变成 SO_3 和 NO_2 或相应的酸。在有氨存在的情况下，生成较稳定的硫铵和硫硝铵固体，它们被除尘器捕集下来而达到脱硫脱硝的目的。

② 脉冲电晕法(PPCP)

脉冲电晕放电脱硫脱硝的基本原理和电子束辐照脱硫脱硝的基本原理基本一致，世界上许多国家进行了大量的实验研究，并且进行了较大规模的中间试验，但仍然有许多问题有待研究解决。灰渣可用作制砖、筑路，但多为抛弃至灰场或回填废旧矿坑。

(4) 磷铵肥法烟气脱硫工艺

磷铵肥法烟气脱硫技术属于回收法，以其副产品为磷铵而命名。该工艺过程主要由吸附(活性炭脱硫制酸)、萃取(稀硫酸分解磷矿萃取磷酸)、中和(磷铵中和液制备)、吸收(磷铵液脱硫制肥)、氧化(亚硫酸铵氧化)、浓缩干燥(固体肥料制备)等单元组成。它分为两个系统：

① 烟气脱硫系统——烟气经高效除尘器后使含尘量小于200 mg/Nm^3，用风机将烟压升高到7 000 Pa，先经文氏管喷水降温调湿，然后进入四塔并列的活性炭脱硫塔组(其中一只塔周期性切换再生)，控制一级脱硫率大于或等于70%，并制得30%左右浓度的硫酸，一级脱硫后的烟气进入二级脱硫塔用磷铵浆液洗涤脱硫，净化后的烟气经分离雾沫后排放。

② 肥料制备系统——在常规单槽多浆萃取槽中，同一级脱硫制得的稀硫酸分解磷矿粉(P_2O_5 含量大于26%)，过滤后获得稀磷酸(其浓度大于10%)，加氨中和后制得磷氨，作为二级脱硫剂，二级脱硫后的料浆经浓缩干燥制成磷铵复合肥料。

(5) 烟气循环流化床脱硫工艺

烟气循环流化床脱硫工艺由吸收剂制备、吸收塔、脱硫灰再循环、除尘器及控制系统等部分组成。该工艺一般采用干态的消石灰粉作为吸收剂，也可采用其他对二氧化硫有吸收反应能力的干粉或浆液作为吸收剂。石灰-石膏法脱硫工艺流程见图4-17。

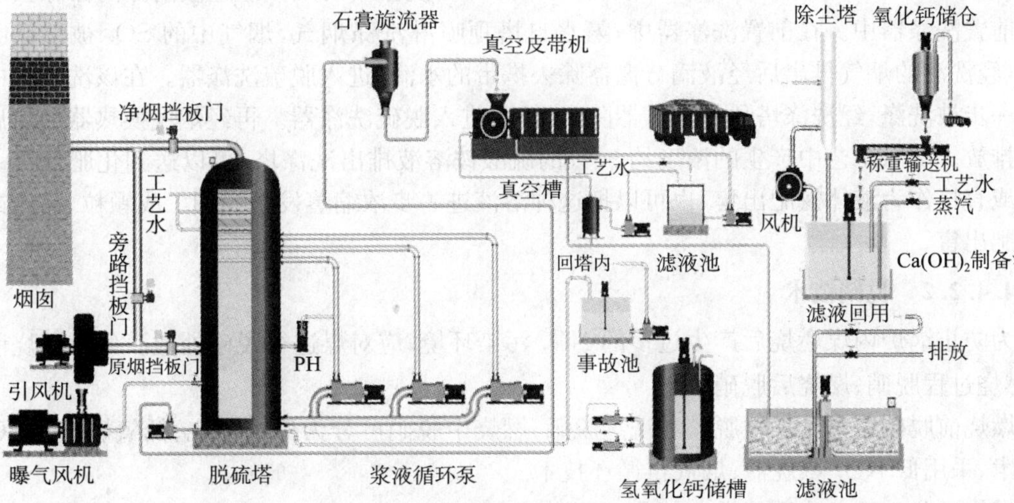

图4-17 石灰-石膏法脱硫工艺流程

由锅炉排出的未经处理的烟气从吸收塔(即流化床)底部进入。吸收塔底部为一个文丘里装置，烟气流经文丘里管后速度加快，并在此与很细的吸收剂粉末互相混合，颗粒之间、气体与颗粒之间剧烈摩擦，形成流化床，在喷入均匀水雾降低烟温的条件下，吸收剂与烟气中的二氧化硫反应生成 $CaSO_3$ 和 $CaSO_4$。脱硫后携带大量固体颗粒的烟气从吸收塔顶部排出，进入再循环除尘器，被分离出来的颗粒经中间灰仓返回吸收塔，由于固体颗粒反复循环达百次之多，故吸收剂利用率较高。

此工艺所产生的副产物呈干粉状，其化学成分与喷雾干燥法脱硫工艺类似，主要由飞灰、$CaSO_3$、$CaSO_4$ 和未反应完的吸收剂 $Ca(OH)_2$ 等组成，适合作废矿井回填、道路基础等。

典型的烟气循环流化床脱硫工艺，当燃煤含硫量为 2%左右，钙硫比不大于 1.3 时，脱硫率可达 90%以上，排烟温度约 70℃。此工艺在国外目前应用在 10～20 万千瓦等级机组。由于其占地面积少，投资较省，尤其适合于老机组烟气脱硫。

(6) 海水脱硫工艺

海水脱硫工艺是利用海水的碱度达到脱除烟气中二氧化硫的一种脱硫方法。在脱硫吸收塔内，大量海水喷淋洗涤进入吸收塔内的燃煤烟气，烟气中的二氧化硫被海水吸收而除去，净化后的烟气经除雾器除雾、经烟气换热器加热后排放。吸收二氧化硫后的海水与大量未脱硫的海水混合后，经曝气池曝气处理，使其中的 SO_3^{2-} 被氧化成为稳定的 SO_4^{2-}，并使海水的 pH 值与 COD 调整达到排放标准后排放大海。海水脱硫工艺一般适用于靠海边、扩散条件较好、用海水作为冷却水、燃用低硫煤的电厂。海水脱硫工艺在挪威比较广泛用于炼铝厂、炼油厂等工业炉窑的烟气脱硫，先后有 20 多套脱硫装置投入运行。近几年，海水脱硫工艺在电厂的应用取得了较快的进展。此种工艺最大问题是烟气脱硫后可能产生的重金属沉积和对海洋环境的影响需要长时间的观察才能得出结论，因此在环境质量比较敏感和环保要求较高的区域需慎重考虑。

(7) 氨水洗涤法脱硫工艺

该脱硫工艺以氨水为吸收剂，副产硫酸铵化肥。锅炉排出的烟气经烟气换热器冷却至 90～100 ℃，进入预洗涤器经洗涤后除去 HCI 和 HF，洗涤后的烟气经过液滴分离器除去水滴进入前置洗涤器中。在前置洗涤器中，氨水自塔顶喷淋洗涤烟气，烟气中的 SO_2 被洗涤吸收除去，经洗涤的烟气排出后经液滴分离器除去携带的水滴，进入脱硫洗涤器。在该洗涤器中烟气进一步被洗涤，经洗涤塔顶的除雾器除去雾滴，进入脱硫洗涤器。再经烟气换热器加热后经烟囱排放。洗涤工艺中产生的浓度约 30%的硫酸铵溶液排出洗涤塔，可以送到化肥厂进一步处理或直接作为液体氮肥出售，也可以把这种溶液进一步浓缩蒸发干燥加工成颗粒、晶体或块状化肥出售。

4.4.2.2 脱硝技术

为防止锅炉内煤燃烧后产生过多的 NO_x 污染环境，应对煤进行脱硝处理。分为燃烧前脱硝、燃烧过程脱硝、燃烧后脱硝。

燃烧前脱硝可分为加氢脱硝和洗选脱硝，燃烧中脱硝可分为低温燃烧、低氧燃烧、FBC 燃烧技术、采用低 NO_x 燃烧器、烟气再循环技术。

燃烧后脱硝可分为选择性非催化还原脱硝(SNCR)、选择性催化还原脱硝(SCR)、活性炭吸附、电子束脱硝。

1. SNCR(选择性非催化还原)技术

选择性非催化还原法是一种不使用催化剂，在 850～1 100℃温度范围内还原 NO_x 的方法。最常使用的药品为氨和尿素，SNCR 系统设计见图 4－18。

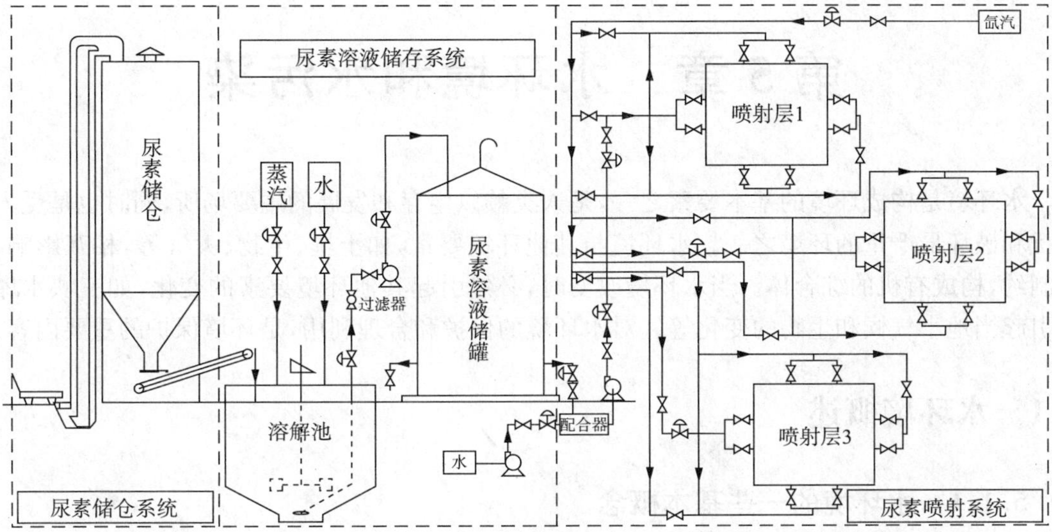

SNCR系统设计

图 4-18 SNCR 系统设计

一般来说，SNCR 脱硝效率对大型燃煤机组可达 25%～40%，对小型机组可达 80%。由于该法受锅炉结构尺寸影响很大，多用作低氮燃烧技术的补充处理手段。其工程造价低、布置简易、占地面积小，适合老厂改造，新厂可以根据锅炉设计配合使用。

2. SCR(选择性催化还原)技术

SCR 是目前最成熟的烟气脱硝技术，它是一种炉后脱硝方法，最早由日本于 20 世纪 60～70 年代后期完成商业运行，是利用还原剂(NH_3，尿素)在金属催化剂作用下，选择性地与 NO_x 反应生成 N_2 和 H_2O，而不是被 O_2 氧化，故称为"选择性"。目前世界上流行的 SCR 工艺主要分为氨法 SCR 和尿素法 SCR 二种。此二种方法都是利用氨对 NO_x 的还原功能，在催化剂的作用下将 NO_x(主要是 NO)还原为对大气没有多少影响的 N_2 和水，还原剂为 NH_3。该法脱硝效率高，价格相对低廉，目前广泛应用在国内外工程中，成为电站烟气脱硝的主流技术。

缺点：燃料中含有硫分，燃烧过程中可生成一定量的 SO_3。添加催化剂后，在有氧条件下，SO_3 的生成量大幅增加，并与过量的 NH_3 生成 NH_4HSO_4。NH_4HSO_4 具有腐蚀性和粘性，可导致尾部烟道设备损坏。虽然 SO_3 的生成量有限，但其造成的影响不可低估。另外，催化剂中毒现象也不容忽视。

思考题

1. 有大气污染引起的全球环境问题有哪些？
2. 环境空气质量标准的制定原则有哪些？
3. 除尘设备的发展方向有哪些？
4. $PM_{2.5}$ 的主要来源有哪些？对人体健康有哪些危害？
5. 典型的烟流形状有哪些类型？
6. 除尘器的选择需考虑哪些问题？
7. 旋风除尘器的工作原理是怎样的？

第 5 章 水环境和水污染

水环境是构成环境的基本要素之一，是人类赖以生存和发展的主要场所，同时也是受人类干扰和破坏最严重的环境之一。水环境与其他环境要素，如土壤、生物、大气等，相互影响、相互制约，构成有机的综合体。当水环境改变时，必然引起其他环境要素的变化，如三峡水库建设引起当地小气候和生物的变化等。对水环境的保护和合理利用，是环境保护的重要内容。

5.1 水环境概述

5.1.1 水环境的一些基本概念

1. 水环境

水环境是指地球上分布的各种水体以及与其密切相连的诸环境要素，如河床、植被、土壤、海岸等。分为地表水环境和地下水环境两部分。其中地表水环境包括河流、湖泊、水库、海洋、沼泽、冰川等；地下水环境包括泉水、浅层地下水和深层地下水等。

2. 水圈与水资源

地球上的海洋、河流、河川融化水、地下水、湖泊、大气水、土壤水和生物水，在地球周围形成了一个紧密联系、相互作用，又相互不断交换的水圈。水圈就是地球表面不连续的水壳。

地球上的水主要由海洋水、陆地水和大气水三部分组成。其中海洋水占全球总水量的97.4%左右，因含盐量高，无法直接为人类利用。剩下的淡水有很大一部分储存在冰川和冰帽中，在现有的技术经济体系下很难被人类取得，而能利用的淡水总量不足全球总水量的1%。我们通常所说的水资源主要是指这部分可以利用的淡水。

在联合国教科文组织（UNESCO）和世界气象组织（WMO）共同制定的《水资源评价活动—国家评价手册》中将水资源定义为："可以利用或有可能被利用的水源，具有足够数量和可用的质量，并能在某一地点为满足某种用途而被利用。"

虽然在较长时间内，水资源可以恢复更新，但在一定时间、空间的范围内，其数量却是有限的，并不像人们想象的那样可以取之不尽、用之不竭。

3. 水循环

地球上各种形态的水总是处于不断的变化之中，这种变化可能是热力条件下的相态转换，也可能是在重力作用下的斜面运动，或是沿压力梯度、密度梯度的垂直、水平输送。通过蒸发、水汽输送、降水、下渗和径流等过程，分布在地球系统各个层次的水被联结起来，进行着周而复始的、跨越水圈、大气圈、土壤圈和生物圈四大圈层的水分循环，称为水循环。

太阳能和地心引力是水循环的动力，从海洋表面、湖泊、江河、土壤和植物蒸腾作用蒸发大量水分，水蒸气上升至大气层，在那里冷却、浓缩，最后变成雨水，降落在陆地的部分汇流到河流和湖泊，最后又重新流入海洋，由此形成淡水的动态循环。

水循环系统是多环节的庞大动态系统，自然界中的水是通过多种路线实现其循环和相变的。其范围可由地表向上伸展至大气对流层顶以上，地表向下可及的深度平均约 1 000 米。

水循环根据其循环途径分为大循环和小循环。环境中水的循环是大、小循环交织在一起的，并在全球范围内和在地球上各个地区内不停地进行着。

全球性的水循环称为大循环，是指水在大气圈、水圈、岩石圈之间的循环过程。具体表现为：海洋中的水蒸发到大气中以后，一部分飘移到大陆上空形成积云，然后以降水的形式降落到地面。降落到地面的水，其中一部分形成地表径流，通过江河汇流入海洋；另一部分则渗入地下形成地下水，又以地下径流或泉流的形式慢慢地注入江河或海洋。

仅在局部地区如陆地和海洋进行的水循环称为水的小循环。陆地上的水，通过蒸发作用（包括江、河、湖、水库等水面蒸发、潜水蒸发、陆面蒸发及植物蒸腾等）上升到大气中形成积云，然后以降水的形式降落到陆地表面形成径流。海洋本身的水循环主要是海水通过蒸发形成水蒸气而上升，然后再以降水的方式降落到海洋中。

水循环是地球上最主要的物质循环之一，是联系地球各圈和各种水体的纽带。通过形态的变化，水在地球上起到输送热量和调节气候的作用，对于地球环境的形成、演化和人类生存都有着重大的作用和影响。水的不断循环和更新为淡水资源的不断再生提供条件，为人类和生物的生存提供基本的物质基础。

水循环的过程十分繁杂，主要包括蒸发、水汽输送、降水、下渗和径流等环节。其中，降水、蒸发和径流是三个最主要环节，决定着全球的水量平衡，也决定着一个地区的水资源总量。

蒸发是水循环中最重要的环节之一。海洋、河川、湖泊、沼泽中的水，植被叶面、浸入土壤表面的水等在受热后都会向空中蒸发，另外，植被呼吸时的蒸腾，冰雪表面的升华也将水汽输入大气。蒸发量的大小受近地层大气的温度、湿度、风以及下垫面影响。海洋蒸发量最大，大气中的水汽主要来自海洋；沙漠和半沙漠地区，全年蒸发量往往接近于本地区的降水量，地面水量收入几乎为零，水资源十分贫乏。

由蒸发产生的水汽进入大气并随大气活动而运动。大气层中水汽的循环是蒸发—凝结—降水—蒸发的周而复始的过程。海洋上空的水汽可被输送到陆地上空凝结降水，称为外来水汽降水；大陆上空的水汽直接凝结降水，称内部水汽降水。一地总降水量与外来水汽降水量的比值称该地的水分循环系数。全球的大气水分交换的周期为10天。在水循环中水汽输送是最活跃的环节之一。

地面从大气中获得的水汽凝结物，总称为降水。它包括两部分，一是大气中水汽直接在地面或地物表面及低空的凝结物，如霜、露、雾等，又称为水平降水；另一部分是由空中降落到地面上的水汽凝结物，如雨、雪等，又称为垂直降水。降水的多少受水汽输送影响，具有纬度地带性和海陆地带性。

蒸发和降水发生在水循环的垂直方向上，它以相态的变化实现水分和热量的转移，平衡了水在垂直结构的失调。这是一对互逆的组合，缺一不可。蒸发使地表损失水分以补充大气，同时消耗了大气的热量；降水却从大气获取水分，同时向大气释放热量。

降水及冰雪融水在重力作用下沿地表或地下流动的水流称为径流。径流受流域中气候、下垫面等自然地理因素的影响。气候因素是影响河川径流最基本和最重要的因素。其中的降水和蒸发直接影响河川径流的形成和变化。多年平均的大洋水量平衡方程为：蒸发量＝降水量＋径流量；多年平均的陆地水量平衡方程是：降水量＝径流量＋蒸发量。

陆地上（或一个流域内）发生的水循环是降水—地表和地下径流—蒸发的复杂过程。陆地上的大气降水、地表径流及地下径流之间的交换又称三水转化。

4. 水的更替周期

水循环使地球上各种形式的水以不同的周期或速度更新。水的这种循环复原特性，可以用水的更替周期表示。在多年均衡状态下，水体的贮存量称为静态水量，水体的补给量称为动态水量，前者与后者的比值即为更替周期。由于各种形式水的贮蓄形式不一致，各种水的更替周期也不一致。

更替周期长的水体，如湖泊为17年，深层地下水为1 400年，取用后难以恢复，一般不宜作为长期稳定的供水水源；更替周期短的水体，如河水为16天，浅层地下水约为1年，取用后容易恢复，是人类开发利用的主要对象。在开发利用水资源过程中，应该充分考虑不同水体的更替周期和活跃程度，合理开发，以防止由于更替周期长或补给不及时，造成水资源的枯竭。

5.1.2 水环境问题

水是人类赖以生存的基础，也是国民经济和社会发展的重要资源。随着全球人口剧增，工业化和城市化的发展，人类社会对水的需求也急剧增长。同时城镇污水和工农业废水的大量排放，使地表水和地下水源不断受到污染，可供人类利用的水资源日益短缺。部分地区甚至出现了河道断流、湖泊干涸、地下含水层接近疏干，地面下沉，生态环境不断恶化等问题。

1. 水资源短缺

随着社会需水量的大幅增加，水资源的供需矛盾日益突出，水资源短缺的现象十分严重。联合国在对全球范围内的水资源状况进行分析后发出警告："世界缺水将严重制约21世纪经济发展，可能导致国家之间冲突"。同时指出，全球已有1/4的人口面临着一场为得到饮用水、灌溉用水和工业用水而展开的争斗。随着经济、技术和城市化的发展，排放到环境中的污水量也日益增加。特别是在发展中国家，污水大多不经处理即排入地表水体，造成全球水质的日趋恶化。水源污染造成的"水质型缺水"，加剧了水资源短缺的矛盾和居民生活用水的紧张和不安全性。

2. 河流萎缩、功能衰退

人类通过兴建各类水利工程来防御水患，并调节地表径流，以便在农田灌溉、水力发电和生活用水等方面更加有效地利用各种水源。历史上的各项水利工程，因其数量和引水量有限，对水循环的干扰也有限。随着社会发展，生产、生活用水量激增，各种水利工程的规模也越来越大，数量越来越多。由于缺乏统筹安排，水资源存在着过度开发的现象。在干旱、半干旱地区，人工引水常使河流流量减少，甚至完全断流。过量引水造成内陆湖泊水位下降，湖面收缩、分解甚至干涸、消失；过度围垦不仅加速湖泊湿地的消亡，而且加剧了周围地区的洪涝灾害。

3. 地下水位下降、地面沉降

地下水量不是无限的，当抽水量超过补给量时，会造成地下水位下降。由于社会需水量大增，地下水的开采量也逐年增加。目前我国已有100多座城市因过度抽取地下水，使地下水位持续下降，形成了不同规模的地下水位降落漏斗。而某些地区在浅水层开采后继续开采基本不能补充的深水层淡水，甚至产生地面下沉和地面裂缝。在沿海地区，当地下水位低于海水水面时，还会引起海水向淡水的入侵，从而造成水质下降。

4. 水土流失严重

水环境恶化是加剧水土流失的元凶，而水土流失又是旱涝灾害交替发生的根本原因。水土流失导致河流泥沙含量增加，淤积江河湖库，降低了江河的防洪能力，加剧了水旱洪涝灾害。世界上水土流失面积最广、强度最大的地区是我国的黄土高原。

5.1.3　中国水环境现状

近年来，中国的社会经济持续高速发展，相应的用水量也逐年增加。表5-1和表5-2分别汇总了十年来中国的水资源情况和用水情况。可以看出，随着人口的增加，人均水资源量几乎是在逐年递减，而人均用水量却在不断上升，供需之间的矛盾日益加剧。

表5-1　中国历年水资源情况(2000—2009年)

年份	地表水资源量 ($\times10^8 m^3$)	地下水资源量 ($\times10^8 m^3$)	地表水与地下水资源重复量 ($\times10^8 m^3$)	降水量 ($\times10^8 m^3$)	水资源总量 ($\times10^8 m^3$)	人均水资源量 (m^3/人)
2009	23 125	7 267	6 212	55 959	24 180	1 816.2
2008	26 377	8 122	7 065	62 000	27 434	2 071.1
2007	24 242	7 617	6 604	57 763	25 255	1 916.3
2006	24 358	7 643	6 671	57 840	25 330	1 932.1
2005	26 982	8 091	7 020	61 010	28 053	2 151.8
2004	23 126	7 436	6 433	56 876	24 130	1 856.3
2003	26 251	8 299	7 090	60 416	27 460	2 131.3
2002	27 243	8 697	7 679	62 610	28 261	2 207.2
2001	25 933	8 390	7 456	58 122	26 808	2 112.5
2000	26 562	8 502	7 363	60 092	27 701	2 193.9

表5-2　中国历年用水情况(2000—2009年)

年份	农业用水 ($\times10^8 m^3$)	工业用水 ($\times10^8 m^3$)	生活用水 ($\times10^8 m^3$)	生态用水* ($\times10^8 m^3$)	总用水量 ($\times10^8 m^3$)	人均用水量 (m^3/人)
2009	3 723.1	1 390.9	748.2	103.0	5 965.2	448.0
2008	3 663.5	1 397.1	729.3	120.2	5 910.0	446.2
2007	3 599.5	1 403.0	710.4	105.7	5 818.7	441.5
2006	3 664.4	1 343.8	693.8	93.0	5 795.0	442.0
2005	3 580.0	1 285.2	675.1	92.7	5 633.0	432.1
2004	3 585.7	1 228.9	651.2	82.0	5 547.8	428.0
2003	3 432.8	1 177.2	630.9	79.5	5 320.4	412.9
2002	3 736.2	1 142.4	618.7	—	5 497.3	429.3
2001	3 825.7	1 141.8	599.9	—	5 567.4	437.7
2000	3 783.5	1 139.1	574.9	—	5 497.6	435.4

注：生态用水指城市环境用水和部分江湖、湿地的人工补水。

同时，水污染问题加剧了供水与需水之间的矛盾。《2010年中国环境状况公布》中指出：

七大水系总体为轻度污染。其中长江、珠江水质良好，松花江、淮河为轻度污染，黄河、辽河为中度污染，海河为重度污染；

湖泊(水库)富营养化问题突出。太湖、巢湖、滇池等26个国控重点湖泊(水库)中,满足Ⅱ类水质的仅1个,占3.8%;Ⅲ类的5个,占19.2%;Ⅳ类的4个,占15.4%;Ⅴ类6个,占23.1%;劣Ⅴ类10个,占38.5%。主要污染指标是总氮和总磷;

地下水质量堪忧。对全国182个城市的4 110个地下水监测点监测,水质为优良级的监测点为418个,占全部监测点的10.2%;水质为良好级的为1 135个,占27.6%;水质为较好级的为206个,占5.0%;水质为较差级的为1 662个,占40.4%;水质为极差级的为689个,占16.8%。

5.2 水体污染、污染源与污染物

5.2.1 天然水的化学组成

在自然界,不存在完全纯净的水。天然水在循环过程中不断地与环境中各种物质相接触,并且或多或少地溶解它们,所以天然水实际上是一种组成复杂的溶液,其中的组分可以是固态、液态或气态的,并多以分子、离子及胶体微粒的状态存在于水中。通过分析显示,天然水中含有的物质包括了地壳中的大部分元素,主要可分为以下几类:

(1) 主要离子,天然水中最常见的离子是 K^+、Na^+、Ca^{2+}、Mg^{2+}、Cl^-、HCO_3^-、NO_3^-、SO_4^{2-},这8种离子占天然水中离子总量的95%～99%。

(2) 生源物质,主要有 NH_4^+、NO_2^-、NO_3^-、HPO_4^{2-}、PO_4^{3-} 等。

(3) 微量元素,包括Br、I、Fe、Cu、Ni、Ti、Pb、Zn、Mn等。

(4) 胶体,包括无机胶体 $SiO_2 \cdot nH_2O$、$Fe(OH)_2 \cdot nH_2O$、$Al_2O_3 \cdot nH_2O$ 以及有机胶体腐殖质等。

(5) 悬浮物质,包括细菌、藻类、原生动物、砂粒、粘土和铝硅酸盐颗粒等。

(6) 溶解性气体,包括主要气体 N_2、O_2、CO_2、H_2S 以及微量气体 CH_4、H_2、He等。

天然水体在受到人类活动影响后,其中所含的物质种类、数量、结构都有所改变,可通过这种变化判断人类活动对水体的影响程度。

5.2.2 水体污染、水体污染源与主要污染物

1. 水体污染

(1) 水体

水体是海洋、江河、湖泊、水库、沼泽、冰川等地表水与地下水及其中所包含物质的总称。在环境学中,水体不仅包括水本身,还包括了水中的各种溶解物质、胶体、悬浮物、底泥和水生生物等,实际上它是一个完整的自然综合体,也是一个完整的生态系统。

在水环境污染的研究中,区分“水”与“水体”的概念十分重要。如水中的重金属污染物容易转移到底泥中,一般在水中的含量都不高。若仅着眼于水,污染并不明显,而从整个水体来看,可能已受到较严重的污染。

(2) 水体污染

水体污染是指排入水体的污染物在数量上超过了水体的本底含量和水体的环境容量,从而导致水的物理、化学、生物或者放射性等方面特性的改变,从而影响水的有效利用,危害人体健康或者破坏生态环境,造成水质恶化的现象。

2. 水体污染源

造成水体污染的主要污染源有生活污水、工业废水、农业废水等。

(1) 生活污水

生活污水是人们日常生活中产生的污水，主要来自家庭、商业、机关、学校、医院、城镇公共设施及工厂，包括厕所冲洗排水、厨房洗涤排水、洗衣排水、沐浴排水等。生活污水的主要成分为纤维素、淀粉、糖类、脂肪、蛋白质等有机物，无机盐类及泥砂等杂质，一般不含有毒物质，但常含植物营养物质，且含有大量细菌(包括病原菌)、病毒和寄生虫卵。影响生活污水成分的因素主要有生活水平、生活习惯、卫生设备、气候条件等。

(2) 工业废水

工业废水是在工业生产过程中排出的废水。由于工业性质、原料、生产工艺及管理水平的差异，工业废水的成分和性质变化复杂。一般来说，工业废水污染比较严重，往往含有大量有毒有害物质。以焦化厂为例，其废水中含有酚类、苯类、氰化物、硫化物、焦油、吡啶、氨等有害物质。

(3) 农业废水

农业废水主要是指农田灌溉水。不合理地施用化肥、农药或不合理地使用污水灌溉，会造成土壤受农药、化肥、重金属和病原体等的污染，同时通过灌溉水及其径流和渗流，又将农田、牧场、养殖场以及副产品加工厂等附近土壤中这些残留的污染物带入水体，从而造成水质的恶化。

生活污水和工业废水通过下水道、排水管或沟渠等特定部位排放污染物，称为点源。一般来说，点源较易监测与管理，可将这些污水改变流向并在进入环境前进行处理。而农业废水分散排放污染物，没有特定的入水排污位置，称为非点源或面源，其监测、调控和处理远比点源困难。

5.2.3 主要污染物

水体污染物种类繁多，因而可以用不同方法、标准或根据不同的角度分为不同的类型。现从环保角度出发，根据污染物的物理、化学、生物性质及污染特性，将水体污染物分为无机无毒物质、无机有毒物质、有机无毒物质和有机有毒物质四大类。

1. 无机无毒物质

无机无毒物质主要指排入水体的酸、碱、一般的无机盐类以及N、P等植物营养元素。

酸、碱污染水体会影响水体的自然缓冲作用，消灭或抑制微生物的生长，导致水体的自净能力下降，腐蚀管道、水工建筑物和船舶等。此外，还可能会因pH值变化，导致水体中的无机盐类及硬度的增加。无机盐能增加水的渗透压，对淡水生物和植物生长造成不良影响。而过多的N、P等植物营养元素进入水体会导致富营养化。

2. 无机有毒物质

无机有毒物质指能直接引起人体及生物毒性反应的无机性污染物。这类污染物具有明显的累积性，在排入水体后可通过水生生物富集，进入食物链危害人体健康，其中最为典型的是重金属和氰化物、砷等非金属污染物。

(1) 重金属毒性物质

主要包括汞、镉、铬、铅、锌、铜、镍、钴等。

汞具有很强的毒性，无机汞被微生物转化为甲基汞后，毒性更是大增。甲基汞能在脑内大量积累，引起乏力、神经末梢麻木、动作失调、精神混乱甚至死亡。日本的水俣病事件是人长期食用被汞污染的海产品所致。

镉是典型的富集型毒物。在进入人体后，主要富集在肾脏和骨骼中，使肾功能失调，骨骼中的钙被镉取代而疏松，造成自然骨折，疼痛难忍。日本的骨痛病事件是人长期饮用含镉河水，食用浇灌含镉河水生产的稻谷所致。

铬在水体中以六价铬和三价铬的形态存在，其中六价铬的毒性远大于三价铬。进入人体后，会引起神经系统中毒。

铅也是一种富集型的毒物。铅离子能与多种酶络合，干扰机体的生理功能，危及神经系统、肾脏与脑，儿童比成人更容易受到铅污染，造成永久性的脑损伤。

（2）非金属的无机毒性物质

主要包括氰化物、砷、硒、氟、硫等。

氰化物为剧毒物质，主要来源于游离的氢氰酸（HCN），CN^- 在酸性溶液中可生成 HCN 而挥发出来。各种氰化物分离出 CN^- 及 HCN 的难易程度不同，因而毒性也有差异。CN^- 的毒性主要表现在破坏血液，影响输氧，引起组织缺氧，细胞窒息，脑部受损，最终因呼吸中枢麻痹而死亡。

砷是传统的剧毒物质，三价砷的毒性要比五价砷的毒性高得多，As_2O_3 即砒霜，对人体毒性很大。砷能在人体中积累，长期饮用含砷的水会导致慢性中毒，主要症状是神经中枢紊乱、腹痛、呕吐、肝痛、肝大等消化系统障碍，并常伴有皮肤癌、肝癌、肾癌及肺癌等发病率增高等现象。

3. 有机无毒物质

有机无毒物质主要指需氧有机物。天然水体中的有机物主要是水生生物生命活动的代谢产物，而生活污水和大部分工业废水中含有碳水化合物、蛋白质、脂肪和木质素等需氧有机物。这些物质的共同特性是没有毒性，进入水体后，在微生物的作用下，最终分解为简单的无机物质，并在生物氧化分解过程中消耗水中的溶解氧，因而又称为需氧污染物。当需氧有机物过多地进入水体时，会造成水中的溶解氧严重不足甚至耗尽，引起有机物厌氧发酵，分解出甲烷、硫化氢、氨等气体，散发恶臭、污染环境。

4. 有机有毒物质

这类物质多为人工合成的有机物质，往往含量低、毒性大。其特点是化学性质稳定，不易被微生物降解，多数具有疏水亲油性质，易被水中胶粒和油粒吸附扩散且在水生生物体内能富集、积累，对人体及生物有毒害作用。有机有毒物质的种类很多，其污染影响及作用也各不相同，在此仅列举几种作简要介绍。

（1）有机农药

包括杀虫剂、杀菌剂和除草剂。从化学结构上，有机农药可分为有机氯、有机磷两大类。其中有机氯农药水溶性低而脂溶性高，难以被化学降解和生物降解，易在动物体内累积，对动物和人体造成危害。相比之下，有机磷农药较易被生物降解，在环境中滞留时间较短，污染范围较小。

（2）酚类化合物

酚类化合物是有机合成的重要原料之一，具有广泛的用途。酚作为一种原生质毒物，可使蛋白质凝固，主要作用于神经系统。水体受酚污染后，会严重影响各种水生生物的生长和繁殖，使水产品产量和质量降低。

(3) 多环芳烃(PAH)

多环芳烃是指多环结构的碳氢化合物,其种类很多,在地表水中已知的PAH有20多种,是环境中重要的致癌物质之一。已证实的致癌物包括苯并[α]芘、二苯并[α]芘、二苯并[α、h]芘、苯并[α]蒽、二苯并[α、h]蒽等,其中以苯并[α]芘最受关注。

(4) 多氯联苯(PCBs)

PCBs是联苯分子中一部分或全部氢被氯取代后所形成的各种异构体混合物的总称。PCBs广泛应用于工业,剧毒,化学性质十分稳定,在进入环境后很难降解。进入人体后主要蓄积在脂肪组织、肝和脑中,引起皮肤和肝脏损害。日本的米糠油事件是人食用被PCBs污染的米糠油所致。

5.2.4　水质指标与水质标准

5.2.4.1　水质指标

水体污染有时可以直接观察到,如水体的颜色发生了改变,但更多时候需要借助仪器分析。通常采用水质指标来衡量水质的好坏和水体被污染的程度。水质指标项目繁多,一般可以分为物理性、化学性和生物性三大类。

1. 物理性水质指标

物理性水质指标包括温度、色度、嗅和味、浑浊度、透明度等感官物理性质指标和固体物质、电导率等其他物理性质指标,以下对常用物理性水质指标做简要说明。

(1) 温度

水的许多物理化学性质都与温度密切相关,如密度、黏度、含盐量、pH、气体溶解度、化学和生物化学反应速率,以及生物活动等都受水温变化的影响。水温的测量对水体自净、热污染判断及水处理过程的运转控制等都有重要意义。

水源不同水温有很大的差异。地表水的温度随季节和气候变化较大,一般为0～30℃;地下水的温度相对稳定,一般为8～12℃;工业废水的温度因工业类型、生产工业的不同往往有很大差别。

(2) 色度

纯水无色透明,但天然水中因含有泥土、有机质、无机矿物质及浮游物质等,往往呈现一定的颜色。有颜色的水会减弱水的透光性,从而影响水生生物的生长。工业废水中常含有染料、生物色素、有色悬浮物等,是环境水体着色的主要来源。

(3) 嗅和味

天然水是无臭无味的,当水体受到污染后会产生异臭、异味。水的异臭来源于还原性硫和氮的化合物、挥发性有机物和氯气等污染物质。盐分会给水带来异味,如氯化钠带咸味、硫酸镁带苦味、铁盐带涩味、硫酸钙略带甜味等。无臭无味的水虽然不能保证不含污染物,但有利于使用者对水质的信任。

(4) 浊度

浊度是反映水中不溶性物质对光线透过时阻碍程度的指标,通常仅用于天然水和饮用水,而污水中不溶性物质含量高,一般要求测定悬浮物。

(5) 悬浮物

水样经过滤后留在过滤器上的固体物质,在103～105℃烘干至恒重后得到的物质称为悬浮物。悬浮物使水体浑浊、透明度降低、影响水生生物呼吸和代谢。

2. 化学性水质指标

化学性水质指标又可分为无机物指标和有机物指标两类。无机物指标包括 pH、酸度、碱度、硬度,N、P 等营养元素以及有毒有害金属、非金属无机物等。有机物种类繁多、组成复杂,常用化学需氧量、生化需氧量、总有机碳等综合性指标来表征有机污染物的含量。但是许多痕量有毒有机物对上述综合性指标贡献较小,其危害或潜在威胁却很大,随着分析测试技术和分析仪器的不断发展,有毒有机物指标较以往有了大幅度的增加。

(1) pH

pH 反映水的酸碱性质。天然水的 pH 一般为 6～9,饮用水要求控制在 6.5～8.5。生活污水一般呈弱碱性,而工业废水可能为酸性或碱性,其排放会对天然水体的酸碱性造成影响。酸性或碱性的污水会对管道造成腐蚀,pH 还会影响水生生物的生理活动。

(2) 化学需氧量(COD)

COD 是指在一定条件下,氧化 1L 水样中还原性物质所消耗的氧化剂的量,以氧的质量浓度表示。化学需氧量反映了水体受还原性物质污染的程度。水中的还原性物质包括有机物和亚硝酸盐、硫化物、亚铁盐等无机物,基于水体被有机物污染的普遍性,COD 常作为有机污染物相对含量的综合性指标之一,但只能反映被氧化剂氧化的有机污染物。

(3) 生化需氧量(BOD)

BOD 是指在有溶解氧存在的条件下,好氧微生物分解水中有机物的生化过程中所消耗的溶解氧的量。同时亦包括如硫化物、亚铁盐等还原性无机物氧化所消耗的溶解氧,但这部分通常占的比例很小。

由于温度对微生物的活动有很大影响,BOD 测定时规定了 20℃为标准温度,在有氧条件下,污水中有机物的分解一般分两个阶段进行。第一阶段为含碳物质氧化阶段,主要是含碳有机物转化为二氧化碳和水;第二阶段为硝化阶段,主要是含氮有机化合物转化为亚硝酸盐和硝酸盐。一般有机物在 20℃下需要 20d 才能完成第一阶段的氧化分解,如此长的测定时间很难在实际工作中应用,对于一般有机物,5d 的 BOD 约为 20d 的 70%,因而以 5d 作为测定标准时间,所测数据以 BOD_5 表示。

BOD 的测定条件与有机物进入天然水体后被微生物氧化分解的情况较类似,因此能较准确地反映有机物对水质的影响,但测定所需时间较长。

(4) 总有机碳(TOC)

TOC 是近年来发展起来的一种快速测定方法,它包含了水体中所有污染物的含碳量。测定方法是在特殊的燃烧器中,以铂为催化剂,在 900℃下,使水样汽化燃烧,测定燃烧后气体中二氧化碳含量,从而确定水中的碳元素总量。在此总量中减去无机碳元素含量,即可得总有机碳量。TOC 虽可以总有机碳元素量来反映有机物总量,但因排除了其他元素,仍不能直接反映有机物的真正浓度。

3. 生物性水质指标

生物性水质指标主要有细菌总数、总大肠菌群数以及各种病原菌、病毒等。

(1) 细菌总数

细菌总数是指 1 mL 水样在营养琼脂培养基中,于 37℃下培养 24 h,所生长的细菌菌落(CFU)总数。该指标是判断饮用水、水源水、地表水等污染程度的标志,但细菌总数不能说明污染的来源,需结合总大肠菌群数来判断。

(2) 总大肠菌群数

总大肠菌群是指能在 35℃、48h 内使乳糖发酵产酸、产气、需氧及兼性需氧的革兰氏阴性无芽孢杆菌，以每升水样中所含的大肠菌群数目表示。总大肠菌群是受粪便污染的指示菌群，其值可表明水体被粪便污染的程度，并间接表明肠道致病菌存在的可能性。

5.2.4.2　水质标准

1. 水环境质量标准

水是人类的重要资源，根据水体的环境功能和保护目标制定相应的标准。目前我国的水环境质量标准主要有：

(1)《地表水环境质量标准》(GB 3838—2002)

(2)《地下水质量标准》(GB/T 14848—93)

(3)《海水水质标准》(GB 3097—1997)

(4)《渔业水质标准》(GB 11607—89)

(5)《农田灌溉用水水质标准》(GB 5084—92)

以《地表水环境质量标准》(GB 3838—2002)为例，按功能高低将水域依次划分为五类。

Ⅰ类：主要适用于源头水、国家自然保护区。

Ⅱ类：主要适用于集中式生活饮用水地表水源地一级保护区、珍稀水生生物栖息地、鱼虾类产卵场、仔稚幼鱼的索饵场等。

Ⅲ类：主要适用于集中式生活饮用水地表水源地二级保护区、鱼虾类越冬场、洄游通道、水产养殖区等渔业水域及游泳区。

Ⅳ类：主要适用于一般工业用水区及人体非直接接触的娱乐用水区。

Ⅴ类：主要适用于农业用水区及一般景观要求水域。

对应地表水上述五类水域功能，将地表水环境质量标准基本项目标准值分为五类，不同功能类别分别执行相应类别的标准值。水域功能类别高的标准值严于水域功能类别低的标准值。同一水域兼有多类使用功能的，执行最高功能类别对应的标准值。地表水环境质量标准基本项目标准限值见表 5－3。

表 5－3　地表水环境质量标准基本项目标准限值(单位：mg/L)

序号	标准值 分类 / 项目		Ⅰ类	Ⅱ类	Ⅲ类	Ⅳ类	Ⅴ类
1	水温(℃)		人为造成的环境水温变化应限制在： 周平均最大温升≤1 周平均最大温降≤2				
2	pH 值(无量纲)		6～9				
3	溶解氧	≥	饱和率 90% (或 7.5)	6	5	3	2
4	高锰酸盐指数	≤	2	4	6	10	15
5	化学需氧量(COD)	≤	15	15	20	30	40
6	五日生化需氧量(BOD_5)	≤	3	3	4	6	10
7	氨氮(NH_3-N)	≤	0.15	0.5	1.0	1.5	2.0

续表

序号	分类/标准值/项目		Ⅰ类	Ⅱ类	Ⅲ类	Ⅳ类	Ⅴ类
8	总磷(以P计)	≤	0.02 (湖、库0.01)	0.1 (湖、库0.025)	0.2 (湖、库0.05)	0.3 (湖、库0.1)	0.4 (湖、库0.2)
9	总氮(湖、库,以N计)	≤	0.2	0.5	1.0	1.5	2.0
10	铜	≤	0.01	1.0	1.0	1.0	1.0
11	锌	≤	0.05	1.0	1.0	2.0	2.0
12	氟化物(以F^-计)	≤	1.0	1.0	1.0	1.5	1.5
13	硒	≤	0.01	0.01	0.01	0.02	0.02
14	砷	≤	0.05	0.05	0.05	0.1	0.1
15	汞	≤	0.000 05	0.000 05	0.000 1	0.001	0.001
16	镉	≤	0.001	0.005	0.005	0.005	0.01
17	铬(六价)	≤	0.01	0.05	0.05	0.05	0.1
18	铅	≤	0.01	0.01	0.05	0.05	0.1
19	氰化物	≤	0.005	0.05	0.2	0.2	0.2
20	挥发酚	≤	0.002	0.002	0.005	0.01	0.1
21	石油类	≤	0.05	0.05	0.05	0.5	1.0
22	阴离子表面活性剂	≤	0.2	0.2	0.2	0.3	0.3
23	硫化物	≤	0.05	0.1	0.05	0.5	1.0
24	粪大肠菌群(个/L)	≤	200	2 000	10 000	20 000	40 000

2. 水污染物排放标准

为了控制水污染,保护海洋、江河、湖泊、运河、渠道、水库等地表水及地下水的水质,对各种水体污染源制定相应的排放标准。我国现行的国家水污染物排放标准主要有:

(1)《污水综合排放标准》(GB 8978—1996)

(2)《城镇污水处理厂污染物排放标准》(GB 18918—2002)

(3)《污水海洋处置工程污染控制标准》(GB 18486—2001)

以污水综合排放标准(GB 8978—1996)为例,该标准按地表水域使用功能和污水排放去向分别执行三级标准,排入地表水环境质量标准(GB 3838—2002)中Ⅲ类水域(规定的保护区和游泳区除外)和排入海水水质标准(GB 3097—1997)中二类海域的污水,执行一级标准;排入地表水环境质量标准(GB 3838—2002)中Ⅳ、Ⅴ类水域和海水水质标准(GB 3097—1997)中三类水域的污水,执行二级标准;排入设置二级污水处理厂的城镇排水系统的污水,执行三级标准。排入未设置二级污水处理厂的城镇排水系统的污水,必须依据排水系统出水受纳水域的功能要求。

标准还将排放的污染物按其性质及控制方式分为两类。

第一类污染物:能在环境或动、植物体内积累,对人体健康产生长远不良影响的污染物质。不分行业和污水排放方式,也不分受纳水体的功能类别,一律在车间或车间处理设施排放口采样，其最高允许排放浓度必须达到表5-4要求（采矿行业的尾矿坝出水口不得视为车间排放口）。

第二类污染物：长远影响小于第一类污染物的污染物质。在排污单位排放口采样，其最高允许排放浓度必须达到表5-5要求。

表5-4 污水综合排放标准第一类污染物最高允许排放的限值（单位：mg/L）

序号	污染物	最高允许排放的限值
1	总汞	0.05
2	烷基汞	不得检出
3	总镉	0.1
4	总铬	1.5
5	六价铬	0.5
6	总砷	0.5
7	总铅	1.0
8	总镍	1.0
9	苯并[α]芘	0.000 03
10	总铍	0.005
11	总银	0.5
12	总α放射性	1Bq/L
13	总β放射性	10Bq/L

表5-5 污水综合排放标准第二类污染物最高允许排放的限值（单位：mg/L）

（1998年1月1日及以后建设的单位）

序号	污染物	适用范围	一级标准	二级标准	三级标准
1	pH	一切排污单位	6～9	6～9	6～9
2	色度（稀释倍数）	一切排污单位	50	80	—
3	悬浮物（SS）	采矿、选矿、选煤工业	70	300	—
		脉金选矿	70	400	—
		边远地区砂金选矿	70	800	—
		城镇二级污水处理厂	20	30	—
		其他排污单位	70	150	400
4	五日生化需氧量（BOD_5）	甘蔗制糖、苎麻脱胶、湿法纤维板、染料、洗毛工业	20	60	600
		甜菜制糖、酒精、味精、皮革、化纤浆粕工业	20	100	600
		城镇二级污水处理厂	20	30	—
		其他排污单位	20	30	300

续表

序号	污染物	适用范围	一级标准	二级标准	三级标准
5	化学需氧量(COD)	甜菜制糖、合成脂肪酸、湿法纤维板、染料、洗毛、有机磷农药工业	100	200	1000
		味精、酒精、医药原料药、生物制药、苎麻脱胶、皮革、化纤浆粕工业	100	300	1000
		石油化工工业(包括石油炼制)	60	120	500
		城镇二级污水处理厂	60	120	—
		其他排污单位	100	150	500
6	石油类	一切排污单位	5	10	20
7	动植物油	一切排污单位	10	15	100
8	挥发酚	一切排污单位	0.5	0.5	2.0
9	总氰化物	一切排污单位	0.5	0.5	1.0
10	硫化物	一切排污单位	1.0	1.0	1.0
11	氨氮	医药原料药、染料、石油化工业	15	50	—
		其他排污单位	15	25	
12	氟化物	黄磷工业	10	15	20
		低氟地区(水体含氟量<0.5mg/L)	10	20	30
		其他排污单位	10	10	20
13	磷酸盐(以P计)	一切排污单位	0.5	1.0	
14	甲醛	一切排污单位	1.0	2.0	5.0
15	苯胺类	一切排污单位	1.0	2.0	5.0
16	硝基苯类	一切排污单位	2.0	3.0	5.0
17	阴离子表面活性剂(LAS)	一切排污单位	5.0	10	20
18	总铜	一切排污单位	0.5	1.0	2.0
19	总锌	一切排污单位	2.0	5.0	5.0
20	总锰	合成脂肪酸工业	2.0	5.0	5.0
		其他排污单位	2.0	2.0	5.0
21	彩色显影剂	电影洗片	1.0	2.0	3.0
22	显影剂及氧化物总量	电影洗片	3.0	3.0	6.0
23	元素磷	一切排污单位	0.1	0.1	0.3
24	有机磷农药(以P计)	一切排污单位	不得检出	0.5	0.5
25	乐果	一切排污单位	不得检出	1.0	2.0
26	对硫磷	一切排污单位	不得检出	1.0	2.0
27	甲基对硫磷	一切排污单位	不得检出	1.0	2.0
28	马拉硫磷	一切排污单位	不得检出	5.0	10
29	五氯酚及五氯酚钠(以五氯酚计)	一切排污单位	5.0	8.0	10

续表

序号	污染物	适用范围	一级标准	二级标准	三级标准
30	可吸附有机卤化物(AOX)(以Cl计)	一切排污单位	1.0	5.0	8.0
31	三氯甲烷	一切排污单位	0.3	0.6	1.0
32	四氯化碳	一切排污单位	0.03	0.06	0.5
33	三氯乙烯	一切排污单位	0.3	0.6	1.0
34	四氯乙烯	一切排污单位	0.1	0.2	0.5
35	苯	一切排污单位	0.1	0.2	0.5
36	甲苯	一切排污单位	0.1	0.2	0.5
37	乙苯	一切排污单位	0.4	0.6	1.0
38	邻-二甲苯	一切排污单位	0.4	0.6	1.0
39	对-二甲苯	一切排污单位	0.4	0.6	1.0
40	间-二甲苯	一切排污单位	0.4	0.6	1.0
41	氯苯	一切排污单位	0.2	0.4	1.0
42	邻-二氯苯	一切排污单位	0.4	0.6	1.0
43	对-二氯苯	一切排污单位	0.4	0.6	1.0
44	对-硝基氯苯	一切排污单位	0.5	1.0	5.0
45	2,4-二硝基氯苯	一切排污单位	0.5	1.0	5.0
46	苯酚	一切排污单位	0.3	0.4	1.0
47	间-甲酚	一切排污单位	0.1	0.2	0.5
48	2,4-二氯酚	一切排污单位	0.6	0.8	1.0
49	2,4,6-三氯酚	一切排污单位	0.6	0.8	1.0
50	邻苯二甲酸二丁酯	一切排污单位	0.2	0.4	2.0
51	邻苯二甲酸二辛酯	一切排污单位	0.3	0.6	2.0
52	丙烯腈	一切排污单位	2.0	5.0	5.0
53	总硒	一切排污单位	0.1	0.2	0.5
54	粪大肠菌群数(个/L)	医院、兽医院及医疗机构含病原体污水	500	1 000	5 000
		传染病、结核病医药污水	100	500	1 000
55	总余氯(采样氯化消毒的医院污水)	医院、兽医院及医疗机构含病原体污水	<0.5	>3(接触时间≥1h)	>2(接触时间≥1h)
		传染病、结核病医药污水	<0.5	>6.5(接触时间≥1.5h)	>5(接触时间≥1.5h)
56	总有机碳(TOC)	合成脂肪酸工业	20	40	—
		苎麻脱胶工业	20	60	—
		其他排污单位	20	30	—

另外，根据部分行业排放废水的特点和治理技术的发展水平，制定了一系列行业排放标准，按照综合排放标准与行业排放标准不交叉执行的原则，有行业标准的执行行业标准，不再执行综合排放标准。目前已发布的水污染物行业排放标准如下：

(1)《稀土工业污染物排放标准》(GB 26451—2011)
(2)《钒工业污染物排放标准》(GB 26452—2011)
(3)《磷肥工业水污染排放标准》(GB 15580—2011)
(4)《弹药装药行业水污染物排放标准》(GB 14470.3—2011)
(5)《淀粉工业水污染物排放标准》(GB 25461—2010)
(6)《酵母工业水污染物排放标准》(GB 25462—2010)
(7)《油墨工业水污染物排放标准》(GB 25463—2010)
(8)《陶瓷工业污染物排放标准》(GB 25464—2010)
(9)《铝工业污染物排放标准》(GB 25465—2010)
(10)《铅、锌工业污染物排放标准》(GB 25466—2010)
(11)《铜、镍、钴工业污染物排放标准》(GB 25467—2010)
(12)《镁、钛工业污染物排放标准》(GB 25468—2010)
(13)《硝酸工业污染物排放标准》(GB 26131—2010)
(14)《硫酸工业污染物排放标准》(GB 26132—2010)
(15)《制浆造纸工业水污染物排放标准》(GB 3544—2008)
(16)《杂环类农药工业水污染物排放标准》(GB 21523—2008)
(17)《电镀污染物排放标准》(GB 21900—2008)
(18)《羽绒工业水污染物排放标准》(GB 21901—2008)
(19)《合成革与人造革工业污染物排放标准》(GB 21902—2008)
(20)《制药工业水污染物排放标准》(GB 21903～21908—2008)
(21)《制糖工业水污染物排放标准》(GB 21909—2008)
(22)《皂素工业水污染物排放标准》(GB 20425—2006)
(23)《煤炭工业污染物排放标准》(GB 20426—2006)
(24)《啤酒工业污染物排放标准》(GB 19821—2005)
(25)《医疗机构水污染物排放标准》(GB 18466—2005)
(26)《柠檬酸工业污染物排放标准》(GB 19430—2004)
(27)《味精工业污染物排放标准》(GB 19431—2004)
(28)《兵器工业水污染物排放标准》(GB 14470.1～14470.2—2002)
(29)《合成氨工业水污染物排放标准》(GB 13458—2001)
(30)《畜禽养殖业污染物排放标准》(GB 18596—2001)
(31)《烧碱、聚氯乙烯工业水污染物排放标准》(GB 15581—95)
(32)《航天推进剂水污染物排放与分析方法标准》(GB 14374—93)
(33)《纺织染整工业水污染物排放标准》(GB 4287—92)
(34)《肉类加工工业污染物排放标准》(GB 13457—92)
(35)《钢铁工业水污染物排放标准》(GB 13456—92)
(36)《海洋石油开发工业含油污水排放标准》(GB 4914—85)
(37)《船舶工业污染物排放标准》(GB 4286—84)
(38)《船舶污染物排放标准》(GB 3552—83)

5.3　污染物在水体中的迁移转化

5.3.1　水体自净

水体自净是指污染物随污水排入水体后，经过物理的、化学的和生物化学的作用，使污染物的浓度降低或总量减少，受污染的水体部分地或完全地恢复原状的现象。水体自净作用往往需要一定的时间、一定范围的水域以及适当的水文条件。另一方面，水体的自净作用还取决于污染物的性质、浓度以及排放方式等。水体的自净能力是有限的，一旦排入的污染物数量超过了水体自净能力，就会导致水体污染。水体自净过程非常复杂，按机理可分为三类。

1. 物理净化

通过稀释、混合、沉淀与挥发等过程使得水中的污染物浓度降低，水体得到一定的净化，但污染物的总量不变。物理自净的影响因素主要是水体的温度、流速、流量等，以及污染物的密度、形态、粒度等。对于海洋和流量大的河流等水体来说，物理自净起着重要的作用。

2. 化学净化

通过氧化还原、酸碱反应、分解合成、吸附凝聚等过程使水体中的污染物存在形态发生变化、浓度降低，但总量不变。化学自净的影响因素主要是水体的酸碱度、氧化还原电势、温度、化学组分等，以及污染物的形态和化学性质。

3. 生物净化

通过水生生物特别是微生物的生命活动使水体中的污染物存在形态发生变化、有机物降解、有害物无害化、浓度降低、总量减少。生物净化是水体自净的主要原因，也称为狭义的自净作用。生物自净的影响因素主要是水中的溶解氧含量、温度、营养物质的碳氮比例等。其中，水中溶解氧是维持水生生物生存和净化能力的基本条件，因而是衡量水体自净能力的重要指标。

5.3.2　常见污染物在水体中的迁移转化

不同类型的污染物在进入水体后发生不同的反应。有机污染物一般能通过生物降解实现水体的自净，重金属污染物则不能被生物降解，只会发生形态或状态的转化。

1. 需氧有机物在水体中的降解

(1) 需氧有机物的生物降解机理

需氧有机物进入水体后会被微生物降解，其过程为：首先在细胞体外，经胞外水解酶的作用，复杂的大分子化合物分解成较简单的小分子化合物，然后小分子简单化合物再进入细胞内进一步分解。分解产物有两方面的作用，一是被合成为细胞材料，二是转换成能量供微生物维持生命活动。

① 碳水化合物的生物降解

碳水化合物的生物降解步骤和最终产物如下：

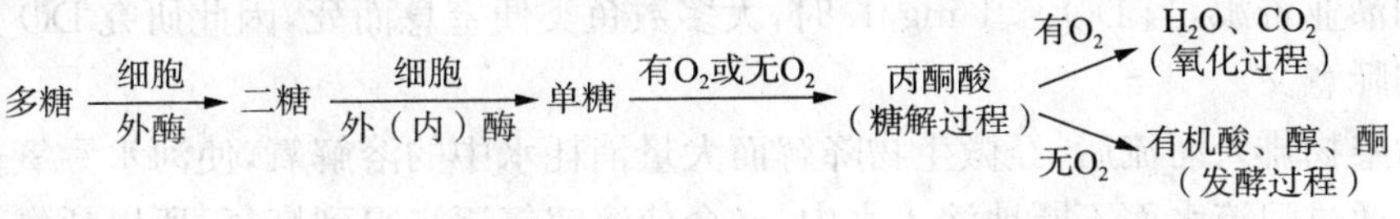

碳水化合物是C、H、O组成的不含氮的有机物，可分为多糖[$(C_6H_{10}O_5)_n$，如淀粉]、二糖[$(C_{12}H_{22}O_{11})$，如乳糖]、单糖[$(C_6H_{12}O_6)$，如葡萄糖]。在不同酶的参与下，淀粉首先在细胞外水解成为乳糖，然后在细胞内或细胞外再水解成为葡萄糖。葡萄糖经过糖酵解过程转变为丙酮酸。在有氧条件下，丙酮酸完全氧化为水和二氧化碳。在无氧条件下，丙酮酸不完全氧化，最终产物是有机酸、醇、酮，这部分产物对水环境的影响较大。

② 脂肪的生物降解

脂肪的生物降解步骤和最终产物如下：

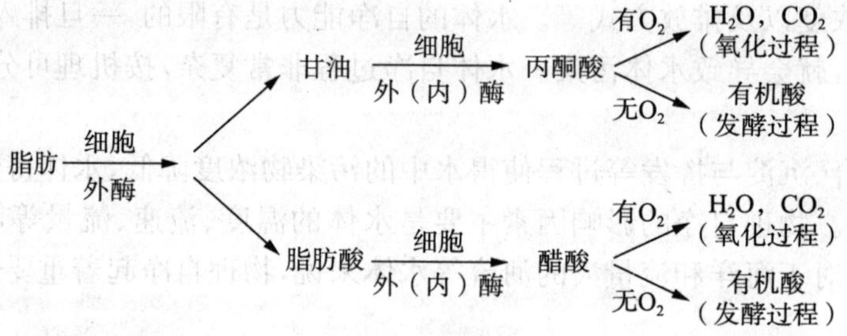

脂肪的组成与碳水化合物相同，由C、H、O组成。脂肪的降解步骤和最终产物比碳水化合物更具多样性。至少首先在细胞外水解、生成甘油和相应的脂肪酸。然后上述物质再分别水解成丙酮酸和醋酸。在有氧条件下，丙酮酸和醋酸完全氧化，生成水和二氧化碳，在无氧条件下，完成发酵过程，生成各种有机酸。

③ 蛋白质的生物降解

蛋白质的生物降解步骤和最终产物如下：

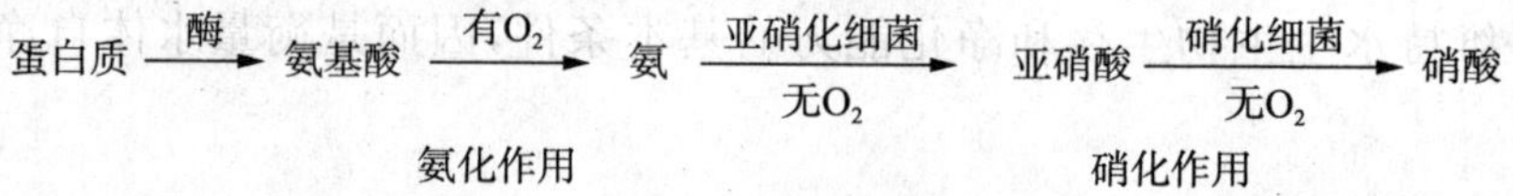

蛋白质的组成与碳水化合物和脂肪油类不同，除含有C、H、O外，还含有N。蛋白质是由各种氨基酸分子组成的复杂有机物，含有氨基和羧基，并由肽键连接起来。蛋白质的生物降解首先是在水解的作用下脱掉氨和羧基，形成氨基酸。氨基酸进一步分解脱氨基，生成氨，通过硝化作用形成亚硝酸，最后进一步氧化为硝酸。如果在缺氧水体中硝化作用不能进行，就会在反硝化细菌作用下发生反硝化作用。

一般来讲，含氮有机物的降解比不含氮的有机物难，而且降解产物污染性强，同时与不含氮的有机物的降解产物发生作用，从而影响整个降解过程。

(2) 河流氧垂曲线方程

有机污染物排入河流后，可以被微生物氧化分解，同时要消耗水中的溶解氧(DO)。所以，受有机污染物污染的河流，水中溶解氧的含量受有机物污染物的降解过程控制。溶解氧含量是使河流生态系统保持平衡的主要因素之一。溶解氧的急剧降低甚至消失，会影响水体生态系统平衡和渔业资源，当DO <1 mg/L时，大多数鱼类便窒息而死，因此研究DO变化规律具有重要的实际意义。

有机污染物排入河流后，经微生物降解而大量消耗水中的溶解氧，使河水亏氧；另一方面，空气中的氧通过河流水面不断地溶入水中，又会使溶解氧逐步得到恢复，所以耗氧与复氧同时存在的，河水中的DO与BOD_5浓度变化模式见图5-1。污水排入后，DO曲线呈悬索状下垂，故称氧垂曲线；BOD_5曲线呈逐步下降状，直至恢复到污水排入前的基值浓度。

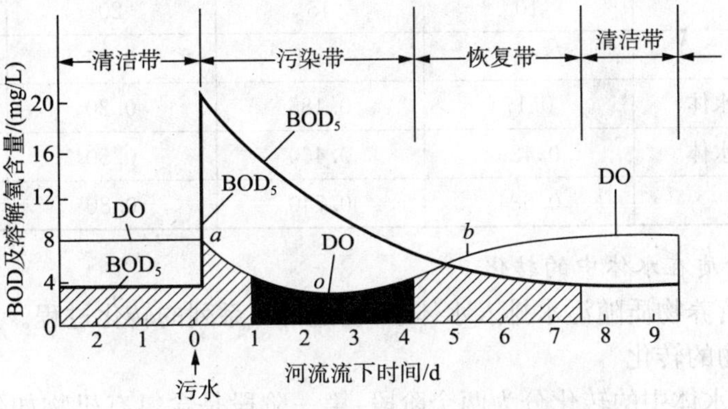

图5-1 河流中BOD_5及DO的变化曲线

氧垂曲线可分为三段：第一段$a \sim o$段，耗氧速率大于复氧速率，水中溶解氧含量大幅度下降，亏氧量增加，直至耗氧速率等于复氧速率。o点处，溶解氧量最低，亏氧量最大，称为临界亏氧点或氧垂点；第二段$o \sim b$段，复氧速率开始超过耗氧速率，水中溶解氧量开始回升，亏氧量逐步减少，直至转折点b；第三段b点以后，溶解氧含量继续回升，亏氧量继续减少，直至恢复到排污点前的状态。

美国学者斯蒂特-菲尔普斯(Streeter Phelps)对耗氧过程动力学分析后得出：当河流接纳有机物后，沿水流方向产生的有机物输送量远大于扩散稀释量，当河流流量与污水流量稳定，河流水温不变时，有机物生化降解的耗氧量与河流中的有机物含量成正比，即呈一级反应。

$$L_t = L_0 \cdot 10^{-k_1 t}$$

式中 L_0——河流在允许亏氧量下可以氧化的最大有机物量，mg/L；

L_t——t时刻下河流中残留的有机物量，mg/L；

t——时间，d；

k_1——耗氧速率常数。

k_1因污水性质不同而异，须经实验确定。生活污水排入河流后k_1值见表5-6。

表5-6 生活污水耗氧速率常数k_1

河流水温/℃	0	5	10	15	20	25	30
k_1值	0.039 99	0.050 2	0.063 2	0.079 5	0.1	0.126 0	0.158 3

通过河流水面与大气的接触，氧不断溶入河水中，当其他条件一定时，复氧速率与亏氧量成正比。菲尔普斯被有机物污染的河流中溶解氧变化过程动力学进行了分析研究，认为河流中亏氧量的变化速率等于耗氧速率与复氧速率之和，从而推导出了河流的氧垂曲线方程：

$$D_t = \frac{k_1 L_0}{k_2 - k_1}(10^{-k_1 t} - 10^{-k_2 t}) + D_0 \cdot 10^{-k_2 t}$$

式中 D_t——t时刻河流中亏氧量，mg/L；

k_2——复氧速率常数，与水温及河流水文条件有关，其取值见表5-7。

表 5-7 复氧常数 k_2 值

河流水文条件	水温/℃			
	10	15	20	25
缓流水体	—	0.11	0.15	—
流速小于 1 m/s 水体	0.17	0.185	0.20	0.215
流速大于 1 m/s 水体	0.425	0.460	0.50	0.540
急流水体	0.684	0.740	0.80	0.865

2. 植物营养物质在水体中的转化

氮、磷等植物营养物质随污水排入水体后，会进行一系列的转化过程。

(1)含氮化合物的转化

含氮化合物在水体中的转化分为两个阶段：第一阶段是含氮有机物如蛋白质、多肽、氨基酸和尿素等转化为无机氨氮，称为氨化过程；第二阶段是氨氮转化为亚硝酸盐与硝酸盐，称为硝化过程。这两阶段的转化反应都是在微生物作用下进行。以下以蛋白质为例进行说明：

蛋白质是由多种氨基酸分子组成的复杂有机物，含有羧基和氨基，由肽键(R—CONH—R′)连接。蛋白质的降解首先是在细菌分泌的水解酶的催化作用下，水解断开肽键，脱除羧基和氨基而形成氨，完成氨化过程。氨在亚硝化菌的作用下，进一步被氧化为亚硝酸，接着在硝化菌的作用下氧化为硝酸：

$$2NH_3+3O_2\xrightarrow{\text{亚硝化菌}}2HNO_2+2H_2O+619.6\ \text{kJ}$$

$$2HNO_2+O_2\xrightarrow{\text{硝化菌}}2HNO_3+200.97\ \text{kJ}$$

在缺氧的水体中，硝化反应不能进行，可在反硝化细菌的作用下，产生反硝化作用：

$$2HNO_3\xrightarrow[-2H_2O]{+4H}2HNO_2\xrightarrow[-2H_2O]{+4H}(NOH)_2\xrightarrow[-H_2O]{}N_2O\xrightarrow[-H_2O]{+2H}N_2$$

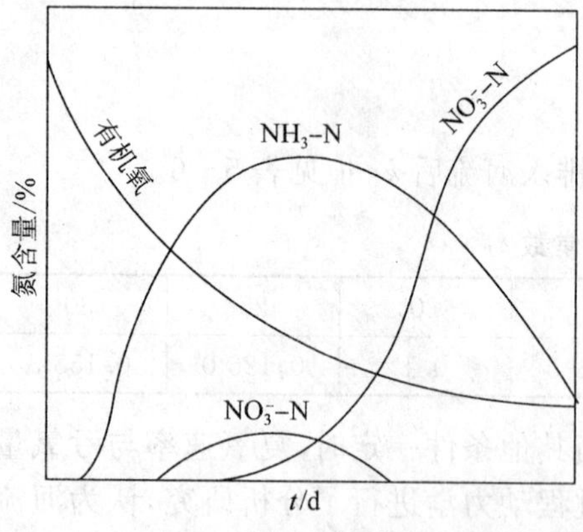

图 5-2 水体中不同形态氮随时间的变化

有机氮在水体中的转化过程一般可持续若干天。因此，水体中各种形态的氮随时间的变化有如图 5-2 所示的关系。

从耗氧有机物在水体中的转化过程来看，有机氮→NH_3→NO_2^-→NO_3^- 可作为耗氧物质自净过程的判断标志。但从另一方面来考虑，这一过程又是耗氧有机物向植物型营养物污染的转化过程，也就是从一种污染方式向另一种污染方式转换，这一点是值得注意的。

(2)含磷化合物的转化

水体中的磷可分为无机磷和有机磷两大类。无机磷几乎都是以可溶性磷酸盐形式存在的，包括：正磷酸盐(磷酸根)PO_4^{3-}，偏磷酸盐 PO_3^-，磷酸氢盐 HPO_4^{2-}，磷酸二氢盐 $H_2PO_4^-$ 和聚合磷酸盐 $P_2O_7^{4-}$、$P_3O_{10}^{5-}$ 等；有机磷则多以葡萄糖-6-磷酸，2-磷酸-甘油酸等形式存在，大多呈胶体和颗粒状，可溶性有机磷只占 30%左右。

水体中的可溶性磷很容易与 Ca^{2+}，Fe^{3+}，Al^{3+} 等离子生成难溶性沉淀物而沉积于水体底部成为底泥。沉积物中的磷，通过水流的湍流扩散再度稀释到上层水体中，或者当沉积物的可溶性磷大大超过水体中磷的浓度时，则可能再次释放到水体中。

(3) 氮、磷污染与水体富营养化

富营养化是湖泊分类和演化的一种概念，是湖泊水体老化的一种自然现象。在自然条件下，湖泊将由贫营养湖发展为富营养湖，进一步又发展为沼泽地和旱地，需历时几万年甚至几十万年。但受到氮、磷等植物营养物质污染后，富营养化进程将大大地加快。

水体的富营养化与氮、磷含量有密切关系，一般认为总磷和无机氮的浓度分别达到 0.02 mg/L 和 0.3 mg/L 时，就标志着水体处于富营养化状态。近年来又有人认为，富营养化问题的关键不是水中营养物质的浓度，而是营养物质的负荷量。据研究，贫营养湖与富营养湖之间的临界负荷量为：总磷为 0.2～0.5 mg/(L·a)，总氮为 5～10 mg/(L·a)。

3. 重金属在水体中的迁移转化

重金属在水体中不能被微生物降解，只能通过沉淀、溶解、络合、螯合、吸附、氧化还原、生物富集等作用实现迁移转化，其结果决定了重金属在水体中的存在形式、富集状况和潜在生态危害程度。

(1) 溶解—沉淀作用

重金属化合物在水中的迁移能力可以用溶解度来衡量，溶解度小的迁移能力小，溶解度大的迁移能力大。重金属在水中可经过水解反应生成氢氧化物，也可以与相应的阴离子生成硫化物和碳酸盐等。这些化合物的溶解度都很小，容易生成沉淀，结果是使重金属污染物在水体中的扩散范围受到限制。从水质自净的角度来看，这一结果似乎是有利的，但大量重金属沉积在排污口附近的底泥中，当环境条件发生变化时有可能重新释放出来，成为长期的二次污染源。

(2) 吸附作用

天然水体中的悬浮物和底泥中含有丰富的胶体。由于胶体有巨大的比表面、表面能和带大量的电荷，因此能强烈地吸附各种分子和离子。胶体的吸附作用对重金属离子在水环境中的迁移有很大影响，是使许多重金属离子从不饱和的溶液中转入固相的最重要途径。

天然水体中的胶体一般分为无机和有机两大类，无机胶体包括各种次生粘土矿物和各种水合氧化物，有机胶体包括天然和人工合成的高分子有机物、蛋白质、腐殖质等。以下分别说明粘土矿物、水合金属氧化物和腐殖质对重金属离子的吸附作用。

① 粘土矿物对重金属的吸附作用

粘土矿物对重金属的吸附机理，目前尚未完全确定。有人认为粘土矿物微粒通过层状结构边缘的羟基氢与—OM 基中的 M^+ 离子以及层状结构之间的 M^+ 离子，交换水中的重金属离子而将其吸附。此时重金属离子价数越高，水化离子的半径越小，浓度越大，越有利于和粘土矿物颗粒进行离子交换而被吸附。

$$m(\text{Si}-\text{OH})+\text{M}^{n+} = (\text{Si}-\text{O})_m\text{M}^{(n-m)}+m\text{H}^+$$

也有人认为，重金属在水体中先水解，然后夺取粘土矿物微粒结构边缘的 OH^- 离子，形成羧基络合物而被微粒吸附。

$$\text{M}^{n+}+m\text{H}_2\text{O} \rightleftharpoons \text{M(OH)}_m^{(n-m)+}+m\text{H}^+$$

$$(\text{Si}-\text{OH})+\text{M(OH)}_m^{(n-m)+} = \text{Si}-\text{M(OH)}_{m+1}^{(n-m)+}$$

② 水合金属氧化物对重金属离子的吸附

一般认为是重金属离子在水合金属氧化物颗粒表面进行配合化合。

$$n(\text{Si}-\text{OH})+\text{M}^{n+}\rightleftharpoons(\text{Si}-\text{O})_n\longrightarrow\text{M}+n\text{H}^+$$

③ 腐殖质对重金属离子的吸附

腐殖质中的活性羧基、酚基的氢可以质子化，从而与重金属离子之间进行离子交换吸附和螯合吸附。重金属化合物吸附在胶体上后，就随着它们一起在水体中迁移。如果这些胶体颗粒聚集在一起形成较大的絮状物，就有可能沉降到水体底部成为底泥。

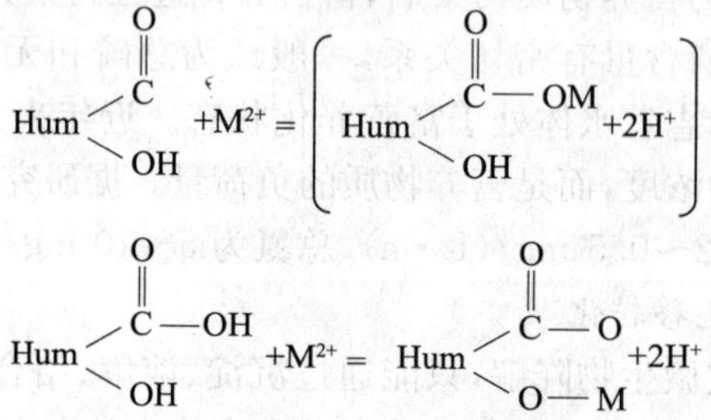

(3) 络合和螯合作用

水体中存在着许多天然和人工合成的无机与有机配位体，它们能与重金属离子形成稳定的配合物和螯合物，对重金属在水体中的迁移有很大影响。常见的无机配位体主要有 Cl^-、OH^-、CO_3^{2-}、SO_4^{2-}、HCO^-、F^-、S^{2-} 等，有机配位体主要是腐殖质。腐殖质是极为复杂的有机物，含有—COOH、—OH、—C═O、—O—CH_3 等功能基团，几乎能与所有的重金属形成可溶性的螯合物。各种无机、有机配位体与重金属生成的配合物和螯合物可使重金属在水中的溶解度增大，阻止重金属生成难溶盐沉淀，也可以与底泥中的重金属结合形成可溶性的螯合物重新进入水层。重金属的次生污染在很大程度上与此有关。

(4) 氧化还原作用

重金属元素在不同条件下往往可以多种价态存在，能在较宽的幅度内发生电子得失的氧化环境反应。各价态变化反应要求不同的氧化还原条件，重金属的价态不同，其活性与毒性也不同。以铬为例，铬在水体中有三价铬和六价铬两种价态，六价铬的毒性要远大于三价铬。

水体中的氧化还原反应往往与 pH 值有密切关系。因此，常用 Eh—pH 图来表示污染物存在形态的区域。

(5) 生物富集

除了上述物理化学作用外，水体中的重金属化合物还可以通过生物体的新陈代谢、生长、死亡等过程进行迁移。这种迁移过程比较复杂，它既是物理化学问题，也服从生物学规律。所有重金属都能通过生物体迁移，并由此在某些有机体中富集起来，经食物链的放大作用，对人体构成危害。

5.4 水污染防治

水污染是当今许多国家面临的一大环境问题，它严重威胁着人类生命健康，阻碍经济建设发展，是可持续发展的制约因素。水污染防治应当坚持预防为主、防治结合、综合治理的原则，优先保护饮用水水源，严格控制工业污染、城镇生活污染，防治农业面源污染，积极推进生态治理工程建设，预防、控制和减少水环境污染和生态破坏。

1. 工业水污染防治

应当合理规划工业布局，要求造成水污染的企业进行技术改造，采取综合防治措施，提高水的重复利用率，减少废水和污染物排放量。对于严重污染水环境的落后工业和设备，国家实行淘汰制度。

2. 城镇水污染防治

应当集中处理城镇污水。根据城乡规划和水污染防治规划，组织编写城镇污水处理设施建设规划，并根据该规划的要求建设城镇污水集中处理设施及配套管网。城镇污水处理设施的运营单位按照国家规定向排污者收取污水处理费用，用于污水集中处理设施的建设和运行。向城镇污水集中处理设施排放水污染物，应当符合国家或者地方规定的水污染排放标准。

3. 农业和农村水污染防治

应当加强管理过期失效农药的运输、存贮和处置过程；合理地施用化肥和农药，控制化肥和农药的过量使用；应当保证禽畜养殖的粪便、废水的综合利用或无害化处理设施正常运转，保证污水达标排放；应当保护水产养殖的水域生态环境，科学确定养殖密度，合理投饵和使用药物；利用工业废水和城镇污水灌溉，应当防止污染土壤、地下水和农业品。

针对各种水体污染源，可以运用工程技术，将其中含有的污染物质分离去除、回收利用，或将其转化为无害物质，从而使污水得到净化。按处理原理，可将污水处理技术分为物理处理法、化学与物理化学处理法和生物处理法三大类。

5.4.1　物理处理法

物理处理法是利用物理作用分离污水中悬浮态的污染物质，在处理过程中污染物的性质不发生变化。采用的方法主要有筛滤截留法、重力分离法和离心分离法。

1. 筛滤截留法

筛滤截留法针对污染物具有一定形状及尺寸大小的特性，利用筛网、多孔介质或颗粒床层机械截留作用，将其从水中去除，包括格栅、筛网、过滤等。

(1) 格栅

格栅由一组(或多组)相平行的金属栅条与框架组成，倾斜安装在污水渠道、泵房集水井的进口处或污水处理厂的端部，用以截留较大的悬浮物或漂浮物，如纤维、碎毛、毛发、果皮、蔬菜、塑料制品等，以防漂浮物阻塞构筑物的孔道、闸门和管道或损坏水泵等机械设备。格栅起着净化水质和保护设备的双重作用。

被格栅截留的物质称为栅渣。按照清渣方式的不同，格栅可分为人工清渣和机械清渣两种。处理流量小或所截留的污染物量较少时，可采用人工清渣的格栅。当栅渣量大于 $0.2\ m^3/d$ 时，应采用机械清渣。目前的机械清渣方式很多，常用的有往复式移动耙机械格栅、回转式机械格栅、钢丝绳牵引机械格栅、阶梯式机械格栅和转鼓式机械格栅等。

图 5-3 所示为回转式机械格栅。它由许多相同的耙齿机件交错平行组装成一组封闭的耙齿链，在电动机和减速机的驱动下，通过一组槽轮和链条形成连续不断的自下而上的循环运动，达到不断清除栅渣的目的。当耙齿链运转到设备上部及背部时，由于链轮和弯轨的导向作用，可以使平行的耙齿排产生错位，使固体污物靠自重下落到渣槽内。

(2) 筛网

筛网通常用金属丝或化学纤维编制而成，主要用于截留粒度在数毫米至数十毫米的细碎悬浮态杂物，尤其适用于分离和回收废水中的纤维类悬浮物和食品工业的动、植物残体碎屑。其形式有转鼓式、转盘式、振动式、回转帘带式和固定式倾斜筛多种。

图 5-4 所示为水力回转筛网。它由锥筒回转筛和固定筛组成。污水从锥筒回转筛的圆

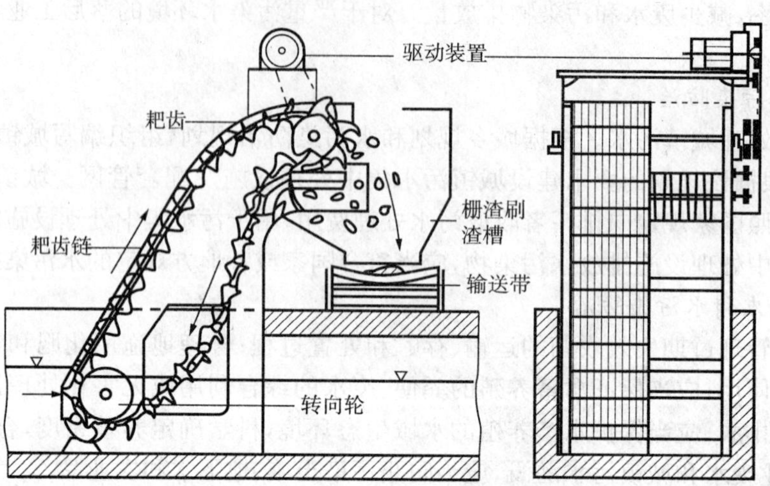

图 5-3　回转式机械格栅示意图

锥体小端流入，在流往大端的过程中，纤维状杂物被筛网截留，处理后的污水则通过筛孔流入集水装置。被截留的杂物沿筛网的斜面落到固定筛上，进一步脱水。

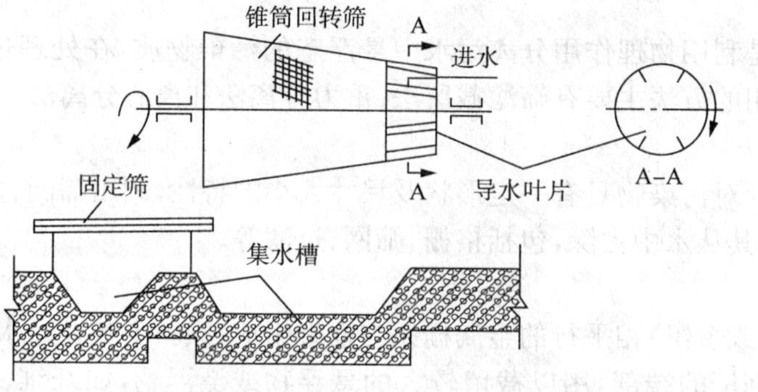

图 5-4　水力回转筛网示意图

(3) 过滤

过滤是指利用颗粒介质截留水中细小悬浮物的方法，常用于污水深度处理和饮用水处理过程。进行过滤操作的构筑物称为滤池，按采样的滤料类型可分为单层滤池、双层滤池和多层滤池，按作用动力可分为重力滤池和压力滤池，按构造特征可分为普通快滤池、虹吸滤池和无阀滤池。其中普通快滤池是应用最广泛的一种滤池。

图 5-5 所示为普通快滤池。它由底部配水系统、中部滤料层、顶部洗砂排水槽和池外管部组成。其过滤操作包括过滤和反冲两个阶段。在过滤阶段，污水从顶部洗砂排水槽进入滤池，由上而下通过滤料层，水中杂质被滤料层所截留，清水则由底部配水系统收集后排出。过滤操作进行一段时间后，在滤料层积累了大量的杂物，过滤阻力上升到一定程度后，停止过滤，开始进行反冲洗。反冲洗阶段，反冲洗水从底部配水系统进入，自下而上通过滤料层。此时滤料被膨胀流化，滤料颗粒之间相互摩擦、碰撞，使附着在滤料表面的悬浮物被冲洗下来，由反冲洗水带出滤池外。滤池经过反冲洗后，其截污能力得到恢复，又可以重新进行过滤。

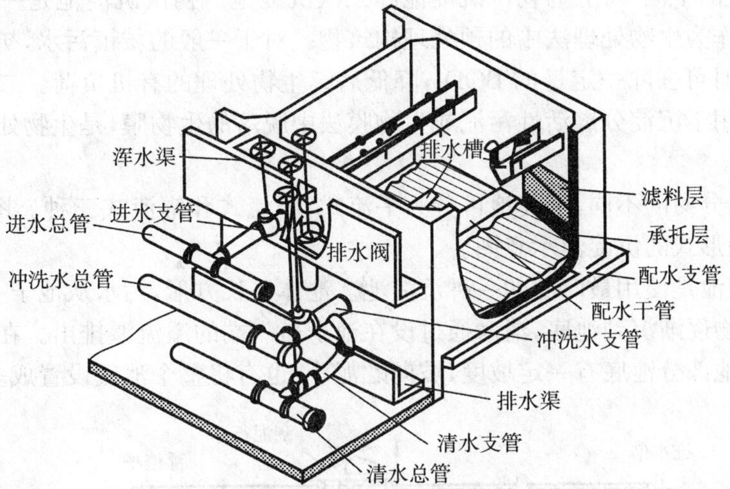

图5-5 普通快滤池示意图

2. 重力分离法

重力分离法是利用水中悬浮物和水的密度差，使悬浮物在水中沉降或上浮，从而实现两者分离的方法。利用重力分离法处理污水的设备形式有多种，主要有沉砂池、沉淀池等。

(1) 沉砂池

沉砂池是利用重力去除水中泥砂等密度较大的无机颗粒，一般设于泵站、倒虹管前，减轻无机颗粒对水泵、管道的磨损；也可设于初次沉淀池之前，减轻沉淀池的负荷和改善污泥处理的条件。常用的沉砂池有平流沉砂池、曝气沉砂池和旋流沉砂池等。

图5-6所示为曝气沉砂池。其池体呈矩形，池底一侧有 $i=0.1\sim0.5$ 的坡度，坡向另一侧的集砂槽。曝气装置设在集砂槽侧，距池底 0.6～0.9 m 处设置空气扩散板，使池内水流作旋流运动，无机颗粒之间的互相碰撞与摩擦机会增加，把表面附着的有机物磨去。此外，由于旋流产生的离心力，把相对密度较大的无机颗粒甩向外层并下沉，相对密度较小的有机物则旋至水流的中心部位随水带走。

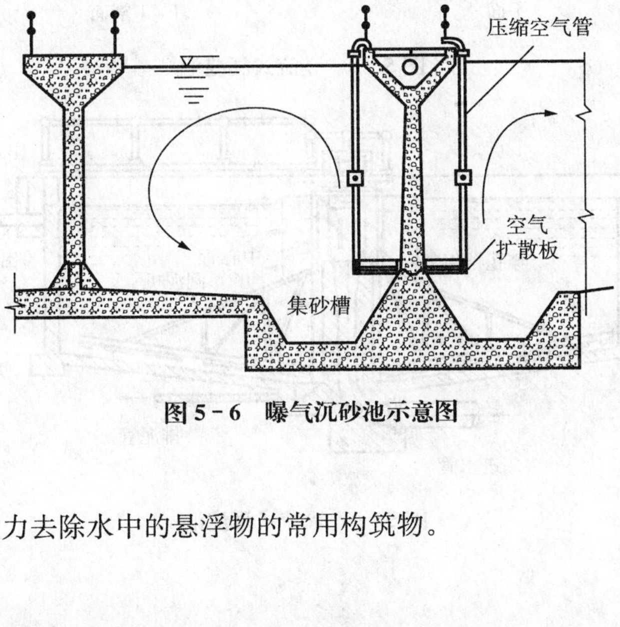

图5-6 曝气沉砂池示意图

(2) 沉淀池

沉淀池是利用重力去除水中的悬浮物的常用构筑物。

按工艺布置的不同，可分为初次沉淀池和二次沉淀池。初次沉淀池是一级污水厂的主体处理构筑物，或作为生物处理法中的预处理构筑物。对于一般的城镇污水，初沉池的去除对象是悬浮固体，同时可去除一定量的 BOD_5，降低后续生物处理的有机负荷。二沉池设置在生物处理构筑物后，用于沉淀分离活性污泥或生物膜法中脱落的生物膜，是生物处理工艺中的重要组成部分之一。

按池内水流分向的不同，沉淀池可分为平流式、竖流式和辐流式三种。图 5－7～图 5－9 分别为三种不同形式的沉淀池示意图。

平流式沉淀池是使用最广泛的一种沉淀池。池体呈长方形，污水从池子一端流入，沿水平方向流动，悬浮物逐渐沉到池底，清水通过设在池子另一端的溢流堰排出。在池的进口处底部设有贮泥斗，其他部分池底有一定坡度，坡向贮泥斗，也有将整个池底设置成多斗排泥的形式。

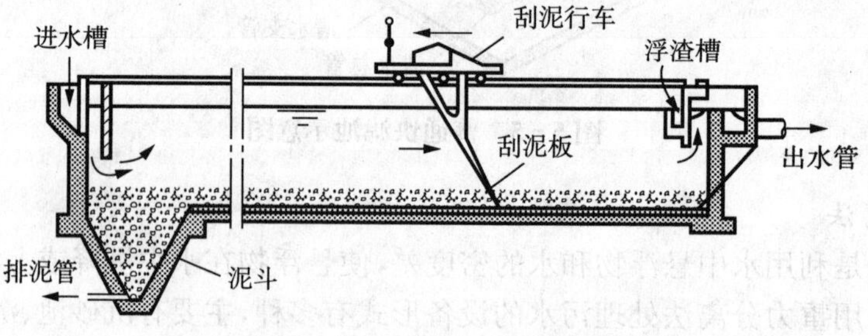

图 5－7 平流式沉淀池

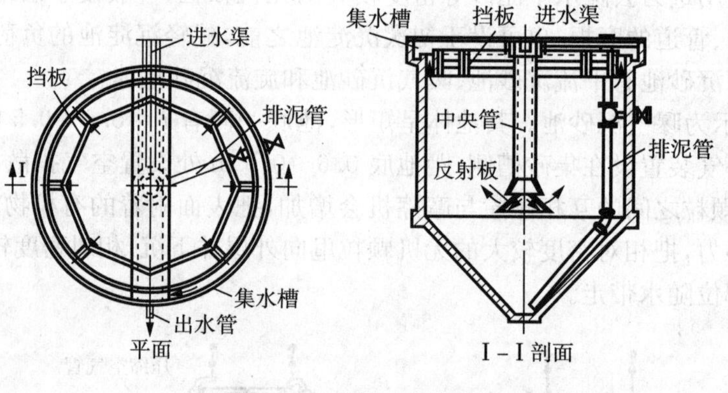

图 5－8 竖流式沉淀池

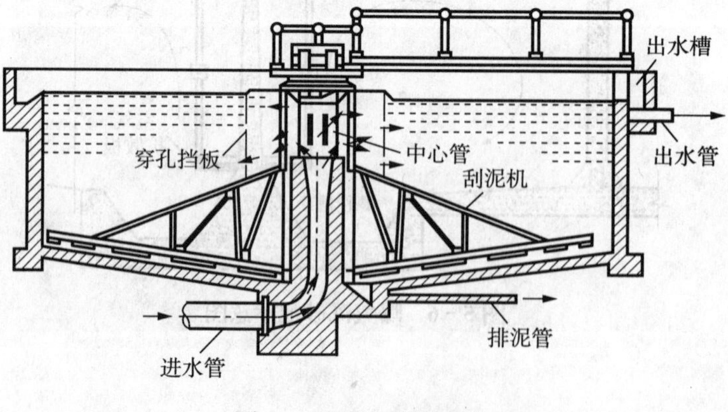

图 5－9 辐流式沉淀池

竖流式沉淀池的池体多为圆形,也有呈方形或多边形,污水从中央管流入,在中央管的下端经过反射板阻挡向四周分布并由下向上流动。水中的悬浮物一方面受水流作用向上运动,另一方面受重力作用下沉。清水从池子四周的溢流堰排出。沉淀池底部设污泥斗,污泥可通过静水压力排出。

辐流式沉淀池池体多为圆形,有时也呈正方形。其直径较大,水深相对较浅,水流从中心向四周呈辐射状。由于过水断面不断扩大,水流速度逐渐变小,对截留小颗粒有利。在池中央底部设置泥斗,池底向中心倾斜,污泥通常用机械刮泥机排出。

3. 离心分离法

离心分离法是重力分离法的一种强化,即用离心力取代重力来提高悬浮物与水分离的效果或加快分离过程。在离心设备中,废水与设备做相对旋转运动,形成离心力场,由于污染物与同体积的水的质量不一样,所以在运动中受到的离心力也不同。在离心力场的作用下,密度大于水的固体颗粒被甩向外侧,废水向内侧运动(或废水向外侧,密度小于水的有机物如油脂类等向内侧运动),分别将它们从不同的出口引出,便可达到分离的目的。

用离心法处理废水设备有两类,一类是设备固定,具有一定压力的废水沿切线方向进入器内,产生旋转,形成离心力场,如钢铁厂用于除铁屑等物的旋流沉淀池和水力旋流器等;另一类是设备本身旋转,使其中的废水产生离心力,如常用于分离乳浊液和油脂等物的离心机。

5.4.2 化学与物理化学处理法

化学与物理化学处理法是利用化学反应使污水中污染物的性质或形态发生变化,从而从水中去除的方法。主要用于处理污水中的溶解性或胶体状态的污染物,包括中和法、化学混凝法、化学沉淀法、氧化还原法、吸附法、离子交换法、萃取法以及膜分离等。

1. 中和法

根据酸性物质与碱性物质反应生成盐的基本原理,去除污水中过量的酸或碱,使其 pH 值达到中性或接近中性的方法称中和法。

酸性废水中和的常用方法有:用碱性废水和废渣进行中和;向废水中投放碱性中和剂进行中和;通过碱性滤料层过滤中和;用离子交换剂进行中和等。碱性中和剂主要有石灰、石灰石、白云石、苏打和苛性钠等。

碱性废水中和的常用方法有:用酸性废水进行中和;向废水中投加酸性中和剂进行中和;利用酸性废渣或烟道气中的 SO_2、CO_2 等酸性气体进行中和。酸性中和剂常用盐酸和硫酸。

2. 化学混凝法

通过投加化学药剂使污水中的细小悬浮物和胶体脱稳,并相互凝聚长大成絮体,在重力作用下可通过沉淀从水中分离的方法称为化学混凝法。加入的化学药剂称为混凝剂。

水中的微小粒径的悬浮物和胶体,通常表面都带有电荷。带有同种电荷的颗粒之间相互排斥,能在水中长时间保持分散悬浮状态,即使静置数十小时以后,也不会自然沉降。为了使胶体颗粒沉降,就必须破坏胶体的稳定性,从而促使胶体颗粒相互聚集成为大的颗粒。

化学混凝法使胶体脱稳的机理至今尚未完全确定,其影响因素众多,有水温、pH、水力条件、混凝剂的性质以及水中杂质的成分和浓度等。但归结起来可以认为是三方面的作用:压缩双电层、吸附架桥和网捕卷扫。

(1) 压缩双电层

水中胶粒能维持稳定的分散悬浮状态,主要是由于胶粒具有 ζ 电位。如天然水中的黏土类胶体微粒、污水中的胶态蛋白质和淀粉微粒等都带有负电荷，投加铁盐或铝盐等混凝剂后，能提供大量的正电荷中和胶体的负电荷，降低 ζ 电位。当 ζ 电位为 0 时，称为等电状态，此时胶粒间的静电排斥消失，胶粒之间最容易发生聚集。但是，生产实践却表明，混凝效果最佳时的 ζ 电位常大于 0，说明除了压缩双电层外还存在其他作用。

(2) 吸附架桥

三价铝盐或铁盐及其他高分子混凝剂溶于水后，经水解和缩聚反应形成线性结构的高分子聚合物。因其线性长度较大，可以在胶粒之间提供架桥作用，使相距较远的胶粒能互聚相集长成大的絮体。

(3) 网捕卷扫

三价铝盐或铁盐等水解产生难溶的氢氧化物，这些难溶物在沉淀过程中像网一样把水中的胶体颗粒捕捉下来共同沉淀。

常用的混凝剂有无机盐和高分子两大类。无机盐类混凝剂目前应用最广的是铝盐和铁盐，铝盐主要有硫酸铝、明矾等；铁盐主要有三氯化铁、硫酸亚铁和硫酸铁等。高分子混凝剂又分无机和有机两类，其中我国使用的混凝剂中，无机高分子混凝剂的用量达 80% 以上，已基本取代了传统无机盐类混凝剂。聚合氯化铝和聚合硫酸铁是广泛使用的无机高分子混凝剂。而有机高分子混凝剂目前使用较多的主要是人工合成的聚丙烯酰胺。

3. 化学沉淀法

通过向污水中投加某种化学药剂，使其与水中的溶解性污染物发生反应生成难溶盐，进而沉淀而从水中分离的方法。常用于处理污水中的汞、镍、铬、铅、锌等重金属离子。

在一定温度下，含有难溶盐 M_mN_n 的饱和溶液中，各种离子浓度的乘积为一常数，称为溶度积常数。

$$M_mN_n \rightleftharpoons M^{n+} + nN^{m-}$$
$$L_{M_mN_n} = [M^{n+}]^m[N^{m-}]^n$$

当离子浓度乘积超过溶度积常数时，溶液过饱和，超出的部分将析出沉淀，直到重新满足溶度积参数为止。以 M^{n+} 为例，可以通过投加带有 N^{m-} 的化学物，使之形成沉淀，从而降低水中 M^{n+} 的浓度。此时投加的化学物质称为沉淀剂。

根据使用的沉淀剂的不同，化学沉淀法可分为氢氧化物法、硫化物法和钡盐法等。

(1) 氢氧化物沉淀法

多种金属离子都可以形成氢氧化物沉淀，通过控制污水的 pH 可以去除其中的金属离子。常用的沉淀剂是石灰。

(2) 硫化物沉淀法

大多数金属硫化物的溶解度要比相应的氢氧化物小得多，理论上能更完全地去除污水的金属。但是硫化物沉淀剂价格较昂贵，处理费用高，生成的硫化物颗粒细小沉淀困难，往往需要投加混凝剂加强沉淀效果。因此，该法更多的是作为氢氧化物沉淀法的补充。用氢氧化物沉淀法处理难以达标的含汞废水可采用硫化物沉淀法。常用的沉淀剂是硫化氢、硫化钠和硫化钾等。

(3) 钡盐法

该方法主要用于处理含有六价铬的废水，通过投加钡盐使之生成难溶的铬酸钡沉淀。常用的沉淀剂有碳酸钡、氯化钡、硝酸钡、氢氧化钡等。

4. 氧化还原法

通过加入化学药剂与水中的溶解性污染物发生氧化或还原反应，使有毒有害的污染物转化为无毒或弱毒物质或难降解有机物转化为可生物降解物质的方法，称为氧化还原法。

根据污染物氧化还原反应中能被氧化或还原的不同，将氧化还原法分为氧化法和还原法。其中还原法应用较少，而氧化法几乎可处理一切工业废水，特别适用于处理其中的难降解有机物，如绝大部分农药和杀虫剂，酚、氰化物，以及引起色度、臭味的物质等。含有硫化物、氰化物、苯酚以及色、臭、味的废水采用氧化法处理，常用的氧化剂有空气、漂白粉、氯气、液氯、臭氧等；含铬、含汞废水采用还原法处理，常用的还原剂有铁屑、硫酸亚铁、硫酸氢钠等。

5. 吸附法

吸附是指气体或液体与固体接触时，其中的某些组分在固体表面富集的过程。将污水通过多孔性固体吸附剂，使污水中的溶解性污染物吸附到吸附剂上从水中去除的方法称为吸附法。吸附法主要用以脱除水中的微量污染物，包括脱色，除臭，去除重金属、各种溶解性有机物、放射性元素等。在处理流程中，吸附法可作为离子交换、膜分离等方法的预处理，以去除有机物、胶体及余氯等；也可以作为二级处理后的深度处理手段，以保证回用水的水质。

常用的吸附剂有活性炭、磺化煤、沸石、活性白土、硅藻土、腐殖质酸、焦炭、木炭、木屑等，其中以活性炭的应用最为广泛。吸附进行一段时间后，吸附剂达到饱和，可通过再生恢复其吸附能力。常用的再生方法有加热再生法、蒸汽吹脱法、溶剂再生法、臭氧氧化法、生物氧化法等，如吸附酚的活性炭可以用氢氧化钠溶液进行再生。

6. 离子交换法

离子交换是一种特殊的吸附过程，在吸附水中离子态污染物的同时向水中释放等当量的交换离子。这一过程通常是可逆的，其反应如下式：

$$RH + M^+ \rightleftharpoons RM + H^+$$

离子交换法是给水处理中软化和除盐的主要方法之一，在污水处理中常用于金属离子废水，如从污水中回收贵重金属、放射性物质、重金属等。

常用的离子交换剂有磺化煤和离子交换树脂。磺化煤以天然煤为原料，经浓硫酸磺化处理制成，其交换容量低、机械强度差、化学稳定性差，已逐渐被离子交换树脂所取代。离子交换树脂是人工合成的高分子聚合物，由树脂本体和活性基团构成。根据活性基团的不同可以分为：含有酸性基团的阳离子交换树脂，含有碱性基团的阴离子交换树脂，含有胺羧基团的螯合树脂，含有氧化还原基团的树脂以及两性树脂等。根据活性基团电离的强弱程度，阳离子交换树脂可分为强酸性和弱酸性两类，阴离子交换树脂可分为强碱性和弱碱性两类。

当离子交换的出水达到限制时，应对树脂进行再生。用高浓度的再生液流经树脂，可将先前吸附的离子置换出来，使树脂的交换能力得到恢复。

7. 萃取法

将特定的有机溶剂与污水接触，利用污染物在有机溶剂和水中溶解度的差异，使水中的污染物转移到有机溶剂中，随后将水和有机溶剂分离以实现分离、浓缩污染物和净化污水的方法称为萃取法。常应用于高浓度含酚废水和重金属废水的处理。采用的有机溶剂称为萃取剂，被萃取的污染物称为溶质；萃取后的萃取剂称为萃取液，残液称为萃余液。

萃取过程是可逆的。当萃取达到平衡时，溶质在萃取相和萃余相中的平衡浓度比值为一常数，称为分配系数 K。

$$K=\frac{c_C^*}{c_S^*}=\frac{\text{溶质在萃取相中的平衡浓度}}{\text{溶质在萃余相中的平衡浓度}}$$

萃取剂达到饱和后，将其与某种特定的水溶液接触，使被萃取的污染物再转入水相的过程称为反萃取。反萃取是萃取的逆过程，经过反萃取可以回收被萃取的污染物，并实现萃取剂的循环使用。以含酚废水的处理为例，以重苯作为萃取剂，饱含酚的重苯用20%的NaOH溶液反萃取后，重苯可循环使用，酚钠溶液则作为回收酚的原料。

8. 膜分离

在某种推动力的作用下，利用某种天然或人工合成的隔膜特定的透过性能，使污染物和水分离的方法称为膜分离法。根据分离过程的推动力及膜的性质不同，可将膜分离法分为扩散渗析、电渗析、反渗透和超滤等。

(1) 扩散渗析

扩散渗析是以膜两侧溶液的浓度差为推动力，使高浓度溶液中的溶质透过薄膜向低浓度溶液中迁移的过程。采用惰性膜，可用于高分子物质的提取；采用离子交换膜可分离电解质，这种扩散渗析除没有电极外，其他构造与电渗析器基本相同。扩散渗析主要用于分离污水中的电解质，例如，酸碱废液的处理，废水中的金属离子的回收等。

(2) 电渗析

电渗析是以膜两侧的电位差为推动力，在直流电场的作用下，利用阴、阳离子交换膜对溶液中的阴、阳离子的选择透过性，分离溶质和水。阴膜只让阴离子通过；阳膜只让阳离子通过。由于离子的定向运动及离子交换膜的阻挡作用，当污水通过由阴、阳离子交换膜所组成的电渗析器时，污水中的阴阳离子便可得以分离而浓缩，同时污水得到净化。电渗析除了可以用于酸性废水、含重金属离子废水及含氰废水处理等的回收利用之外，还常用于海水或苦咸水淡化、自来水脱盐制取初级纯水或者与离子交换组合制取高纯水。

(3) 反渗透

反渗透是以高于溶液渗透压的压力为推动力，工作压力一般为30～50 kgf/cm^2，使水反向通过特殊的半渗透膜，污染物则被膜所截留。这样透过半透膜的水得以净化，而污染物被浓缩。反渗透主要用于海水淡化、高纯水的制取以及废水的深度处理等。

(4) 超滤

超滤又称超过滤，与反渗透一样以压力作为推动力。所不同的超滤膜孔径较反渗透膜要大，不存在渗透压现象，因而可以在较低压力下工作，一般为几公斤。超滤主要依靠膜表面的孔径机械筛分、阻滞作用以及膜表面及膜孔对杂质的吸附作用去除污水中的大分子物质、胶体、悬浮物，如蛋白质、细菌、颜料、油类等，其中主要是机械筛分作用，所以膜的孔隙大小是分离杂质的主要控制因素。

5.4.3 生物处理法

生物处理法是利用微生物的新陈代谢作用处理水中溶解性或胶体状的有机物的污水处理方法。在自然界中存在着大量依靠有机物生活的微生物，生物处理法正是利用微生物的这一功能，通过人工强化技术，创造出有利于微生物生长繁殖的良好环境，增强微生物的代谢功能，促进微生物的增殖，加速有机物的分解，从而加快污水的净化过程。

根据参与代谢活动的微生物对溶解氧的需求不同，生物处理法又可以分为好氧生物处理法和厌氧生物处理法两大类。

1. 好氧生物处理法

好氧生物处理法是在有分子氧存在的状态下，利用好氧微生物（包括兼性微生物）降解水中的有机污染物，使其稳定化、无害化的污水处理方法。

污水的好氧生物处理过程可以分为分解反应、合成反应和内源呼吸三部分，如图5-10所示。污水中的有机物被微生物摄取后，其中约1/3会通过微生物的代谢活动氧化分解成简单无机物（如有机物中的碳被氧化成二氧化碳，氢与氧化合成水，氮被氧化成氨、亚硝酸盐和硝酸盐，磷被氧化成磷酸盐，硫被氧化成硫酸盐等），同时释放出能量，作为微生物自身生命活动的能源。约2/3有机物则作为微生物自身生长繁殖所需的原料，用来合成新的细胞物质。当水中的有机物含量充足时，微生物既能获得足够的能量，又能大量合成新的细胞物质，微生物的数量就能不断增长；而水中的有机物含量下降后，微生物只能依靠分解细胞内贮藏的物质，微生物无论重量还是数量都是不断减少的。

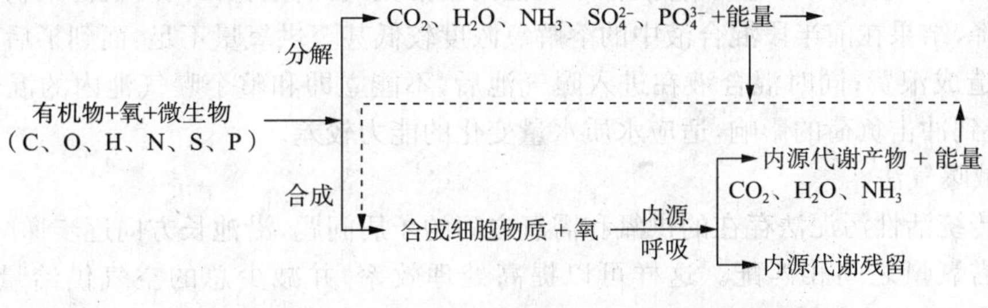

图5-10 好氧生物处理过程中有机物转化示意图

好氧生物处理法的处理速率快，所需反应时间短，构筑物容积较小，且在处理过程中散发的臭气较少，因而广泛应用于中、低浓度有机污水的处理。常用的好氧生物处理法有活性污泥法和生物膜法两种。活性污泥法是水体自净过程的人工化，微生物在反应器内呈悬浮状生长，又称悬浮生长法；生物膜法是土壤自净过程的人工化，微生物附着在其他固体物质表面呈膜状，又称固定生长法。

(1)活性污泥法

活性污泥法是使用最广泛的一种生物处理方法。典型的活性污泥法处理流程包括曝气池、沉淀池、污泥回流及剩余污泥排除系统等基本组成部分，如图5-11所示。

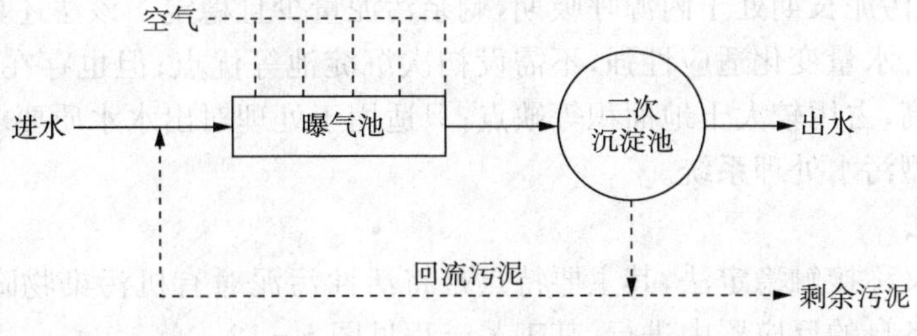

图5-11 活性污泥法基本流程

污水和回流的活性污泥一起进入曝气池形成混合液。不断地往曝气池中通入空气，一方面空气中的氧气溶入污水使活性污泥混合液进行好氧生物代谢反应，另一方面空气还起到搅拌的作用使混合液保持悬浮状态。在这种状态下，污水中的有机物、微生物、氧气之间进行充分的传质和反应。混合液从曝气池中流出后沉淀分离，得到澄清的出水。沉淀下来的污泥大部分回流至曝气池，保持曝气池内一定的微生物浓度，这部分污泥称为回流污泥；多余的污泥则从系统排出，以维持活性污泥系统的稳定性，排出的污泥称为剩余污泥。由此可以看出，要使整个系统得到清洁的出水，活性污泥除了氧化分解有机物的能力外，还要有良好的凝聚和沉淀性能。

活性污泥法经不断发展已有多种运行方式，如传统活性污泥法、渐减曝气法、阶段曝气法、高负荷曝气法、延时曝气法、吸附再生法、完全混合法、纯氧曝气法、深层曝气法、吸附-生物降解工艺（AB法）、序批式活性污泥法（SBR法）以及氧化沟等。

● 传统活性污泥法

传统活性污泥法，又称为普通活性污泥法，工艺流程如图5-11所示。污水和回流污泥的混合液从曝气池的首端进入，在池内以推流方式流动至池的末端，之后进入二次沉淀池。

这种运行方式存在问题：混合液在曝气池内呈推流式，沿池长方向有机污染物浓度和需氧量逐渐下降，结果在前半段混合液中的溶解氧浓度较低甚至供氧量不足，而到了后半段供氧量超过需求造成浪费；同时混合液在进入曝气池后，不能立即和整个曝气池内的混合液充分混合，容易受到冲击负荷的影响，适应水质水量变化的能力较差。

● 渐减曝气法

针对传统活性污泥法存在的供氧和需氧之间的矛盾问题，沿池长方向逐步递减供氧量，使供氧量和需氧量之间相匹配。这样可以提高处理效率，并减少总的空气供给量，从而节省能耗。

● 阶段曝气法

针对传统活性污泥法易受冲击负荷影响的问题，将入流污水在曝气池中分3～4点进入，均衡了曝气池内有机污染物负荷和需氧率，从而提高了曝气池对水质、水量的适应能力。

● 高负荷曝气法

高负荷曝气法又称短时曝气活性污泥法或不完全处理活性污泥法，在系统和曝气池的构造方面与传统活性污泥法相同。不同之处在于有机物负荷高，曝气时间短，池内活性污泥处于生长旺盛期。该法对污水的处理效果较低，适用于处理对出水水质要求不高的污水。

● 延时曝气法

延时曝气法又称完全氧化活性污泥法，与高负荷曝气法正好相反，有机负荷非常低，曝气时间长，池内活性污泥长期处于内源呼吸期，剩余污泥量少且稳定。该法还具有处理水稳定性高，对原污水水质、水量变化适应性强，不需设初次沉淀池等优点；但也存在池容大，基建费用和运行费用都较高，占用较大土地面积等缺点；只适用于处理对出水水质要求高且不宜采用污泥处理技术的小型污水处理系统。

● 吸附再生法

吸附再生法又称接触稳定法，其主要特点是将活性污泥对有机污染物降解的吸附与代谢两个过程分别在各自的反应器中进行，其工艺流程见图5-12。

该法的特点是污水和活性污泥在吸附池内吸附时间较短（30～60 min），吸附池容积很小，而进入再生池是高浓度的回流污泥，因此再生池的容积也较小；当吸附池的污泥遭到破坏时，可由再生池内的污泥予以补救，因而具有一定的耐冲击负荷能力。由于吸附接触短，限制了有机物的降解和氨氮的硝化，处理效果低于传统活性污泥法，且不适用于处理含溶解性有机污染物较多的污水。

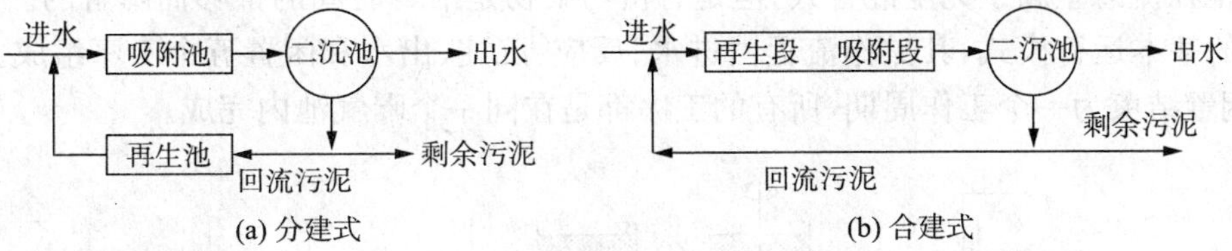

图5-12 吸附再生法工艺流程图

● 完全混合法

采用完全混合式曝气池，污水和回流污泥进入曝气池后，立即与池内的混合液充分混合，可以认为池内混合液是已经处理而未经泥水分离的处理水。

该法对冲击负荷有较强的适应能力，适用于处理工业废水，特别是浓度较高的工业废水；污水和活性污泥在曝气池内均匀分布，池内各处有机物负荷相等，有利于将整个曝气池的工况控制在最佳条件下；曝气池内混合液的需氧速率均衡，动力消耗低于推流式曝气池。不足之处是由于有机物负荷较低，活性污泥容易产生污泥膨胀现象。

● 纯氧曝气法

纯氧曝气法又称富氧曝气法，是以纯氧代替空气来提高曝气池内的生化反应速率。

该法的优点在于氧的利用率高达80%～90%（空气系统仅10%左右），处理效果好，污泥沉淀性能好，产生的剩余污泥量少。不足之处是曝气池需加盖密封，以防氧气外溢和可燃性气体进入，装置复杂，运转管理复杂。如果进水中混入大量易挥发的碳氢化合物，容易引起爆炸。同时微生物代谢过程中产生的二氧化碳等废气没有及时排除的话，会溶解于混合液中，导致pH下降，妨碍生物处理的正常进行。

● 深层曝气法

曝气池向深度方向发展，可以降低占地面积。同时由于水深的增加，提高氧传递速率，加快有机物降解速度，处理功能不受气候条件影响。本法适用于处理高浓度有机废水。

● 吸附-生物降解工艺（AB法）

与传统活性污泥法相比，AB法将处理系统分为A级、B级两段。A级由吸附池和中间沉淀池组成，B级由曝气池和二次沉淀池组成；A级和B级拥有各自独立的污泥回流系统，每级能够培育出各自独特的、适合本级水质特征的微生物站群。图5-13为AB法工艺流程图，该法处理效果稳定，耐冲击负荷能力强。

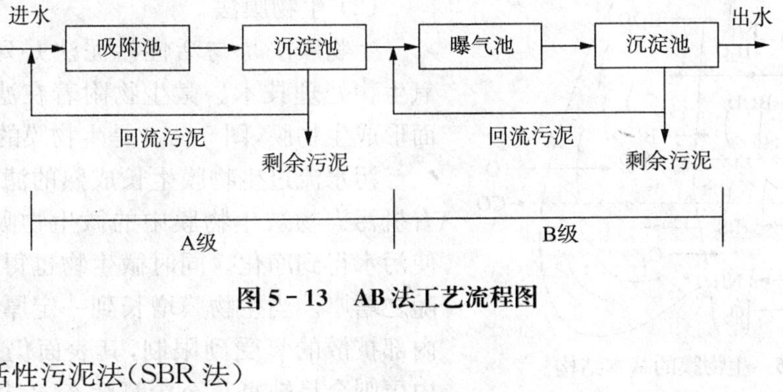

图5-13 AB法工艺流程图

● 序批式活性污泥法（SBR法）

如果说传统活性污泥法是空间上的推流，SBR法就是时间上的推流。在SBR处理系统中，曝气池在流态上属于完全混合式，但是有机污染物是沿着时间的推移而降解的。图 5 - 14 是 SBR 的基本运行模式，其操作流程由进水、反应、沉淀、出水和闲置五个工序组成。从污水流入到闲置结束为一个工作周期，所有的工序都是在同一个曝气池内完成。

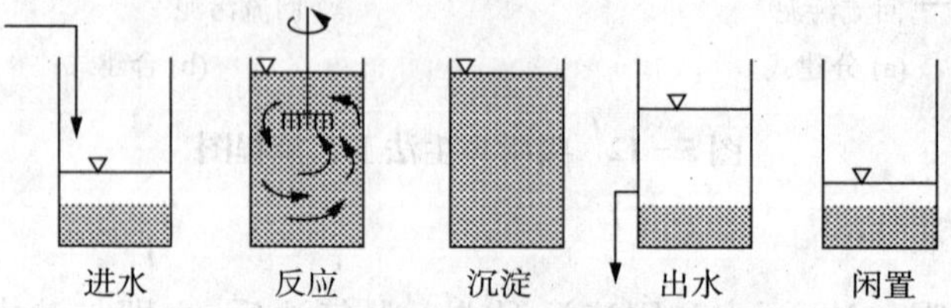

图 5 - 14　SBR 法运行操作流程示意图

该法集有机污染物降解与混合液沉淀于一体，不需设二次沉淀池和污泥回流设备，系统组成简单，曝气池的容积也小于连续式，建设费用和运行费用都较低；污泥容易沉淀，一般不产生污泥膨胀现象。通过对运行方式的调节，还可以在单一的曝气池内同时进行脱氮和除磷；运行管理得当的话，处理水质优于连续式。

● 氧化沟

氧化沟是延时曝气法的一种特殊形式，一般呈环形沟渠状，平面多为椭圆形或圆形，池体狭长，池深较浅，在沟槽中设有机械曝气和推进装置。

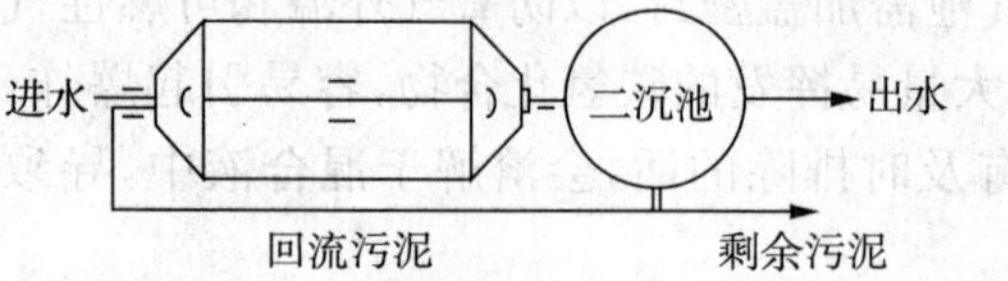

图 5 - 15　单槽氧化沟工艺流程图

图 5 - 15 为氧化沟工艺的典型流程图，整个系统由一座氧化沟和二沉池组成。

通过曝气或搅拌作用，活性污泥在氧化沟内呈悬浮状态，污水和活性污泥的混合液廊道中缓慢流动，每 5～15 min 完成一个循环。经过多次循环混合液水质接近一致，从这个意义上来说，可以认为氧化沟的流态是完全混合式的。但又具有某些推流式的特征，如在曝气装置下游，溶解氧的浓度从高到低变化。正是氧化沟的这种独特的流态，有利于活性污泥的生物凝聚作用。而且可以将其划分为富氧区、缺氧区，用来进行硝化和反硝化，实现脱氮。

(2) 生物膜法

生物膜法是与活性污泥法并列的一类污水好氧生物处理技术。微生物附着在滤料或填料的表面形成生物膜，图 5 - 16 是生物膜的基本结构。

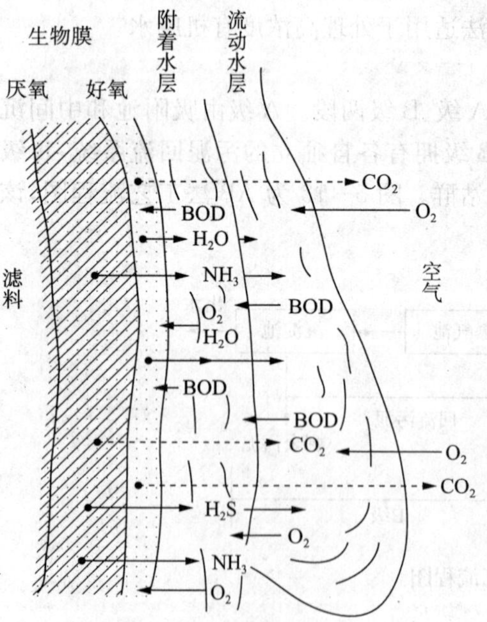

图 5 - 16　生物膜的基本结构

污水流过生物膜生长成熟的滤料时，污水中的有机污染物被生物膜中的微生物吸附、降解，从而使污水得到净化。同时微生物也得到增殖，生物膜随之增厚。当生物膜增长到一定厚度时，向生物膜内部扩散的氧受到限制，其表面仍是好氧状态，而内层则会呈缺氧甚至厌氧状态，有机污染物的降解主要在好氧层内进行。当厌氧层超过一定厚度时，内层的微生物因得不到充足的营养进入内源代谢，减弱了生物膜在滤料上的附着力，并最终导致生物膜的脱落。随后，滤料表面还会继续生长新的生物膜，周而复始，使污水得到净化。

生物膜法有多种工艺形式，包括生物滤池、生物转盘、生物接触氧化以及生物流化床等。

● 生物滤池

生物滤池是生物膜法处理污水的传统工艺，如图 5-17 所示，其构造由池体、滤料、布水设备和排水系统等部分组成。

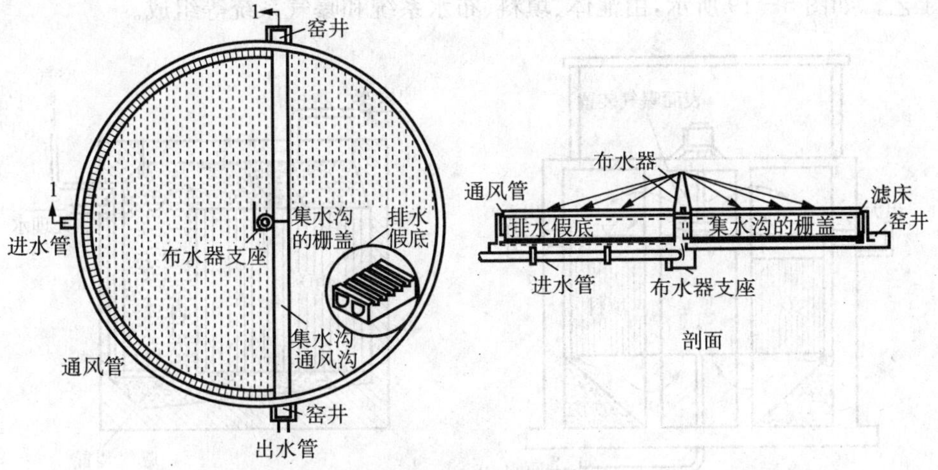

图 5-17 生物滤池

池体多为圆形或多边形，一般为混凝土或砖混结构，起围护滤料的作用；滤料早期以碎石等实心拳状滤料为主，塑料工业快速发展后广泛采用聚氯乙烯、聚苯乙烯、聚丙烯等塑料滤料，是生物膜赖以生长的基础；布水设备分固定布水器和旋转布水器两类，作用是将污水均匀地布洒在滤料上，图 5-17 为旋转布水器；排水系统位于滤床的底部，由渗水顶板、集水沟和排水渠组成，作用除了收集和排出出水外，还用于保证良好的通风。

● 生物转盘

生物转盘是在生物滤池的基础上发展起来的，如图 5-18 所示，由一系列平行的圆形盘片、转轴与驱动装置、接触反应槽等组成。

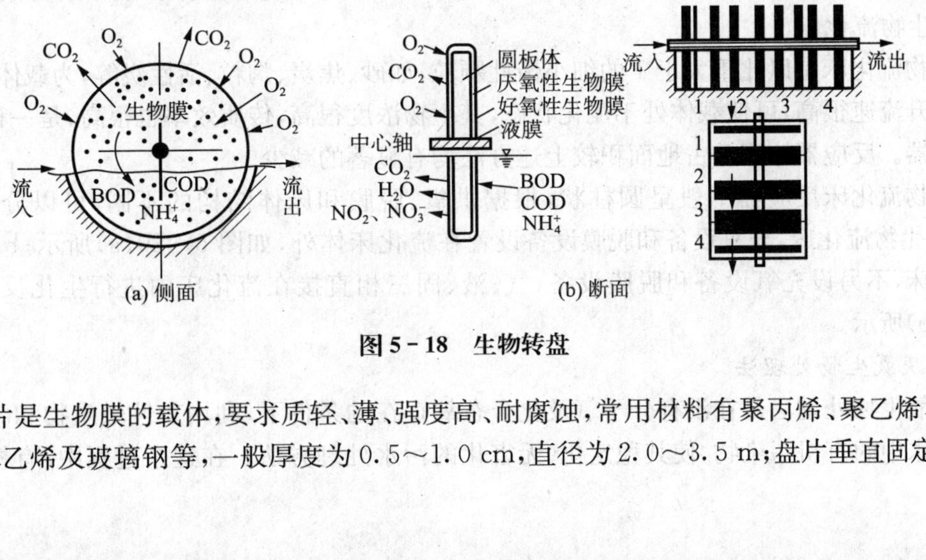

图 5-18 生物转盘

盘片是生物膜的载体，要求质轻、薄、强度高、耐腐蚀，常用材料有聚丙烯、聚乙烯、聚氯乙烯、聚苯乙烯及玻璃钢等，一般厚度为 0.5～1.0 cm，直径为 2.0～3.5 m；盘片垂直固定在转动中心轴上,系统要求盘片总面积较大时,可分组安装,一组称一级,串联运行。接触反应槽用钢板或钢筋混凝土制成,横断面呈半圆形或梯形;直径略大于转盘,转盘外缘与槽壁之间的间距一般为 20～40 cm;槽内水位一般达到转盘直径的 40%,超高为 20～30 cm。工作时,污水流过接触反应槽,电动机带动转轴及固定与其上的盘片一起转动,附着在盘片上的生物膜与大气和污水接替接触,浸没时吸附污水中的有机物,敞露时吸收大气中的氧气。

● 生物接触氧化

生物接触氧化,又称为浸没式曝气生物滤池,是介于活性污泥法与生物滤池之间的生物膜法处理工艺。如图 5-19 所示,由池体、填料、布水系统和曝气系统等组成。

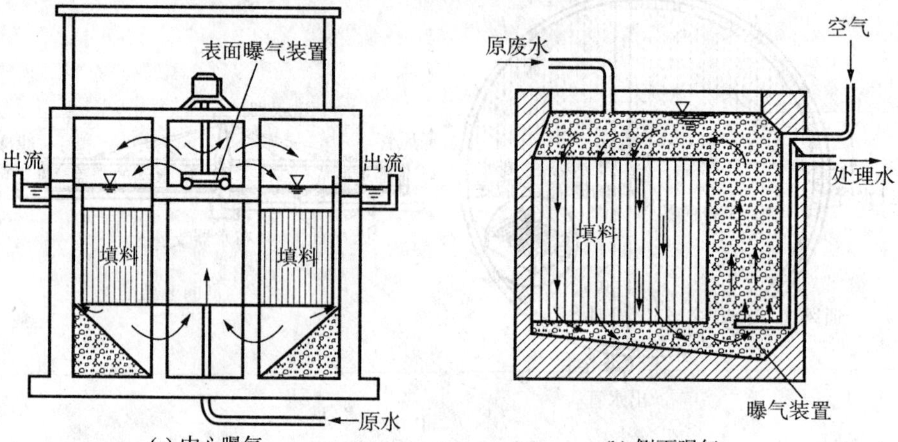

(a) 中心曝气　　(b) 侧面曝气

图 5-19　生物接触氧化池

池体用于设置填料、布水系统、曝气系统和支承填料的支架,为钢结构或钢筋混凝土结构。填料是生物膜的载体,常用聚氯乙烯、聚丙烯、环氧玻璃钢等制成的蜂窝状或波纹板状填料,纤维组合填料,立体弹性填料等。

根据曝气装置与填料的相对位置可以分为三种:(1)填料布置在池子两侧,从底部进水,曝气设置在池子中心,称为中心曝气,如图 5-19(a);(2)填料布置在池子一侧,上部进水,从另一侧底部曝气,称为侧面曝气,如图 5-19(b);(3)曝气装置直接安置在填料底部,填料和曝气装置均采用全池布置,底部进水,称为全池曝气。其中全池曝气是目前最常用的形式。

● 生物流化床

生物流化床是以比重大于 1 的细小惰性颗粒,如砂、焦炭、陶粒、活性炭等,为载体;反应器内的上升流速很高,可使载体处于流化状态,其生物浓度很高,传质效率也很高,是一种高效生物反应器。反应器体积和占地面积较上述方法均有显著的减少。

生物流化床反应器一般呈圆柱状,根据供氧、脱膜和床体结构的不同,可以分为两种:a. 两相生物流化床,充氧设备和脱膜设备设置在流化床体外,如图 5-20(a)所示;b. 三相生物流化床,不另设充氧设备和脱膜设备,气、液、固三相直接在流化床内进行生化反应,如图 5-20(b)所示。

2. 厌氧生物处理法

厌氧生物处理法是在没有分子氧及化合态氧存在的条件下,利用兼性微生物和厌氧微生物降解水中的有机污染物,使其稳定化、无害化的污水处理方法。在这个过程中,有机物的转

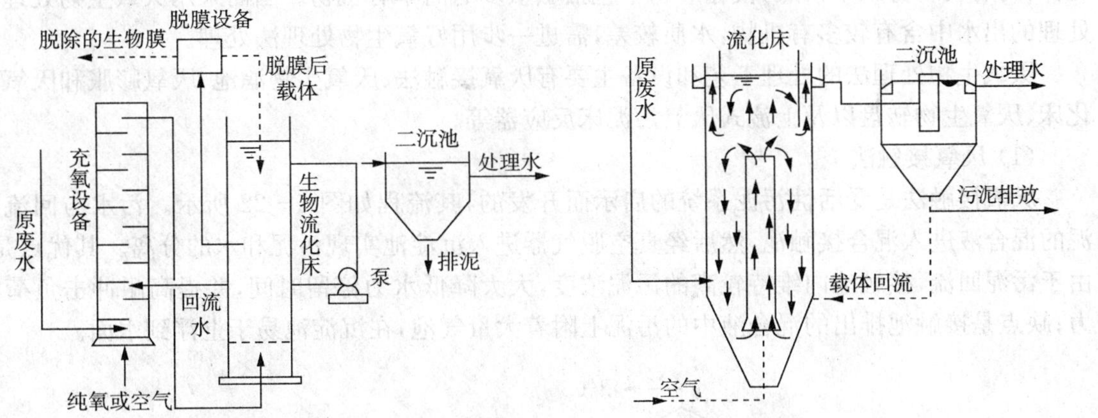

(a) 两相生物流化床　　(b) 三相生物流化床

图5-20　生物流化床

化分为三部分：一部分被氧化分解为简单无机物，一部分转化为甲烷，剩下少量有机物则被转化、合成为新的细胞物质。与好氧生物处理法相比，用于合成细胞物质的有机物较少，因而厌氧生物处理法的污泥增长率要小得多。

污水中有机物的厌氧分解过程较复杂，一般认为分三个阶段进行，图5-21为厌氧生物处理过程示意图。

第一阶段为水解发酵阶段。在该阶段，复杂的有机物在厌氧菌胞外酶的作用下，首先被分解成简单的有机物，如纤维素经水解转化成较简单的糖类；蛋白质转化成较简单的氨基酸；脂类转化成脂肪酸和甘油等。继而这些简单的有机物在产酸菌的作用下经过厌氧发酵和氧化转化成乙酸、丙酸、丁酸等脂肪酸和醇类等。参与这个阶段的水解发酵菌主要是厌氧菌和兼性厌氧菌。

第二阶段为产氢产乙酸阶段。在该阶段，产氢产乙酸菌把除乙酸、甲酸、甲醇以外的第一阶段产生的中间产物，如丙酸、丁酸等脂肪酸，和醇类等转化成乙酸和 H_2，并伴有 CO_2 产生。

第三阶段为产甲烷阶段。在该阶段中，产甲烷菌把第一阶段和第二阶段产生的乙酸、H_2 和 CO_2 等转化为甲烷。

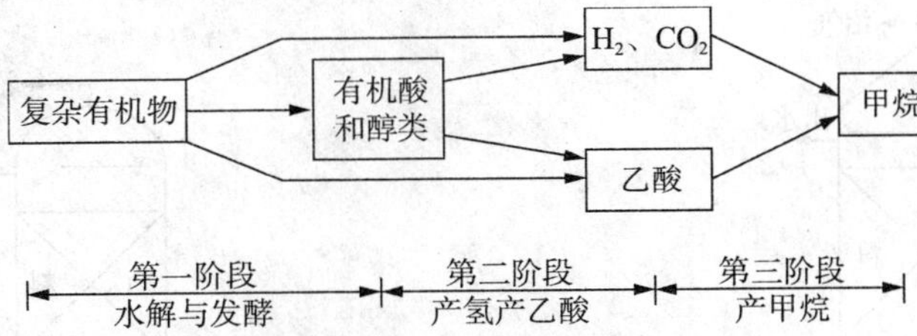

图5-21　三阶段厌氧生物处理过程示意图

厌氧生物处理法具有处理过程消耗的能量少、有机物的去除率高，沉淀的污泥少且易脱水、可杀死病原菌、不需投加氮、磷等营养物质等优点，近年来日益受到人们的关注。它不但可用于处理高浓度和中浓度的有机污水，还可以用于低浓度有机污水的处理。其不足之处主要在于厌氧菌繁殖速率较慢，对环境条件要求严格等。且在厌氧分解过程中，由于缺乏氧作为氢受体，对有机物分解不彻底，代谢产物中包括了众多的简单有机物。因而采用厌氧生物处理法处理的出水中含有较多有机物，水质较差，需进一步用好氧生物处理法处理。

厌氧生物处理法的处理工艺和设备主要有厌氧接触法、厌氧生物滤池、厌氧膨胀和厌氧流化床、厌氧生物转盘以及上流式厌氧污泥床反应器等。

(1) 厌氧接触法

厌氧接触法是受活性污泥系统的启示而开发的，其流程如图 5-22 所示。污水与回流污泥的混合液进入混合接触池，然后经真空脱气器进入沉淀池实现污泥和水的分离。其优点是，由于污泥回流，接触池内维持较高的污泥浓度，大大降低水力停留时间，并提高耐冲击负荷能力；缺点是接触池排出的混合液中的污泥上附着大量气泡，在沉淀池易于上浮到水面。

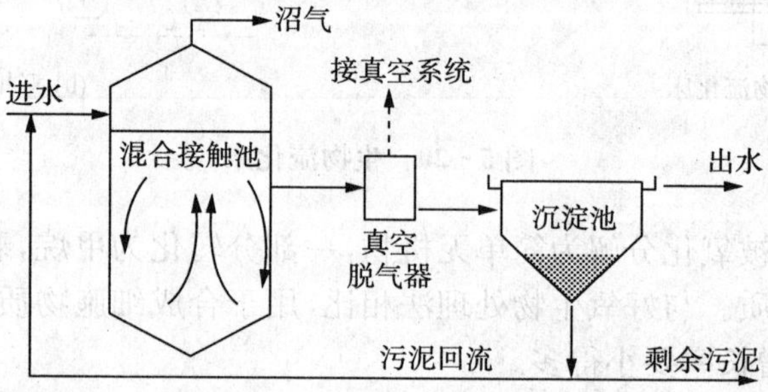

图 5-22 厌氧接触法

(2) 厌氧生物滤池

厌氧生物滤池是在密封的池体内装填滤料，如图 5-23 所示。生物膜在滤料表面上附着生长，污水淹没地通过滤料，在生物膜的作用及滤料的截留作用下，污水中的有机物被去除；产生的沼气收集在池顶，并从上部导出。

(3) 厌氧膨胀床和厌氧流化床

厌氧膨胀床和厌氧流化床的定义，目前尚无定论，一般认为膨胀率为 10%～20%称为膨胀床；膨胀率为 20%～70%时，称为流化床。如图 5-24 所示，在密封的反应器内充填细小的固体颗粒填料，如石英砂、无烟煤、活性炭、陶粒和沸石等。污水从底部流入，使填料层膨胀。反应产生的沼气从上部导出。

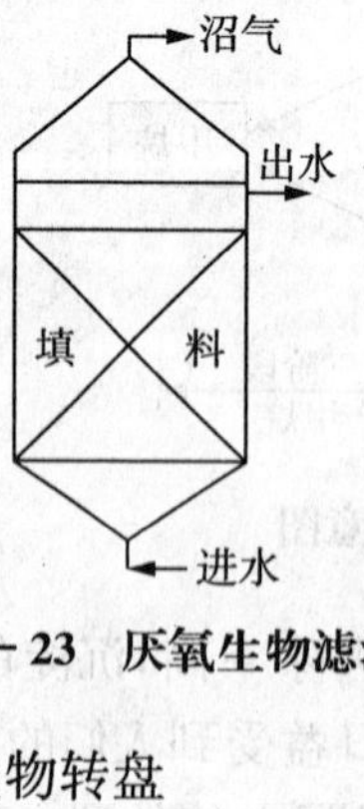

图 5-23 厌氧生物滤池图

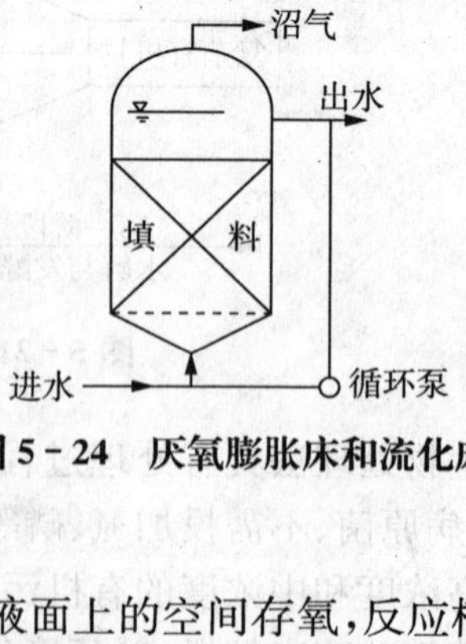

图 5-24 厌氧膨胀床和流化床

(4) 厌氧生物转盘

与好氧生物转盘类似，差别在于为了收集沼气和防止液面上的空间存氧，反应槽的上部加盖密封，且盘片全部浸没在污水中。盘片分为固定盘片和转动盘片两种，两种盘片间隔排列，转动盘片串联垂直安装在转轴上，如图5-25所示。污水处理由盘片表面上附着的生物膜和反应槽内悬浮的厌氧活性污泥共同完成，产生的沼气从反应槽顶部排出。

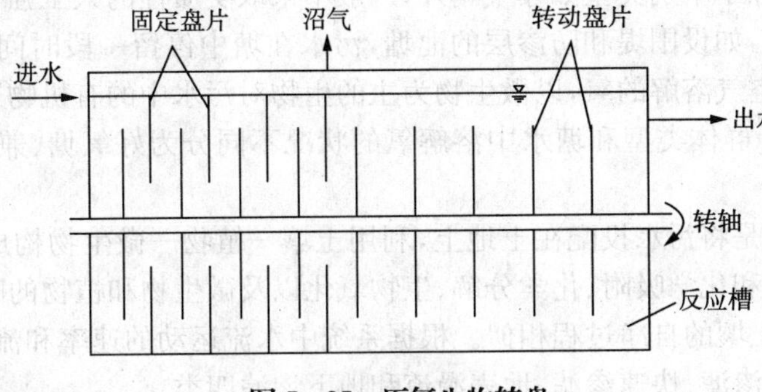

图5-25 厌氧生物转盘

(5) 上流式厌氧污泥床反应器(UASB)

上流式厌氧污泥床反应器是集生物反应与沉淀于一体的结构紧凑的生物反应器，由进水配水系统、反应区、三相分离器、集气罩和出水系统几部分组成，如图5-26所示。污水由反应器底部进入，经配水系统均匀分配到反应器整个横断面，并均匀上升；反应区包括颗粒污泥区和悬浮污泥区，污泥从底部进入后先和高浓度的颗粒污泥接触，污泥中的微生物在分解有机物的同时产生微小的沼气气泡，在颗粒污泥区的上部因沼气搅动作用形成悬浮污泥层；在反应器的上部，水、污泥、沼气的混合物经三相分离器分离，沼气进入顶部集气罩，污泥沉淀经回流缝回流到区，澄清的水经排水系统收集后排出反应器。

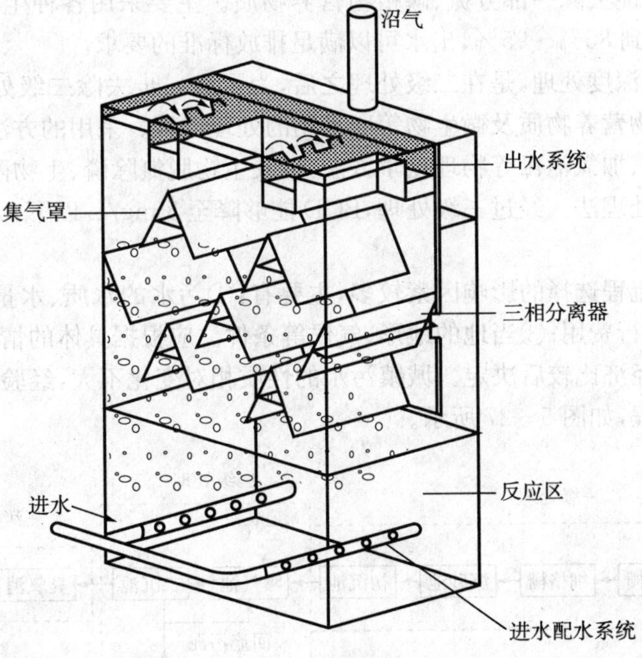

图5-26 上流式厌氧污泥床反应器

3. 自然生物处理法

主要利用水体或土壤的自净作用来净化污水的方法称为自然生物处理法，包括稳定塘和污水的土地处理两大类，对面源污染和农村污水的治理有一定的优越性。

稳定塘，又称氧化塘，是一种比较古老的污水处理技术。污水在塘中的净化过程与自然水体的自净过程相近，除了个别类型如曝气塘外，一般不采取实质性的人工强化措施。利用经过人工适当修正的土地，如设围堤和防渗层的池塘，污水在塘中停留一段时间，利用藻类的光合作用产生氧，以及从空气溶解的氧，以微生物为主的生物对污水中的有机物进行生物降解。根据塘水中微生物优势群体类型和塘水中溶解氧的状况不同分为好氧塘、兼性塘、厌氧塘和曝气塘。

污水的土地处理是将污水投配在土地上，利用土壤—植物—微生物构成的生态系统中土壤的过滤、截留、物理和化学吸附、化学分解、生物氧化以及微生物和植物的吸收等作用来净化污水，其净化过程与土壤的自净过程相似。根据系统中水流运动的速率和流动轨迹的不同，污水的土地处理有慢速渗滤、快速渗滤、地表漫流和地下渗滤四类。

5.4.4　污水处理流程

污水中的污染物性质复杂、种类繁多，往往很难用一种方法使其净化。应根据污水的性质、环境标准的要求，以及各种污水处理方法本身的特点，将多种处理技术组成一定的污水处理流程。

根据不同的处理程度，可将污水处理流程分为一级处理、二级处理和三级处理等。

一级处理，主要处理水中的漂浮物和悬浮物及 pH 值调节，主要采用物理处理法，如格栅、沉砂和沉淀等。经一级处理，污水的 BOD 去除率约为 30%，一般达不到排放标准的要求。

二级处理是在一级处理的基础上，再进行生物处理。它主要去除污水中呈胶体态和溶解态的有机物，有时还能去除一部分氮、磷植物营养物质。主要采用各种生物处理工艺，污水的 BOD 去除率可以达到 85%～95%，出水可以满足排放标准的要求。

三级处理，又称深度处理，是在二级处理之后，为了进一步去除二级处理所残留的有机物和悬浮物、氮、磷植物营养物质及微生物等所采用的处理流程。采用的方法包括超滤、混凝、活性炭吸附、臭氧氧化、加氯消毒等物理化学方法，以及生物脱氮除磷、生物陶粒、生物活性炭、曝气生物滤池等生物处理法。经过三级处理，BOD 能够降至 5 mg/L 以下，大部分氮、磷被去除，出水可以实现回用。

污水处理工艺流程选择的影响因素较多，主要有：①污水的水质、水量及要求的处理程度等；②工程造价与运行费用；③当地的地形、气候等条件。应根据具体的情况，进行调查研究并经科学试验和技术经济比较后决定。城镇污水的性质相对变化不大，经验积累较多，已形成了较为典型的处理流程，如图 5－27 所示。

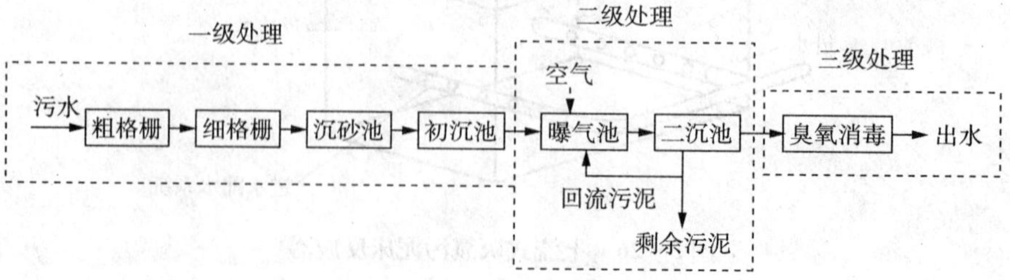

图 5－27　城镇污水典型处理流程

思考题

1. 水环境问题有哪些?
2. 什么是水体污染?造成水体污染的物质主要有哪些?
3. 什么是水体自净?需氧有机物在水中如何降解?
4. 水污染防治的原则是什么?
5. 污水的处理技术有哪些?
6. 简述城市污水处理的基本流程。

第 6 章　土壤环境与土壤污染

覆盖于陆地表面的土壤是在一定的时间和空间条件下，在母质、气候、时间等诸多成土因素的共同作用下，经过一定的土壤形成过程而产生的，是生物生存的基本环境之一。随着社会的发展，人类改造环境的能力越来越强大，对自然资源的需求也急剧增加，施加在土壤环境上的有意和无意的作用改变了土壤的原有属性，使其在短期甚至很长的时间内无法通过自身的净化作用得以恢复，造成土壤污染，给人类的生存和发展带来了前所未有的危机。

6.1　土壤环境概述

土壤的形成始于地壳形成之初，地表岩石受到环境的冷热巨变而胀缩、崩解，形成岩石碎屑，在水与大气的作用下进一步风化、分解、迁移、沉积。随着生命的形成，地球大气发生巨大变化，在地表开始大量积累有机质，其中发生的物理、化学、生物变化更加复杂，地表环境也更有利于生物生存，并逐步形成了一个由矿物质、有机质、水分和空气组成的三相多孔体系。

6.1.1　土壤分类

土壤分类依据主要有成土条件、成土过程、土壤属性等，出现了三大土壤分类派系，即土壤发生学分类、土壤诊断分类和土壤形态发生学分类。其中以苏联为代表的土壤发生学分类体系历史最为悠久，对世界土壤学，特别是对土壤发生学与分类学的贡献与影响最大。在世界范围内，东欧各国及古巴、朝鲜和我国的土壤分类均受其深刻影响。近几十年来，随着以美国土壤系统分类为代表的土壤诊断分类的兴起，对土壤的分类研究更多地集中在土壤的性质上，而不是土壤的产生以及各种土壤之间的关系。根据美国的 6 阶层多级分类系统，从最高等级到最低等级依次是：土纲（order）、亚纲（suborder）、（大）土类（great group）、亚类（subgroup）、土族（family）和土系（series）。在最高等级，有 10 个（现在是 11 个，分别为变性土[Vertisol]、新成土[Entisol]、始成土[Inceptisol]、干旱土[Aridisol]、灰化土[Spodosol]、老成土[Ultisol]、软土[Mollisol]、淋溶土[Alfisol]、氧化土[Oxisol]、有机土[Histosol]、火山灰土[Andisol]）分类单元，即 10 个土纲；在最低分类等级，有 12 000 多个土系。

土类是指在一定的生物气候条件、水文条件或耕作制度下形成的土壤类型，具有一定的成土过程和土壤属性。例如中国江南的红壤，是在中亚热带常绿阔叶林下形成的土壤，地下水位低（不参与成土过程），风化程度比较强烈，含赤铁矿多，故土壤染成红色，呈强酸性反应。暖温带落叶阔叶林下形成的棕壤及温带草原植被下形成的栗钙土，都属于土类。这几个土类，受生物气候条件的影响显著，有明显的地带性，一般称为“地带性土类”。另外，有的土壤尽管也受生物气候条件的影响，但是由于受水文条件影响很突出，从而形成潮土、沼泽土、盐土和碱土；或者受母质条件的影响很突出，从而形成黑色石灰土、红色石灰土、紫色土和磷质石灰土；或者受人为耕作活动影响很突出，从而形成水稻土和灌淤土。这些土壤类型也属于土类，称为“非地带性土类”。

土纲是根据土壤形成过程的共性归纳出来的。平常说“南方十一省召开红壤会议”的“红壤”，实际上不是红壤一个土类，而是包括砖红壤、赤红壤、黄壤和燥红土等土类在内，是广义的红壤，也有人说是“大红壤”，在分类上叫“红壤土纲”。这几个土类形成过程的特点，是具有不同程度的“富铝化”作用，所以也叫“富铝土纲”。关于“富铝化”的概念，简单地说就是土壤风化强烈，淋溶也强烈，三氧化二铝在土壤中相对富集，或者说是相对增多了。全国40多个土类共归纳为富铝土（红壤）、淋溶土（棕壤）、半淋溶土（褐土）、钙层土、石膏-盐层土（漠土）、盐成土（盐碱土）、岩性土、半水成土、水成土、水稻土和高山土等11个土纲。

6.1.2　土壤中的矿物组成和性质

土壤的固体部分称为土粒。固体土粒由矿物质、土壤生物和有机质三部分组成。除自然森林土壤和草原土壤外，一般农业土壤的矿物质部分约占土壤固体部分重量的95%以上。土壤的矿物质部分是土体的骨架，对土壤的性质有极大的影响。土壤矿物质部分，有的直接由岩石风化残积而来，有的则经过自然搬运沉积而来。它们的性质主要包括三个方面：土粒的颗粒组成、土粒化学成分和土粒的矿物学组成。

1. 土粒的颗粒组成

自然界中任何一种土壤的主体都是矿物质土粒，大小、形状、组成和性质不同的矿物质土粒在土壤中的配合比例千差万别。自然状况下，大小不一的土粒，有的以单个的形式存在于土壤中，称为单粒，大部分则相互粘结在一起，叫复粒。土壤学中把土粒的大小级别称为粒级。国际制中的粒级被划分成四个级别：石砾、砂粒、粉粒和粘粒，具体见表6－1。

表6－1　国际制中的土粒分级

国际制	粒级名称	石砾	砂粒		粉粒	粘粒
			粗	细		
	单粒直径(mm)	>2	2—0.2	0.2—0.02	0.02—0.002	<0.002

(1) 石砾及砂粒

严格说来，粗的石块只是侵入于土壤中的母岩。它既非疏松体，无通透性和蓄水性，也不能提供很多有效养料。而石砾和砂粒则是风化碎屑，其所含矿物成分和母岩基本一致，不能充分反映土壤形成条件。它们形状不一，无可塑性和粘结力，因而砂粒多的土壤是松散的。又因其粒径大，与外界接触面小，所以经受化学风化的机会也少，养料的释放很慢，有效养料贫乏。由于单位体积土体中土粒的总表面积小，所以土粒的表面吸湿性和吸肥力都很小，只因为它们的粒间孔隙大，所以透水容易，排水快，通气良好，但易溶性的养分也易于随水流失。石砾和砂粒的另一特点，即它们不会因干湿而胀缩。

(2) 粘粒

它们颗粒细小，是化学风化的产物，其所含的矿物质成分和原来母质有所不同，属于次生矿物一类。从化学成分上看，粘粒中的二氧化硅(SiO_2)含量比砂粒和粉粒要少得多。粒子细，表面吸湿性强，粘粒间孔隙很小，有显著的毛管作用，所以透水缓慢，排水困难，通气不畅。粘粒有很强的粘结力，常成土团或土块；单独的粘粒很多成片状，所以粘土的可塑性和胀缩现象显著，干时土块易于龟裂。粘粒本身含养料丰富，而且因为土粒细小，单位体积土体中土粒的总表面积就异常巨大，粘粒中的微细颗粒还有胶体特征，能吸附养料，所以土粒的表面吸肥力和整个土体的保肥力都较强，有效养料的储量较多。由于粘粒是土壤形成过程中的新生产物，所以它的类型和性质能反映出土壤形成的条件和作用。

(3) 粉(砂)粒

颗粒大小介于粘粒和砂粒之间。其矿物成分中有原生的,也有次生的,如非晶质的二氧化硅(SiO_2)等。粉(砂)粒只有微弱的可塑性和胀缩性;粘结力在润湿时明显,干燥时减弱。它们的很多性质介于粘粒和砂粒之间。粉(砂)粒很容易进一步风化,当它和酸性粘粒接触时,可产生"代换风化"作用,即酸性粘粒所吸附的氢离子和铝离子,可以和粉(砂)粒矿物晶格表面上的钙(Ca)、钾(K)等元素进行交换。所以有人认为土壤养料的潜在供应力,和粉(砂)粒粒级的矿物组成有一定的关系。

2. 土粒的矿物学组成

矿质土粒是由不同矿物或石屑组成的,这些矿物石屑依其来源分为两类,即原生矿物及次生矿物。原生矿物是指那些在风化过程中未改变化学组成的原始成岩矿物,而次生矿物是在风化及成土过程中新生成的矿物。

(1) 土壤的原生矿物组成

土壤中的粗粒部分,如砂粒及石砾,其原生矿物组成大部分都以石英为主,粉粒的绝大部分也是由石英及原生硅酸盐类矿物所组成(如图 6-1 所示)。这些原生矿物种类繁多,因母岩、母质的矿物组成而异。一般土壤中所含的主要原生矿物除石英(SiO_2)外,还有长石(包括各种长石,如钾长石 $KAlSi_3O_8$,钠长石 $NaAlSi_3O_8$,钙长石 $CaAl_2Si_2O_8$ 等)、云母(包括各种云母,如含钾、铁、镁等养料的黑云母和含钾的白云母等,它们都是复杂的铝硅酸盐类矿物)、角闪石及辉石(都是一些含铁、镁、钙、锰等的硅酸盐类矿物)等。此外,土壤中还含有多种辅助矿物,如磷灰石(含磷)、橄榄石(含镁)、电气石(含硼)等,虽然其含量一般很少,但对养料的提供却有重要作用。石英是土壤中最普遍存在的原生矿物,它通常是构成砂粒和粉粒的主要成分。

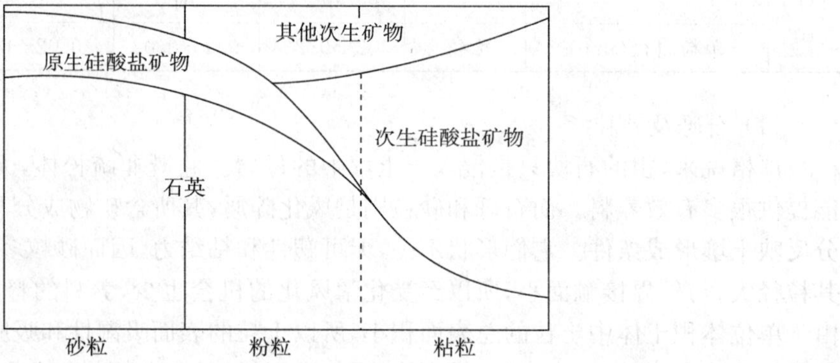

图 6-1 土壤颗粒的矿物组成示意图

在我国,即便是风化程度最深的华南砖红壤性土壤及各种类型红壤,在其粗粒部分中,亦含有大量石英。这表明石英是一种很难风化的矿物,而且由于它的化学组成为 SiO_2,即使风化,也不会提供任何养料。正长石风化比云母慢,所以它的存在就比云母普遍,而斜长石则比正长石易于风化。至于角闪石、辉石的风化则又比云母更容易一些。这些矿物风化后都产生粘粒,并提供养料。正长石所提供的是钾素养料,斜长石除钾外还提供钙、镁,云母风化后可以释出钾、钙、镁、铁等营养元素,角闪石和辉石在风化过程中可提供钙、镁、铁、钠等营养元素。由此可见,土壤原生矿物种类和土壤养料的供应潜力有一定关系。此外,因母岩、母质中矿物组成的特殊,其形成的土壤亦常含有特殊的原生矿物。鉴别这些特殊原生矿物的种类,可以帮助我们追索土壤的近缘母岩和母质,从而检定出土壤的来源。

(2) 土壤的次生矿物组成

土粒中的粘粒部分，除少量属于石英、长石等原生矿物的风化碎屑外，主要由次生矿物所组成。组成粘粒的次生矿物也叫粘粒矿物或粘土矿物，它们的类型特征综合地反映了土壤的风化和成土条件。这些条件包括母岩、母质、气候、生物、地形、人为的耕作影响以及经历时间的久暂等多种因素。土壤中所含的粘粒矿物有晶态和非晶态之别。晶态的次生矿物主要是铝硅酸盐，呈层状结构，如高岭石、蒙脱石、伊利石、蛭石等。此外，还有结晶态含水氧化铁、氧化铝等矿物，如三水铝石($Al_2O_3 \cdot 3H_2O$)、水铝石($Al_2O_3 \cdot H_2O$)、针铁矿($Fe_2O_3 \cdot H_2O$)、褐铁矿($2Fe_2O_3 \cdot 3H_2O$)等。非晶态的次生矿物主要呈胶膜状态，包裹于土粒的表面，也有少数为粒状凝胶，成为极细的土粒，前者如含水氧化铁、铝($R_2O_3 \cdot xH_2O$)及硅胶等($SiO_2 \cdot yH_2O$)，后者如水铝英石($xR_2O_3 \cdot ySiO_2 \cdot zH_2O$)等。除上述各种粘粒矿物外，土壤中还有一些简单盐类，其中最常见的有碳酸盐、硫酸盐和氯化物等。在干旱、半干旱地区土壤中还含有不溶性的碳酸钙，这种土壤称为石灰性土壤。在更干旱的地区，土壤剖面中甚至还含有硫酸钙盐类(如石膏 $CaSO \cdot 2H_2O$)的积聚。内陆盐碱土中一般含有可溶性的碳酸盐(如 $NaHCO_3$、Na_2CO_3)及硫酸盐(如 $Na_2SO_4 \cdot 10H_2O$)，滨海盐土则含有水溶性的氯化物(如 NaCl)。另外还有一类独特的不溶性矿物——兰铁矿，它的化学成分为磷酸亚铁[$Fe_3(PO_4)_2 \cdot 8H_2O$]，这种矿物是招泽沉积物和沼泽土所固有的。长久渍水的土层还原性很强，也会生成这种矿物。由于它的存在，会使土层呈现明显的青灰色或蓝色。此外，在渍水土层中还可能产生溶度很小的另一类含铁化合物，主要的可以碳酸亚铁($FeCO_3$，菱铁矿)为代表，它的生成也是以沼泽条件为其特征，可使土壤呈浅灰棕色。

3. 土粒化学成分

土壤矿物质部分的元素组成很复杂，主要的约有十余种，包括氧、硅、铝、铁、钙、镁、钛、钾、钠、磷、硫以及一些微量元素，如锰、锌、硼、钼等。就含量而言，以氧、硅、铝、铁四者所占的比例为最多。如以二氧化硅(SiO_2)、氧化铝(Al_2O_3)和氧化铁(Fe_2O_3)的形式来表示，三者之和通常约占土壤矿物质部分的75%以上，因此，人们常把它们看成为土壤的骨干成分。

不同土类的骨干成分含量可以有很大差异，这一方面是由于成土母质的不同，另一方面也因为不同成土过程所产生的影响不等。一般地讲，骨干成分中，以 SiO_2 所占的比例为最大，其次为 Al_2O_3 和 Fe_2O_3。这种情况和构成地壳固体部分的岩石矿物的元素组成大体相似。由于各粒级的矿物学组成不同，所以不同粒级土壤的元素组成也不可能相等，土粒愈细，SiO_2 的含量愈少；但 R_2O_3(代表 Al_2O_3 及 Fe_2O_3)和 CaO、MgO、P_2O_5、K_2O 等养料元素的含量变化则有相反的趋势。其所以如此，是由于粗粒中多石英和长石，前者纯由 SiO_2 组成，后者在其分子组成中 SiO_2 所占的比例也特别大。另一方面，土壤的细粒部分主要由粘粒矿物所组成，而在粘粒矿物的化学成分中，SiO_2 所占的比例则较小。

在粒级的化学组成中，特别值得注意的是粘粒部分的 SiO_2/R_2O_3 分子比率，这一比率称之为硅铝铁率，计算 SiO_2/R_2O_3 分子比率时，首先应按下列公式求出 SiO_2、Al_2O_3、Fe_2O_3 等的相对分子质量含量：

(A) SiO_2 的相对分子质量含量＝SiO_2 的重量含量(%)/SiO_2 的相对分子质量

＝SiO_2 的重量含量(%)/60

(B) Al_2O_3 的相对分子质量含量＝Al_2O_3 的重量含量(%)/Al_2O_3 的相对分子质量

＝Al_2O_3 的重量含量(%)/102

(C) Fe_2O_3 的相对分子质量含量=Fe_2O_3 的重量含量(%)/Fe_2O_3 的相对分子质量

=Fe_2O_3 的重量含量(%)/180

硅铝铁率=A/(B+C)

6.1.3 土壤中的生物

6.1.3.1 土壤动物

土壤动物指长期或一生中大部分时间生活在土壤或地表凋落物层中的动物。它们直接或间接地参与土壤中物质和能量的转化,是土壤生态系统中不可分割的组成部分。土壤动物通过取食、排泄、挖掘等生命活动破碎生物残体,使之与土壤混合,为微生物活动和有机物质进一步分解创造了条件。土壤动物活动使土壤的物理性质(通气状况)、化学性质(养分循环)以及生物化学性质(微生物活动)均发生变化,对土壤形成及土壤肥力发展起着重要作用。

土壤动物是陆地生态系统中生物量最大的一类生物,门类齐全、种类繁多、数量庞大,在土壤中它们与植物、土壤微生物组成土壤生态系统,三者相互作用、相互影响。土壤动物的分类有多种类型,下面按较常见的四种分类方法(按系统分类、按形体大小分类、按食性分类和按土壤生活时期分类)对土壤动物进行介绍,主要的土壤动物门类见表 6-2。

1. 系统分类

表 6-2 主要的土壤动物门类

门	纲
原生动物门	肉足纲、鞭毛纲、纤毛纲
扁形动物门	涡虫纲
线形动物门	轮虫纲、线虫纲
软体动物门	腹足纲
环节动物门	寡毛纲
节肢动物门	蛛形纲、甲壳纲、多足纲、昆虫纲
脊椎动物门	两栖纲、爬行纲、哺乳纲

2. 形体大小分类

(1) 小型土壤动物,体长在 0.2 毫米以下,主要包括鞭毛虫、变形虫等原生动物,轮虫的大部分和熊虫、线虫等。

(2) 中型土壤动物,体长 0.2~2 毫米,主要有螨类、拟蝎、跳虫等微小节肢动物,还有涡虫、蚁类、双尾类等。

(3) 大型土壤动物,体长 2~20 毫米,主要有大型的甲虫,蜷象、金针虫、蜈蚣、马陆、蝉的若虫和盲蛛等。

(4) 巨型土壤动物,体长大于 20mm,脊椎动物中,有蛇、蜥蜴、蛙、鼠类和食虫类的鼹鼠等,无脊椎动物中,有蚯蚓和许多有害的昆虫(包括蝼蛄、金龟甲和地蚕)。

3. 按食性分类

按食性分类有落叶食性、材食性、腐植食性、植食性、藓苔类食性、菌食性、藻食性、细菌食性、捕食性、尸食性、粪食性、杂食性和寄生性土壤动物。

4. 按土壤中生活时期分类

此类有全期土壤动物,周期土壤动物,部分土壤动物,暂时土壤动物,过渡土壤动物和交替土壤动物。

6.1.3.2　土壤微生物

土壤微生物是指生活在土中，要借用光学显微镜才能看到的微小生物，主要有细菌、真菌、放线菌和藻类等。土壤中微生物具有数量大、繁殖快、代谢速度快、种类多、分布广等特点。比如，一般土壤中细菌为 107～108 个/克(土)，真菌 105～106 个/克(土)，放线菌 106～107 个/克(土)，藻类 104～105 个/克(土)。细菌的世代时间很短，一般只有几十分钟。据统计，仅目前已知微生物就约有 10 万多种，其代谢方式也多种多样，而且分布极为广泛，从冰原到热带原野，从水面到深海，甚至火山沸泉都能找到微生物。

土壤微生物有的可以直接利用无机物，大多可以分解有机质，合成菌体，生成腐殖质，对土壤的代谢活性起着重要的作用。土壤微生物参与土壤物质转化过程，在土壤形成和发育、土壤肥力演变、养分有效化和有毒物质降解等方面起着重要作用。由于植物残体是土壤微生物主要营养和能量的来源，因而肥沃土壤和有机质丰富的森林土壤微生物数量常较多，缺乏有机质的土壤微生物数量较少。表 6－3 是我国几种土壤的微生物数量。

表 6－3　我国不同土壤微生物数量[10^4 个/克(土)]

土壤	植被	细菌	放线菌	真菌
黑土	林地	3 370	2 410	17
	草地	2 070	505	10
灰褐土	林地	438	169	4
黄绵土	草地	357	140	1
红壤	林地	144	6	3
	草地	100	3	2
砖红壤	林地	189	10	12
	草地	64	14	7

1. 土壤微生物的营养类型

根据微生物对营养和能源的要求，一般可将其分成四大类型。

(1) 化能有机营养型

化能有机营养型又称化能异养型，这类土壤微生物需要有机化合物作为碳源，通过氧化有机化合物来获取能量。土壤中绝大部分细菌和几乎全部真菌属于这个类型，这类微生物是土壤中起主导作用的微生物。

(2) 光能有机营养型

光能有机营养型又称光能异养型，其能源来自阳光，但需要有机化合物作为供氢体来还原 CO_2，并合成细胞物质。如紫色非硫细菌中的深红红螺菌可利用简单有机物作为供氢体。

$$CO_2 + CH_2CHOHCH_3 \longrightarrow CH_2O + CH_3COCH_3$$

(3) 化能无机营养型

化能无机营养型又称化能自养型，这类土壤微生物以 CO_2 作为碳源，再从氧化无机物中获取能量。这类微生物虽在土壤中种类不多，但它们在土壤物质转化中起了重要作用。属于这一类的土壤微生物主要有:亚硝酸细菌、硝酸细菌、硫氧化细菌、铁细菌和氢细菌等。

(4) 光能无机营养型

光能无机营养型又称光能自养型,这类土壤微生物利用光能进行光合作用,以无机物作为供氢体以还原 CO_2,从而合成细胞物质。藻类和光合细菌中绿硫细菌、紫硫细菌都属于光能自养型。

2. 土壤微生物的呼吸类型

土壤微生物按呼吸类型可分为三类。

(1) 好气性微生物

这类微生物在有氧环境中生长,以氧分子为呼吸基质氧化时的最终电子受体。由于来自空气中的氧能不断供应,所以能使基质彻底氧化,释放出全部能量。土壤中大多数细菌,如芽孢杆菌、假单胞菌、根瘤菌、硝酸化细菌和硫化细菌等都属于这一类。另外土壤放线菌、藻类等也属于好气性微生物。

好气性微生物在通气良好的土壤中生长,转化土壤中有机物,获得能量、构建细胞物质,行使其生理功能。土壤中好气性化能自养型细菌,以还原态无机化合物为呼吸基质,依赖它特殊的氧化酶系统,活化分子态氧去氧化相应的无机物质来获取能量。土壤中亚硝酸细菌(以 NH_4^+ 为呼吸基质氧化成 NO_2^-)、硝酸细菌(以 NO_2^- 为基质氧化成 NO_3^-)、硫化杆菌(以 S 为基质氧化成 SO_4^{2-})等均属于这一类。

(2) 厌氧性微生物

这类微生物在厌氧条件下进行无氧呼吸,以无机氧化物(NO_3^-、SO_4^{2-}、CO_2)作为最终电子受体,通过脱氧酶将氢传递给其他的有机或无机化合物,并使之还原。土壤中的厌氧固氮菌就属于这一类。厌氧性固氮细菌的代表巴氏梭菌(Clostridium Pasteurianum)能在酸性森林土壤中生活,并进行固定氮素的作用。另外,产甲烷细菌和脱硫弧菌等也属于厌氧性微生物。

(3) 兼性微生物

这是一类在有氧和无氧环境中均能进行呼吸的土壤微生物。土壤中的反硝化假单胞菌和某些硝酸还原细菌、硫酸还原细菌等都属于兼性微生物。在有氧环境中,它们与其他好气性细菌一样进行有氧呼吸。而在缺氧环境中,它们能将呼吸基质彻底氧化,以硝酸或碳酸中的氧作为受氢体,使硝酸还原为亚硝酸或分子氮,使硫酸还原为硫或硫化氢。

6.1.4 土壤中的有机质

6.1.4.1 土壤有机质的来源、组成和类型

土壤有机质是指存在于土壤中的所有含碳的有机化合物。它主要包括土壤中各种动物、植物残体,微生物体及其分解和合成的各种有机化合物。土壤有机质是土壤固相部分的重要组成成分,尽管土壤有机质的含量只占土壤总量的很小一部分,但它对土壤形成、土壤肥力、环境保护及农林业可持续发展等方面都有着极其重要作用的意义。一方面,它含有植物生长所需要的各种营养元素(最主要的),也是土壤微生物活动的能源,对土壤物理、化学和生物学性质能有着深刻的影响;另一方面,土壤有机质对重金属、农药等各种有机、无机污染物的行为能有显著的影响。而且土壤有机质对全球碳平衡起着重要的作用,被认为是影响全球温室效应的重要因素。

1. 土壤有机质的来源

土壤中有机质的来源十分广泛,归纳起来主要有以下四个。

(1) 植物残体：包括各类植物的凋落物、死亡的植物体及根系。这是自然状态下土壤有机质的主要来源。对森林土壤尤为重要。森林土壤相对农业土壤而言具有大量的凋落物和庞大的树木根系等特点。我国林业土壤每年归还土壤的凋落物干物质量按气候植被带划分，依次为：热带雨林，亚热带常绿阔叶林和落叶阔叶林，暖温带落叶阔叶林，温带针阔混交林，寒温带针叶林。热带雨林凋落物干物质量可达 16 700 kg/(km^2 · a)，而荒漠植物群落凋落物干物质量仅为 530 kg/(km^2 · a)。

(2) 动物、微生物残体：包括土壤动物和非土壤动物的残体，及各种微生物的残体。这部分来源相对较少。但对原始土壤来说，微生物是土壤有机质的最早来源。

(3) 动物、植物、微生物的排泄物和分泌物：土壤有机质的这部分来源虽然量很少，但对土壤有机质的转化起着非常重要的作用。

(4) 人为施入土壤中的各种有机肥料（绿肥、堆肥、沤肥等），工农业和生活废水，废渣等，还有各种微生物制品，有机农药等。

2. 土壤有机质的含量

土壤有机质的含量在不同土壤中差异很大，含量高的可达 20%或 30%以上（如泥炭土，某些肥沃的森林土壤等），含量低的不足 1%或 0.5%（如荒漠土和风沙土等）。在土壤学中，一般把耕作层中含有机质 20%以上的土壤称为有机质土壤，含有机质在 20%以下的土壤称为矿质土壤。一般情况下，耕作层土壤有机质含量通常在 5%以上。

3. 土壤有机质的组成

(1) 土壤有机质的类型

进入土壤中的有机质一般以三种类型状态存在。

① 新鲜的有机物

这是那些进入土壤中尚未被微生物分解的动、植物残体。它们仍保留着原有的形态等特征。对森林土壤而言，一般指枯凋落物的 L 层（Litter），相当于土壤剖面形态（土壤剖面发生层一般分为：表土层[A 层]、心土层[B 层]和底土层[C 层]）中 A 层的表面。

② 分解的有机物

经微生物的分解，已使进入土壤中的动、植物残体失去了原有的形态等特征。有机质已部分分解，并且相互缠结，呈褐色。包括有机质分解产物和新合成的简单有机化合物。对森林土壤而言，一般指枯凋落物层中的 F 层（Fermetation）。此层一般在土壤剖面形态中 A 层的中部。

③ 腐殖质

这是有机质经过微生物分解后并再合成的一种褐色或暗褐色的大分子胶体物质。与土壤矿物质土粒紧密结合，是土壤有机质存在的主要形态类型，占土壤有机质总量的 85%～90%。对森林土壤而言，一般指枯落物层中 H 层（Humus），通常存在于土壤剖面形态的 A 层中下部。

(2) 生物有机质的组成

土壤有机质的组成决定于进入土壤的有机物质的组成，进入土壤的有机物质的组成相当复杂。各种动、植物残体的化学成分和含量因动、植物种类、器官、年龄等不同而有很大的差异。一般情况下，动植物残体主要的有机化合物有碳水化合物（如葡萄糖、蔗糖、纤维素等）、木质素、蛋白质、树脂、蜡质等。土壤有机质的主要元素组成是 C、O、H、N，分别占 52%～58%、34～39%、3.3～4.8%。

① 碳水化合物

这是土壤有机质中最主要的有机化合物，碳水化合物的含量大约占有机质总量的15%～27%。包括糖类、纤维素、半纤维素、果胶质、甲壳质等。

② 木质素

这是木质部的主要组成部分，是一种芳香性的聚合物，较纤维素含有更多的碳，在林木中的含量约占20%～30%，存在于植物的木化组织中，是细胞之间的粘接物，起着强固组织的作用。木质素很难被微生物分解，但在土壤中可不断被真菌、放线菌所分解。

③ 含氮化合物

动植物残体中主要含氮物质是蛋白质，它是构成原生质和细胞核的主要成分，在各植物器官中的含量变化很大。氮是合成蛋白质的必需元素，平均为10%。一般含氮化合物易为微生物分解，生物体中常有一小部分比较简单的可溶性氨基酸可为微生物直接吸收，但大部分的含氮化合物需要经过微生物分解后才能被利用。

④ 树脂、蜡质、脂肪、单宁、灰分物质

树脂、蜡质、脂肪等有机化合物均不溶于水，而溶于醇、醚及苯中，都是复杂的化合物。单宁物质有很多种，主要都是多元酚的衍生物，易溶于水，易氧化，与蛋白质结合形成不溶性的，不易腐烂的稳定化合物。木本植物木材及树皮中富含单宁，而草本植物及低等生物中则含量很少。植物残留体燃烧后所留下的灰为灰分物质，其主要元素为钙、镁、钾、钠、硅、磷、硫、铁、铝、锰等，此外还有少量的碘、锌、硼、氟等元素。这些元素在植物生长中有着巨大的意义。

6.1.4.2 土壤有机质的矿质化

1. 矿化过程及影响因素

(1) 土壤有机质的矿化过程

土壤有机质的矿化过程是指土壤有机质在微生物作用下，分解为简单的无机化合物的过程，主要包括化学的转化过程、活动物的转化过程和微生物的转化过程。这一过程使土壤有机质转化为二氧化碳、水、氨和矿质养分（磷、硫、钾、钙、镁等简单化合物或离子），同时释放出能量。这一过程为植物和土壤微生物提供了养分和活动能量，并直接或间接地影响着土壤性质，同时也为合成腐殖质提供了物质基础。

土壤有机质的化学转化过程的含义是广义的，实际上包括生物学及物理化学的变化，具体作用方式主要有水的淋溶作用、酶的作用等。

土壤有机质的活动物转化过程是指通过动植物的机械转化与化学转化使植物残体矿化的过程，比如植食性动物将植物食入后通过肠道消化吸收再排出，再经土壤动物如蚯蚓滤食后分解。

土壤有机质的微生物转化过程是土壤有机质转化的最重要的，最积极的进程，主要包括碳水化合物的转化、含氮有机物的转化、含硫有机物的转化、含磷有机物的转化等过程。

值得一提的是含氮有机物的转化过程，比如蛋白质的转化，一般包括蛋白质水解、氨化过程，硝化和反硝化过程，其中反硝化过程是在土壤通气不良情况下，硝态氮被反硝化细菌还原成气态氮（N_2O和N_2）进入大气的过程。反硝化作用会造成土壤肥效的流失，耕作土壤应该定期翻松，强化土壤通气条件。

(2) 影响矿化的因素

影响土壤有机质矿化的因素主要包括有机残体的组成和外界条件两个方面。

有机残体的组成主要是指有机残体物理状态、化学成分以及有机残体的碳氮比例(C/N)，一般情况下，多汁幼嫩新鲜的绿肥易分解，阔叶比针叶分解要快，叶片比残根分解要快，豆科比禾本科更易分解；另外，微生物每吸收1份氮，就要吸收5份碳用于构成自身细胞，同时要消耗20份碳作为生命活动的能量，所以，土壤中C/N比为25∶1的植物残体更易于微生物分解矿化。

外界条件对土壤有机矿化过程的影响是通过微生物的活动而实现的。一般情况下，土壤微生物最适生存的温度为20～30℃，适宜的湿度和通气状况，适中的土壤pH值。其中，pH值会影响土壤微生物对底物的利用，细菌最适宜pH为6.5～7.5，放线菌最适宜pH值为中性偏碱，真菌则为中性偏酸。

6.1.4.3 有机质的腐殖化

1. 腐殖化过程

腐殖质是有机质分解过程中的中间产物，在微生物的作用下，经过生物化学过程，合成的一种暗色的含N的、稳定的、复杂的高分子化合物，是一种自然的形成物。

腐殖质的形成过程大体包括2个阶段。

第一阶段：产生腐殖质分子的各个组成成分，如多元酚、氨基酸、多肽等有机物质。

第二阶段：由多元酚和含氮化合物缩合成腐殖质单体分子。此缩合过程包括两步：首先是多元酚在多酚氧化酶作用下氧化为醌，然后醌和含氮化合物(氨基酸)缩合，最后腐殖质单体分子继续缩合成高级腐殖质分子。

2. 土壤腐殖质的基本组成

土壤腐殖质是褐色或暗褐色的，芳香族结构的。具有多官能团的含氮的、复杂的高分子有机化合物。如前所述，土壤腐殖质是土壤有机质经腐殖化过程中由土壤有机质的矿质化分解为简单有机化合物缩合而成的。它是土壤养分的储存库，是土壤肥力的重要指标。

人们对土壤腐殖质的研究较早，在19世纪初，由于人们认识和研究的局限性，曾一度认为植物直接靠吸收腐殖质而生存和生长的；直到19世纪中叶，德国化学家李比希提出植物矿物营养学说，才从根本上推翻植物营养腐殖质学说，(大伊乐，1809)认为植物吸收的是矿物质营养元素，土壤腐殖质必须经微生物的分解，变成简单的无机化合物才能被植物吸收。

土壤腐殖质一般情况下以游离态腐殖质和结合态腐殖质两种状态存在。土壤中游离态腐殖质很少，绝大多数是以结合态腐殖质存在。即腐殖质与土壤无机物结合，尤其是粘粒矿物和阳离子紧密结合，以有机无机复合体的方式存在。通常52%～98%的土壤有机质集中在粘粒部分。结合态腐殖质一般分三种状态类型：

(1) 腐殖质与矿物成分中的强盐基化合成稳定的盐类，主要为腐殖酸钙和镁。

(2) 腐殖质与含水三氧化合物如 $Al_2O_3 \cdot xH_2O \cdot Fe_2O_3 \cdot yH_2O$ 化合成复杂的凝胶体。

(3) 与土壤粘粒结合成有机无机复合体。土壤有机无机复合体的形成过程十分复杂。通常认为范德华力、氢键、静电吸附、阳离子键桥等是土壤有机无机复合体键合的主要机理。

土壤腐殖质的组分是受植被，微生物活动以及土壤性质等的影响，腐殖质的变化在地球表面由北向南而呈现一定的规律性。表6-4是我国主要森林土壤类型中土壤腐殖质的组成情况。

生物的分解而逐渐失去毒性，其中有些成分还可能成为微生物的营养来源。但药物类的成分也会毒害有益的微生物，成为破坏土壤生态系统的祸源。不过，它们迟早会分解并从土壤中消失。由于土壤对有机的、无机的污染物具有吸附固定作用，它使污染物的毒害作用减轻，这就是土壤的自净作用。这个作用是大气和水体都无法与之相比的。因此，土壤成为污染物的“过滤器”，从而被广泛地用来处理废水和废渣。但是废物中的有害物质日积月累，最终使土壤成为二次污染源。植物从土壤中选择吸收必需的营养物，同时也被动地、甚至被迫地吸收土壤释放出来的有害物质。植物的吸收作用，有时能使污染物浓度达到危害自身或危害人、畜的水平。即使没有达到毒害水平的含毒植物性食品，只要为人畜食用，当它们在动物体内排出率低时，也可以逐日积累，由量变到质变，最后引起病变。

植物从土壤中吸收的毒物使其本身的成分发生改变，也将使它们的生理过程、生态表现等发生系列的适应性变异。这些变异在生物发展的漫长历史中已经历过许多次，但都是缓慢地、逐渐地被环境同化而适应了。而现实的植物化学成分的骤变，是不容许等待生理过程与环境物质间达到相互适应的谐调平衡过程的，因此，必须使人类能够尽早地察觉它，积极地处理它。这就是人类面临的土壤环境污染问题。

2. 土壤污染的定义与指标

(1) 定义

土壤污染是指进入土壤的污染物超过土壤的自净能力，并对土壤、植物和动物造成损害，从而使土壤失去原有价值的现象。定义表明，土壤污染是专门针对污染物而言，不是泛指一切物质。关于土壤污染物，日本学者馆稔认为是人工引入土壤的化学物质；荷兰迪·哈纳则认为土壤污染物应是指土壤中出现的新的化合物，特别是有毒化合物，凡土壤原来含有的化合物不应包括在内，似乎重点是指合成化合物。事实上，土壤原有的物质中，已包括了多种有毒物质，如汞、砷、铅、镉等，只是含量极少而没有表现出危害而已。当这些物质由环境向土壤大量地输入，而致浓度异常增高，方表现出其毒害作用。所以，污染物超出土壤容量范围时，就应认为土壤达到了污染水平。

(2) 土壤污染的判定指标

可以用土壤指标来判断土壤发生了污染。就是从土壤污染的定义出发，其指标有二：一是土壤自净能力，二是动植物直接、间接吸收而受害的临界浓度。土壤的自净能力包括土壤对污染物的固定与分解能力。前者主要是化学与物理作用，后者主要是生化的反应。这些作用都是随着环境的节律性变化而持续地进行着，每一个瞬间都有其相对的平衡状况，但其整体却是一个永动过程。因此，土壤学上只能借鉴物理、化学与生化科学上处理这类问题的手段，以瞬态测定为基础，根据动态规律建立起估测模型，作为判断土壤自净能力的方法。显然，不同的模型，将会得出不同的数字估计，只有当这些模型经历了事实的检验与反复修改，才能接近实际。

6.3.2 土壤污染源和污染物

土壤是农、林、牧业的生产基地，它的污染首先是来源于农、林、牧业自身的生产过程。化肥与农药的施用是最直接的污染源，它们除了带给土壤与植物的营养与抗病虫药物之外，同时也带进了杂质，其中包含不少的污染物质，而且农药本身就是有害物。有时污染物浓度甚高，足以毒害土壤生态系统，并危及植物和动物。随着化肥用量的增长，有些农民已经逐渐淡忘了传统的沤肥和厩肥的制作，不是将废变肥，而是以废致害。土壤污染的第二个来源，是生活废

表 6-4 中国自然植被下森林土壤的腐殖质组成

土类名称	有机碳(%)	占全碳(%)		胡敏酸/富里酸	胡敏酸总量中的活性胡敏酸含量(%)	备注
		胡敏酸	富里酸			
棕色针叶林土	5.28	19.60	33.20	0.59	9.18	据东北林院1964
暗棕壤	5.24	25.72	29.67	0.81	71.05	
白浆化暗棕壤(森林黑灰土)	6.10	28.3	26.4	1.07	—	
棕壤	4.37	26.4	23.6	1.12	32.7	据《中国土壤》1977
黄棕壤	1.02	12.4	28.3	0.44	73.4	
黄壤	4.47	13.2	33.7	0.38	—	
红壤	0.54	6.1	41.9	0.15	85.4	
砖红壤	3.50	5.8	30.3	0.19	93.1	

6.1.4.4 有机质的作用

土壤有机质特有的组成和性质等决定了其在土壤中乃至在土壤圈层和植物圈层中都起着极为重要的作用。

1. 有机质在土壤肥力上的作用

土壤有机质的含量与土壤肥力水平是密切相关的。虽然有机质仅占土壤总量的很小一部分,但它在土壤肥力上起着多方面的作用却是显著的。通常在其他条件相同或相近的情况下,在一定含量范围内,有机质的含量与土壤肥力水平呈正相关。

(1) 有机质是植物营养的主要来源

土壤有机质中含有大量的植物营养元素,如 N、P、K、Ca、Mg、S、Fe 等重要元素,还有一些微量元素。土壤有机质经矿质化过程释放大量的营养元素为植物生长提供养分;有机质的腐殖化过程合成腐殖质,保存了养分,腐殖质又经矿质化过程再度释放养分,从而保证植物生长全过程的养分需求。

有机质的矿质化过程分解产生的 CO_2 是植物碳素营养的重要来源,据估计,土壤有机质的分解及微生物和根系呼吸作用产生的 CO_2,每年可达 135 亿吨,大致相当于陆地植物的需要量。由此可见,土壤有机质的矿质化过程产生的 CO_2 既是大气中 CO_2 的重要来源,也是植物光合作用的重要碳源。土壤有机质还是土壤 N、P 元素最重要的营养库,是植物速效性 N、P 元素的主要来源。土壤全氮的 92%~98%都是储藏在土壤中的有机氮,且有机氮主要集中在腐殖质中,一般是腐殖质含量的 5%,据研究,植物吸收的氮素有 50%~70%是来自土壤。土壤有机质中有机态磷的含量一般占土壤全磷的 20%~50%,随着有机质的分解而释放出速效磷,供给植物营养。在大多数非石灰性土壤中,有机质中有机态硫占全硫的 75%~95%,随着有机质的矿质化过程而释放,被植物吸收利用。

(2) 促进植物生长发育

土壤有机质,尤其是胡敏酸,具有芳香族的多元酚官能团,可以加强植物呼吸过程,提高细胞膜的渗透性,促进养分迅速进入植物体。胡敏酸的钠盐对植物根系生长具有促进作用,试验结果证明胡敏酸钠对玉米等禾本科植物及草类的根系生长发育具有极大的促进作用。

(3) 改善土壤的物理性质

有机质在改善土壤物理性质中的作用是多方面的,其中最主要、最直接的作用是改良土壤结构，促进团粒状结构的形成，从而增加土壤的疏松性，改善土壤的通气性和透水性。

腐殖质是土壤团聚体的主要胶结剂，土壤中的腐殖质很少以游离态存在，多数和矿质土粒相互结合，通过功能基、氢键、范德华力等机制，以胶膜形式包裹在矿质土粒外表，形成有机无机复合体。所形成的团聚体，大、小孔隙分配合理，且具有较强的水稳性，是较好的结构体。土壤腐殖质的粘结力比砂粒强，在砂性土壤中，可增加砂土的粘结性而促进团粒状结构的形成。腐殖质的粘结力比粘粒小，一般为粘力的1/12，粘着力为粘粒的1/2，当腐殖质覆盖粘粒表面，减少了粘粒间的直接接触，可降低粘粒间的粘结力，有机质的胶结作用可形成较大的团聚体，更进一步降低粘粒的接触面，使土壤的粘性大大降低，因此可以改善粘土的土壤耕性和通透性。有机质通过改善粘性，降低土壤的胀缩性，防止土壤干旱时出现的大的裂隙。

土壤腐殖质是亲水胶体，具有巨大的比表面积和亲水基团，据测定腐殖质的吸水率为500%左右，而粘土矿物的吸水率仅为50%左右，因此，能提高土壤的有效持水量，这对砂土有着重要的意义。

腐殖质为棕色呈褐色或黑色物质，被土粒包围后使土壤颜色变暗，从而增加了土壤吸热的能力，提高土壤温度，这一特性对北方早春时节促进种子萌发特别重要。腐殖质的热容量比空气、矿物质大，而比水小，导热性居中，因此，土壤有机质含量高的土壤其土壤温度相对较高，且变幅小，保温性好。

(4) 促进微生物和土壤动物的活动

土壤有机质是土壤微生物生命活动所需养分和能量的主要来源。没有它就不会有土壤中所有的生物化学过程。土壤微生物的种群、数量和活性随有机质含量增加而增加，具有极显著的正相关。土壤有机质的矿质化率低，不会像新鲜植物残体那样对微生物产生迅猛的激发效应，而是持久稳定地向微生物提供能源。因此，富含有机质的土壤，其肥力平稳而持久不易造成植物的徒长和脱肥现象。某些土壤动物(如蚯蚓等)也以有机质为食物和能量来源；有机质能改善土壤物理环境，增加疏松程度和提高通透性(对砂土而言则降低通透性)，从而为土壤动物的活动提供了良好的条件，而土壤动物本身又加速了有机质的分解(尤其是新鲜有机质的分解)，进一步改善土壤通透性，为土壤微生物和植物生长创造良好的环境条件。

(5) 提高土壤的保肥性和缓冲性

土壤腐殖质是一种胶体，有着巨大的比表面和表面能，腐殖质胶体以带负电荷为主，从而可吸附土壤溶液中的交换性阳离子如 K^+、NH^{4+}、Ca^{2+}、Mg^{2+} 等，使其一方面可避免随水流失，另一方面又能被交换下来供植物吸收利用。其保肥性能非常显著。土壤腐殖质和粘土矿物一样，具有较强的吸附能力，但单位质量腐殖质保存阳离子养分的能力比粘土矿物大几倍至几十倍，因此，土壤有机质具有巨大的保肥能力。腐殖酸本身是一种弱酸，腐殖酸和其盐类可构成缓冲体系，缓冲土壤溶液中 H^+ 浓度变化，使土壤具有一定的缓冲能力。更重要的是腐殖质是一种胶体，具有较强的吸附性能和较高的阳离子代换能力，因此，使土壤具有较强的缓冲性能。

(6) 有机质具有活化磷的作用

土壤中的磷一般不以速效态存在，常以迟效态和缓效态存在。因此土壤中磷的有效性低。土壤有机质具有与难溶性的磷反应的特性，可增加磷的溶解度，从而提高土壤中磷的有效性和磷肥的利用率。此外，土壤腐殖酸被证明是一类生理活性物质，它能加速种子萌发，增强根系活力，促进植物生长，对土壤微生物而言，腐殖酸也是一种促进生长发育的生理活性物质。

必须指出的是，有机质在分解时，也能产生一些不利于植物生长或甚至有害的中间物质，特别是在嫌气条件下，这种情况更易发生。

2. 有机质在生态环境上的作用

(1) 有机质可降低或延缓重金属污染

土壤腐殖质组分对重金属污染物毒性的影响可以通过静电吸附和络合(螯合)作用来实现。土壤腐殖质含有多种功能基，这些功能基对重金属离子有较强的络合能力，土壤有机质与重金属离子的络合作用对土壤和水体中重金属离子的固定和迁移有极其重要的影响。如果腐殖质中活性功能基的空间排列适当，那么可以通过取代阳离子水化圈中的一些水分子与金属离子结合形成螯合复合体。胡敏酸与金属离子的键合总容量大约在 200～600 μmol/g，大约33%是由阳离子在复合位置上的固定，主要的复合位置是羧基和酚基。

腐殖质-富里酸复合体条件稳定常数的排列次序为：

$Fe^{3+}>Al^{3+}>Cu^{2+}>Ni^{2+}>CO^{2+}>Pb^{2+}>Ca^{2+}>Zn^{2+}>Mn^{2+}>Mg^{2+}$

其中稳定常数在 pH=5.0 时比 pH=3.5 时稍大，这主要是由于羧基等功能基在较高 pH 值条件下有较高的离解度。在 pH 值低时，由于大量的 H^+ 与金属离子一起争夺配位体的吸附位，腐殖质络合的金属离子较少。

胡敏酸和富里酸可以与金属离子形成可溶性和不可溶性的配合物，主要依赖于饱和度，富里酸金属离子配合物比胡敏酸金属离子配合物的溶解度大。

胡敏酸可作为还原剂将有毒的 Cr^{6+} 还原为 Cr^{3+} 作为 Lewis 硬酸，Cr^{3+} 能与胡敏酸上的羧基形成稳定的复合体，从而限制动植物对其的吸收性。此外，腐殖质还能将 Hg^{2+} 还原为 Hg、Fe^{3+} 还原为 Fe^{2+} 等。腐殖酸通过对金属离子的络合、螯合和吸附、还原作用，可降低重金属的毒害作用。

(2) 有机质对农药等有机污染物具有固定作用

土壤有机质对农药等有机污染物有强烈的亲和力，对有机污染物在土壤中的生物活性、残留、生物降解、迁移和蒸发等过程有重要的影响。对农药的固定与腐殖质功能基的数量、类型和空间排列密切相关，也与农药本身的性质有关。一般认为极性有机污染物可以通过离子交换和质子化、氢键、范德华力、配位体交换、阳离子桥和水桥等各种不同机理与土壤有机质结合。对非极性有机污染物可通过分隔(Paxtioning)机理与之结合。腐殖质分子中既有极性亲水基团，也有非极性亲水基团。

可溶性腐殖质能增加农药从土壤向地下水的迁移，富里酸有较低的相对分子质量和较高酸度，比胡敏酸更可溶，能更有效地迁移农药等有机污染物质。腐殖酸作为还原剂而改变农药的结构，这种改变因腐殖酸中羧基、酚羟基、醇羟基、杂环、半醌等的存在而加强。一些有毒有机化合物与腐殖质结合后，其毒性降低或消失。

(3) 有机质对全球碳平衡的影响

土壤有机质也是全球碳平衡过程中非常重要的碳库。据统计，全球土壤有机质的总碳量在 14×10^{17}～15×10^{17} g，大约是陆地生物总碳量(5.6×10^{17} g)的 2.5～3 倍。而每年因土壤有机质生物分解释放到大气的总量为 68×10^{15} g，全球每年因焚烧燃料释放到大气的碳远低得多，仅为 6×10^{15} g 是土壤呼吸作用释放碳的 8%～9%。可见，土壤有机质的损失对地球自然环境具有重大影响。从全球来看，土壤有机碳水平的不断下降，对全球气候变化的影响将不亚于人类活动向大气排放的影响。

6.1.5 土壤中的水分

6.1.5.1 土壤水的分类

土壤学中的土壤水是指在105℃和一个大气压的条件下，能从土壤中分离出来的水分。土壤中液态水数量最多，对植物的生长关系最为密切。

1. 土壤水的形态分类

土壤是一种具有复杂孔隙系统的自然体，其中的孔隙被水和空气所充满。土壤中的水受到重力、土粒表面分子引力、水分子引力等各种力的作用，并表现出不同的物理状态。虽然它们之间的界限很难划分，但土壤水按其存在形态仍可大致分为下列几种类型：

固态水——土壤水冻结时形成的冰晶。

气态水——存在于土壤空气中的水蒸气。

束缚水——又分为吸湿水(紧束缚水)和膜状水(松束缚水)

自由水——又分为毛管水、重力水和地下水，其中毛管水又分为悬着水和支持毛管水。

(1) 吸湿水

在室内经过风干的土壤，看起来似乎是干燥了，而实际上还含有水分。如果把这种风干的土壤样品放在烘箱里，在105℃的温度下烘烤，或者把它放在带有吸湿剂(例如磷酸酐)的干燥器中，每隔一段时间拿出来称重一次，就会发现土壤样品的重量逐次降低直至恒重，这时的土壤才算是干燥了，称为烘干土。如果把烘干土重新放在常温、常压的大气之中，土壤的重量又逐渐增加，直到与当时空气湿度达到平衡为止，并且随着空气湿度的高低变化而相应地作增减变动。上述现象说明土壤有吸收水汽分子的能力。以这种方式被吸着的水，称为吸湿水。

(2) 膜状水

土粒饱吸了吸湿水之后，还有剩余的吸收力，虽然这种力量已不能够吸着动能较高的水汽分子，但是仍足以吸引一部分液态水，在土粒周围的吸湿水层外围形成薄的水膜，以这种状态存在的水称为膜状水。尽管重力也不能使膜状水移动，但它本身却能从水膜较厚处往较薄处移动，不过移动的速度极缓慢。因此，与吸湿水相比，这种水又称为松束缚水。由于膜状水所受吸引力，超过植物根的吸水能力，更由于膜状水移动速度太慢，不能及时补给，所以高等植物只能利用土壤中所有膜状水的一部分。当土壤还含有全部吸湿水和部分膜状水时，高等植物就已经发生永久萎蔫了。

吸湿水和膜状水合称束缚水。

(3) 毛管水

毛管水的存在与下列情况有关：水由于其本身分子引力的关系，而具有明显的表面张力；土粒在吸足膜状水后尚有多余的引力；土壤的孔隙系统，是一个复杂的毛管系统。因此，土壤具有毛管力(势)并能吸持液态水。毛管水就是指借助于毛管力(势)，吸收和保存土壤孔隙系统中的液态水，它可以从毛管力(势)小的方向朝毛管力大的方向移动，并能够被植物吸收利用。土壤孔隙的毛管作用因毛管直径大小而不同，当土壤孔隙直径在0.5 mm时，毛管水达到最大量，土壤孔隙在0.1～0.001 mm范围内毛管作用最为明显，孔隙小于0.001 mm，则毛管中的水分为膜状水所充满，不起毛管作用。毛管水又可以分为两种类型：悬着水和支持毛管水。

(4) 重力水

当大气降水或灌溉强度超过土壤吸持水分的能力时，土壤的剩余引力基本上已经饱和，多余的水就由于重力的作用通过大孔隙向下流失，这种形态的水称为重力水。有时因为土壤粘紧，重力水一时不易排出，暂时滞留在土壤的大孔隙中，就称为上层滞水。重力水虽然可以被植物吸收，但因为它很快就流失，所以实际上被利用的机会很少；而当重力水暂时滞留时，却又因为占据了土壤大孔隙，有碍土壤空气的供应，反而对高等植物根的吸水有不利影响。

(5) 地下水

如果土壤或母质中有不透水层存在，向下渗漏的重力水，就会在它上面的土壤孔隙中聚积起来，形成一定厚度的水分饱和层，其中的水可以流动，称为地下水。从上述支持毛管水的概念中可见，土壤的饱和水层没有明显的上限。但是若在这种土壤中凿井，流出的地下水就会在井中形成自由水层。这一水层的水平面离地表的深度称为地下水位。地下水能通过支持毛管水的方式供应高等植物的需要。在干旱条件下，由于表层土壤水分缺乏，有些耐旱树种如胡杨的根系可深达 3～5 m 以利用地下水，若地下水位高(即离地表太近)，就会使水溶性盐类随着水的蒸发向表层土壤集中，特别是地下水的矿化度高(即含盐类多)的情况下，这种向上的运动，就会使土壤表层的含盐量增加到有害的程度，即所谓盐渍化。在湿润地区，如地下水过高，就会使土壤过湿，地表有季节性积水，使大多数高等植物不能生长，土壤有机残体也难分解，这就是沼泽化，必须注意防治。此外，地下水位分布较高而又季节性变动时对林木生长不利。

6.1.5.2 土壤水分含量的表示方法

1. 土壤含水量的表示方法

土壤虽然具有一定的吸持水分能力，但是土壤水的实际含量是经常发生变化的。在某一时间内，土壤水的实际含量通称为自然含水率或绝对含水量。土壤含水量有多种，表达方式也不同，常见的有以下几种。

(1) 质量含水量

质量含水量是以土壤中所含水质量与烘干土质量的比值，多用百分比表示，也有用质量分数表示。

(2) 容积含水量

容积含水量即单位土壤总容积中水分所占的容积分数，以称为容积湿度，容积含水量多用百分比表示，也用容积分数表示。

(3) 相对含水量

相对含水量是指土壤含水量占田间持水量的百分数。正如空气相对湿度一样，相对含水量说明土壤实际含水量的饱和程度(以田间持水量为标准)，在农业生产中经常应用。

(4) 土壤水层厚度

土壤水层厚度是指一定面积和土层厚度的土壤中所含土壤水量相当于此面积下水层的厚度，多用毫米单位表示。

(5) 绝对水体积(容量)

绝对水体积是指一定面积和一定厚度土壤中所含水量的体积。它主要用于确定灌水量和排水量，一般在不标明土壤厚度时，通常指 1 m 土深。

6.1.6 土壤中的空气

1. 土壤空气的组成和含量

土壤空气存在于未被水所占据的土壤孔隙中。在一定容积的土体内，如孔隙率不变，则土壤含水多了，空气含量必然减少；反之亦然。所以土壤的空气含量是随土壤含水量而变化的。在排水通畅的田间状况下，土壤中较细小的孔隙，由于它们对水分有毛细管作用(称为毛管孔)，所以一般为水分所充塞，而那些较粗大的孔隙(称为非毛管孔)，则为空气所占据。这时土壤(土体)的空气含量，即称为土壤在田间持水状况下的空气容量，通常以每单位土体容积中空气所占的容积百分数表示。一般旱作土壤的空气容量要求在10%～15%以上。空气容量过低，不利于作物生长和土壤肥力的发挥。凡是影响土壤孔性和土壤水分状况的因素，都会影响土壤的空气容量。如粘质土壤，若没有适当的结构，则大孔隙少，毛管孔隙多，保水性强，其空气含量往往偏低，结构优良的土壤，孔隙率高，而且大的空气孔隙数量也多，所以往往空气容量也高。土壤空气状况不仅要看其含量，而且还要看其组成。土壤空气特别是表层部分虽然经常处于和大气交流之中，但在一般情况下，它的组成并不完全和大气相同。

2. 土壤空气与作物生长

土壤空气对作物生长发育的影响是多方面的，主要的有下列四个方面。

(1) 影响根系发育

大多数作物在通气良好的土壤中，根系长、颜色浅、根毛多，缺氧的根系则短而粗，根毛大量减少。据报道，土壤空气中 O_2 的浓度低于9%～10%时，根系发育就要受到影响；如降到5%以下，绝大部分作物的根系就停止发育。根据北京农业大学试验站测定棉地土壤空气中 O_2 和 CO_2 的总含量一般都维持在21%左右，但棉花根系的生长都和 O_2/CO_2 的比值有明显关系。当氧占其中的85%以上时，棉花根系发育较好，当 O_2 占70%以上时，尚能正常生长；但当 O_2 降至70%以下，CO_2 增至30%以上时，根的生长速度就降低一半，及至 CO_2 增至60%时，根的生长就完全停止了。

(2) 影响种籽萌发和根系的吸收功能

种籽的萌发需要吸收水分和一定量的氧，缺氧会影响种籽内物质的转化和代谢活动。在潮湿而缺氧的情况下，微生物作用于土壤有机质所产生的厌氧呼吸产物，例如醛类和有机酸类，也会影响种籽发芽。通气不良时，根系呼吸作用减弱，吸收养料和水分的功能降低，特别对K的吸收功能影响最大，依次为Ca、Mg、N、P元素等。故通气良好的土壤可提高肥料，特别是钾肥的肥效。

(3) 影响养分状况

土壤空气的数量和 O_2 含量对微生物活动有显著影响。O_2 充足时，有机质分解速度快，分解得彻底，氨化过程加快，也有利于硝化过程的进行，故土壤中有效态氮丰富。缺氧则有利于反硝化作用的进行，造成氮素的损失或产生亚硝态氮的累积，不利于作物的营养。土壤空气中 CO_2 含量增多使土壤溶液中的碳酸和重碳酸离子浓度增加，这虽然有利于土壤矿物质中的Ca、Mg、P、K元素等养料的释放溶解，但过多的 CO_2 往往会使 O_2 的供应不足，影响根系对这些矿质养分的吸收。

(4) 影响作物的抗病性

土壤通气性不良，土壤中产生的还原性气体，如 H_2S 等积累过多，会对作物产生毒害作用。土壤溶液中 H_2S 含量达到0.07 μg/g时，水稻就常表现枯黄，稻根发黑。土壤通气不良使作物易于患病，原因是 O_2 不足，CO_2 过多，土壤酸度增加，适于致病的霉菌发育；同时，还由于作物生长不良，抗病力降低而易于感染病害。

6.2 土壤环境背景值和土壤环境容量

当人类发现环境受到污染和自身的健康受到威胁时才意识到环境背景与环境容量的重要

性。作为有害物质对人体的影响,除了大气有害成分直接损害呼吸系统之外,其他成分都是通过水体和土壤进入食物链而发生危害的。进入水体的毒物,也通过各种方式和渠道进入土壤,特别是在土地处理污染物的系统中更是如此。因此,土壤成为污染物的集散地,它将沉积、滤过、吸附下来污染物输送给生长中的植物,植物及其加工产品又供给人畜食用,最终在人畜体内富集,产生病害,严重的可致死亡。

6.2.1 土壤背景值的概念

土壤背景值就是指土壤在无污染或未污染时的元素含量,特别是有害元素的含量。无污染或未污染是个绝对的概念,然而在现实环境中已经很难找到。因此所谓的无污染或未污染都是指的相对于污染环境而言的,它指距污染源很远,污染物不易达到的,而且生态条件和生态功能均正常的地区。就这一点来说,背景值也是一个相对的概念。因为,环境是否污染,其标准是依生物的反应而定的。生物的生理、生态反应正常,其环境谓之背景,若生物发生异常反应,其环境称为污染。但生物对环境是有适应能力的,现在对生物来说是异常的环境,将来某一个时期,这种环境对生物来说可能已经算是正常的了。正如地球上产生生命物质之初,那时的大气成分中的氧浓度是很低的,由于以后有了绿色植物,它的光合作用才使大气的氧浓度逐渐增长,直至现在的水平。当初的生物能适应低氧,以后的生物不但适应,而且必须如此高浓度的氧气成分。所以,应当说背景值是一种历史性的相对数值。

土壤背景值在空间上和时间上都有差异。地球陆地的不同区域,从岩石成分到地理环境和生物群落都有很大的差异。它们生长的生物也都各自适应自己的环境,所以它们的背景值自然会因地理位置而有所差异。土壤背景随时间的变化主要是因当地的人口状况和社会生产条件等的差异而产生的。据研究与推测表明,从古至今的人类活动,大约在几百年前,自然环境都没有受到明显的人为影响和破坏。从19世纪的第二次工业革命以来,环境开始了迅速的转变,但都限于大型的或新型的城镇和工矿附近。这种变化持续到20世纪40年代。在第二次世界大战之后,全球性的人口增长、技术革命、资源开发,都进入了高速发展时期,特别是60年代以来,人口爆炸所带来的资源耗竭,不但使各种生活废物与工厂废物泛滥,而且大量的资源遭到不合理的开发与利用,造成资源的极大浪费损失与环境的严重污染。

土壤背景值所代表的显然是一定的区域条件下的元素含量,而不能是只代表一个土壤类型或剖面的状况。所以它和土壤学上为土壤肥力评价或土壤发生分类与改良所研究的土壤元素含量的含义不尽相同。它是以一定的环境区域范围内的各种土壤的元素含量的统计平均值代表其范围值,用以衡量区域内土壤中元素水平是否异常的参比标准。除了元素含量之外,还需研究人工化合物的背景值,不过这类物质是20世纪才有所发展,而且从50年代以后,才以每年数千个新品种问世的速度进入社会和环境,并且都最终进入土壤。所以,它们在土壤中的原始背景值为零,随着时间的推移,有较明显的增长。目前,不仅是世界各地的土壤中都能检出它们,而且在南北极的雪层,珠穆朗玛峰等地都能发现合成农药的痕迹。

土壤背景值的研究大约始于20世纪70年代,它是随着环境污染的出现而发展起来的。美国、英国、加拿大、日本等国已作了较大规模的研究,例如美国在1975年就提出了美国大陆岩石、沉积物、土壤、植物及蔬菜的元素化学背景值;Mills(1975)和Prank(1976)分别列出了加拿大曼尼巴省和安大略省土壤中若干元素的背景值;日本(1978)报告了水稻土元素的背景值。我国在20世纪70年代后期也开始了土壤背景值的研究工作,先后开展了北京、南京、广州、重庆以及华北平原、东北平原、松辽平原、黄淮海平原、西北黄土、西南红黄壤等的土壤、农作物的背景值研究,同时还发展了土壤背景值的应用及与环境容量的同步研究,这是我国土壤背景值研究有别于其他国家的主要方面。

6.2.2　土壤背景值的确定

土壤背景值是指一定区域和时间范围内土壤中某些成分的代表性背景含量。因此,要取得这一数值,必须在预定的范围采集代表性土样进行分析,并按各元素分析结果的频数分布规律进行统计,确定背景值。每一个元素在一定空间范围内所取得的数据是很多的,有时变化很大,有时变化较小。虽然最后都是以其均值与标准差(算术均值或几何均值,及其相应的标准差)表示其数值范围,但在实用上,往往需要按其含量进行分级与制图。当其取得任一元素背景值时,要判断这一数据是否具有代表性,需要进行一系列的检验:样点数的检验,分析化验的质量检验,背景值结果的频数分布类型的检验,含量分级的差异显著性检验。经过这一系列的检验,方可确定背景值的可靠性。

1. 土族背景位的采样布点

为求取背景值的土壤采样与布点,应该掌握几个原则:首先是明确研究范围,其次是根据研究区域内的地质、地貌、水文、土壤与污染物类型和分布明确其影响范围。在污染物影响范围之外,按自然条件确定样点数与样点布局,然后按预定设计采取无污染的土样。

(1) 研究范围的确定

研究范围取决于研究目的。为一个工业开发区探索土壤背景值,就需围绕工矿区内的工厂布局,“三废”排放途径与影响方法估计其范围;为一定政区求取土壤背景值,则该政区的疆界就是它的研究范围,余者类推。确定研究范围的目的,一方面是设计样点数,另一方面是设计样点的布局。因此,在明确研究疆界的基础上,需要进一步明了该区域内的自然地理条件,土壤类型及其分布。这些工作需在政区图、地貌图、母质图和土壤类型(包括各级分类)分布图的综合基础上完成。

(2) 样点的设置与布局

样点设置有不同层次的考虑。一是样点总数的设置,这要根据被测物质含量变异情况而定。变异大者,样点数自然比变异小者为多,否则统计结果的可靠性差。在采样阶段要预知样品中某些成分的含量,首先按土壤学上的常规布点原则,初步估计一个样量总数,然后再按成分分析的误差进行一般的样量估计。

2. 土样的采集与分析

在既定采样点上用常规法挖掘土壤剖面,用竹刀自下而上分层采取 500～1 000 g 土壤,用布袋收集,在室内风干,破碎后过尼龙筛,供分析用。为全量分析的样品,需通过 100 目筛,为有效成分的分析通常是过 10 目筛。前者的直径约为 0.15 mm,后者约 2 mm。

样品分析按土壤常规分析的要求是不够的。因为土壤常规主要是大量元素,如碳、氮、磷、钾、硅、铝、铁等,而环境背景值分析的重点却是微量元素,特别是有毒的微量元素。多数的这类元素含量是 mg/kg 级,如铜、锌、铅、砷、镍、铬等,有些甚至低到 μg/kg 级,如镉、汞等。因此保证分析质量格外重要。因为分析误差有时会超过它的含量水平,这就使分析结果难于置信。在保证分析质量方面,首先要掌握分析方法的质量参数,如检测上、下限,误差控制范围。同时必须带标准参考样品与必要数量的空白参与平行测定与回收检验。只有在空白值、平行误差与回收测定的误差都达到允许范围时的数据方能认可,否则必须返工重做。在完成某一区域背景值分析时,全部分析结果应当用三个质量控制图(空白值控制图、精密度控制图和准确度控制图)来表示,它能最直观而简捷地判断分析质量的可靠性。

3. 背景值分析结果的数据处理

背景值分析结果有很多数字,它们各自代表所在样点的成分含量。但作为整个区域的数字代表,就需进行统计处理,取其均值与标准差,作为代表性的背景值。单变数的统计平均值,需视数字的频数分布规律来确定其统计方法。当数字的分布符合于正态分布时,可采用算术平均值与标准差作为代表值。当数字偏离太大,符合对数正态分布时,应采用几何平均值与几何标准差作为代表值。若数字的频数分布属于偏态,则需经过正态化处理,再按正态分布方式进行计算。因此,数据处理的第一步是确定元素浓度的概率分布类型,第二步是土壤元素背景值的计算,即根据概率分布类型,分别计算出表示其背景值范围的平均值和标准差。

土壤元素浓度概率分布类型的确定方法是进行拟合度检验,即假定数字服从某种理论分布(正态分布或对数正态分布),然后采用各种拟合度检验法检验数字是否符合这种分布。检验方法有多种,如直方图法、概率纸图示法、偏度—峰度法、夏皮洛—威尔克 W 检验法,皮尔逊 x^2 法、维斯特利乌斯置信带法、柯尔莫哥洛夫—斯米尔诺夫法等。常用的是偏度峰度法、皮尔逊 x^2 法、夏皮洛—威尔克 W 检验法(方法内容详见应用数理统计类书籍)。

6.2.3 土壤的环境容量

1. 土壤环境容量的概念

土壤的环境容量是针对土壤中的有害物质而言的,是指土壤中的有害物含量从背景值起到达污染水平值之间的浓度范围。作为容量,应当是绝对量,是数量概念,同时是因土壤及其环境条件而异的。因为背景值是土壤的自然含量。当有害成分超过背景值以后就意味着它们的含量开始有异常性增长,当其增长到一定的程度就会有足够数量向土壤生物(特别是植物)输送,并且对生物造成致害、致死的结果。在生物开始表现出受害症状时的土壤有害物质浓度称为临界浓度或称土壤达到了污染水平。但有些生物本身对毒质适应能力较强,即使吸收并积累大量毒质仍然生长正常,例如许多植物对土壤的汞、砷、铅、锌的吸收就是如此。在这种情况下,土壤的污染水平就应当以其生物体有害物达到卫生标准时的土壤浓度作为土壤污染的标准,以保证人畜健康的安全。显然,土壤从背景值开始到污染水平的浓度要取决于两方面的条件,一是植物的适应能力与吸收量,二是土壤对该物质的缓冲量与有效量。植物方面受到种类、品种、生育期和生长势的影响;土壤方面则与土壤保持、固定及释放污染物质的能力有关。因此,土壤容量,将因土而异,因植物而异。总之,土壤容量不是一个常数,很多国家都不特别强调土壤容量参数。但是,如果没有土壤容量参数则无法控制毒物在土壤中的浓度,所以,至今对土壤容量的问题继续处于研究和争论之中。我国在对待土壤容量方面是采取积极研究的态度,处理办法是由国家组织攻关课题研究土壤中毒物容量阈值。重点对几种主要的土类和主要的农作物进行重金属、农药、油类污染物等的土壤临界浓度的研究,在此基础上估计土壤容量值,以便制定相应的土壤污染标准。值得强调的是,土壤的临界浓度和土壤容量之间并不完全等同。前者重在相对浓度,其数值是植物的可吸收量,对土壤来说,在理论上应接近于常数,后者重在绝对量,其数值因土壤不同而有很大差异。事实上容量是在临界浓度基础上计算出来的。目前,人们常常没有严格区分这两个名词而加以混用。至于临界浓度或污染水平是否应当包括背景值在内,目前两种做法都存在,包括背景值时,概括了土壤对某成分的整个容量。不计背景值在内时,是指土壤从现状起还能容纳多少外来物质的意思。

2. 土壤环境容量的确定

土壤环境容量是依生物反应或生物吸收污染物的数量为基础取得的土壤临界水平。所以欲取得土壤容量值必须进行生物试验。在生物试验中，就农作物而言多为盆栽试验。盆栽试验与田间试验的结果悬殊甚大，就是在盆栽试验中，土量的多少，作物长势的好坏，都将对容量值产生很大的影响。根/土比对植物吸收量与株体浓度是一个决定性的因素，在实践中应当注意根/土比值的校正。此外，通过飘尘与其他沉降物以及地下水在不断向土壤输入各种成分，进入土壤的成分除了主要为植物吸收之外，还有经过挥发、渗漏、侵蚀等途径移出土壤，土壤中的任一毒物都处在不断的变化之中。有人将这部分称为土壤的动容量，实际上是没有必要的，因为容量总是以临界浓度为基础。关于怎样输出和输入，只是在限制超越容量时才作考虑，与容量概念本身无关。除非由于这些动态过程引起了土壤的性质变化，或者导致了作物适应能力的变迁。

经过生物试验取得土壤容量需要经历较长的时间，而且所得结果是因土因作物而异的。人们设想任何植物从任何土壤中吸收某一有害物质时，土壤、植物双方的供、求关系是统一的，供方(土壤)的有害物只能在适于求方(植物)可能吸收的条件下才能进入株体。因此，土壤中有害物质的形态及其对作物的有效性，可能是决定植物是否吸收与吸收多少的限制性条件。在进一步研究土壤有害元素的形态和行为与植物吸收中毒的关系中发现，用化学容量法代替生物学容量法求取土壤临界浓度是可行的。土壤的化学容量法是以有害物在土壤中达到致害生物时的有效浓度为指标而确定土壤容量的方法。此法的好处是简便易行，且指标易于统一。

6.3 土壤环境污染

农田土壤受有害物质的污染，并由此而产生对农作物和人体健康的威胁，是当今世界上人们普遍关注的环境问题。由于土壤污染具有隐蔽性和难排除性，人类所处的生态环境在不知不觉中恶化了，以致屡屡出现森林衰落、草原退化、农田毁损和人畜罹病等严重后果。为了挽救人类的生态环境，为了缓解或消除土壤污染的严重问题，应该了解土壤污染的现况、内容、污染源及污染物在土壤中的迁移转化规律，以便为预防和治理设计可行的途径。

6.3.1 土壤污染概述

土壤污染不像大气与水体污染那样容易为人们所发现，因为土壤是更复杂的三相共存体系。各种有害物质在土壤中总是与土壤相结合，有的为土壤生物所分解或吸收，从而改变其本来面目而被隐藏在土体里，或自土体排出，且不被发现。当土壤将有害物输送给农作物，再通过食物链而损害人畜健康时，土壤本身可能还继续保持其生产能力而经久不衰，这就充分体现了土壤污染危害的隐蔽性。这使认识土壤污染问题的难度增加了，以致污染危害持续发展而制止乏力。

1. 土壤污染与危害的特点

土壤污染及其发生危害的特点有二：一是土壤对污染物的富集作用，二是土壤污染主要是通过它的产品——植物，表现其危害。土壤对污染物的富集作用，就是土壤对污染物的吸附、固定作用，也包括植物吸收与累积，从而聚集于土壤中。多数无机污染物，特别是金属和微量元素，都能与土壤有机质或矿质相结合，并长久地保存在土壤中。无论它们怎样转化，也无法使其重新离开土壤，成为一种最顽固的环境污染问题。而有机污染物在土壤中，则可能受到微

物的土地处理，包括废渣与废水。在城市、工矿附近，问题更为突出。在近郊农村，由于燃料结构的特点，产生大量的煤灰、煤渣，它们夹杂着不少的养分和毒物，以“改土材料”的方式大量投入土壤。第三种污染来源是工业的废气、废渣和废水通过直接与间接的途径进入农田。污染的范围就是“三废”排放的渠道周边，所以较集中于工矿附近。废气扩散范围受风向与风力的影响，故影响面较宽。工业废水的污染，有些是直接排入或用以灌田而致污染，有些是沿排放渠道所产生的浸染。

所有的污染源所含污染物都不是单纯的成分，要将不同污染源所带进土壤的污染物种类进行归类是困难的，但是，将污染物成分归类，并根据其来源的可能进行归纳，对于掌握土壤污染的类型，设计防治污染的对策是有益的。表6－5将污染物分成无机物与有机物两大类，无机物中再分为重金属、放射性元素和其他；有机物分为五种，主要是有害性微生物和有机化合物。

表6－5　土壤主要污染物

污染物种类			主要来源
无机污染物	重金属	汞(Hg)	制碱、汞化物生产等工业废水和污泥，含汞农药，金属汞蒸气
		镉(Cd)	冶炼、电镀、染料等工业废水、污泥和废气，肥料杂质
		锌(Zn)	冶炼、镀锌、纺织等工业废水、污泥和废渣，含锌农药，磷肥
		铬(Cr)	冶炼、电镀、制革、印染等工业废水和污泥
		铅(Pb)	颜料、冶炼等工业废水，汽油防爆燃烧排气，农药
		镍(Ni)	冶炼、电镀、炼油、染料等工业废水和污泥
	放射元素	铯(Cs)	原子能、核动力、同位素生产等工业废水和废渣，大气层核爆炸
		锶(Sr)	原子能、核动力、同位素生产等工业废水和废渣，大气层核爆炸
	其他	氟(F)	冶炼、氟硅酸钠、磷酸和磷肥等工业废气，肥料
		盐碱	纸浆、纤维、化学等工业废水
		酸	硫酸、石油化工、酸洗，电镀等工业废水
		砷(As)	硫酸、化肥、农药、医药、玻璃等工业废水和废气
		硒(Se)	电子、电路、油漆、墨水等工业的排放物
有机污染物	有机农药		农药生产和使用
	酚		炼油、合成苯酚、橡胶、化肥、农药等工业废水
	氰化物		电镀、冶金、印染等工业废水，肥料
	苯并芘		石油、炼焦等工业废水
	石油		石油开采，炼油，输油管道漏油
	有机洗涤剂		城市污水，机械工业
	有害微生物		厩肥、城市污水、污泥

6.4　土壤污染的防治

6.4.1　土壤污染的预防

土壤污染的治理应立足于防重于治的基本方针，首先是控制污染途径和消除污染源，同时对已污染的土壤要采取措施提高土壤的环境容量，促进土壤的自净能力，清除污染物，控制污染物迁移转化，以免对大气、水体、生物造成污染，特别是污染物不能进入食物链影响人体健康。

1. 控制“三废”的排放，推广清洁生产

严格控制工业“三废”的排放量和排放浓度，使之符合排放标准；做好重点污染源治理，实行污染物排放总量控制。

积极推广清洁生产。清洁生产是指将综合预防的环境策略持续地应用于生产过程和产品中，以便减少对人类和环境的风险性。对生产过程而言，清洁生产包括节约原材料和能源，淘汰有毒原材料并在全部排放物和废物离开生产过程以前减少它的数量和毒性。对产品而言，清洁生产策略旨在减少产品在整个生产周期过程（包括从原料提炼到产品的最终处置）中对人类和环境的影响。

2. 合理施用化肥和农药

针对土壤状况科学施肥，经济用肥，避免施肥过多造成土壤污染；对本身有一定毒性的肥料，要严格控制其使用范围和用量。大力推广使用高效、低毒、低残留的生物农药，科学使用化学农药，控制使用范围、时间、用量和次数，禁止使用国家已明文规定停止使用的农药，尽可能减少有毒农药的使用。

3. 科学地管理和控制土地使用

土地一旦使用就存在污染风险，不科学、不合理的使用会导致土地浪费、土壤污染以及土壤生态功能退化等后果，所以对土地的使用进行科学的管理和控制势在必行。可采取的措施较多，比如，尽量不使用或少使用原生态的土地，退耕还林、还草、还湖，土地轮作等。

6.4.2 土壤污染治理方法

土壤污染治理方法可分为原位或异位物理工程措施、化学措施、生物措施、农业措施及改变土地利用方式。物理工程措施包括客土、换土、翻土、去表土、隔离、固化、玻璃化、热处理、土壤冲洗、电化学方法等；化学措施是指施用改良剂、抑制剂等降低土壤污染物的水溶性、扩散性和生物有效性，从而降低污染物进入食物链的概率，以减轻对土壤生态环境的危害；生物措施是利用特定的动、植物和微生物吸收或降解土壤中的污染物；而农业措施则通过增施有机肥、选种抗污染农作物品种等来治理污染土壤。一般来说，异位物理或化学措施所需时间较短，而且更能确定处理的一致性，但挖掘土壤常导致花费和工程量增大，因而不适宜大面积的土壤治理。

对于已污染的土壤，应根据污染物的来源及污染实际情况进行改良。

1. 重金属污染土壤

（1）物理、化学及农业措施

施用石灰、碱性磷酸盐等，提高土壤 pH 值，可促使 Cd、Hg、Cu、Zn 等元素形成碳酸盐或氢氧化物沉淀，降低其活性；水田土壤施用绿肥、稻草等，旱地土壤施用硫化钠、石灰硫黄合剂等有利于重金属生成硫化物沉淀。砷污染的土壤可施加 $Fe_2(SO_4)_3$ 和 $MgCl_2$ 生成 $FeAsO_4$、$Mg(NH_4)AsO_4$ 等难溶物，减少砷的危害。选种抗性植（作）物，如烟草、向日葵、玉米抗镉能力强，马铃薯、甜菜抗镍能力强。对于污染严重的土壤种植不进入食物链的经济作物（棉、麻等）或种树，也可采用客土或换土法，但耗资大。

(2) 植物修复

植物修复/整治技术,即利用自然生长植物或遗传工程培育植物原地修复和消除由有机毒物和无机废弃物造成的土壤环境污染。植物修复土壤重金属污染,是以不少植物忍耐和超量累积某种或某些化学元素的理论为基础,或利用除去生物量的方法机械地将重金属移出土体(回收或填埋),或采用土壤改良剂使其转变成非生物活性形态。植物对重金属污染位点的修复有三种方式:植物固定、植物挥发和植物吸收。植物固定是利用植物及一些添加物质使环境中的重金属流动性降低,生物有效性下降,和防止其进入地下水和食物链。它是一种原位降低污染元素生物有效性的途径,而不是一种永久性的去除土壤中污染元素的方法。植物挥发只适用于挥发性污染物,即植物将污染物吸收到体内后又将其转化为气态物质,释放到大气中(如 Hg、Se)。植物吸收,根据美国能源部规定,能用于植物修复的最好的植物应具有以下特性:

① 即使在污染物浓度较低时也有较高的积累速率;

② 能在体内积累高浓度的污染物;

③ 能同时积累几种金属;

④ 生长快,生物量大;

⑤ 具有抗虫抗病能力。

不少研究者建议,种植对重金属富集能力强的植物,吸走土壤中重金属,然后再还地为农田种植农作物。如连续种植羊齿类铁角蕨属植物、苎麻及富镉苋科植物以吸走土壤中的镉,香蒲植物、绿肥植物无叶紫花苕子、白麻和普通豚草等以吸走土壤中的铅,苔藓能富集砷(其富集量可达千分之一以上),但植物修复效果依赖于其生长的土壤的化学性质。植物修复技术具有节省成本、对场地的修复是"非侵害方式"等优点,因而成为国际学术界研究的热点问题,并且开始进入产业化初期阶段。但实施植物修复技术仍存在不少问题,如一种植物往往只作用于一种或两种重金属元素,对土壤中其他浓度较高的重金属则表现出某些中毒症状,从而限制了植物修复技术在多种重金属污染土壤治理方面的应用前景;对于超积累植物,常不易机械化作业;土壤水分、盐度、酸碱度影响植物修复的效率等,例如,利用植物去除土壤中的铅,如果土壤中 pH 值、磷酸盐和硫酸盐含量均较低,则铅的去除率就高。但若单纯降低这些因素,会限制土壤的肥力,从而直接影响植物的健康和活力。

2. *有机物污染土壤*

(1) 物理、化学措施

针对有机物(包括石油、农药、PHAs 等)污染的土壤,可采用物理治理技术如挖掘填埋法和通风去污法(尤其是石油泄漏)和化学治理方法如化学焚烧法、化学清洗法(利用表面活性剂、有机溶剂及超临界萃取技术)、光化学降解法和化学栅防治法等。化学治理方法存在费用太高、对环境造成二次污染的可能以及可操作性差等缺陷。

(2) 生物措施

包括微生物、植物和菌根修复。应用微生物治理土壤有机污染的方法可分为原位治理(投菌法、生物培养法、生物通气法和农耕法)、异位治理(预制床法、堆肥法、生物反应器法和厌氧处理法)及原位一异位联合治理方法。对于被污染的土壤,可以通过提高土壤微生物的代谢条件,人为增加有效微生物的生物量和代谢活性或添加针对性的高效微生物来加速土壤中污染物的降解过程。生物修复中可以用来接种的微生物从其来源可分为土著微生物(首选菌种)、外来微生物和基因工程菌,从其微生物物种类型可分为细菌和真菌。据报道,能降解石油烃的微生物有 70 个属(其中细菌 28 个属,真菌 30 个属),200 多个种。利用特殊的植物也能够降解、吸收部分有机污染物,同时也可以通过植物增加根际有益微生物的数量和活性,起到促进微生物对有机污染物的降解作用。最新的研究发现,某些有机污染物在土壤中具有被"捕集"的倾向,并随着时间的推移变得比较稳定。这些被"捕集"的有机污染物的稳定性、释放行为、环境风险及其影响因素等问题,都可能会影响到植物修复的修复效率。在自然界中,真菌与植物共生形成的共生体称为菌根。菌根可以通过根外菌丝的形成以扩大宿主植物根系的吸收面积,增强植物根系的吸收作用,有利于对难降解有机物的分解。有研究表明,植物根区的菌根具有独特的酶系统和代谢途径,可以降解不能被细菌单独降解的有机污染物。实践中,可依据有机污染物的性质、土壤的理化性质、方法的可操作性、经济性及快速性等选择合适有效的治理方法。

思考题

1. 土壤中的矿物组成和性质有哪些?
2. 简述土壤有机质的来源、组成和类型。
3. 土壤中的水分有哪些形式?有哪些作用?
4. 土壤污染源和污染物有哪些?
5. 土壤污染有哪些治理方式?

第 7 章　固体废物的处理、处置和利用

固体废物的处理、处置和利用的问题在人类社会形成之初就已经存在。中国和印度等亚洲国家，自古以来就有利用粪便、垃圾堆肥的处置方法。早期人口少、资源消耗低、环境的自然净化能力大于废物的污染负荷，固体废物的污染问题尚未凸现。随着社会经济建设的快速发展和工业生产的迅速发展以及城市化进程的加快，固体废物的污染问题愈加严重。2003 年，全国工业固体废物产生量为 10.0 亿吨，比上年增加 6.3%。2005 年，全国工业废物产生量为 13.4 亿吨，比 2004 年增加 12%。固体废物广泛存在于我们的生活当中，且以迅猛的速度在增长，已经给人类环境造成了很大的威胁。固体废物的处理处置工作繁重而艰巨，但又是一个极具潜力的大市场。进行固体废物的处理处置将来会大有可为。因此，固体废物的处理和利用，已成为环境科学中亟待解决的问题之一。

7.1　固体废物的概述

7.1.1　固体废物的定义

《中华人民共和国固体废物污染环境法》对固体废物进行如下定义：固体废物是指在生产建设、日常生活和其他活动中产生的污染环境的固态、半固态废弃物质。生产建设泛指国民经济建设大范围中的生产建设活动，包括基本建设、工农业，以及矿山、交通运输、邮政电信等各种工矿企业的生产建设活动；日常生活包括居民的日常生活活动，以及为保障居家生活所提供的各种社会服务及设施，如商业、医疗、园林等；其他活动包括国家各级事业及管理机关、各级学校、各种研究机构等非生产性单位的日常活动。

固体废物的一般定义是指在社会的生产、流通、消费等一系列活动中产生的，一般不再具有原使用价值而被丢弃的以固态和泥状存在的物质。

固体废物是相对某一过程或某一方面没有使用价值，而并非在一切过程或一切方面都没有使用价值。另外，由于各种产品本身具有使用寿命，超过了寿命期限，也会成为废物。因此，固体废物的概念具有时间性和空间性，一种过程的废物随着时空条件的变化，往往可以成为另一过程的原料，所以废物又有"放在错误地点的原料"之称。

为了便于环境管理，国际上除固态、半固态废弃物外，不能排入水体和液态废物和不能排入大气的置于容器的气态废物，因其具有较大的危害性，在我国被归入固体废物进行管理。

7.1.2　固体废物的来源和分类

固体废物来源广泛，种类繁多，组成复杂。从不同的角度出发，可进行不同的分类。按其化学组成可分为有机废物和无机废物；按其危害性可分为一般固体废物和危险性固体废物；按其形状可分为固体废物（粉状、粒状、块状）和泥状废物（污泥）；通常按其来源的不同分为矿业废物、工业废物、城市垃圾、农业废物和放射性废物五类。按其危害状况可分为有害废物和一般废物，但通常是按来源进行分类。固体废物的分类、来源及主要形式如表 7 - 1 所示。

表 7-1 按来源进行分类的固体废物

类别	废物来源	废物中主要组成物
工矿业固体废物	矿山、选冶	废石、尾矿、金属、废木、砖瓦、水泥、砂石等
	能源煤炭工业	矿石、煤、炭、木料、金属、矸石、粉煤灰、炉渣等
	黑色冶金工业	金属、矿渣、模具、边角料、陶瓷、橡胶、塑料、烟尘、绝缘材料等
	化学工业	金属填料、陶瓷、沥青、化学药剂、油毡、石棉、烟道灰、涂料等
	石油化工工业	催化剂、沥青、还原剂、橡胶、炼制渣、塑料、纤维素等
	有色金属工业	化学药剂、废渣、赤泥、尾矿、炉渣、烟道灰、金属等
	交通运输、机械	涂料、木料、金属、橡胶、轮胎、塑料、陶瓷、边角料等
	轻工业	木质素、木料、金属填料、化学药剂、纸类、塑料、橡胶等
	建筑材料工业	金属、瓦、灰、陶瓷、轮胎、塑料、橡胶、石膏、石棉、纤维素等
	纺织工业	棉、毛、纤维、塑料、橡胶、纺纱、金属等
	电器仪表工业	绝缘材料、金属、陶瓷、研磨料、玻璃、木材、塑料、化学药剂等
	食品加工工业	油脂、果蔬、五谷、蛋类食品、金属、塑料、玻璃、纸类、烟草等
	军工、核工业等	化学药物、一般非危险废物、含放射性废渣、同位素实验室废物、含放射性劳保用品等
生活垃圾	居民生活	饮料、食物、纸屑、编织品、庭院废物、塑料品、金属用品、煤炭渣、家用电器、建筑垃圾、家庭用具、人畜粪便、陶瓷用品、杂物等
	各事业单位	纸屑、园林垃圾、金属管道、烟灰渣、建筑材料、橡胶玻璃、办公杂品等
	机关、商业系统	废汽车、建筑材料、金属管道、轮胎、电器、办公杂品等

7.1.3 固体废物的污染途径及危害

人们容易产生一种固体废物稳定、传染慢的错觉，在自然条件影响下，固体废物中的部分有害成分可以通过水、大气、土壤等途径进入环境。给人类造成潜在的、长期的危害。因而，在固体废物处理处置不当时，会通过不同的途径危害人体健康。例如，工矿业固体废物所含化学成分能形成化学物质型污染，人畜粪便和生活垃圾是各种病原微生物的孳生地，能形成病原体型污染。固体废物污染与废水、废气和噪声污染不同，它对环境的污染主要是通过水、气和土壤进行的。气态污染物的净化过程中被富集成粉尘或废渣，水污染物在净化过程中被以污泥的状态分离出，即以固体废物的状态存在。这些“终态物”中的有害成分，在长期的自然因素作用下，又会转入大气、水体和土壤，故又成为大气、水体和土壤环境的污染“源头”。因此固体废物既是污染“源头”，也是“终态物”，控制“源头”、处理好“终态物”是固体废物污染控制的关键。固体废物的污染途径见图 7-1。

固体废物对人类环境的危害主要表现在以下方面。

(1) 侵占土地

固体废物不加利用时，需占地堆放。堆积量越大，占地也越多，据估算，每堆积万吨废物，约占地 1 亩。截至 1994 年，我国仅工矿业废渣煤矸石、尾矿堆积量就达 66 亿多吨，占地 90 多万亩。

我国许多城市利用市郊堆存城市垃圾。也侵占了大量农田，同时，大量废物的排放和堆积，将严重破坏地貌、植被和自然景观。例如，根据北京市高空运红外探测的结果显示，北京市区几乎被环状的垃圾群所包围。

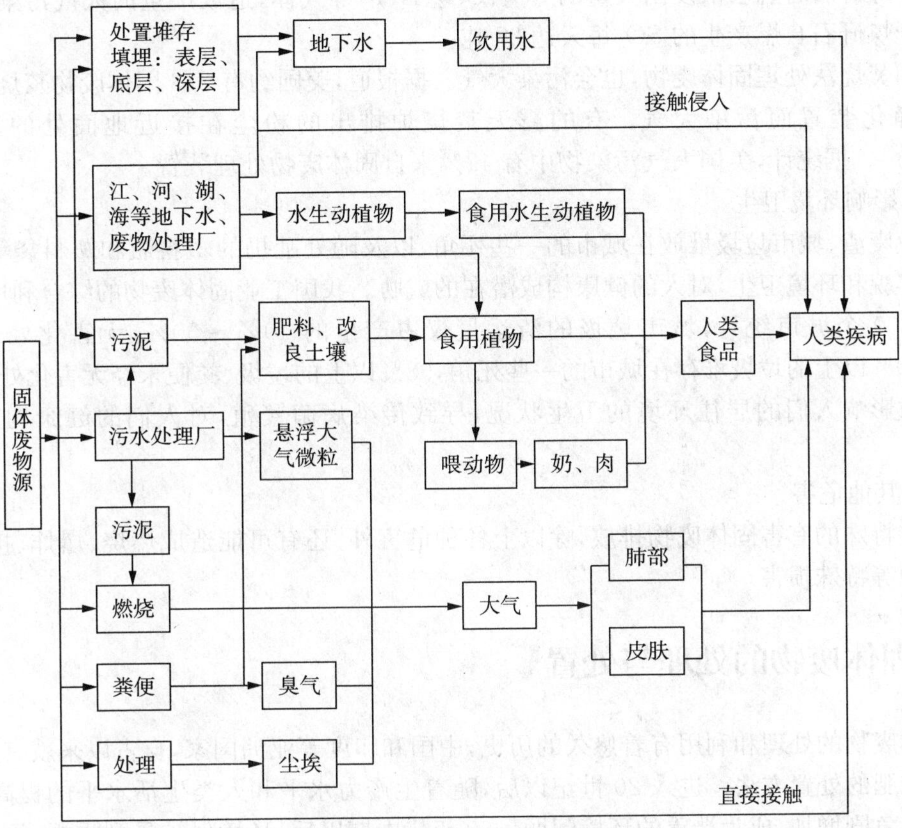

图 7-1　固体废弃物的污染途径

(2) 污染土壤

废物堆放成没有适当的防渗措施的垃圾填埋。其中的有害成分很容易因风化雨淋经过地表径流的侵蚀渗入土壤之中。土壤是许多细菌、真菌等微小物聚居的场所。这些微生物形成了一个生态系统，在大自然的物质循环中，担负着碳循环和氮循环的一部分重要任务。由于有害成分进入土壤，能杀灭土壤中的微生物，使土壤丧失腐解能力，导致草木不生。例如，20 世纪 80 年代，我国内蒙古包头市的某尾矿堆积如山、造成坝下游的大片土地被污染，使一个乡的居民被迫搬迁。

20 世纪 70 年代在美国密苏里州。曾把混有四氯二苯-对-二噁英的废渣当作沥青铺洒路面，造成严重污染。土壤中 TCDD 含量达 3×10^{-7}，污染深度达 60 cm，致使牲畜大批死亡，居民备受许多种疾病折磨。最后，美国政府花 3 300 万美元买下了该镇的全部地产，还赔偿了居民搬迁等的一切损失。

(3) 污染水体

固体废物随天然降水和地表径流进入江河湖泊，或随风飘入水体使地面水污染；随渗沥水进入土壤则使地下水污染；直接排入河流、湖泊或海洋，将会造成更大的水体污染。

(4) 污染空气

固体废物一般通过如下途径污染大气：一些有机固体废物在适宜的温度和湿度下被微生物分解，释放出有毒气体；以细粒状存在的废渣和垃圾，在大风吹动下会随风飘逸。扩散到很远的地方，造成大气的粉尘污染；固体废物在运输和处理过程中，产生有害气体和粉尘。

例如煤矸石自燃会散发出大量的SO_2、CO_2、NH_3等气体，造成严重的大气污染。陕西铜川市由于煤矸石自燃产生的SO_2每天达37吨。

采用焚烧法处理固体废物，也会污染大气。据报道，美国约有2/3固体废物焚烧炉由于缺乏空气净化装置而污染大气。有的露天焚烧炉排出的粉尘在接近地面处的浓度达到0.56 g/m^3。据统计，美国大气污染物中有42%来自固体废物处理装置。

(5) 影响环境卫生

工业废渣、城市垃圾堆放在城市的一些死角，以及随处乱扔的塑料瓶和塑料袋等，严重影响城市容貌和环境卫生，对人的健康构成潜在的威胁。我国工业固体废物的综合利用率很低。据我国300个城市统计，城市垃圾的清运量仅占产量的40%～50%，无害化处理率只有1.6%，50%以上的垃圾堆存在城市的一些死角，98%以上的垃圾、粪便未经无害化处理进入环境。严重影响人们的居住环境的卫生状况，导致传染病菌繁殖，对人们的健康构成潜在的威胁。

(6) 其他危害

某些特殊的有害固体废物排放，除以上各种危害外，还有可能造成燃烧、爆炸、接触中毒、严重腐蚀等特殊损害。

7.2 固体废物的处理与处置

固体废物的处理和利用有着悠久的历史，中国和印度等亚洲国家，自古以来就有利用粪便和垃圾堆肥的处置方法。进入20世纪以后，随着生产力水平和人类生活水平的提高，固体废物排放量急剧增加，成为严重的环境问题。60年代中期以后，环境保护受到重视，污染治理技术迅速发展。在固体废物处理方面形成一系列处理处置方法。固体废物处理是通过物理、化学、生物等不同方法，使固体废物转化为适于运输、贮存、资源化利用以及最终处置的一种过程。主要包括预处理、物化处理、生物处理和热处理等。固体废物处置是指最终处置或安全处置，是解决固体废物的归宿问题，如耕作、填埋、深井灌注、海洋投弃等。

7.2.1 固体废物预处理

固体废物预处理是指采用物理、化学或生物方法，将固体废物转变成便于运输、贮存、资源化利用或最终处置的形态。固体废物预处理技术有压实、破碎、分选、浆状物增稠等。

1. 固体废物的压实

固体废物的压实是应用物理方法提高固体废物的聚集程度，增大容重，减小体积的过程。通过压实，可以使固体废物更便于运输、利用或填埋。压实处理适于那些可压缩性大而复原性小的物质。压实技术最初主要用来处理金属加工过程排出的各种松散废料，后来逐步扩大到处理城市垃圾。

固体废物经过压实处理后体积的减小程度，称为压实比。废物的压实比取决于废物的种类和使用的设备。经过压实处理，固体废物的体积一般可以减小到1/3～1/6。同时采用破碎与压实两种技术处理废物，其体积可减小到1/10～1/5。目前压实技术在国内仅在有限的领域内使用，如有的大型机械加工厂对切削下来的废屑，压成方块或矩形块，用汽车运到冶炼厂去回炉处理加以回收利用。压实技术在国外应用比较普遍。如日本有的垃圾是经过压实后，再进行填埋处理的。

固体废物的压实，一般在开始阶段，随压力增加，物料容重迅速增加，以后这种变化会逐渐减弱，且有一定限度。比较经济的办法是先破碎再压实，可提高压实效率。

2. 固体废物的破碎

破碎是指利用人力或机械等外力的作用，破坏固体废物质点间的内聚力和分子间作用力而使大块固体废物破碎成小块的过程。固体废物一般具有复杂、不均匀和体积庞大的特点，不利于处理与处置；减小固体废物颗粒尺寸，提高处理系统可靠性极为重要。因此破碎几乎是所有固体废物处理方法必不可少的预处理工序。固废经过破碎处理后，其性质发生了改变，消除了其中较大的空隙，使物料整体密度增加，并达到废物混合体更为均一的颗粒尺寸分布，使其更适合于各类后处理工序所要求的形状、尺寸与容重等。

固体废物的种类很多，不同的固体废物，其破碎的难易程度是不同的。破碎的难易程度通常用机械强度和硬度来衡量。固体废物的机械强度是指固体废物抗破碎的阻力，通常都用静载下测定的抗压强度、抗拉强度、抗剪强度来表示。固体废物的硬度是指固体废物抵抗外力机械侵入的能力。一般硬度越大的固体废物，其破碎难度越大。破碎的效果和效率常用破碎比来衡量。在破碎过程当中，原废物粒度与破碎产物粒度的比值称为破碎比。破碎比表示废物粒度在破碎过程中减小的比例，也表征废物被破碎的程度。破碎机的能量消耗和处理能力都与破碎比有关。另一种用废物破碎前的平均粒度与破碎后平均粒度的比值来确定，称为真实破碎比，在科研理论研究中常常被采用。一般破碎机的平均破碎比在3～30之间。由于固体废物的物理性状和成分复杂，以及回收利用的目的不同。破碎的方法工艺差别很大。因此其破碎技术要比其他行业的破碎要复杂一些，并且有新的发展。目前常用的破碎方法有冲击破碎、剪切破碎、挤压破碎、摩擦破碎等，此外还有专用的低温破碎和湿式破碎。其中前三种破碎属于传统的机械破碎的方法；低温破碎是指利用塑料、橡胶类废物再低温下脆化的特性进行破碎。湿式破碎是指利用湿法使纸类、纤维类废物调制成浆状然后加以利用的方法，基于回收城市垃圾中的大量纸类为目的而发展起来的。

3. 固体废物的分选

分选是固体废物处理中的重要的单元操作，其目的是将其中可回收利用的或不利于后续处理、处置工艺要求的物料分离出来。分选方法很多，其中手工拣选是最早采用的方法，适用于废物产原地、收集站、处理中心、转运站或处置场。不需要进行预处理的物品，特别是对危险性或有毒有害物品，必须通过人工拣选。

固体废物机械分选是根据物质的粒度、密度、磁性、光电性、摩擦性、弹性以及表面湿润性等物理性质的不同而进行分选的。可分为筛分、重力分选、磁力分选、电力分选、光电分选、摩擦及弹跳分选等。

(1) 筛分

筛分是利用筛子将物料中小于筛孔的细粒物料透过筛面，而大于筛孔的粗糙物料留在筛面上，从而使物料分成不同等级的分选方法。

粗细物料通过筛面的分离是通过物料和筛面之间适当的相对运动完成的，筛面上的物料层处于松散状态，即按颗粒大小分层，使粗粒位于上层，细粒位于下层的规则排列，细粒到达筛面并通过筛孔。同时，物料和筛面的相对运动还可使堵住筛孔上的颗粒脱离筛孔，以利于细粒透过筛孔。

粒度小于筛孔尺寸3/4的颗粒，很容易通过粗粒形成的间隙到达筛面而透筛，称为“易筛粒”；粒度大于筛孔尺寸3/4的颗粒，很难通过粗粒形成的间隙，而且粒度越接近筛孔尺寸就越难透筛，这种颗粒称为“难筛粒”。筛网的规格“目”，国际上将1in(25.4 mm)长度上的筛孔数称为筛网的目数。影响筛分效率的因素包括入选物料的性质、筛子的结构和筛子的运动情况。

(2) 重力分选

此简称重选，是根据固体废物中不同物质颗粒间的密度差异，在运动介质中受到重力、介质动力和机械力的作用，使颗粒群产生松散分层和迁移分离。从而得到不同密度产品的分选过程。按照介质不同，固体废物的重选可分为重介质分选、跳汰分选、风力分选和摇床分选等。在重介质中使固体废物中的颗粒群按密度分开的方法称为重介质分选。重介质的性质是影响分选效果的重要因素。跳汰分选是在垂直变速介质流中按密度分选固体废物的一种方法。风力分选简称风选，又称为气流分选，是以空气为分选介质，将轻物料从较重物料中分离出来的一种方法。固体废物的颗粒密度、大小、形状影响着风选效果，因此，风选作为有机成分和无机成分粗分方法，适用于轻质组分含量高的城市垃圾处理。

(3) 磁力分选

磁选是利用固体废物中各种物质的磁性差异在不均匀磁场中进行分选的一种处理方法。磁选过程是将固体废物输入磁选机后，磁性颗粒在不均匀磁场作用下被磁化，从而受磁场吸引力的作用，使磁性颗粒吸附在圆筒上，并随圆筒进入排料端排出；非磁性颗粒由于所受的磁场作用力很小，仍留在废物中而被排出。

用磁选方法从钢铁工业的尘泥、废渣中回收金属铁和氧化铁皮，可回用做炼铁原料，钢渣中含有大量铁粒用磁选分离出来回用，可提高钢渣的利用率。从城市生活垃圾中回收钢铁，这在国外已广泛应用。垃圾焚烧处理系统中，为了保护焚烧设备，也需将其中的铁类物质分选出来。

4. 固体废物的脱水

固体废物的脱水常用于城市污水与工业废水处理厂产生的污泥的处理，以及类似于污泥含水率高的其他固体废物。通常凡含水率过多的固体废物，必须先脱水，减小体积，以便于包装与运输。脱水技术通常有机械脱水与自然干化脱水两种。

机械脱水包括机械过滤脱水与离心脱水。机械过滤脱水是借助过滤介质两边的压力差，使水强制通过过滤介质成为滤液，固体颗粒被截留成为滤饼，达到固液分离的目的，常用的设备有真空抽滤脱水机、压滤机等。离心脱水是利用高速旋转作用产生的离心力，将密度大于水的固体颗粒与水分离的方法。自然干化脱水是利用自然蒸发和底部滤料、土壤过滤脱水的一种污泥干化方法。进行干化的场所通常称为污泥干化场或晒泥场。干化场的周围建有围堤，中间用土堤或隔板分隔成等面积的若干区域。渗滤水经排水管汇集排出。污泥变干后人工清除。自然脱水设备简单，干化污泥含水率低，但占用土地面积大，环境卫生条件差，适合于小规模应用。

7.2.2 固体废物的物化处理

物化处理是针对固体废物中易于对环境造成严重后果的有毒有害化学成分，采用物理化学转化的方法，使之达到无害化。由于这类转化反应的条件较为复杂，受多种因素影响，因此，物化处理仅限于对单一成分或几种化学性质相近的混合成分进行处理。物化处理的方法主要包括：浮选、化学处理(中和法、氧化还原法、化学浸出法)和固化处理。

1. 浮选

浮选是在固体废物与水调制的浆料中，加入浮选药剂，并通过空气形成无数细小气泡，使欲选物质颗粒粘附在气泡上，随气泡上浮于浆料表面成为泡沫层，然后刮出回收；不浮的颗粒仍留在浆料内，通过适当处理后废弃。

在浮选过程中，固体废物各组分对气泡粘附的选择性，是由固体颗粒、水、气泡组成的三相界面间的物理化学特性所决定的，其中比较重要的是物质表面的湿润性。固体废物中有些物质表面的疏水性较强，容易粘附在气泡上，而另一些物质表面亲水。不易粘附在气泡上。物质表面的亲水、疏水性能，可以通过浮选药剂的作用而加强。因此，在浮选工艺中正确选择和使用浮选药剂是调整物质可浮性的重要外因条件。

浮选作为固体废物分选的一种方法，主要用来回收金属，是固体废物资源化的重要方法之一。

2. 化学处理

目前，化学处理方法主要包括中和法、氧化还原法、化学浸出法等。

(1) 中和法

中和法是采用适当的中和剂与废渣中的碱性或酸性物质发生中和反应，使之接近中性，以减轻它们对环境的危害。其是处理酸性或碱性废水常用的方法。对固体废物主要用于化工、冶金、电镀与金属表面处理等工业中产生的酸、碱性泥渣。这类泥渣对土壤与水体均会造成危害。中和法处理主要根据废物的酸、碱性质、含量、处理的负荷量和性状等因素，选择适宜的中和剂，确定投入量与投加方式，据此设计处理工艺与设备。中和剂的选择是以废物的酸、碱性，药剂的来源与处理费用为依据。常用的中和剂为：石灰、氢氧化钠或碳酸钠，用以处理酸性废物；硫酸、盐酸处理碱性废物。多数情况下将酸性和碱性废物按一定比例混合以达到中和的目的，这是最经济的处理方法。

(2) 氧化还原法

该法是通过氧化或还原反应，将固体废物中可以发生价态变化的某些有毒、有害成分转化为无毒或低毒，且具有化学稳定性的成分，以便进行无害化处置或资源回收，类似废水处理中的氧化还原法。例如，通过向铬渣中加入还原剂将其中有毒成分六价铬还原为三价铬以降低其毒性。以达到无害化的目的。

(3) 化学浸出法

化学浸出法是选择合适的化学溶剂(酸、碱、盐溶液等)与固体废物发生作用，使其中有用组分发生选择性溶解，然后进一步回收处理的方法。该法可用于含重金属的固体废物处理，特别是在石化工业中的废催化剂处理上得到广泛的应用。

3. 固化处理

固化处理主要针对固体废物中的危险废物进行无害化处理。这是利用物理或化学方法将有害固体废物固定或包容起来，减小废物的毒性和迁移性，同时改善处理对象的工程特性(例如渗透性、可压缩型和强度等)，以便运输、贮存、利用和处置，达到无害化处理方法。固化处理好的产品应具有良好的机械性能、抗渗透性、抗干湿、抗浸出、抗冻融等特性。固化过程在理论上迄今未进行充分的研究，也未能获得一种适于处理任何固体废物的最佳固化方法，比较成熟的固化方法往往只适合一种或几种固体废物的处理，尤以无机物的处理为主。固化所用的惰性材料称为固化剂。有害废物经过固化处理所形成的固化产物称为固化体。通常按固化剂分为：水泥固化、沥青固化、塑料固化、玻璃固化、石灰固化和自胶结固化六类。

(1) 水泥固化

水泥固化是以水泥为固化剂将有害废物进行固化的一种处理方法。水泥是一种无机胶结剂，水泥的水化反应产物是硅酸三钙，能将污泥微粒牢固地凝结在一起，使得污泥中的有害物质被封闭在固化体内，达到稳定化、无害化。水泥固化法的主要优点是对电镀污泥处理十分有效；设备工艺过程简单，设备投资、动力消耗和运行费用比较低；水泥和添加剂价廉易得；对含水率较高的废物可以直接固化；在常温下即可操作；对放射性废物的固化容易实现安全运输和自动化控制等。但水泥固化浸出率较高，需作涂覆处理；增容比较高；有的废物需进行预处理和投加添加剂，使处理费用增高；水泥的碱性容易使铵离子转变为氨气逸出。

(2) 沥青固化

沥青固化是以沥青为固化剂与有害废物在一定的温度、配料比、碱度和搅拌作用下产生皂化反应。使有害废物均匀地包含在沥青中，形成固化体。沥青具有良好的黏结性、化学稳定性与一定弹性和塑性；对大多数酸、碱、盐类有一定的耐腐蚀性，还具有一定的辐射稳定性。一般用于处理中、低放射水平的蒸发残液，废水化学处理产生的沉渣、焚烧炉产生的灰烬及电镀污泥与砷渣等。但沥青导热性差，易发生起泡和雾沫夹带现象；沥青具有可燃性，要采取适当的防火对策。

(3) 塑料固化

塑料固化是以塑料为固化剂与有害废物按一定的配料比，并加入适量的催化剂和填料（骨料）进行搅拌混合，使其共聚合固化而将有害废物包容形成具有一定强度和稳定性的固化体。在常温下可操作；为使混合物聚合凝结仅需少量的催化剂；增容比和固化体的密度较小；污泥废渣都能处理，且不可燃。适用于电镀污泥、有害废物和放射性废物的固化处理。但塑料固化产品耐老化性能较差；处置前应有容器包装，增加了处理费用；在混合过程中释放有害烟雾，污染周围环境。

(4) 玻璃固化

玻璃固化是以玻璃原料为固化剂，将其余有害废物以一定的配料比混合后，在高温下熔融，经退火后即可转化为稳定的玻璃固化体。主要用于固化高放射性废物。从玻璃固化体的稳定性、对熔融设备的腐蚀性、处理时的发泡情况和增容比来看，硼硅酸盐玻璃固化是最有发展前途的固化方法。但玻璃固化工艺复杂，设备材质要求较高，由于高温操作，会产生多种有害气体，需要设备庞大的尾气处理系统，致使处理成本增加。

(5) 石灰固化

石灰固化是以石灰为固化剂，以粉煤灰、水泥窑灰为填料，石灰和活性的硅酸盐物料与水反应生成坚硬的物质，从而达到包容废物的目的。石灰固化专用于固化含有硫酸盐或亚硫酸盐类废渣的一种固化方法。其填料来源丰富，价廉易得，操作简单，不需要特殊设备，处理费用低，可在常温下操作。但增容比大，固化体容易受酸性介质侵蚀，需对固化表面进行涂覆。

(6) 自胶结固化

自胶结固化是将含有大量的硫酸钙或亚硫酸钙的泥渣，在适宜的控制条件下进行煅烧，使其部分脱水至产生有胶结作用的亚硫酸钙或半水硫酸钙状态，然后与特制的添加剂和填料混合成稀浆，经凝结硬化形成自胶结固化体。其固化体具有抗透水性高、抗微生物降解和污染物浸出率低的特点。

7.2.3　固体废物的生物处理

生物处理法主要作为生活污水和含有机物的工业废水的处理方法，对固体废物的生物处理技术的研究借鉴污水的生物处理法，并得到广泛应用。

固体废物的生物处理是指依靠自然界中广泛存在的微生物的氧化分解有机物的能力，将固体废物中容易降解的有机成分转化为腐殖酸、沼气等，达到无害化和资源化，这是目前有机固体废物处理利用的一条重要途径。生物处理法固体废物有两种：好氧堆肥技术和厌氧发酵技术。

1. 好氧堆肥

好氧堆肥法是在人工控制的条件下，在有氧的条件下，利用自然界的好氧微生物，将固体废物中可被生物降解的有机物向稳定的腐殖质转化的过程。堆肥的原料来源于生物界，堆制过程需在人工控制下进行，不同于废物的自然腐烂和腐化，实质上是生物化学的过程。在堆肥的过程中，有机废物中的可溶性有机物被氧化成简单的无机物吸收，并放出生物生长活动所需要的能量，通过微生物分泌出的酶把不溶固体分解，转化合成为新的细胞物质，使微生物生长繁殖，产生更多的生物体。大致分为三个阶段：中温阶段、高温阶段和熟化阶段，最后分解产物为二氧化碳、水、氨和硝酸盐。

2. 厌氧发酵

厌氧发酵也称沼气发酵或甲烷发酵，就是在特定的厌氧条件下，厌氧细菌将有机废物中的有机质分解，部分含碳物质转化为甲烷（沼气）和二氧化碳，被分解的有机物大部分能量转化储存在甲烷中，仅一小部分有机物氧化成二氧化碳，释放的能量作为微生物生命活动的需要。自然界中，厌氧发酵广泛存在，但发酵速度缓慢。厌氧发酵的产物——沼气是一种比较清洁的能源，同时发酵后的残渣又是一种优质的肥料。有机物的厌氧发酵过程可分为三个阶段：液化（水解）、酸化（产酸）和产甲烷，每一个阶段都各有其独特的微生物类群起作用。液化阶段起作用的微生物主要是厌氧或兼性厌氧的水解性细菌和发酵细菌。产酸阶段起作用的微生物主要是产氢气产乙酸细菌。这两个阶段起作用的细菌统称为不产甲烷菌。产甲烷阶段其作用的微生物是甲烷细菌。厌氧发酵的三个阶段互相衔接，互相保持动态平衡。

7.2.4 固体废物的热处理

随着经济的迅猛发展和生活水平的提高，固体废物中的有机物质含量越来越高，热值也大幅度提高。如果能将其中的热转化成产品作为一种能源来加以开发利用，既可以解决固体废物的污染问题，又能够获得宝贵的能源，变废为宝，是一条重要的处理、处置途径。固体废物中热转化产品回收的方法主要有焚烧和热解。

1. 焚烧处理

20世纪后期，能源危机引起人们对固体废物能量的兴趣，由于焚烧具有回收废物中能量的可能，于是固体废物焚烧得到了进一步的广泛应用，而且气体污染净化技术的应用也使焚烧产生的二次污染大大减轻。由于全球经济的飞速发展和固废处理技术的提高，传统的填埋法正逐渐被焚烧处理所替代。

许多固体废物含有潜在的能量，可通过焚烧回收利用。固体废物经过焚烧，体积一般能减少80%～90%，质量减少50%～80%。一些有害固体废物通过焚烧，可以破坏其组成结构或杀灭病原菌，达到解毒、去除污染的目的。所以，可燃固体废物的焚烧处理，能同时实现减量化、无害化和资源化。焚烧处理是对固体废物进行高温热处理的一种方式，是指在高温条件下，废物中的可燃组分与过量的空气在焚烧炉内进行的化学反应，释放出热量并最终转化为高温的燃烧气和少量性质稳定的固体残渣。当被焚烧的废物有足够的热值时，废物能依靠自身的能量维持自燃，而不提供辅助燃料。

几乎所有的有机固体废物都可以采用焚烧法处理，对于可燃性的无机固体废物也可用焚烧法，比如煤矸石。对于无机有机混合的固体废物，如果有机物是有毒有害物质，最好采用焚烧法处理。某些特定的有机性固体废物如医院带菌性的废弃物，石油化工厂和塑料厂的含毒性的副产物等只适合于用焚烧法处理。焚烧处理与其他固体废物处理方法相比有以下独特优点：

(1) 消毒彻底。固体废物经焚烧处理后，固废中的细菌、病毒等病原体被彻底消灭，燃烧过程中产生的有害气体和烟尘经处理后达到排放要求，无害程度高。

(2) 减容效果好。固体废物经过焚烧后，垃圾中的可燃成分被高温分解后，一般可减容80%～90%，减量效果好，可节约大量填埋场占地。

(3) 有利于实现资源化。垃圾焚烧所产生的高温烟气，其热能被废热锅炉转变为蒸气，用来供热或发电，垃圾被作为能源来利用，还可回收铁磁性金属等资源，可以充分实现垃圾处理的资源化。

(4) 处理效率高。垃圾焚烧处理厂占地面积小，排放的尾气经净化处理后污染较小。

(5) 不受气候影响。焚烧处理可全天候操作，不易受天气影响。

(6) 操作费用低，发展前景好。随着对城市垃圾填埋的环境措施要求的提高，焚烧法的操作费用可望低于填埋，这也是焚烧技术在处理固体废物方面得到广泛应用的原因之一。

由于固体废物中的可燃组分包括挥发性和不挥发性，因此，焚烧处理的方式有表面燃烧和分解燃烧。表面燃烧是固体废物不含挥发分，燃烧只在固体表面进行，而且在燃烧过程中不产生熔融产物和分解产物。分解燃烧指废物在炉内着火燃烧前某一温度逸出挥发分，此气体挥发分在炉内扩散燃烧，当挥发分的逸出速率大于燃烧速率时，则燃烧不完全，会产生黑烟。

焚烧的目的是尽可能将废物焚毁，最大限度转化为无害的物质，并尽可能减少新的污染物质产生，避免二次污染。对于废物焚烧厂，能同时实现废物减容减量、彻底焚烧废物中的有毒物质，以及回收利用焚烧产生的热能这三个目的。目前在工业发达国家焚烧法已被作为城市垃圾处理的主要方法之一，得到广泛应用，我国对固体废物焚烧成套设备的研制方面起步较晚，正在加快研究开发的速度，来推进城市垃圾的综合利用。

固体废物的燃烧过程比较复杂，通常由热分解、熔融、蒸发和化学反应等传热、传质过程所组成。一般根据不同可燃物质的种类，有三种不同的燃烧方式。

(1) 蒸发燃烧垃圾受热熔化成液体，继而转化成蒸气，与空气扩散混合而燃烧属于这类。

(2) 分解燃烧垃圾受热后首先分解，轻的碳氢化合物挥发，留下固定碳及惰性物，挥发分与空气混合燃烧，固定碳的表面与空气接触进行表面燃烧，例如废旧木材和纸的燃烧。

(3) 表面燃烧像木炭、焦炭等固体受热后不发生融化、蒸发和分解等过程，而是在固体表面与空气反应进行燃烧。

目前，焚烧技术作为固体废物无害化、减量化和资源化的有效手段，在全世界许多国家都得到广泛应用。废物焚烧技术开发研究做得较好的国家有德国、法国、美国和日本等。目前国外运用较多，比较成熟、完善的垃圾焚烧处理技术主要有炉排炉、流化床、滚筒炉和旋转窑炉焚烧处理技术。对我国的城市生活垃圾焚烧也同样适用，特别是大型生活垃圾焚烧厂。同时，随着生活水平的提高，城市垃圾中的有机物含量也越来越多，城市垃圾的热值越来越多，而能源越来越短缺。因此，城市垃圾的焚烧作为获得一种新能源的开发途径，将日益受到人们的关注。

2. 固体废物的热解处理

热解处理是一种古老的工业化生产技术，早期该技术主要应用于木材和煤的干馏、重油裂解生产各种燃料油等，所得到的焦炭产品主要作为冶炼钢铁的燃料。随着现代化工业的发展，该技术的应用范围逐渐得到扩大，被用于重油和煤炭的气化。20世纪70年代初期，世界性石油危机对工业化国家经济的冲击，使得人们逐渐意识到开发再生能源的重要性，热解技术开始用于固体废物的资源化处理。国外利用热解技术处理固体废物已达到工业规模，虽然还存在一些问题，但随着世界资源的枯竭，能源价格的上涨，热分解技术将有更大的发展。

固体废物的热解主要是利用有机物的热不稳定性，在无氧或缺氧的条件下使之受热分解的过程，此过程中，有机物产生热裂解，经冷凝后形成各种新的气体、液体和固体，从中提取燃料油、油脂和燃气。

热解法和焚烧法相比是完全不同的两个过程，焚烧是放热过程，热解需要吸收大量的热量；焚烧的产物主要是二氧化碳和水，热解的产物主要是可燃的低分子化合物：气态的有氢气、甲烷、一氧化碳；液态的有醇、酮、酸、醛等有机物及油、焦油类物质等；固态的主要是焦炭或炭黑。焚烧产生的热能量大的用于发电，量小的只供加热水或产生蒸汽，人们生活可利用。而热解产物是燃料油及燃料气，便于贮存及远距离输送，作为热源。

固体废物热解过程是一个复杂的化学反应过程。包含大分子的键的断裂，异构化和小分子的聚合等反应，最后生成各种较小的分子。热解过程可以用通式表示如下：

有机固体废物→气体(H_2、CH_4、CO、CO_2)+液体(有机酸、芳烃、焦油)+炭黑+炉渣

热解反应所需的能量取决于各种产物的生成比，而生成比又与加热的速度、温度及原料的粒度有关。在低温—低速加热条件下，有机物分子有足够时间在其最薄弱的接点处分解，重新结合为热稳定性固体，而难以进一步分解，固体产率增加；在高温—高速加热条件下，有机物分子结构发生全面断裂，生成大范围的低分子有机物，产物中气体组分增加。对于粒度较大的原料有机物，要达到均匀的温度分布需要较长的传热时间，其中心附近的加热速度低于表面的加热速度，热解产生的气体和液体也要通过较长的传质过程，这期间将会发生许多二次反应。

固体废物热解能否得到高能量的产物，取决于原料中氢转化为可燃气体与水的比例。影响热解的主要参数包括：

(1) 热分解的温度　热分解的温度是一个重要的参数，热解产品的产物和产量是由热反应器的温度决定的。

(2) 物料性质　物料的组成成分、含水率、粒度等对热解过程都有重要影响。对于不同组分的物料，其热解性能也不一样，有机物含量高的物料，热值高，可热解性相对就好，产品品质高，可回收性好，残渣也少。物料中含水率增高，其可热解的物质比例就减少，要求的干燥热量增加，同时净产出能量减少，有用热解产物量就减少。较小的颗粒粒度有利于促进热量的传递，保证热解过程的顺利进行；颗粒粒度较大时，其中心附近的加热速率低于表面的加热速率，达到均匀的温度分布需要较长的传热时间，热解产生的气体和液体也要通过较长的传质过程。

(3) 反应时间　是指反应物料完成反应在炉内停留的时间，与物料尺寸、物料分子结构特性、反应器内的温度水平、热解方式等因素有关，并且影响热解产物的成分和总量。

热解属于环保与能源类的新技术。对废塑料、废橡胶、城市垃圾、农林废料和污水污泥等固体废物的处理是一项重要的方法之一。近年来，国外固体废物热解的另一发展是将城市垃圾和含可燃组分的工业垃圾与污泥进行联合热解，这样可以更有效地回收热能。在我国应用热解技术处理农作物秸秆类农业生产废物，对于防止燃烧秸秆污染环境、解决农村能源问题具

有深远的意义。

7.2.5 固体废物的最终处置

固体废物最终处置的对象是经过减量化和资源化处理后，剩余下来的、无再利用价值的残渣，往往富集了大量不同种类的污染物质，自行降解能力很差，对生态环境和人体健康具有即时和长期的影响，必须妥善加以处置。安全、可靠地处置这些固体废物残渣，是固体废物全过程管理中最重要的环节之一。历史上用于处置固体废物的方法主要有陆地处置和海洋处置两大类。海洋处置包括深海投弃和海上焚烧。陆地处置包括土地耕作、永久贮存或贮留地贮存、土地填埋、深井灌注和深地层处置等几种，其中应用最多的是土地填埋处置技术。海洋处置现已被国际公约禁止，陆地处置至今仍是世界各国常用的一种废物处置方法。

1. 海洋处置

海洋处置是基于海洋对固体废物进行处置的一种方法。根据处置方式，海洋处置分海洋倾倒和远洋焚烧两类。

(1) 海洋倾倒

海洋倾倒实际上是选择距离和深度适宜的处置场，把废物直接倒入海洋。其法律定义是指利用船舶、航空器、平台及其他载运工具，向海洋倾倒废物或其他有害物质的行为。海洋倾倒的理论依据是，海洋是一个庞大的废物接受体，对污染物质有极大的稀释能力。对容器盛装的有害废物，即使容器破坏，污染物质浸出，也会由于海水的自然稀释和扩散作用，使海洋环境中的污染物保持在容许水平的限度。

(2) 远洋焚烧

远洋焚烧是20世纪60年代发展起来的一项海洋处置方法，该法是用焚烧船在远海对废物进行焚烧破坏，主要用来处置卤化废物、冷凝液及焚烧渣直接排入海中；如“火神”号焚烧，曾经成功地对含氯烃化合物进行过焚烧。工业发达国家都曾采用远洋焚烧法处理处置有害废物。其优点是空气净化工业较陆地焚烧简单，处理费用比陆地焚烧便宜，但比海洋倾倒贵，每吨处理费用为50～80美元。

海洋处置具有填埋处置的显著优点而又不需要填埋覆盖。目前国际上对海洋处置对于生态的长期影响还存在争议。基于对环境问题的关注，为加强对固体废物海洋处置的管理，许多工业发达国家都制定了有关法规，还签订了相关的国际协议。对于海洋处置应主要考虑以下几个方面的问题：①对生态环境影响如何；②同其他处置方法相比是否经济可行；③是否满足有关海洋法规的规定。为此，美国、日本及欧盟成员国都曾进行海洋处置。目前，对此处置方法在国际上尚存在很大争议，我国基本上持否定态度。为了严格控制向海洋倾倒废物，我国制定了有关海洋倾废管理条例。

2. 深井灌注处置

深井灌注处置是指把液状废物注入地下与饮用水和矿脉层隔开的可渗透性的岩层中。在某些情况下，它是处置某些有害废物的安全处置方法。深井灌注处置系统要求适宜的地层条件，并要求废物同建筑材料、岩层间的液体以及岩层本身具有相容性。一般废物和有害废物，都可采用深井灌注方法处置。适于深井灌注处置的废物可分为有机和无机两大类。它们可以是液体、气体和固体，在进行深井灌注时，将这些气体和固体都溶解在液体里，形成真溶液、乳浊液或液固混合体。深井灌注方法主要是用来处置那些实践证明难以破坏、难于转化、不能采用其他方法处理处置，或者采用其他方法费用昂贵的废物。深井处置的费用与生物处理的费用相近。对某些工业废物来说，深井灌注处置可能是对环境影响最小的切实可行方法。目前美国每年大约有 3×10^7 吨液体废物采用深井灌注处置，其中11%为有害废物。

3. 土地填埋

废物的陆地处置方法可分为土地耕作、永久贮存或贮留地贮存、土地填埋三种类型，其中应用最多的是土地填埋处置技术。这里重点介绍土地填埋。

土地填埋处置是从传统的堆放和土地处置发展起来的一项最终处置技术，不是单纯的堆、填、埋，而是一种按照工程理论和土工标准，对固体废物进行有效管理的一种综合性科学工程方法。在填埋操作处置方式上，它已从堆、填、覆盖向包容、屏蔽隔离的工程贮存方向上发展。土地填埋处置，首先需要进行科学的选址，在设计规划的基础上对场地进行防护（如防渗）处理，然后按严格的操作程序进行填埋操作和封场，要制订全面的管理制度，定期对场地进行维护和监测。土地填埋处置具有工艺简单、成本较低、适于处置多种类型固体废物的优点。目前，土地填埋处置已成为固体废物最终处置的一种主要方法。土地填埋处置的主要问题是渗滤液的收集控制问题。

土地填埋处置的种类很多，采用的名称也不尽相同。按填埋场地形特征可分为山间填埋、峡谷填埋、平地填埋、废矿坑填埋；按填埋场地水文气象条件可分为干式填埋、湿式填埋和干、湿式混合填埋；按填埋场的状态可分为厌氧性填埋、好氧性填埋、准好氧性填埋和保管型填埋；按固体废物污染防治法规，可分为一般固体废物填埋和工业固体废物填埋。为了便于管理，一般可根据所处置的废物种类，以及有害物质释放所需控制水平进行分类。通常把废物分为四大类，因此土地填埋处置方法及场地也相应分为四类：惰性废物填埋、卫生填埋、工业废物土地填埋、安全土地填埋。目前采用较多的是卫生土地填埋、安全土地填埋和浅地层埋葬法。卫生土地填埋通常是每天把运到土地填埋场的废物在限定的区域内铺散成40～75 cm的薄层，然后压实以减少废物的体积，并在每天操作之后用一层厚15～30 cm的土壤覆盖、压实。安全土地填埋实际上是一种改进的卫生土地填埋。它与卫生填埋方法最大的区别就是它的安全性。它必须保证被填埋的危险废物不再危害人类健康和周围环境。浅层处置时指地表以下的，具有防护覆盖层，有工程屏障或设有工程屏障的浅埋处置，埋藏深度一般在地面下50 m以内。

7.3 固体废物的综合利用及资源化

固体废物资源化是指采取各种措施，从固体废物中回收有用的物质和能源。通过资源化，减少原生资源的消耗，加速物质和能量的循环，减少环境污染，创造更大的经济价值。我国古有“物尽其用”、“天无弃物”的观点，古人已经有在废物资源化方面应用的思想。随着工业革命发展，大量工矿废物和生活垃圾排放，占用良田，产生严重污染，但这些固体废物中含有多种有用物质，可以作为一种资源。根据能量守恒定律和物质不灭定律，自然资源只能从一种形式转化为另一种形式，因此，废物是自然资源的另一种能力和运动形式，是物质与能量不完全循环的中间产物，本身仍蕴藏着供人类开发利用的物质与能量。但受技术与人类认识水平的限制，这部分有用物质与能量未能作资源化处理。科学技术的飞速发展和人类认识水平的提高，充分证明了世界上一切废物都具有再生循环利用的价值，全球性自然资源枯竭又使废物资源化利用成为现实需要。从这种意义上看，对固体废物进行综合处理、实现固体废物资源化是今后防治固体废物污染的主要方向。也只有这样，才能做到环境效益、经济效益、社会效益的统一，最终实现可持续发展。

总之,固体废物"资源化"主要包括以下三个方面:①物质回收,即从废物中回收可二次利用的物质。例如,从垃圾中回收纸张、玻璃、金属等。②物质转换,利用废物制取新形态的物质。例如,利用废玻璃生产铺路材料,利用炉渣生产水泥和其他建筑材料,利用有机垃圾生产堆肥等;③能量转换,即从废物处理过程中回收能量,作为热能或电能,例如通过有机废物的焚烧处理回收热量,进一步发电,利用垃圾厌氧消化产生沼气,作为能源向居民和企业供热或供电等。

7.3.1　固体废物的资源化意义

自然资源中,有些是不可再生的,一经使用将从生态圈中永远消失,近几十年,世界资源正以惊人的速度被开发和消耗,一部分资源已经濒临枯竭,根据推算,世界石油资源按已探明的储量和消耗量的增长,只需五六十年时间,将耗去全部储量的80%;世界煤炭资源按已探明的储量和消耗量推算,到2350年,也将耗去储量的80%左右。

能源危机的出现,增强人们对固体废物资源化的意识。很多国家把固体废物资源化作为解决固体废物污染和能源短缺的方式之一。我国资源形势也十分严峻。首先,我国地大物博,资源丰富,但人口众多,人均资源不足,从世界45种主要矿产储量总计来看,我国居第3位,但人均占有量仅为世界人均水平的1/2。其次,粗犷式的经营,资源利用率较低,浪费严重,很大一部分资源没有完全利用就变成废物。第三,我国废物资源利用率很低,以工业固体废物为例,我国1991年的利用率仅为18.6%,造成固体废物大量的堆积,给环境带来巨大的威胁,由此造成的直接经济损失每年达300亿元。

我国各类固体废弃物资源产量巨大。以2005年为例,我国各类固体废弃物总产出量为17.2亿吨(具体见表7-2),累积堆存209亿吨,占地200万亩,由于污染而失去基本使用功能的土地为600万亩,占我国耕地总面积的0.3%;由于污染而导致使用功能劣化的土地为2 000万亩,占我国耕地总面积的1.2%。

表7-2　2005年我国各类固体废弃物产出及堆存情况(亿吨)

种类	年产出量	累计堆存量
尾矿	4	60
冶金渣	2	5
粉煤灰	2	14
煤矸石	5	40
建筑垃圾	3	20
城市生活垃圾	1.2	70
合计	17.2	209

有关资料显示,我国每年约有 300×10^4 t 废钢铁、200×10^4 t 废纸、200×10^4 t 废塑料、100×10^4 t 废玻璃等大量宝贵的可再生资源都没有得到回收利用。固体废物的污染正在引起巨大的经济损失。大城市边缘由于固体废弃物的污染使堆场附近土地价值大幅度降低,全国累积经济损失达3 000亿元以上。由于固体废弃物堆积所造成的环境生态损失每年可达5 000亿元以上。由于污染和灾害所造成的人身健康与伤亡损失每年可达3 000亿元以上。而这些固体废弃物资源化具有巨大的直接经济效益。我国每年产出的1.2亿吨水淬高炉矿渣

用于水泥和混凝土每年正在产生约150亿元的直接经济效益。我国每年正在产出的2亿吨粉煤灰大约有50%已被利用,每年产出约30亿元的直接经济效益。再选后的铁尾矿用于建筑行业代替河砂,以每吨10元的经济效益计算,现堆存的尾矿可产生600亿元的直接经济效益。

由此可见,对固体废物资源化已经是我国当前亟待解决的新课题。

7.3.2 城市垃圾的资源化

城市垃圾是指在城市日常生活中或者为城市日常生活提供服务的活动中产生的固体废物以及法律、行政法规规定视为城市垃圾的固体废物。

随着工业化和城市化进程的加快,人们生活水平的提高,城市垃圾的增长十分迅速。城市垃圾污染也越来越严重。发达国家垃圾年增长率为3.2%～4.5%,发展中国家为2%～3%,全球年产垃圾超过100×10^8 t,其中美国达30×10^8 t。我国城市垃圾的生产量近几年增长也较快,垃圾增长率约为10%以上。据统计,2000年中国城市垃圾的生产量已达1.5×10^8 t,占地6×10^4 km^2。由于处理处置设施严重不足,现已有2/3的城市陷入垃圾的包围之中。根据城市化水平推算,2030年和2050年我国将分别有4.09×10^8 t、5.28×10^8 t垃圾产生。针对垃圾围城,政府提出了"以减量化为基础,以无害化为主题,以资源化为目标"的垃圾治理的基本方针,对城市垃圾实行资源化,从而减少原生资源的消耗,节省大量的投资,降低成本,减少垃圾的排出量、运输量,减少环境污染,具有的环境效益、经济效益和社会效益。

1. 城市垃圾的组成和资源化利用

城市垃圾的成分很复杂,但大致可分为有机物(可堆肥物)、无机物(填埋物)和可回收废品三类。属于有机物的垃圾主要为动植物性废物;属于无机物的垃圾主要为炉灰、庭院灰土、碎砖瓦等;可回收废品主要为金属、橡胶、塑料、废纸和玻璃等。近年来城市垃圾产量剧增,垃圾构成也发生很大的变化。垃圾中的有机物大大减少,纸张、塑料包装物、金属、玻璃器皿以及废旧家用电器等产品大大增加。一些国家的垃圾组成见表7-3。

表7-3 一些国家的城市垃圾组成

成分		英国	法国	荷兰	瑞士	意大利	美国
有机物/%		27	22	21	20	25	12
可回收废品	纸/%	38	34	25	45	20	50
	灰、渣/%	11	20	20	20	25	7
	金属/%	9	8	3	5	3	9
	玻璃/%	9	8	10	5	7	9
	塑料/%	2.5	4	4	3	5	5
其他/%		3.5	4	17	2	15	8
平均含水量/%		25	35	25	35	30	25
每人每年平均量/kg		320	270	210	250	210	820

回收利用城市垃圾中的资源,不但可以减少最终需要无害化处置的垃圾量,减轻对环境的污染,而且能节约资源、能源和减少垃圾的处理处置费用。城市垃圾有用材料的回收是固体废物资源化的重要组成。城市垃圾资源化包括收集运输系统、资源系统和最终处置系统三大部分,示意图如图7-2所示。城市垃圾资源化是一个涉及收集运输、破碎、分选、转换和最终处

置的系统工程。

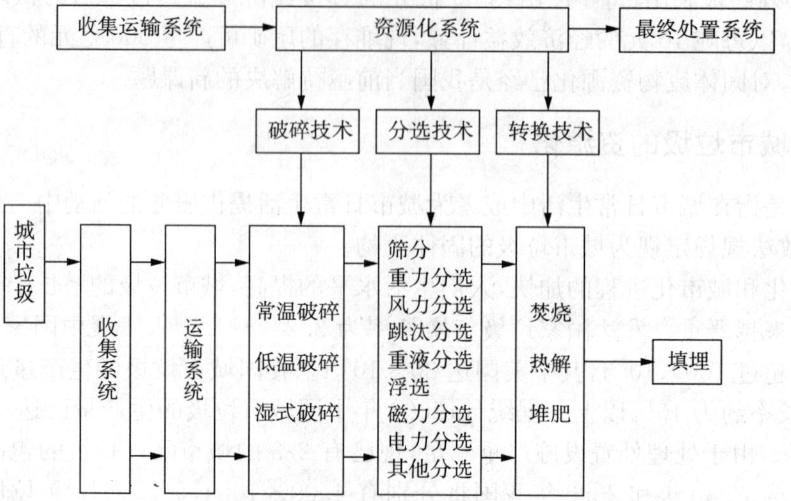

图 7-2 城市垃圾资源化总体示意图

2. 城市垃圾的分类收集

城市垃圾的混合收集，不但增加了垃圾中塑料、纸张、金属等的回收价格，降低了可用于堆肥的有机物的资源化价值，同时有大量的有害物质比如废电池、废油等进入垃圾，增大了垃圾无害化处理的难度，还可能造成严重的污染。要实现垃圾的资源化，应该加强管理、提倡分类收集，来降低垃圾中废物回收成本，提高废物回收有用物质的途径。

城市垃圾是丰富的再生资源的源泉，其所含成分(按质量)大约 80%的垃圾为潜在的原料资源，可以重新在经济循环中发挥作用。从 20 世纪 60 年代开始，由于资源和能源紧张，各国对废物的认识有所转变，城市生活垃圾开始被视为可以回收利用或综合利用的原料。发达国家对生活垃圾的回收比例达到 45%～60%。许多国家在废物收集方面普遍要求城市居民在住宅内将废纸、废金属、废玻璃、废塑料等有用废物分类存放，或投入专用收集容器，以实现有用物质的二次利用；同时，采取必要措施保证回收原料的销售市场。这种对废物和废物回收利用认识上的变化，也引起了城乡固体废物回收方式的改变，使混合回收方式逐步减少 80%，分类回收方法得以推广应用。

城市垃圾的分类方法较多，具体有源地分类法、可燃性分类法、元素分类法、重量分类法等。在这些分类方法中，源地分类法较为常用，它主要根据各类城市废物产生的场所进行分类，将其分成家庭垃圾、零散垃圾、医院垃圾、市场垃圾、建筑垃圾、街道扫集物和城市粪便等。分类回收可以提高回收物料的纯度和数量，减少需处理的垃圾量，有利于废物的进一步处理和再利用，并能够较大幅度地降低废物的运输及处理费用；是降低废物处理成本、简化处理工艺、实现综合治理的前提。分类回收的废金属、废纸、废塑料、废玻璃等可以直接出售给有关厂家作为二次利用的原料，然后再把其他有机垃圾和无机垃圾分类收集，使其经过不同的工艺处理后得到综合利用。分类回收的实现相当困难，尤其是组织工作非常复杂，需要依靠宣传教育、立法并附以相应的垃圾分类回收条件，提高城市居民主动分类存放、集中出售有用物质的积极性。一些工业发达国家，为了实现废物资源化，积极提倡城市固体废物的分类收集，在废电器、废玻璃、废纸、废塑料的分类收集和回收利用上有很成功的经验，并且获得了较好的经济效益。城市街道旁配备专门收集废纸、废玻璃等的专用容器，容器上标明收集物的品名。有的城市将特制塑料袋、塑料容器等免费提供给居民，以利于住宅内的分类收集。除分类收集有用废物之外，还要单独收集电池、废药品、废漆、染料等特殊废物，严禁这类废物进入混合收集过程，以避免造成污染，增加处理的难度。过去，我国城市废物的回收有比较完整的回收系统，各城市都设有若干废品回收门市部，城市居民在日常生活中，随时把废纸、废金属和玻璃瓶等各类有用物质分类存放，集中出售给废品门市部。经过分类回收后，抛弃在排放点的城市固体废物中，可再利用物质的含量就相当低。

3. 城市垃圾的处理

(1) 城市垃圾的预处理

城市垃圾的处理原则，首先是无害化，处理后的垃圾化学性质应稳定，病原体被杀灭，其次是尽可能资源化，处理后将其作为二次资源加以利用。无害化处置之前需要进行预处理。预处理的主要措施有：筛分、破碎、浮选、磁选、风力分选、磁流体分选、静电分选和加压分选等。这些方法和前面固体废物处理方法类似。

(2) 城市垃圾的最终处理

城市垃圾的最终处理方法有卫生填埋、焚烧、堆肥和蚯蚓床等。

① 卫生填埋

卫生填埋是在科学选址的基础上，采用必要的场地防护手段和合理的填埋场结构，最大限度地减缓和消除垃圾对环境，尤其是对地下水污染的技术。填埋过程是一层垃圾一层土交替进行，又称为夹层填埋法。从横断面看，垃圾和沙土交互填埋，既可防止垃圾的飞散和降雨时流失，又可防止蚊、蝇等害虫孳生以及臭气的逸出和火灾的发生。

② 焚烧

焚烧是国外采用较多的一种可回收热能的垃圾处理方法，在我国应用还较少。当垃圾的热值大于 3 360 kJ/kg 时，可以自燃方式进行焚烧，否则需要借助辅助燃料进行焚烧。

③ 堆肥

堆肥处理是将垃圾中的有机物，主要是生物有机质，与一定比例的原无机物一起混合，控制一定条件，在自然界广为分布的细菌、放线菌、真菌等微生物的作用下，其可降解的成分转化为稳定的腐殖质，将其中的有机可腐物转化为土壤可接受且迫切需要的有机营养物，为农业提供适当的腐殖土，解决土壤板结问题。堆肥是我国目前城市垃圾处理采用较多的方法。

④ 蚯蚓床

利用蚯蚓床处理城市垃圾，目前已成为世界各国比较感兴趣的课题之一。蚯蚓的消化能力极强，它的消化道分泌蛋白酶、脂肪分解酶和纤维素酶等各种酶，而且在蚯蚓的消化道内有大量的细菌、霉菌、放线菌等多种微生物共生，分解消化有机垃圾的能力极强，除金属、玻璃、塑料和橡胶外，几乎所有的有机物都可被它消化。

4. 几种重要的城市垃圾的资源化

生活垃圾中存在着大量的有用物质，如塑料、纸张、玻璃和金属等。提高其中有物质的回收率和利用率，是实现对城市垃圾处理和资源化的最有效措施之一。下面介绍几种城市垃圾中有用物质的回收与资源化技术。

(1) 废纸

城市生活垃圾中，纸品所占的比例最大，占垃圾总量的 25%～40%。废纸的数量如此巨大，它的回收利用对整个垃圾处理而言有着重要的影响。废纸的回收利用不仅投资少，成本低，收效快，而且可以节约化工原料和能源，减轻对环境的污染。废纸主要有报纸、瓦楞纸板、高等级纸和杂混纸等，种类较多，质量参差不齐，还常含有一些污染物，要保证回收利用的质量，就必须要有严格的质量控制标准。回收方法可分为两种：机械处理法和化学处理法。机械法是将废纸破碎纸浆，通过除渣器去除杂物，用来制造低档纸和纸板。化学法主要用于废纸脱墨，原料常用新闻、印刷纸和书写纸等。

废纸的再生技术可分为：制浆、筛选、除渣、洗涤、浓缩、分散、搓揉、浮选、漂白、脱墨等。

筛选除去大的杂质，如黏胶物质、尘埃颗粒以及纤维束等。除渣去除渣滓等杂质。与筛选类似。洗涤是为了去除灰分、细小纤维及小的油墨颗粒。分散和揉搓是用机械方法使油墨和废纸分离，并将油墨和其他杂质进一步碎解成肉眼看不见的颗粒。均匀分布于废纸浆中。经过上述工序处理后纸浆色泽发黄发暗，为了生产出合格的再生纸必须进行漂白。漂白主要分为氧化漂白和还原漂白，其区别如表 7-4 所示。废纸回用的关键程序是脱墨，废纸脱墨的原理是使用脱墨剂降低废纸上的印刷油墨的表面张力，从而产生润湿、渗透、乳化、分散等多种作用，这些作用的综合效果就是使油墨从纸面上脱离下来。脱墨的目的是为了使废纸纤维恢复甚至超过原来的白度、净化度、原纤维的柔软性及其他特性，从而使纸浆具有好的抄纸性能，并能达到所要求的产品指标，保证产品的质量。脱墨工艺的一般步骤如下：

疏解分离纤维→使油墨从纤维上脱离→将油墨从纤维悬浮液中除去

表 7-4　氧化漂白和还原漂白的区别

分类	原理	主要漂白剂
氧化漂白	氧化降解，脱除残留木质素，有一定的脱色功能	次氯酸盐、二氧化氯、过氧化氢、臭氧
还原漂白	减少纤维本身发色团，有效脱去染料颜色而提高白度	二氧化硫脲、亚硫酸钠、二亚硫酸钠

使用脱墨剂和机械以及加热的方法可以达到疏解分离纤维和使油墨从纤维上脱离的目的。

废纸的再生技术新发展趋势，在设备方面的进展是向着节约能源、降低成本、使废物充分资源化的方向，主要是供料技术、碎浆技术、粗选技术、浮选设备和脱墨等技术的改进。利用方面主要用作包装材料、土木、建筑材料和农业生产资料等。

(2) 废玻璃

随着生活水平的提高，生活废料的不断排放，其中部分为废玻璃，其质量占城市固体废物总量的 8%左右，90%来自于玻璃瓶和其他容器瓶。如各种酒瓶、饮料瓶、药瓶和化妆品用瓶。玻璃回收的益处包括：循环利用玻璃材质，节约资源和能源，减少垃圾填埋处置量和填埋占地，提高垃圾堆肥产品的质量等。废玻璃的回收利用和资源化技术包括以下内容：①自身循环再利用。主要集中在包装容器玻璃方面，如啤酒瓶和汽水瓶等。如果在有效期内，提高其重复使用次数。②生产玻璃容器。玻璃容器生产的原料是砂子、无水碳酸钠和石灰石等，在原料中添加部分碎玻璃可减少原材料的用量，并可显著降低熔化炉的温度，节省能量和延长熔化炉的使用寿命。③应用于建筑工程。欧美国家已经成功地将废玻璃应用于建筑工程中，这是目前能大量消耗玻璃的最有效的途径，对各种废玻璃无需分选，对颜色也无特殊要求。直接用于建筑工程，在粘土砖生产中替代部分粘土矿物组成和用作助粘剂；作为混凝土的骨料；沥青道路路面的填料。废玻璃生产建筑饰面材料，如微晶玻璃仿大理石石板、建筑面砖、玻璃马赛克和保温隔热、隔音材料。还可以生产玻璃微珠和微晶玻璃复合材料。

用废玻璃生产各种类玻璃制品和建筑材料的工艺，目前在国际上发展很迅速，许多国家都竞相研究和开发各类新型材料。对我国来讲，这方面工作尚处于起步阶段。随着我国轻工业、建筑建材业和再生资源利用业的蓬勃发展，回收、利用废玻璃的工作必然会取得更大的进步。

(3) 废金属

生活垃圾中往往含有一定量的废金属，废金属再生的生产工艺相对简单，流程短，工序少，有害杂质少。通过合理的分类可以直接回收利用废金属，几乎没有污染。还可节约投资，降低成本。在城市垃圾中含有回收价值的黑色和有色金属，先用锤式破碎机对金属进行破碎，然后，将这些废物分成轻重两部分，重的黑色金属通过磁选分离。废铝块也是生活垃圾中的一部分，如易拉罐等可直接回收和再加工，对于一些不能明显辨认或体积不大的废铝，需要使用一定的分选技术进行分选。目前常用的方法是利用废物的重力分离，以静电装置或铝磁铁进行的电分离或磁分离，以及化学分离或热分离。铜是一种非常宝贵的资源，具有很高的回收价值，废铜料可分为新废铜料和旧废铜料。新铜料可直接送回铜加工厂或金属回收厂进行重熔，浇注为再生铜锭。旧废铜料是回收的废铜料，成分复杂，处理的工序也比较复杂，一般有机械法、热熔法、化学法、静电分选法和低温处理法。

(4) 废旧电池

在日常生活中，人们对电池的依赖也越来越严重，无论是照明用的手电筒，还是手机、照相机和计算机等，随着各类电器和电动汽车等的出现，电池的消耗呈迅猛增长趋势。随之而来的废电池的数量也越来越多，废旧电池对人类健康和环境带来的危害是巨大的。电池的种类繁多，主要有锌-二氧化锰酸性电池、锌-二氧化锰碱性电池、镍镉充电电池、铅酸蓄电池、氧化汞电池、氧化银电池、镍氢电池和锂电池等，这些废旧电池内含有大量的有害物质，若未经处置进入环境，会对环境和人体健康造成严重威胁。重金属是环境中持久性最强的物质之一，无法使它们变质或将其破坏，而且它们还能与有机物发生反应而生成毒性更强的金属有机物，这些持久性的金属有毒污染物进入环境后，汞、镉、铅等金属会在生物体内积累，将在今后几十年甚至上百年中给人类带来极大的危害。

我国是世界上干电池生产量及消费量最大的国家，然而，只有几个大城市开展了回收废旧电池的活动。迄今为止，关于电池，我国仍无相关的法律，回收利用亦处于初级阶段，电池分类回收只占一小部分。大部分电池在生活垃圾中，被填埋或焚烧。美国是在废电池环境管理方面立法最多最细的一个国家，对废电池的管理处理有明确的法律规定，日本在回收电池方面的研究也很多，初期他们主要是回收其中的水银，通过高温焚烧炉焚烧含水银废气排除收集汞。但目前日本国内电池已不含汞了，就主要回收电池的铁壳和其中"黑"原料，并进行二次产品的开发制造。

废旧电池的回收利用首先应该考虑采取综合利用的方法回收有利用价值的成分，对不能利用的物质如重金属、废酸和废碱进行无害化处理，达到回收资源、保护环境的目的。由于电池的种类繁多，因此对它们的处理方法有很大的差别，目前普遍采用的有：废干电池的综合利用技术、废镍镉电池的综合利用技术、混合电池的综合利用技术及铅酸蓄电池的回收利用技术。

废干电池主要是指锌-锰酸性电池和锌-锰碱性电池。电池成分中含有汞、砷、铬、铅等有害元素。这类电池的回收利用主要是解决两个问题，首先是金属汞和其他有用物质的回收，其次是废气、废液、废渣的处理。目前的回收利用的技术主要包括人工分选的方法、湿法和火法等处理方法。人工分选法是先用刀具将废电池剖开，剔出电芯等物料后选出锌筒回炉。湿法冶金方法是锌-锰干电池中的锌、二氧化锰与酸作用生产可溶性的盐而进入溶液，溶液经过净化后电解生产金属锌和二氧化锰，或生产化工产品、化肥等。火法冶金处理废干电池是在高温下使废干电池中的金属及其化合物氧化、还原、分解、挥发及冷凝的过程。

废镍镉电池用镉作为阳极材料，用氧化镍作为阴极材料，电解液是氢氧化钾溶液。回收利用废镍电池的可以分为火法和湿法两大类。火法回收是利用金属镉易挥发的性质，其处理温度为900～1 000℃。湿法处理过程首先是将废弃镍镉电池用硫酸或盐酸溶液浸取，使金属以离子的形式转移到溶液中，然后通过化学沉淀、电化学沉积、溶剂萃取等手段将不同的金属分离出来，从而回收镉镍。

对于混合型电池目前采用的主要处理技术为模块化处理方式，即首先对所有电池进行破碎、筛分等预处理，然后全部电池按类别进行分选。混合电池的综合利用也采用火法、湿法或混合处理的方法。

铅酸蓄电池以金属铅为阳极，氧化铅为阴极，以硫酸作为电解液，可以重复充电使用。主要用于汽车、铁路、军工等领域。铅酸蓄电池与其他小型电池不同，具有体积大、易收集、资源化价值高、再生利用处理技术较为成熟等特点。其回收利用主要以废铅的再生利用为主，还包括废酸以及塑料壳体的利用。由于铅酸蓄电池体积大、易回收，目前中国废铅酸蓄电池的金属回收率大约达到80%～85%，远高于其他种类的废电池。铅是铅酸蓄电池回收利用的主要部分，好的铅合金板栅经清洗后可直接回用，可供蓄电池的维修使用。再生铅业主要采用火法冶炼和湿法冶炼及固相电解还原法三种处理技术。废酸集中处理有多种用途，具有回收工艺简单、用途广泛等特点。具体用途包括回收的废酸经提纯、浓度调整等处理后成为生产蓄电池的原料，废酸经蒸馏提高浓度后可用于铁丝厂除锈，供纺织厂中和含碱废水使用，利用废酸生产硫酸铜等化工产品等。铅酸蓄电池多采用聚烯烃塑料制作隔板和壳体，属于热塑性塑料，可重复使用。完整的壳体经过清洗后可继续回用；损坏的壳体清洗后，经破碎后可重新加工成壳体，或加工成其他制品。

(5) 废塑料

塑料一般是指以天然或合成的高分子化合物为基本成分，可在一定的条件下塑化成型，而产品最终形状能保持不变的固体材料。由于塑料具有质轻、廉价、高强度、耐磨性和容易加工等优点，从问世以来一直在生产和生活中应用广泛。与此同时，废塑料量也与日俱增，造成的环境污染成为全球性的问题。废塑料质量轻体积大，填埋后不腐烂，造成土壤板结，妨碍作物呼吸和吸收养分，使之减产；残膜中的有毒添加剂和聚氯乙烯会富集于蔬菜和粮食及动物体内；在紫外线的作用下或在燃烧时，它们排放出 CO、氯乙烯单体（VCM）、HCl、甲烷、NO_x、SO_2、烃类、碱性及含油污泥、粉尘等，污染水体和空气；含氯塑料焚烧还会释放二噁英等有害有毒物质。解决废塑料问题的主要途径是回收利用，包括回收和再生两大步骤。“回收”是指废塑料的集中、运输、分类、洗涤、干燥等处理过程，只有先回收，才能再生或利用；“再生循环”的具体过程：制品→废物→回收→再生制品→再废物→废物→再生制品，反复多次“回收，再生利用”的过程。世界上的许多国家尤其是欧美日等发达国家积极开发研究废塑料的再生利用技术。

对收集到一起的混合废塑料进行分选，才能有效地分别进行回收利用。塑料混合物的分选技术大致可分为以水作为介质的湿法和干法两种，如表 7－5 所示。通常湿法比干法分选精度更高。湿法全称湿式重力筛选法，主要根据分选塑料密度不同，从而在水中的沉降速度不同来进行分选。干法分选主要有光选法、电选法、风选法等几种形式。

此外，还可根据热塑性塑料的熔融温度不同的热源识别分选法、液态碳氢化合物分选法、磁力分选法、颜色分选法等。

表7-5 塑料的分选技术

干法分选	湿法分选
光选法	重选
红外光选法	浮沉选别
X射线光选法	离心分离机
静电和摩擦带电选	湿式旋流器
风力选别	浮选
锯齿形选别机	
柱形选别机	
液态化床分选	
风力摇床	

废塑料的回收利用技术包括:简单再生和改性再生利用、热解技术、焚烧技术。简单再生利用是指回收的废塑料制品经过分类、清洗、破碎、造粒后直接进行成型加工。如聚氯乙烯废硬质板材、管材等硬制品经过上述处理后可直接挤出管材,用于建筑物中的电线护管。再生制品的性能欠佳,一般只作低档次的塑料制品。改性再生利用是指将再生料通过机械共混或化学接枝改性后,再进行利用的方法。常用的改性方法有增韧、增强、复合、活化粒子填充的共混改性,或交联、接枝、氯化等的化学改性,经过改性的再生制品,其力学性能可得到改善和提高,可以作档次较高的再生塑料制品。废塑料的热解和焚烧技术同前面固体废物热解、焚烧技术相同,这里不赘述。

此外,推广使用可降解塑料也是一项有效的方法。可降解塑料是近年来开发研制出来的。可降解塑料是针对塑料都在天然条件下不易降解而造成环境污染这一问题提出的,通过在普通塑料中加入各类填充物质,增加其在自然环境中的降解能力。可使一般塑料转变成可降解的塑料,根据其降解方法不同,可降解塑料主要有光降解塑料和生物降解塑料两种。

光降解塑料是根据塑料中高分子碳链受到紫外线作用可缓慢分解这一特点,在聚合时加入易受紫外线分解的单体,或者加入可吸收紫外线加速碳链断裂的添加剂而生产出来的。生物降解塑料是在聚合时加入易生物降解的物质,使塑料在天然条件下能被生物所降解。可降解塑料尚未得到广泛应用。其制品目前主要应用在如下两个方面:①农膜、棚膜类;②包装材料及一次性用瓶,如食品包装袋、旅馆用的一次性拖鞋等。

(6) 电子废物

随着科技的高速发展,电子产品的更新换代速度加快,电子废物产生的速度也越来越快。电子垃圾已经成为危害人类生存环境的新隐患。从2003年起我国进入家电淘汰高峰期,年报废量达3 000多万台。电子垃圾按照可回收物品的价值大致可分为三类:第一类是计算机、冰箱、电视机、电脑等有相当高价值的废物。就目前的技术而言,对其处理和利用会取得较大的收益。第二类是小型电器如无线电通信设备、电话机、燃烧灶、抽油烟机等价值稍低的废物。第三类是指价值很低的废物。电子废物的危机不仅仅因为数量的迅猛增加,同时也因其释放了铅、汞、镉和溴化助燃物质等大量导致畸形、致突变、致癌的有毒物质,严重威胁环境和人类健康。

长期以来我国电子废物的运行主渠道是旧货回收、低层次用户使用、拆解零件遗弃的运行模式,当无法继续使用时,或由维修部拆解零件用于回收,或由用户改为他用,部分则遗弃于垃圾中。这种处置方法除会带来漏电、漏氟、打火、燃烧等事故外，对环境也产生重大危害。不同种类的电子废物，其处理方式也不同。一般利用高一级的废物组成低一级可用产品。电子废物的处理途径见图7－3。

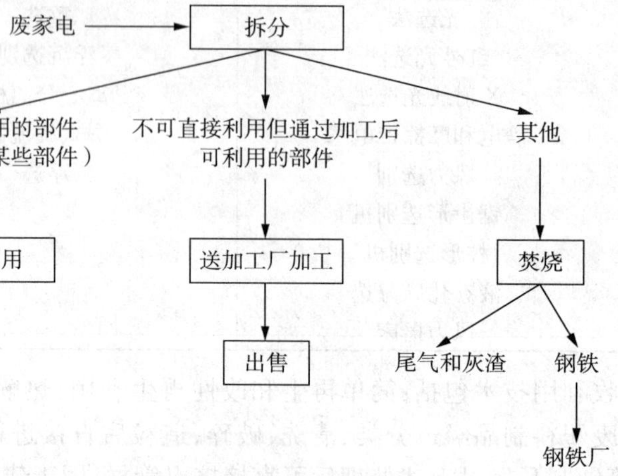

图7－3　电子废物的处理途径

尽管不同国家的公司在废旧电子电器回收和资源化方面的流程有细微差别，但总体归纳起来要完成以下步骤为：收集、拆解、再提炼、破碎和分选。

一般认为，制约电子废物综合利用的技术瓶颈是废电路板的处理。废电路板包括废覆铜板（生产印刷线路板的原材料）、废印刷线路板，带集成电路和电子元器件的印刷线路板（一般称废电路板）。我国是电路板生产大国，覆铜板和印刷线路板生产中的残次品和边角料数量不断增加，且其成分复杂，综合回收处理难度较大。目前对电子废物处理综合利用技术有以下几种：

①重力分选，通过摇床将粉碎后的物料按密度和粒度不同进行选别，这种方法对处理废覆铜板回收铜效果良好。②直接熔炼，将废电路板直接加入鼓风炉用焦炭作还原剂，石灰作熔剂，还原出的铜形成粗铜锭，含铜80％～90％，并从粗铜锭中精炼回收金、银等贵金属。③脱出有机物后熔炼，废电路板熔炼对环境的危害主要来自有机物的燃烧。可通过焚烧、干馏和微波等方法处理去除有机物。④金银的回收技术。废集成电路板、印刷线路板、元器件、边角料等通常需要进行预先处理使金或银等富集后再进行精炼提纯，其处理技术有火法熔炼和湿法浸出。⑤废电视机显像管的再生利用。显像管含有Sr、Na、Pb、K、Zn、Cd、Mn等元素，浪费资源，污染环境。首先通过金属丝加热分离法把屏玻璃与锥管玻璃分开，而后分别用于熔制屏玻璃和锥管玻璃，因为屏玻璃不允许含铅，不能将含铅的锥管玻璃带进屏玻璃。

7.3.3　能源工业固体废物的处理与资源化

能源是人类赖以生存和发展的基础。目前人类消耗的能源主要有煤、石油和天然气，在这些能源开采和开发利用过程中，也会造成严重的环境污染，例如煤炭资源的开采和发电过程中都会产生大量的固体废物的污染，如煤矿渣、煤矸石、炉渣和粉煤灰等。对这些废物的资源化已成为我国亟待解决的问题。

1. 粉煤灰

粉煤灰是煤粉经高温燃烧后形成的一种似火山灰质的混合材料。燃煤电厂将煤磨细成粒度在 100 μm 以下的细粉，用预热空气喷入炉膛内，悬浮燃烧后形成高温烟气，经收尘装置收集就得到粉煤灰，也叫飞灰。少量煤粉粒子在燃烧过程，由于碰撞粘结成块，沉积于炉底称为底灰。飞灰约占灰渣总量 80%～90%，底灰约占 10%～20%。

(1) 粉煤灰的组成

粉煤灰的主要化学成分为 SiO_2、Al_2O_3、Fe_2O_3、CaO 和未燃尽的碳。另含有少量 K、P、S、Mg 等化合物和少量的微量元素。根据 CaO 的含量分为高钙粉煤灰(CaO>20%)和低钙粉煤灰(CaO<20%)，高钙粉煤灰质量高于低钙粉煤灰(对活性而言)。I. L(烧失量)可以反映锅炉燃烧状况，I. L 越高，粉煤灰质量越差。粉煤灰的矿物成分取决于所用燃煤的化学成分和矿物成分。粉煤灰中的矿物大部分是在燃烧过程中熔融结晶所得。因此，粉煤灰的矿物成分很复杂。主要分为无定形相和结晶相两大类。无定形相主要是 Si-Al 质玻璃体(约占 50%～80%)和少量未燃尽的碳粒。玻璃体含量多，火山灰活性高。结晶相主要有石英、莫来石、长石、云母、赤铁矿、金属铁、硅化铁、磁铁矿；在高钙粉煤灰中还含有一些水泥熟料矿物如 C_2S，铝酸钙、钙长石、方镁石、石灰等。粉煤灰的矿物成分是影响粉煤灰活性的重要因素之一，低钙粉煤灰的活性主要取决于无定形 Si-Al 质玻璃体，因此玻璃体越多化学活性越高。

(2) 粉煤灰的颗粒组成

粉煤灰是由形状各异，大小不同的球粒、多孔颗粒和碎屑颗粒构成。

(3) 粉煤灰的性质

粉煤灰外观像水泥，呈灰白色，随着含碳量的增加，颜色变深可呈黑色，而且碳粒主要赋存于粗颗粒中；因此，粉煤灰的颜色在一定程度上反映了粉煤灰的含碳量和细度，颜色越深，粒度越粗，质量越差。粉煤灰的密度与化学成分密切相关，低钙灰的密度一般为 1 800～2 800 kg/m^3，高钙灰的密度可达 2 500～2 800 kg/m^3。粉煤灰空隙率一般为 60%～75%。

粉煤灰的活性是指粉煤灰和石灰、水混合后所显示的凝结硬化性能。具有化学活性的粉煤灰本身无水硬性，但在潮湿的条件下，能与 $Ca(OH)_2$ 等发生反应，显示出水硬性。粉煤灰的活性是潜在的，需要激发剂激发才能发挥出来，主要激发剂有：石灰及少量石膏、石灰及少量水泥、水泥熟料及少量石膏。

(4) 粉煤灰的资源化

煤粉经燃烧后形成的粉煤灰，与原煤粉相比颗粒变小，空隙率提高，比表面积增大，活性程度和吸附性能增强，电阻值增大，耐磨强度变高(莫氏强度达到 7)。粉煤灰有着良好的物理、化学性能和利用价值，因而成为一种"二次资源"。粉煤灰的 C、Fe、Al 及稀有金属可以回收，CaO、SiO_2 等活性物质可广泛用作建材和工业原料，Si、P、K、S 等组分可用于制作农业肥料与土壤改良剂，其良好的物化性能可用于环境保护及治理。因此，粉煤灰资源化具有广阔的应用和开发前景。

① 用作建筑材料

粉煤灰作建筑材料，是我国利用粉煤灰的最主要途径之一，它包括配制粉煤灰水泥、粉煤灰混凝土、粉煤灰砖、粉煤灰加气混凝土、粉煤灰陶粒等。

粉煤灰水泥由硅酸盐水泥粉料、粉煤灰和适量石膏磨细制成的水硬性胶凝材料称为粉煤灰水泥，粉煤灰掺量为 20%～40%，粉煤灰水泥标号一般分为 225、275、325、525 四个标号。主要品种有：粉煤灰硅酸盐水泥、粉煤灰无熟料水泥、粉煤灰少熟料水泥、粉煤灰烧成水泥和活化灰渣水泥。

粉煤灰混凝土是以硅酸盐水泥为胶结料，砂、石为粗、细骨料，加水拌和而成的构筑材料。

在配制混凝土混合料时加入一定量的粉煤灰(或细磨粉煤灰)可以有效地节约水泥,改善混凝土的和易性,提高混凝土质量。国外在修造隧洞、地下铁道等工程中,广泛采用掺粉煤灰的混凝土。我国曾在刘家峡等大型水利大坝工程中采用了粉煤灰混凝土,实践表明,粉煤灰能有效改善混凝土的性能。

粉煤灰的成分与黏土相似,可以替代黏土制砖。原料一般为石灰、石膏、骨料和粉煤灰,通过原料处理、搅拌、消化、轮碾、成型、静停、养护和成品检验等过程。主要有烧结粉煤灰砖、粉煤灰蒸养砖、粉煤灰免烧免蒸砖、粉煤灰硅酸盐砌砖、蒸汽泡沫粉煤灰保温砖。

粉煤灰加气混凝土是以粉煤灰、水泥、石灰等为基本材料,用铝粉作发泡剂,经原料磨细、配料、浇注、加气成型、坯体切割、高压养护等一系列工序制成的一种多孔轻质建筑材料。其特点是质量轻,制成品密度小、保温性能好,而又具有一定的强度,绝热性能好,防火性能好,易于加工等。因而,它是一种良好的墙体材料。

粉煤灰陶粒是用粉煤灰做主要原料,掺入少量粘结剂和固体燃料,经混合、成球、高温熔烧而制得的一种人造轻质骨料。粉煤灰陶粒的生产一般包括原材料处理、配料及混合、生料球制备、焙烧、成品处理等工艺过程。粉煤灰陶粒的主要特点是质量小、强度高、热导率低、耐火度高、化学稳定性好等,比天然石料具有更为优良的力学性能。粉煤灰陶粒可以用于陶粒混凝土可减轻建筑结构及构件的自重,改善建筑物使用功能,节约材料用量,降低建筑造价,特别是在大跨度和高层建筑中,陶粒混凝土的优越性更为显著。

② 粉煤灰作为土建原材料和回填材料

粉煤灰能替代沙石、黏土、水泥等作为土建基层材料,用于高等级公路路基、修筑堤坝等。粉煤灰作为土建材料,掺和量高、吃灰量大,且能提高基层的板体性和水稳定性。

利用坑口粉煤灰,对煤矿区的坑洼地、塌陷区进行回填,改善矿物生态。作为土壤改良剂加入土壤表层,能改善土壤的理化性能,改善其通气通水的性能。

③ 粉煤灰用于农业生产

粉煤灰具有质轻、疏松多孔的物理特性,还含有磷、钾、镁、硼、钙、铁、硅等植物所需的元素,因而广泛应用于农业生产。如粉煤灰直接作农业肥料和土壤改良剂等。以粉煤灰为原料可以直接制作粉煤灰钾肥、粉煤灰硅钙钾肥、粉煤灰磁化肥和粉煤灰磷肥。

粉煤灰能广泛用于改造重粘土、生土、酸性土和盐碱土、弥补其酸、瘦、板、粘的缺陷,加入土壤后,粉煤灰颗粒与土壤粒子可以连成无数的通道,为植物根吸收水分和营养提供新的途径,构成输送营养物质的交通网络。加速有机物分解,提高土壤有效养分的含量和保温、保水的能力,增强了作物的防病抗旱能力。

粉煤灰作为农药和农药的载体,其中含有 Zn、B、Fe 等微量元素,可参与植物的生物化学过程,影响植物的代谢作用。土壤中掺入粉煤灰可以促进作物生长,增强作物防病抗虫能力,起到施加农药的目的。粉煤灰具有密度低、流动性好、不结块、多孔、高比表面积和高吸附性能,能均匀吸附、贮存和分布原药的功能或作用,使药效稳定,因而常被作为农药填料或农药载体。

④ 分选、回收有益成分

粉煤灰含有氧化硅、氧化铝、氧化钙、氧化铁、碳、微珠等,回收有用的金属物质,粉煤灰含 Fe_2O_3 一般在 4%～20%,最高达到 43%。当 Fe_2O_3 含量大于 5%时,即可回收。Fe_2O_3 经高温焚烧后,部分被还原成 Fe_3O_4 和铁粒,可通过磁选回收。Al_2O_3 是粉煤灰的主要成分,一般含 17%～35%,可作宝贵的铝资源。粉煤灰中还含有大量稀有金属和变价元素,如钼、锗、镓等。我国用稀硫酸浸取硼，其溶出率在72%左右，浸出液螯合物富集后再萃取分离，得到纯硼产品。

从粉煤灰中分选空心微珠，空心微珠是SiO_2、Al_2O_3、Fe_2O_3及少量CaO、MgO等组成的熔融结晶体，它是在1400～2000℃下或接近超流态时，受到CO_2的扩散、冷却固化与外部压力作用形成的。空心微珠的密度一般只有粉煤灰的1/3，有很多优异的性能，我国很多电厂都回收它，可以用来作保温、绝热、耐火产品，是耐高温塑料的理想填料。空心微珠表面有很多微孔，可作石油化工的催化剂和化学工业的化学反应催化剂。其电阻值比较高，是电瓷和轻型电器绝缘材料的极好原料，利用它可制成绝缘陶瓷。

⑤ 用作环境保护材料

粉煤灰因其特殊的理化性能而被广泛应用于环境保护产业。如用于垃圾卫生填埋，用于制造人造沸石和分子筛，利用粉煤灰制絮凝剂，用作吸附剂等。除此之外，粉煤灰具有脱色、除臭功能，能较好地去除COD、BOD，可广泛用于各种工业废水的处理。粉煤灰用于活性污泥法处理印染废水，不仅能提高脱色率，并能显著改善活性污泥的沉降性能，克服污泥膨胀。

2. 煤矸石

煤矸石是与煤伴存的岩石，在煤的采掘和洗煤过程中，都有煤矸石排出，煤矸石是煤炭生产和加工过程中产生的固体废弃物，每年的排放量相当于10%左右的煤炭产量，据不完全统计，到目前为止，已累计堆存煤矸石40多亿吨，是我国目前排放量最大的工业固体废弃物之一。各地煤矸石长期堆存占用了大量土地，破坏了周围地质地貌景观。若形成矸石山，可能引发渣石流、自燃和坍塌事故，进而污染大气和地下水。

煤矸石是一种可再利用的资源，是综合利用煤炭资源的重要组成部分。但我国综合利用煤矸石的整体技术装备水平还比较落后、技术含量低、发展综合利用方面各地也很不平衡，大力开展煤矸石的综合利用可以减少土地浪费和对环境的污染。

(1) 煤矸石的理化性能

煤矸石的主要化学成分为SiO_2、Al_2O_3、Fe_2O_3、CaO、MgO等，各种煤矸石化学成分基本相似，主要化学成分是SiO_2和Al_2O_3，两者约占煤矸石的80%左右。此外，也常含有少量Ti、V、Co和Ga等金属元素。煤矸石矿物组成包括粘土矿物、石英、方解石、硫铁矿及碳质等，其结构大部分为片状结构，有一定的硬度、透水性大，在加工过程中容易被粉碎。

(2) 煤矸石综合利用

根据地煤矸石组成的特点，煤矸石主要用于发电、建筑材料、肥料、化工原料和回填等。

① 煤矸石用做燃料发电

煤矸石含有一定数量的固定炭和挥发成分，一般烧失量在10%～30%，发热量可达4.19～12.6 MJ/kg，所以煤矸石可以用来代替燃料。目前，采用煤矸石作燃料的工业生产主要有以下几个方面：化铁、烧锅炉、烧石灰、回收煤炭和利用煤石造气——煤气。煤矸石发电采用大型循环流化床燃烧技术，提高燃烧效率和综合利用率，实现污染物达标排放。

② 煤矸石生产建筑材料制品

在用于生产建材及制品方面，以发展高掺量煤矸石烧结制品为主，积极发展煤矸石承重、非承重烧结空心砖、轻骨料等新型建材，逐步替代粘土。煤矸石建材品种较多，主要有水泥、混凝土、砖、砌块、陶粒等。

煤矸石水泥是以煤矸石为原料，利用其二氧化硅、三氧化铝含量高的特点来部分或全部代替粘土配制的胶凝材料。煤矸石经煅烧后具有一定的活性，还可掺入水泥中作活性混合材料，提高水泥的质量，降低成本。

用煤矸石替代部分或全部粘土用适当的工艺烧制成烧结砖，质量好，颜色均匀，抗冻、耐火、耐酸、耐碱性好。将破碎后的煤矸石、晒干的锯木、白云石和半水石膏混合送入硫酸溶液中混合搅拌，白云石与硫酸反应发泡，使混合料膨胀，然后浇注入模，经干燥、焙烧而制成微孔吸音砖。

生产轻骨料。轻骨料是为了减少混凝土的相对密度而产生的一种多孔骨料。国外用煤矸石生产轻骨料主要有两种工艺，一种是用烧结机生产烧结型的煤矸石多空烧结料；另一种是用回转窑生产膨胀型煤矸石陶粒。目前，我国生产煤矸石轻骨料尚处初级阶段，主要是用回转窑烧制煤矸石陶粒。

③ 生产化工产品

煤矸石可以生产多种化工产品。如：聚合铝、结晶三氯化铝，并从提取氯化铝的残渣中制出二氧化硅。还可利用煤矸石制氨水和硫酸铵。

④ 煤矸石改良土壤

煤矸石含有一定的有机质以及多种植物所需的 Zn、Cu、Mn 等微量元素。某些煤矸石中N、P、K 和微量元素的含量是普通土壤的数倍，经过加工生产有机肥和微生物肥料。

煤矸石有机肥一般用化学活化法制成，将有机质含量较高的煤矸石破碎成粉末后与过磷酸钙按一定比例混合，然后加入适量的活化剂，充分搅拌，再加入适量水，堆沤活化制成。煤矸石有机肥料可增加土壤的疏松性、透气性，改善土壤的结构，提高土壤肥力，从而达到增产的目的。

⑤ 煤矸石回填矿井采空区技术

煤矸石充填矿井，采用煤矸石不出井的采煤生产工艺，充填采空区，减少矸石排放量和地表下沉量。在道路等工程建设中，以煤矸石代替粘土作基材技术，凡有条件利用的，必须掺用定量的煤矸石，完善利用煤矸石弃填废弃矿井技术。

7.3.4 冶金工业固体废物的处理与资源化

冶金工业从矿山开采、金属冶炼到加工制造都有废渣产生，如废石、尾矿、冶金渣、粉尘、污泥、废屑等，通称为冶金工业固体废物。冶金渣是指冶炼过程中排出的废渣。它是冶金工业废物中数量较多、利用价值最高的一种渣，其中主要是炼铁产生的高炉渣。炼钢生产的钢渣和有色金属冶炼过程中产生的有色冶金渣。

1. 高炉渣

高炉渣是在高炉冶炼过程中由矿石中的脉石、燃料中的灰分、熔剂和其他非挥发组分形成的一种易熔固体废物，高炉冶炼过程中，从炉顶加入铁矿石、焦炭和熔剂，当炉内温度达到1 300～1 500℃时，物料变成液相。在液相中，浮在铁水上的熔渣通过排渣口排出，形成高炉渣，是高炉的主要副产品之一。随着我国钢铁生产的迅速发展，所产生的固体废弃物总量也越来越多，其中高炉渣占到约 50%，其也是冶金工业中产生量最多的一种废渣。

高炉渣主要成分为 CaO、SiO_2 和 $A1_2O_3$，另外含有少量的 MgO、FeO 和一些硫化物如 CaS、MnS 和 FeS_2 等，其中 CaO 和 SiO_2 的总和在 70%左右，Al_2O_3 在 15%左右。高炉渣的性能取决于高温熔渣的处理方法，对高炉排出的熔融渣流有三种处理方法，即急冷却(水淬法)得到水淬渣、慢冷却(热泼法)得到重矿渣和半急冷却法得到膨胀矿渣珠，这些矿渣的性能也不相同。高炉渣是一种性能好的硅酸盐材料，通过处理后利用途径较高，合理地利用好高炉渣具有很大的节能效果。用途如下。

① 水渣制水泥

生产矿渣水泥：水渣具有潜在的水硬胶凝性能，在水泥熟料、石灰、石膏等激发剂作用下，可显示出水硬胶凝性能，是优质的水泥原料。水渣既可以作为水泥混合料使用，也可以制成无熟料水泥。

矿渣硅酸盐水泥：此种水泥是用硅酸盐水泥熟料、水渣和 3%～5%的石膏混合磨细，或者分别磨后再加以混合均匀制成的。矿渣硅酸盐水泥简称矿渣水泥。可以提高水泥质量，降低水泥生产成本。

石膏矿渣水泥：又称为矿渣硫酸盐水泥，它是由高炉水渣 80%左右，石膏 15%左右及少量硅酸盐水泥熟料，混合磨细而成的水硬性胶凝材料。这种水泥有较好的抗硫酸盐侵蚀性能，但早期强度低，易分化起砂。

石灰矿渣水泥：石灰矿渣水泥是将干燥的粒化的高炉渣、生石灰或消石灰以及天然石膏，按适当的比例混合磨细而成的一种水硬性胶凝材料。掺入石膏是为了提高水泥的早期强度。

② 高炉渣生产矿渣砖和碎石

矿渣砖：用水渣加入一定量的水泥等胶凝材料，经过搅拌、成型和蒸汽养护而成的砖叫做矿渣砖。用 87%～92%水渣，5%～8%水泥，加入 3%～5%的水混合，所生产的砖其强度可达到 10 MPa 左右，能用于普通房屋建筑和地下建筑。

由热熔高炉渣在空气中缓慢冷却所形成的一种坚硬石质材料称为重矿渣，重矿渣经过挖掘机采掘，并经破碎和筛分后可得到不同粒径矿渣碎石，抗压强度相当于一般的天然岩石，可用于矿渣碎石混凝土、地基工程、道路工程等。

③ 高炉渣生产矿渣棉和微晶玻璃

矿渣棉是以矿渣为主要原料、经熔化、高速离心法或喷吹法制成的一种白色丝绵状矿物纤维材料，它具有质轻、保温、隔音、隔热、防震等性能。现已将矿渣棉制成各种规格的板毡、管壳等。

国外有高炉渣生产微晶玻璃的产品，即在固定式或回转炉中，将高炉渣与硅石和结晶促进剂一起融合成液体，用吹、压等一般玻璃成型方法成型。并在 730～830℃下保温 3h，再升温至 1 000～1 100℃保温 3h，使其结晶，冷却后即为矿渣微晶玻璃。

2. 钢渣

炼钢是以氧化的方法除去生铁中过多的碳元素和硅、硫、磷等杂质。炼钢过程排出的废渣称为钢渣，钢渣的产量在冶金工业的产量仅次于高炉渣，但它的成分不仅复杂而且多变，使得钢渣的利用变得困难，利用率低。钢渣的主要化学成分有 CaO、SiO_2、Al_2O_3、FeO、Fe_2O_3、MgO、MnO 和 P_2O_5，有的还含有 V_2O_5、TiO_2 等。它们来自铁水与废钢中的 Si、Mn、P 和少量 Fe 被氧化后生产的氧化物及硫化物；被剥蚀下来的炉衬及补炉材料；金属炉料带入的杂质和泥沙等；为调整钢渣性质而加入的造渣材料，如石灰石、铁矿石等。

根据钢渣的不同性质有多种用途，主要包括冶金、建筑材料、农业利用、回填等。例如含磷高的钢渣适宜作磷肥，含磷低的钢渣可作炼铁溶剂，碱度高的钢渣适宜作水泥原料等。国外经济发达国家，把钢渣大部分制成钢渣碎石，应用在各种混凝土的粗细骨料、筑路、填坑等方面，其次用作炼铁原料、钢渣水泥和钢渣棉等。目前经济效果较好的是将钢渣做高炉、转炉炉料，在钢铁厂内循环使用。

① 钢渣返回冶金再用

在烧结矿石中适当配加5%～15%粒度小于8 mm的钢渣代替溶剂使用，可改善烧结矿的宏观结构和微观结构。此外，采用化学浸提法，可以从钢渣中提取Nb、V等元素，又由于钢渣中一般含有7%～10%的钢粒，故还可以从中回收大量的钢粒和磁性氧化铁。

② 钢渣矿渣水泥

钢渣水矿渣水泥在我国已形成一种新品种系列。以平炉、转炉钢渣为主要组分，加入一定量的粒化高炉渣和适量石膏，磨细制成的水硬性胶凝材料称为钢渣矿渣水泥。钢渣的最少掺加量(以重量计)不少于35%，必要时可掺入重量不超过20%的硅酸盐水泥熟料。

③ 钢渣磷肥

钢渣中含有一定量的P_2O_5，特别是水淬平炉钢渣。我国目前用钢渣生产的磷肥品种有钢渣磷肥和钙镁磷肥，以钢渣磷肥为主。钢渣中不仅含磷，还含有钙、硅，亦可作钙硅肥。此外钢渣中还含有铁、铝、锰、镁、硼等元素，这些成分都是植物所需要的养分。钢渣废料的生产，首先应除去渣中的铁，然后经球磨机磨细即成。

④ 钢渣碎石

钢渣碎石具有容量大、强度高、表面粗糙、稳定性好、不滑移、耐腐蚀、耐久性好、与沥青结合牢固等优良性能，因而特别适于在铁路、公路、工程回填、修筑堤坝、填海造地等方面代替天然碎石使用。钢渣碎石作公路路基，用渣量大、道路的渗水、排水性能良好，对保证道路质量和消耗钢渣具有重要的意义。

3. 赤泥

有色金属在冶炼过程中也要排放出废渣。有色金属矿石品位低，排放废渣比例很大，且因含有铬、镉、铅等毒性大的金属，所以，对环境污染比较严重。

赤泥是从铝土矿提炼氧化铝后排弃的泥浆，属危险固体废物。每生产1 t氧化铝，约排出1～2 t赤泥。原料品位越低，赤泥产生量越大。目前，国内外赤泥的利用率都不高，大部分是设置堆场贮存，有的是将其倾倒入海。赤泥自然堆放，液相逐渐进入周围环境和附近河流，容易造成环境污染。

赤泥的化学组成比较复杂，主要包括CaO(40%～50%)、SiO_2(20%左右)、Al_2O_3、Fe_2O_3、TiO_2、Na_2O。此外，还含有少量稀有金属和放射性元素。赤泥的矿物组分主要包括硅酸三钙和硅酸二钙，尤以硅酸二钙含量最多。作为赤泥主要矿物组分的硅酸二钙，在激发剂激发下，具有水硬性胶凝材料，且水化热不高，这些对赤泥综合利用具有重要的意义。

多年来我国关于赤泥的综合利用，开展了大量的研究工作，但从整体上看，由于赤泥排放量大、含水率高、碱性强的等特点，综合利用进展不快。下面简要介绍其主要利用方法。

① 生产水泥

目前，我国赤泥主要用来生产水泥。主要品种有普通硅酸盐水泥、油井水泥和硫酸盐水泥。用赤泥生产水泥，必须发展赤泥脱碱，才能扩大赤泥的掺量。根据研究，赤泥碱含量可以脱到1.5%以下。达到这一要求后，赤泥的掺量可由目前的25%～30%提高到50%。另外，赤泥做建材，其放射剂量有的偏高，成为赤泥利用中应认真对待的问题。

② 回收有价金属

赤泥中含有氧化铁，可将其预焙烧后放入沸腾炉，在700～800℃下还原，最后经磁选出铁精矿，供炼铁用。将上述还原、磁选后的非磁性组分，与一定量的纯碱或石灰石共同烧结，在pH＝10条件下，将铝酸盐浸出，再使其水解析出，分离后剩下的渣在80℃条件下用50%的硫酸处理，获得硫酸钛溶液，再经水解得到氧化钛；分离后的残渣，经过酸处理、煅烧、水解等工序，可以从中回收钒、铬、锰等金属氧化物。

7.3.5　化学工业固体废物处理与资源化

化学工业固体废物是在化学工业生产过程中产生的固体、半固体或浆状废弃物，包括化工生产过程中进行化合、分解、合成等化学反应时产生的不合格产品（包括中间产品）、副产物、失效催化剂、废添加剂、未反应的原料及原料中夹带杂质等直接从反应装置中排出的或在产品精制、分离洗涤时由相应装置排出的工艺废物；此外，还用空气污染控制设施排出的粉尘、废水处理产生的污泥、设备检修和事故泄漏产生的固体产物以及报废的旧设备、化学品容器和工业垃圾等。

化学工业废物的特点：①废物产生量大；②危险废物的种类多，有毒物质含量高，对人体健康和环境危害大；③化工固体废物的组成中有大部分是未反应的原料和反应的副产物，废物的资源性可能大。

1. 铬渣

铬渣是有铬铁矿加入纯碱、白云石、石灰石在 1 100～1 200℃高温焙烧后，用水浸出铬酸钠后的残渣。每生产 1 t 铬酸盐约排放 3～5 t 铬渣。每生产 1 t 金属铬会排放约 10 t 铬渣，我国每年排放铬渣约 20 万吨，迄今堆存的铬渣已超过 300 万吨。铬渣的化学成分见表 7－6。

表 7－6　铬渣的典型化学成分

	Cr_2O_3	Al_2O_3	SiO_2	CaO	MgO	K_2O	Na_2O	S	P	H_2O	Fe_2O_3	烧失
老渣/%	4.66	5.74	10.17	30.02	22.33	0.042	2.18	0.008	0.08	14	9.44	19.28
新渣/%	3.44	4.58	9.57	31.11	21.79	0.26	0.74	0.021	0.051	22	8.13	19.65

铬渣为浅黄绿色粉状固体，呈碱性，主要为水溶性的四水铬酸钠，铬酸钠是强氧化剂，毒性强。从表 7－6 可知，铬渣既是有害废渣，又是可利用的二次资源。一方面，铬渣中可溶性的 Cr^{6+} 毒性剧烈，不仅危害生态环境，影响动植物生长，而且可通过消化道和皮肤进入人体，分别在肝和肾中，或经呼吸道积存于肺部，长期接触将会引起皮炎、铬疮、支气管炎和肺炎等症状；另一方面，由于我国铬资源短缺，综合利用铬渣中各种形态的铬十分必要。因此对铬渣的治理和资源化是保护环境的重要课题之一。

在国外，铬盐生产已有 200 多年历史，为防止铬渣污染扩散，发达国家多将铬盐集中生产，最后处理铬渣的方法主要是解毒后堆存或填海或制成建筑材料。我国早在 20 世纪 60 年代就开始了铬渣的研究工作，实践证明，在技术上可行的治理方法确实不少，但有些方法的投资和运行费用较高，经济上难以过关，或是综合利用铬渣制品的市场小，限制了某些治理方法的推广应用。

① 作建筑材料

铬渣具有硬度大、熔点高的性质，所以，人们常利用铬渣制成铸石、砖等建筑材料，或用作某些产品的替代原料，并使 Cr^{6+} 转变成 Cr^{3+} 或金属铬，达到解毒和资源化综合利用的双重目的。目前，比较成熟的作建筑材料的方法有：生产辉绿岩铸石，由于铬渣中含有残存的铬，是生产铸石的晶核剂，铬渣中还有一定数量的钙、硅、铝、镁和铁等，这些都是铸石所需要的元素。生产铬渣棉，用铬渣制成的渣棉的质量和性能与矿渣基本相同，由于是在 1 400℃的高温下还原解毒，因此解毒彻底。制砖，将铬渣同粘土、煤混合烧制成红砖或青砖技术简单、投资及生产费用低、用渣量大。制水泥，铬渣的主要矿物组成为硅酸二钙、铁铝酸钙和方镁石，与水泥熟料矿物组成相似。将铬渣干法解毒后作为混合材，同水泥熟料、石膏磨混制得水泥，铬渣用量约为成品水泥的10%。铬渣还可以作为水泥原料之一烧制成水泥。作为矿化剂烧制水泥。这三种方式的铬渣用量主要取决于原料石灰石中镁的含量。

② 铬渣代替铬矿粉作玻璃着色剂

制造绿色玻璃常用铬矿粉作着色剂，主要是利用 Cr^{3+} 在玻璃中吸收某些波长的光，透过另一部分波长的光，Cr^{3+} 吸收446～461 nm，656～658 nm及684～688 nm波长的光，在650～680 nm附近有红外吸收带，在450 nm处有蓝色吸收带，两者结合后呈绿色，由于铬渣中含有部分未反应掉的铬矿粉和 Cr^{6+}，高温有利于 Cr^{6+} 转化为 Cr^{3+}，因此，可替代铬矿粉作玻璃着色剂。

铬渣经烘干、破碎、筛分后与玻璃原料一起送入玻璃窑熔制成绿色玻璃。此法的优点是六价铬可以还原成三价铬，达到解毒的目的。铬渣中的MgO、CaO可以替代玻璃配料中的白云石和石灰石，降低成本。玻璃色泽鲜艳，质量有所提高。

③ 用铬渣代替蛇纹石制钙镁磷肥

蛇纹石主要成分为MgO和 SiO_2，可用铬渣代替作助熔剂生产钙镁磷肥，肥料质量符合钙镁磷肥三级标准，该法铬渣用量大，解毒较彻底，节约成本，但投资高，占地较大，高温熔融燃料消耗较大。

④ 铬渣代替白云石、石灰石炼铁

铬渣中氧化钙、氧化镁的含量与炼铁使用的白云石、石灰石中的量相近，可替代白云石、石灰石炼铁。此法需渣量大，六价铬可完全还原解毒，且使生铁中含铬量上升，机械性能、硬度、耐磨、耐腐蚀性能提高，是理想的铬渣的利用途径。但是铬渣在运输、贮存、破碎、成球、烧结过程中需防止铬渣的二次污染。

⑤ 铬渣的解毒

铬渣的解毒分为干法和湿法两种。干法解毒工艺为铬渣与煤炭按一定比例混合加入回转窑内，在一定温度下进行还原焙烧，使六价铬还原为不易被水溶出的三价铬，从而达到解毒目的。干法解毒工艺路线短，设备简单，处理费用较低，但操作要求严格。湿法解毒是将铬渣磨细成120目的浆料，送至解毒反应器内与硫化钠和硫酸亚铁反应，残渣含过量硫化物可能造成二次污染。此法的缺点是处理不彻底、处理费用高，解毒渣不稳定。

2. 硫铁矿烧渣

硫铁矿烧渣是生产硫酸时焙烧硫铁矿产生的废渣。主要成分是 FeS_2，还含有铜、铅、锌、锰等有色金属和稀贵金属的硫化物和硒化物。在生产硫酸时，硫铁矿中的硫被提取利用，铁及其他元素转入烧渣中。其化学成分含量：Fe_2O_3 20%～50%；SiO_2 15%～65%；Al_2O_3<10%；CaO<5%；MgO<5%；S 1%～2%；Pb、Zn、Cu、Co、As等少量；Ag和Au微量。

硫铁矿烧渣的利用已有上百年历史，目前有些国家几乎全部利用。硫铁矿烧渣可作为水泥助熔剂、炼铁的原料以及从渣中提取有色金属等。

① 硫铁矿烧渣

利用钢铁企业现有烧结设备进行掺烧炼铁，简单易行，国内一些钢铁厂均有实践经验。一般掺烧硫铁矿烧渣10%左右，对烧结质量及各项技术指标均无影响。为了确保经济上过关，硫铁矿烧渣的含铁量最好在60%以上，此外其他成分含量也达到标准要求。

② 作水泥配料

在水泥生产中，在生料中掺加硫铁矿烧渣可以调整水泥成分，提高水泥强度，此外由于它可以降低烧成温度，因而减少燃料消耗、延长炉衬寿命。用作水泥配料的烧渣，含铁量大于40%即可，对其他杂质含量要求不高，大部分硫酸厂的烧渣可以满足其要求，应用较为普遍。

③ 硫铁矿烧渣制砖

硫铁矿烧渣从沸腾炉排出后，经水淬冷却并与净化系统排出的尘渣一起堆放10～15天，使颗粒充分粉化成细粉料，然后与消石灰按一定比例混合均匀后，加入适量的水进行湿碾，使混合料颗粒受到挤压，进一步细化、均匀化和胶体化，得到密实、富有粘性、便于成型的混合料。经过湿碾的混合料进一步陈化后，送入压砖机压制成型，成型后的砖坯在适宜的温度、湿度下，自然养护28天即可出厂使用。

利用硫铁矿烧渣制砖，可将废渣全部利用，砖的质量符合普通工业与民用建筑的要求。

④ 从硫铁矿烧渣中回收有色金属

在烧渣中配入氯化剂，经球磨、造粒、干燥，在1 200℃高温下焙烧，烧渣中有色金属生产金属氯化物，因具有较高的蒸气压可以从球团中挥发排出，进入烟气中的金属氯化物在低温下易溶于水，因此用水溶液吸收可将烟气中有色金属捕集至溶液中分离回收，球团则直接用于炼铁。

3. 磷石膏

废石膏是以硫酸钙为主要成分的一种工业废渣。有磷矿石与硫酸反应制造磷酸所取得到的硫酸钙称为磷石膏。由萤石与硫酸反应制氢氟酸所得到的硫酸钙废渣称为氟石膏；生产二氧化钛和苏打时所得到的硫酸钙废渣分别称钛石膏和苏打石膏。其中，以磷石膏产量最大，每生产1 t磷酸约排出5 t磷石膏。在许多国家，磷石膏排放量已超过天然石膏的开采量。磷石膏呈粉末状，颗粒直径5～150 μm，成分与天然二水合石膏相似，以$CaSO_4 \cdot 2H_2O$为主，含量一般达70%左右。磷石膏的堆放不仅占地面积大，而且还会有氟化氢及氟化硅逸出。磷石膏堆场的废水除具有较高的酸度外，还含有氟化物和放射性镭等元素，造成环境的污染。

磷石膏虽与天然石膏有相同的主要成分，但由于磷石膏中含有酸性物质，且有20%水分，带有色质和杂质。要进行利用先要将其精制。

① 磷石膏作水泥的掺合料

生产水泥需掺入石膏作为缓凝剂，以保证在施工过程中水泥不固化。用磷石膏可代替天然石膏，但必须经过预处理，除去磷石膏中可溶性磷酸盐。预处理可采用水洗法，先将磷石膏加水调成含50%的固体浆料，再经真空过滤即可除去可溶性磷酸盐；也可采用中和法，用石灰（或消石灰）将可溶性磷酸盐转变为不溶性的磷酸钙，再进行干燥、焙烧碾磨后加水造粒，使之成为10～30 nm粒度的产品，每吨水泥约需掺加4%～6%石膏。

② 制造半水石膏与石膏板

半个结晶水的硫酸钙叫烧石膏或熟石膏，它的粉料加水调和成可塑造制成各种形状，不久就硬化成二水石膏，利用这一性质可将石膏加工成天花板、外墙的内部隔热板、石膏覆面板及花饰等各种建筑材料。磷石膏内含大量二水硫酸钙，因此如何由二水硫酸钙变为半水硫酸钙，同时去除杂质的研究成为利用磷石膏的关键问题。

③ 制硫胺副产碳酸钙或硫酸铵复肥

用磷石膏与碳酸铵反应可制得硫酸铵和碳酸钙，生成的湿硫酸铵结晶与磷铵浆料混合，经氨化、粒化、干燥，还可制得硫磷铵复肥。利用此法可将碳铵产品转化为硫酸铵，碳酸钙可用于生产石灰和水泥，技术可行、经济合理，是一条较好的碳铵品种改造途径。

④ 用于农业施肥或改良土壤

磷石膏中的硫和钙可以作为农作物的营养元素。农作物缺硫时，蛋白质数量和质量都会降低。土壤缺硫时，磷肥肥效得不到充分的发挥。钙可以增加农作物根的深度，提高作物的抗旱性。磷石膏中含少量的磷，可以供给作物营养。

4. 电石渣

电石渣来源于电石(CaC_2)制乙炔发生器，主要是水和消石灰的混合物，呈细分散的悬浮体。每 1 t 电石消解时产生干基电石渣 1～2 t，排出时带有 90%左右水分，经自然风干后的电石渣含氢氧化钙 50%，碳酸钙 30%。

① 电石渣制水泥

电石渣经泵送到浓缩池，浓缩到 55%左右后到配料库，将硅石、铁粉粉磨后配成 52%～56%的浆料，经长窑煅烧成硅酸盐水泥熟料，出窑后再与适当比例的矿渣、石膏混合后经水泥磨粉磨到一定细度后，包装出厂。

② 电石渣代替石灰生产氯酸钾

将电石渣投入化灰池中，加水配制成含氢氧化钙 120 g/L 的乳液，用泵打入氯化塔，通氯气反应。溶液除去游离氯后，再压滤除去固体物质，所剩清液中加入氯化钾，与氯酸钙进行复分解反应，产生氯酸钾。溶液再蒸发至含氯酸钾 150～160 g/L 的蒸发液，再经过结晶、脱水、干燥、粉碎、包装工序制的成品氯酸钾。此外，电石渣还可与尾氯反应生产漂白液。将电石渣与粉煤灰及钢渣混合后，可作为公路路基建筑材料等。

7.3.6 其他工业固体废物的处理与资源化

1. 废橡胶

随着汽车工业的飞速发展，日益增加的废橡胶已经成为一个全球性关注的问题，也成为固体废物处理的主要问题之一。它作为一种工业垃圾，已为全球公认。废橡胶组成分三种，第一种是废轮胎，约占废橡胶的 60%～70%；第二种是废胶带、废胶管、废胶鞋及其他废橡胶制品；第三种是橡胶制品生产过程中产生的边角余料和报废产品。废橡胶造成的环境污染是严重的，它具有稳定的二维网络结构，既不熔化也不溶解，累积在大自然中，对环境构成了严重的威胁。废轮胎堆积在一起还会成为蚊虫孳生的场所，不仅容易引起火灾，而且会传播各种疾病。如果能实现对橡胶废弃物的资源化，就意味着每年节约大量石油，对缓解日趋紧张的能源危机有着重要的意义。以废轮胎为主的废橡胶的处理法可以分为三类：整体利用、再加工和用作能源。

① 整体利用

轮胎翻新是主要的整体再用方式，它是指旧轮胎经局部修补、加工、重新贴覆胎面胶之后，进而硫化，恢复其使用价值的一种工艺流程。轮胎在使用过程中最普遍的破坏方式是胎面的严重破损。轮胎翻新可延长轮胎使用寿命，做到物尽其用，同时因生命周期长，还可促进废胎的减量化。除轮胎翻新外，废轮胎还可直接用于鱼礁、救生圈、牧场栅栏、水上保护用材、树木保护用材、体育游戏用材、轨道缓冲用材、道路铺垫、鞋底和马具等。

② 制造再生胶

用废橡胶制造再生胶是我国废橡胶利用的主要方式。再生胶是指废旧橡胶经过粉碎、加热、机械处理等物理化学过程，使其弹性状态变成具有塑性和黏性的、能够硫化的橡胶。再生橡胶组分中除了废橡胶外，还需加入像炭黑、软化剂和无机填料之类的配合剂。再生胶有很多优点：良好的塑性、收缩性好，流动性好、耐老化性好，具有良好的耐热，耐油和耐酸碱性，硫化速率快，耐焦烧性好。所以，生产再生胶是利用废旧橡胶的主要方向之一。

再生胶的再生机理是硫化橡胶在热、氧、机械力和化学再生剂的综合作用下发生降解反应，破坏硫化橡胶的立体网状结构，从而使废旧橡胶的可塑性有一定的恢复，达到再生目的。再生过程中硫化橡胶结构的变化为：交联键（S—S、S—C—S）和分子键（C—C）都部分断裂，再生胶是处在生胶和硫化橡胶之间的结构状态。

再生胶的制备方法很多，如油法、水油法、快速脱硫法、连续挤出脱硫法、化学法、微波法等。但应用原理基本上都基于水法和油法。

③ 生产胶粉

再生胶生产存在能耗大、生产效率低、污染环境、生产工艺流程长等缺点。目前，很多国家选择生产废胶粉作为回收利用废橡胶的主要途径。胶粉是将废胎整体粉碎后得到的细度极小的橡胶粉粒。胶粉按粒度的大小分类：粗胶粉（500～1 500 μm）、细胶粉（300～500 μm）、精细胶粉（75～300 μm）、超细胶粉（75 μm以下）。

生产精细胶粉具有明显的经济效益和社会效益：和生产再生胶相比可以节省一些工序，从而大幅度地节约设备、能源动力消耗和劳力投入；节约添加剂等化工原料；精细胶粉生产时不会对大气和水环境造成污染；在掺入再生料的制品中，精细胶粉比再生胶粉掺入量大而且力学性能好。

目前，工业发达国家胶粉制造方法有四种：一是常温粉碎法，即采用滚筒式和齿盘式常温机械，利用机械剪切力对废橡胶进行反复切割和挤压。二是湿法粉碎，即在常温下把废橡胶浸入液相中，在强剪切力作用下粉碎。三是冷冻粉碎法，即将废橡胶冷冻至橡胶玻璃化转变温度以下，在玻璃化状态进行粉碎。四是臭氧粉碎法，使用超高浓度臭氧，将整个轮胎置于装置内约1 h后，使骨架和胎体分离。

随着环保要求的提高，再生胶将逐渐减少，最后被胶粉替代。胶粉发展的总趋势，将是总量快速增加，应用领域不断扩展和现已取得成果的大量复制性应用。

④ 热解回收

废橡胶的热解即可回收炭黑、燃料油、煤气等油品和化学品，因而近年来成为发达国家研究和开发的热点。目前国外开发的废轮胎热解技术有：常压惰性气体热解、真空热解、熔融盐热解、催化热解等。热解回收一般要经过粉碎、热解、油回收、气体处理、二次污染的防治等工序。进行热解的废橡胶主要是指天然橡胶生产的废轮胎、工业部门的废皮带和废胶管等。人工合成的氯丁橡胶、丁腈橡胶由于热解时会产生 HCl 和 HCN，不宜热解。今后若能提高回收品的质量或扩大其用途，将有利于废橡胶热分解利用的发展。

⑤ 燃烧热利用

废旧橡胶制品作为燃料，利用的是其燃烧热能，这也是处理废旧高分子材料所采取的措施之一。燃烧废旧轮胎可产生 27.21～33.490 MJ/kg 的热能，一般可直接利用原来的煤燃烧设备。日本、德国即使用废旧轮胎作为焙烧水泥的燃料，可燃物转化为能量，燃烧过程中不产生新的污染，既经济又环保。

燃烧方式有三种：单纯废轮胎燃烧，废轮胎与其他杂品混合燃烧，与煤混合作水泥窑的燃料。其中将废轮胎与煤混合燃烧生产水泥的回收利用方式，无二次污染，不影响水泥质量，而且不需要热解方式那么多的设备，可以充分利用水泥厂原有的设备。另外，水泥厂分布广，有利于废橡胶的就地回收利用，减少运输的费用。这类方法能否得到普遍推广，主要取决于燃烧装置的建设费用能否降低和废橡胶价格是否便宜。

发达国家废橡胶回收利用方法都是先发展废橡胶的再生利用，随后是翻修利用，最后是热能利用。随着时间的推移，再生利用率和翻修量都会出现极大值，然后逐步下降，且再生利用率的下降幅度较大；而热能利用量则随时间的推移呈递增趋势。

⑥ 间接利用

将再生橡胶和胶粉、裂解所得炭黑及回收的废旧热塑性塑料共混改性，可制得系列制品，如防水卷材、铺地材料、日用品等。这类制品成本低，有较强的市场竞争力。

2. 废皮革

制革工业是以原料的高投入和产品低产出为特征的传统工业。据统计，1 t 盐湿皮仅制造出 200 kg 的成品革(约占原料皮质量的 20%)，却要产生 600 kg 以上的固体废弃物(超过原皮质量的 60%)，这些固体废物中有很大一部分是蓝革削匀、修边等产生的含铬胶原废弃物。铬盐用于鞣制已经有百余年历史，不可避免产生大量的铬革废物，这些固体废物由于没有充分利用，成为制革工业污染严重的重要原因之一。因此，铬革废物的处理与资源化问题已经成为国内外研究的热门课题之一。

早在 1928 年，就有意大利人利用铬革屑作人造革原料，将 70%的革屑与 30%的橡胶乳液混合、压榨、整饰，所得产品可用来制造带、鞋底、包等。目前铬革废物的利用主要有：革纤维基材料、饲料、废料和胶原蛋白化学改性产品。

(1) 用于制造革纤维基材料

早期的铬革废物的利用，多是将铬革废物经机械处理后，单独或与棉、麻、丝等天然纤维混合，生产革板、无纺布、人造革基底材料、混纺纤维等。也可以用作塑料填料和橡胶增强材料。也有研究利用革纤维的多孔性做吸附材料或隔音材料。

含铬废革屑对染料及金属离子具有较强的吸附能力，可作为吸附材料，先采用各种化学试剂和生化试剂对废革进行水解，通过控制水解程度，将部分废弃皮屑转化为新型的生物质材料——皮胶原纤维，其主要成分为Ⅰ型胶原具有三股螺旋特征结构。这些特点和结构说明皮胶原纤维是一种潜在的吸附材料。

(2) 用作制造饲料和肥料

20 世纪 80 年代，对铬革的研究是将其废物脱铬后作饲料中的蛋白添加剂。主要有两方面的研究，一是如何得到含铬量尽可能低的水解蛋白；另一个是对这种蛋白饲料的营养性(包括毒理试验)进行评价。有研究认为用氧化钙水解可以制得铬含量低于 0.1×10^{-6} 的蛋白产品；这种产品可替代至少 5%的豆油，用于喂养雏鸡不会影响其产蛋。我国目前以石灰水作碱性介质，在 pH 不高于 11 的条件下加热至 90℃，反应 5 h，可从铬革废物中提取铬含量低的蛋白质。动物喂养试验证明这种蛋白质安全可靠。

然而，铬革废物做饲料和肥料，存在一定的局限，市场需求的局限和没有充分发挥胶原及铬的作用，甚至铬的存在影响了最终的应用，因此产品的附加值都不高，经济价值不大，难以在实际应用中推广。

(3) 从铬革废物中回收铬和胶原

从铬革废物中回收铬和胶原的方法主要有：焚烧法、氧化法、水解法。焚烧法不保留胶原，而是专以回收利用铬为目的的一种破坏性脱铬的方法。将铬革废物直接放入炉内焚烧，胶原分解成 NO_x、SO_x、CO_2、H_2O 等小分子除掉，铬则以无机盐和氧化物形式残留下来。焚烧法对铬的回收率高，操作较为简便，若能进行热交换，利用其燃烧的余热，会降低能耗；缺点是革屑中的胶原被烧掉，还产生 NO_x、SO_x 等有害气体。

氧化法是在强氧化剂的作用下将铬革废物中的铬由三价氧化成六价，从而成为可溶性的铬酸盐与胶原分离。这一方法优点是脱铬迅速，胶原纤维结构基本上不被破坏，且色泽鲜亮，但是脱铬不彻底，需要多次重复脱铬，提高成本。而且，六价铬溶液有剧毒，得到的胶原必须充分冲洗。

根据铬革废物水解脱铬时采用的试剂不同，可以分为酸法、碱法和酶法；三者也可以两两结合使用或交替使用，从而形成多种水解方法。

3. 废陶瓷

我国是陶瓷生产大国，自1992年起，日用陶瓷和建筑卫生陶瓷的产量就居世界首位。在陶瓷制品生产过程中会产生大量固体废物，其中较多的是开裂或变形陶瓷废品，在抛光加工中产生的废料以及电子陶瓷废品等。随着陶瓷产量的迅猛增长，陶瓷固体废物也日益增加。然而，我国陶瓷制品废弃物的处理与综合利用程度比较低，导致大量陶瓷废物挤占耕地，污染环境。陶瓷固体废物的处理与资源化是亟待解决的问题。

陶瓷工业废物主要是指陶瓷制品生产过程中，由于成形、干燥、施釉、搬运、焙烧及贮存等工序中产生的废料。可分为两大类——废泥和废瓷，废泥从原料处理、混料、球磨到坯料的制备、成型、干燥的全过程都会产生。这些工序当中包括中间运输等都会产生废泥和废坯，统称废坯泥，由于这些废坯泥大部分可以回收利用，又可以称为回坯泥。废瓷为陶瓷企业真正意义上的固体废弃物。部分工厂将少量废瓷加工成瓷粉添加到配方里面，大部分丢弃或运走或堆积存放，占用空地又污染环境。关于对陶瓷废物的综合利用，很多陶瓷企业和科研人员都经过多次的研发和试制。以下是陶瓷废物的资源化途径。

(1) 作为陶瓷原料生产陶瓷砖

建筑陶瓷企业在从事生产时会造成多种类的工业废料，如陶瓷原料制备时产生的陶瓷原料废泥水、成型过程中产生泥坯、烘干后不合格干坯。这些废料都可以通过拣选重新添加入瓷砖的配料中用于瓷砖坯料的生产。对于废成品和废匣钵可以重新粉碎球磨成一定粒径添加与瓷砖的配料中。

爱和陶公司是一家主要生产瓷质砖厂家，此前无法利用生产过程中产生的这些陶瓷废料，但是为了不污染周边环境，废料就在公司内堆放，占用了大量场地。经过多次试制和研发，成功地利用了这些废坯、废泥作为主要原料生产仿古砖。这无疑是一条变废为宝、降低成本的好途径。

将废坯、废泥通过干燥、破碎过筛加工后用作仿古砖的坯料，无原材料费用，粉料制造费用极低。结合废坯、废泥的化学成分及特性，还可开发、生产风格不同的艺术砖。既环保又降低陶瓷产品成本。

(2) 生产多孔陶瓷

我国一些研究者研制出一种利用陶瓷厂废料生产多孔陶瓷的工艺方法，主要采用一般陶瓷厂内的固体废弃物，按形态分类，加工成一定的粒度，再将各种粉料称量并混合均匀，配料中以土粉作填充料，瓷粉作为骨料，粉煤灰和釉粉作发泡基础料，另有发泡剂煤粉和助泡剂硼酸、硝酸钠等，然后加入填充剂和骨料混合均匀置于不锈钢模中，烧制。该方法研制的多孔陶瓷容重低、强度高，适合于新型墙体材料，也可制造广场透水砖。利于解决建陶厂陶瓷固体废物，废料利用率高，既经济又环保。

(3) 制备水泥和混凝土

陶瓷废料成分以硅铝酸盐矿物为主,具有一定的潜在活性,掺入陶瓷废料不会影响粉磨效果,相反会在一定程度上使水泥比表面积有所提高。随着掺量的增加,水泥的强度有所降低,需水量大,凝结时间变长,但只要选择合适的配比,完全可以生产较高强度等级的普通硅酸盐水泥。因此在使用中应根据熟料的性能选择合适的配比,可以作为水泥掺合材料应用于水泥工业中。

固体废弃物混凝土材料(简称 SWC)是以固体废弃物为主要原料,具有普通混凝土性能的一种环保材料,它可以用于制造建筑墙材,也可以用于各种道路和其他建筑下沉的地面铺贴材料。已有报道上海、天津等城市利用建筑垃圾制备 SWC 材料,用于道路砖的生产;而香港以生活垃圾为原料制造 SWC 环保砖。以陶瓷废料为原料的 SWC 的生产在国内目前初见报道,我国一些研究者在参考大量粉煤灰和其他工业废渣的利用之后,通过试验研究表明,以陶瓷废料为主要原料,辅以水泥和高强粘结剂制备的 SWC 材料性能符合标准要求的免烧型广场道路砖。

(4) 生产陶粒和陶瓷滤料

近年来国内外开始了利用工业废料生产陶粒的研究,由于陶瓷容重小、内部多孔,形态、成分较均一,具有一定的强度和坚固性,因而具有质轻、耐腐蚀、抗冻、抗震和良好的隔绝性、保温、隔热、隔音、隔潮等功能特点,可以广泛应用于建筑、化工、石油等部门。在建筑方面,可以作为轻骨料制备混凝土和墙体保温板,也可以作为填料填在空心墙或窑的衬层中隔热保温。如佛山陶瓷研究所与华南理工大学合作,利用废料研制的陶粒用来生产地铁吸音材料,利用陶瓷厂的废料做成的轻质陶粒为主要原料,辅以造孔剂和防水剂,采用一般的成型方法研制成一种新型多孔地铁吸音材料。通过性能测试分析,该吸音材料的吸音频率范围宽,吸音效果明显。

(5) 阻尼减振材料

在压电陶瓷的生产过程中,极化和测量等工序都会出现许多废品,国内外生产厂家至今没有找到处理这些废品的有效方法。有研究将一些压电陶瓷废料添加到阻尼减振材料中,取得良好的减振效果。方法是先将沥青加热熔融后,加入炭黑并搅拌均匀,然后再加入压电陶瓷粉体并搅拌均匀,再浇铸成型。实验证明,在沥青材料中掺杂压电陶瓷粉体和炭黑的方法是一种可以提高沥青阻尼减振性能的新方法。

(6) 回收重金属

目前全球陶瓷电容器的年产量为 1 400～1 500 亿只,其中多层陶瓷电容器产量占 70%左右,在其生产和使用过程中也产生大量的废品。多层陶瓷电容器一般为 20～30 层,由钛酸钡、钛酸铅及铅、钛、镁、铋等金属氧化物以及银、钯内电极浆料和端电极组成,一般金属含量<8%。众所周知,我国贵金属矿产资源品位低、储量少,每年都需要大量进口贵金属原料,以满足国民经济建设的需要。从各种贵金属废料中回收贵金属日益受到人们的关注。因而从该废料中回收银、钯具有重要意义。目前从一般电子废料中回收银、钯的方法主要有高温熔炼法和化学法。高温熔炼法是把含贵金属的电子废料加入电炉中高温熔炼,金、银及铂族金属富集在捕集金属(如铜、铅)中,再用传统的方法从捕集金属中回收贵金属。化学法是用酸或氰化物溶液溶解陶瓷废料中的银、钯,用置换、萃取或离子交换法从溶解液中富集银、钯。

7.3.7　农业固体废物的处理与资源化

我国是一个农业大国，秸秆资源十分丰富，稻草、小麦秸和玉米秸构成三大农作物秸秆。也导致农业固体废弃物的产量十分巨大，并富含大量的有机质和多种养分，是一种具有多种用途的可综合利用的可再生生物资源。农业固体废弃物主要是指农业种植和畜禽养殖生产活动中剩余的有机类物质，包括植物性废物、畜禽养殖废物、农用塑料薄膜以及食品加工业排出的残渣。通常农业固体废物是指农作物秸秆、畜禽粪便、农用塑料薄膜等。随着科学技术的发展，新能源、化学肥料和化学饲料代替了秸秆，就造成大量农业废物一烧了之。实际上，农业废物含有大量的无机养分和纤维素、木质素等碳水化合物，可以用作农作物肥料和动物饲料，还可以作为优质能源，工业、建材原料等。

1. 农业固体废物的综合利用

(1) 热解生产化工原料

在隔绝空气的条件下，将农业固体废物加热至270～400℃，可分解形成固态的草炭，液态的糠醛、乙酸、焦油，气态的草煤气等多种燃料与化工原料。热解的主要设备是热解炉、冷凝器和分离器。

(2) 水解生产化工原料

农业固体废物中含有丰富的纤维素、淀粉和蛋白质，但因受木质素的约束，不能显示其自身的特性。当农业固体废物受到碱腐蚀时木质素发生溶解，然后再通过一定的工艺流程分别分离出淀粉、纤维素、蛋白质及其衍生物，这一过程称为农业固体废物的水解。

(3) 农业固体废物燃烧的灰烬生产化工原料

农业固体废物经燃烧后产生的炉灰，含有大量的硅、碳、钾等无机成分。采用不同方法可以将炉灰制成活性炭和水玻璃。此外，炉灰经浸泡、洗涤、浓缩、结晶，可以制得硫酸钾、氯化钾和碳酸钾等。也可以直接作为钾肥使用。

(4) 作建筑材料

在生产粘土烧结砖的泥坯中，掺入一定量的农业固体废物碎屑，如草糠、锯末、稻壳、麦壳等，在烧砖时，由于这些碎屑发生内燃，原占体积遗留为空隙，不仅可以节省粘土原料和化工燃料，而且可以降低砖块的体积密度，提高隔热保温性能。基于农业固体废物质轻、多孔、抗拉与抗弯强度较高的特性，可作为轻骨料或增强纤维，用于生产各种轻质建筑墙板、装饰板、保温板、吸声板等新型建筑材料。

2. 农作物秸秆的资源化

农业固体废物中农作物秸秆占70%左右，农作物秸秆通常是指小麦、水稻、玉米、薯类、油料、棉花、甘蔗和其他农作物在收获籽实后剩余的部分。农作物秸秆是农业生产的副产品，产量大、分布广，未得到合理的回收利用。因此，解决好农作物秸秆的利用技术对农业固体废物的意义重大。

(1) 秸秆还田利用

秸秆中不仅含有氮、磷、钾、镁、钙等农作物生长必需的营养元素，而且含有大量的有机物。这些有机物腐烂后形成腐殖质，不仅为作物提供了营养，而且可以降低土壤的容重，增加土壤孔隙率，更加有利于涵养水分。同时秸秆还田还为土壤微生物提供了充足的碳源，促进微生物的生长、繁殖，提高土壤的生物活性。因此，秸秆是宝贵的肥料资源。

(2) 秸秆饲料

为了解决我国畜牧业发展对饲料的需求与粮食资源紧缺之间的矛盾,扩大饲料来源、开发新的饲料资源、提高饲料质量及利用效率就显得十分重要。然而,一些植物残体由于营养价值不高或者可消化性较低,直接用作饲料往往效果欠佳,需要进一步加工处理,提高其营养价值和消化率。目前,较常用的秸秆饲料化加工方法主要有简单加工和微生物处理两类。

简单加工主要是指利用薯类藤蔓、玉米秸、豆类秸秆、甜菜类、稻草、花生壳等加工制成氨化、青贮饲料。其主要工艺流程包括:粉碎、氨化、青贮、热喷、揉搓、压饼等工序。另外,添加各种微量元素,能克服秸秆营养不足的问题;通过加工处理,可使秸秆的营养状况得到改善,有利于运输和贮存。

(3) 秸秆气化

农作物秸秆直接燃烧获取能源,仍然是当前农村的主要能源之一。但这种方式不仅热能利用率低,而且污染环境。积极发展农作物秸秆的气化技术,是今后发展的方向之一。秸秆气化广义上又称"生物质气化",是指生物质在缺氧状态下燃烧,使生物质发生化学反应,生产高品位、易输送、利用效率高的气体燃料。它将有机物废弃物高效地转化为高品质的能源,既可供民用燃气,也可供煤气发电机组发电。秸秆气化技术产物主要有沼气和草煤气。

沼气是通过对生物有机质的厌氧发酵,生成的一种以甲烷为主要成分的气体。将农作物秸秆切碎,与人畜粪便混合,在沼气池中发酵,即可产生沼气。目前,发达国家已将生物质气化技术及其产品用于农业生产及居民生活,特别是西欧和美国已将气化技术广泛应用于区域取暖、发电等领域,有的已形成了较大的产业规模。国内的山东省在农村中广泛推广秸秆气化技术,取得了良好的效果。

草煤气是在缺氧的状态下,利用气化装置将秸秆、杂草及林木加工剩余物在较低温度下燃烧,生产一氧化碳、氢气为主的可燃气体。

(4) 秸秆造纸

以秸秆等非木纤维为原料,利用硫酸盐法、添加碳酸钠的乙醇法、酸式亚硫酸盐法和酸催化的乙醇法四种制浆方法生产纸张。利用非木材纤维造纸具有以下优点:秸秆的生长周期比木材的生长周期短;可以对稻草秸秆进行再利用;蒸煮和磨浆能耗低;蒸煮和漂白化学品消耗少。传统的秸秆造纸工艺投资高且环境污染大,能耗高,但如果在制浆过程中添加有机溶剂可以改善以上情况。

(5) 秸秆栽培食用菌

农作物秸秆含有丰富的纤维素和木质素等有机物,是栽培食用菌的良好材料。传统的食用菌栽培多用木屑与棉籽皮,但是木材的过度砍伐,造成林木资源匮乏;而棉籽皮又因其用途广泛、用量大,造成木屑奇缺。棉籽皮价格呈上涨之势,这严重地制约着食用菌生产。农作物秸秆与木屑、棉籽皮的化学组成基本相似,只是各组分含量与物理性状不一致,不影响蘑菇栽培,且实践证明可行。利用秸秆作为基料栽培食用菌,较好地解决了这类培养基材料影响食用菌生产的问题,大大增加了食用菌生产的原料。这项技术的应用推广,使农业资源多级增值,可大量利用作物秸秆,减少环境污染,增加农民收益。

(6) 秸秆的其他资源化途径

农作物秸秆除以上综合利用途径外,还可以作为板材、包装材料、生产可降解餐盒和复合材料,以及秸秆制造酒精、淀粉等化工原料。利用秸秆的吸附性能治理环境污染,代替活性炭对金属离子或高浓度有机废水吸附处理。同时还可对秸秆进行高附加值深加工技术,生产羟甲基纤维素钠和纤维素、制备单细胞蛋白和木糖醇。

思考题

1. 固体废物的定义，简述固体废物的种类和组成。
2. 固体废物的危害主要表现在哪些方面？
3. 固体废物预处理方法有哪些？
4. 目前固化处理技术方法有哪些？它们适用对象和特点分别是什么？
5. 固体废物生物处理的方法有哪些？
6. 简述固体废物堆肥化的定义，并分析固体废物堆肥化的意义和作用。
7. 固体废物资源化途径主要有哪些？
8. 试简述城市垃圾处理与资源化的方法？

第 8 章　物理性污染与治理

8.1　噪声污染与防治

随着工业生产、交通运输、城市建设的发展和城镇人口的急剧增加，环境噪声日益严重，20 世纪 50 年代以来，噪声污染已成为世界各国主要公害之一。进入 20 世纪 70 年代，特别是我国城市，噪声污染日趋严重。它不仅危害人们身体健康，而且还会造成经济损失。因此，控制噪声已成为环境保护工作的重要内容。

8.1.1　概述

1. 噪声的定义

正如水、空气和土壤等是我们生存必要的条件那样，我们必须生活在一个有声的环境之中，声音可以帮助人们交流信息、认识事物等，成为人们一切生产和生活活动的前提基础。噪声可能是由自然现象产生，也可能是由人们活动形成。噪声是指人们不需要的声音。噪声可以是杂乱无序的声音，也可以是节奏和谐的乐音。当声音超过人们生活和社会所允许的程度时就成为噪声污染，因这些声音对人体有害或者是多余的，便称为噪声。

广义上说来，一切可听的声音都有可能成为噪声。我们所听到的各种声音是否成为噪声与许多条件和因素有关：除与声音本身的基本特性（波长、频率和声级）有关外，还与人的心理和生理状态有关，因此噪声和非噪声的区别不仅在于其本身特性（频率和强弱），更在于接受对象的感受性和条件性。

此处所论述的噪声与物理学上的噪声在含义上有所不同。物理学上将节奏有调，听起来和谐的声音称为乐声；将杂乱无章，听起来不和谐的声音称为噪声。而这里所说的噪声与个体所处的环境和主观感觉反应有关，也就是说，判断一个声音是否属于噪声，主观上的因素往往起着决定性的作用。同一个人对同一种声音，在不同的时间、地点和条件下，往往产生不同的主观判断。比如，在心情舒畅或休息时，人们喜欢收听音乐；而当心绪烦躁或集中精力思考问题时，即使是和谐的乐声也会使人反感。

2. 噪声来源和分类

噪声来源于物体的振动，固体、气体、液体的振动均会产生噪声。能够产生噪声的物体叫噪声源，如火车、汽车、飞机、拖拉机、排气扇、鼓风机等。声学系统一般是由声源、传播途径和接收器三个环节组成，噪声源在传播媒质——气体、液体或固体中振动，才能产生噪声。

噪声的分类方式很多。

按噪声的影响分：过响声、妨碍声、不愉快声、无影响声；按噪声的来源分：工业噪声、交通噪声、建筑施工噪声和生活噪声；按噪声的产生机理分：机械噪声、气流噪声和电磁噪声。

声音由自然界和人类活动两方面产生。虽然自然界的声音在特定情况下可能成为噪声，如雷鸣声、风的呼啸声等，但噪声通常主要是由于人类的生产和生活活动产生，称为人为噪声。

人为噪声的产生途径多种多样，通常有：交通噪声、工业噪声、建筑施工噪声等。交通噪声由交通车辆产生，如公路和城市街道上的各种汽车轰鸣声、喇叭声，喷气式飞机螺旋桨产生的高速气流与空气的摩擦声以及火车车轮与铁轨的撞击声和汽笛声等；工业噪声由各种机器设备的振动、摩擦和管道排气产生；建筑施工噪声由各种施工机械设备造成，如打桩机与桩的撞击声、卷扬机噪声等。噪声还可以产生于人们的社会活动与生活，如各种电影院、音乐厅、舞会在某些情况下都可能成为噪声的来源；居家的家用设备如空调器、电风扇、洗衣机和电视机等因为影响人们的休息、学习和工作而成为噪声。

环境治理系统中经常使用的鼓风机、空压机、水泵、搅拌机等也是噪声的重要来源。

按照发声机理，噪声可以分为：机械噪声、空气动力性噪声和电磁噪声三类。机械噪声是由于机械部件在撞击力、非平衡力作用下产生，是由固体振动而产生；空气动力噪声是由于高速或高压气流与周围介质（空气）发生剧烈混合而产生；电磁噪声是由于电磁场的交替变化引起机械部件或空间容积振动而产生，如日光灯的整流器、电动机和变压器产生的电磁噪声等。三类噪声中以机械振动噪声最为常见，其次为空气动力性噪声，而电磁噪声较少见。

频率是声音的重要参数。按照频率高低，噪声分为：低频噪声（$f<500$ Hz）、中频噪声（$f=500\sim1\,000$ Hz）和高频噪声（$f>1$ kHz）三类。噪声对人体的危害与噪声的频率有关，其中危害最大的当属可听声，其频率范围为 20 Hz～2 000 Hz，成为噪声控制的主要对象。

常见的工业设备噪声频率范围见表 8-1。

表 8-1 常见的工业设备噪声频率范围

设备	飞机发动机	织布机	鼓风机	空压机	蒸汽锤	发电机	水泵	卷扬机
声级范围(dB)	107～140	96～130	80～126	73～116	86～113	71～106	89～103	80～90

3. 噪声的危害和污染特性

噪声的危害是多方面的，干扰语言交谈，影响人们的正常工作和休息，严重时诱发疾病，危害人体的健康。实际上，噪声是影响面最广最容易忽视的一种环境污染。噪声的危害主要表现在以下方面。

（1）噪声对听力的损伤

噪声对听力的损害是噪声危害中认识最早的一种影响。当人耳短时间暴露于噪声时，会引起人们的听觉疲劳，但此时的听觉器官尚未发生器质性病变。一旦噪声消除，听觉疲劳也就逐渐消失，直至听觉恢复到正常状态。这种现象称为暂时性听域迁移。

当人耳长期暴露于强噪声环境之中，听觉反复受到噪声的不断刺激，听域迁移由暂时性逐渐成为永久性，听觉恢复越来越难，死亡的听觉细胞无法再生，造成永久性耳聋。如果人们突然暴露在 140～160 dB 的高强度噪声下，就会使听觉器官发生急性外伤，引起鼓膜破裂流血，螺旋体从基底急性剥离，双耳完全失听。耳聋有轻重之分，一般以听力损失进行衡量，如表 8-2 所示。

表 8-2 听力损失与耳聋程度

听力损失(dB)	15	25～40	40～65	65～70	70～90	>90
耳聋程度	正常	轻度耳聋	中度耳聋	显著耳聋	重度耳聋	极端耳聋

（2）噪声对睡眠的干扰

睡眠对人体极其重要，它能使人们新陈代谢得到调节，人的大脑通过睡眠得到充分休息，消除体力和脑力疲劳。连续噪声可以加快熟睡到半睡的回转，会使人多梦、熟睡的时间缩短、突发的噪声使人惊醒。一般来说，40 dB 的连续噪声可使 10%的人睡眠受影响，70 dB 可使 50%的人受影响，而突发性噪声在 40 dB 时可使 10%的人惊醒，到 60 dB 时，可使 70%的人惊醒。

(3) 噪声对人体的生理影响

诱发疾病是噪声污染的一个重要体现。噪声作用于人的中枢神经系统，使得大脑皮层的兴奋和抑制平衡失调、条件反射异常，导致头昏脑胀、疲劳和记忆力衰退以及肠胃功能紊乱等症状，严重时诱发胃溃疡、冠心病和动脉硬化等疾病。心脏病、消化系统方面的疾病、神经系统方面的疾病、伤害视觉功能、对血液成分造成影响、对儿童的智力发育造成影响。

(4) 噪声对语言交谈和通信联络的干扰

通常情况下，人们相对交谈距离 1 m 时，平均声级大约是 65 dB。噪声级高于语言声级 10 dB 时，谈话声就会被完全掩藏，当噪声级大于 90 dB 时，难以进行正常交谈。由于噪声容易使人疲劳，因此，会使相关人员难以集中精力，从而使工作效率降低，这对于脑力劳动者尤为明显。

(5) 特强噪声对仪器设备和建筑结构的危害

噪声对仪器设备的危害与噪声的强度、频谱以及仪器设备本身的结构特性密切相关。当噪声级超过 135 dB 电子仪器的连接部位出现错动，引线松动。超过 150 dB，仪器可能失效。当噪声级达到 140 dB 时，轻型建筑物就会遭到损伤。此外剧烈振动的振动筛、空气锤、冲床、建筑工地的打桩和爆破等，也会使振源的建筑物受到损害。

噪声污染与水、气、固体废物等物质的污染相比，具有其显著的特点。

噪声对环境的污染与工业“三废”一样，是一种危害人类的公害，属于感觉公害。

噪声属于物理性污染，这种污染是局部性和分散性的，不会造成区域、全球性污染。噪声污染是能量的污染，它不具备物质的累积性，一般没有残余污染物，噪声一旦消除污染问题就得到彻底解决。噪声污染往往易被人们所忽视，尽管有影响，但我们需要生活在适度的声响环境中。

8.1.2 噪声的物理量度、评价和测量

1. 噪声的客观物理量度

噪声本身也是声音，具有声音的一切物理特性。可以用两种方法来描述噪声，一是客观量度，把噪声作为机械振动，用描述声波客观特性的物理量，如频率、声压、声强、声功率、声压级、声强级、声功率级等物理量来定量描述。这些物理量不依人们的意志而存在。二是对噪声进行主观评价，噪声与人的感觉密不可分，必须用反映人主观感觉的物理量加以描述，通常可以用声级、等效连续声级等物理量来描述，是人主体对噪声的感觉物理量。

(1) 声压

声波在介质中传播所涉及的区域称为声场。声波在空气中传播时，声场中的空气分子在其平衡位置沿着声波前进的方向发生前后振动，使平衡位置空气的密度时疏时密，引起平衡位置的压力相对于没有声音传播时的静压发生变化。设在介质中某点没有振动时的静压强为 p_0，声波传来时，同一点的压强为 p，则其差值 $p=(p_0-p)$ 称为声压。声波作用引起声场中各点介质压缩或伸张，因此各点的压强比静压有大有小，即声压有正有负。在国际标准 MKSA 制中，声压的单位为 N/m^2，通常用符号 Pa 来表示，$1\ Pa=1\ N/m^2$。

声压是用来度量声音强弱的物理量。声音通过空气传入人耳，引起耳内鼓膜振动，刺激听觉神经，产生声的感觉，声压越大，耳朵中鼓膜受到的压力越大，表明声音越强。

正常人耳刚能听到的声音的声压称为闻阈声压。人耳对于不同频率声音的闻阈声压不同，这是因为人耳对高频声敏感而对低频声迟钝。对于频率为1 000 Hz 的声音，闻阈声压为 2×10^{-5} Pa。使正常人耳引起疼痛感觉的声音的声压称为痛阈声压，痛阈声压为 20 Pa。

(2) 声强

声强也是描述声场中声波能量传输的密度和快慢以及传播方向的物理量。物体振动发声时，振动以声波的形式通过声场介质进行传播，使声场中的介质质点发生运动，因此声音具有能量，称为声能。

声场中，单位时间内通过垂直于传播方向单位面积上的声能称为声强，其单位为"瓦/平方米"记作"W/m^2"，用符号 I 表示。

声强以能量的方式说明声音的强弱。声强越大，表示单位时间内耳朵接收到的声能越多，声音越强。

声强与声压有着密切的关系。当声音在自由声场中传播时，在传播方向上，声强与声压的关系见式(8-1)：

$$I=\frac{p^2}{\rho c} \tag{8-1}$$

式中　p——声压，Pa；

ρ——常温下空气的密度，kg/m^3；

c——声音速度，m/s。

在噪声测量中，声强的测量比较困难，通常根据声压的测量结果间接求出声强。

(3) 声功率

在单位时间内声源发射出来的总声能称为声功率，单位为"瓦"，记作"W"。声功率是声源特性的物理量，它的大小反映声源辐射声能的本领。

在自由声场中，声源向四周辐射声波，若围绕声源作一假想封闭曲面 S，则声源的声功率为：

$$W=\oint I\mathrm{d}S \tag{8-2}$$

式中　I——声波沿着面积元 $\mathrm{d}S$ 的法线方向传播的声强，W/m^2。

(4) 级的概念

日常生活中会遇到强弱不同的声音。这些声音的强度变化范围相当宽，一个正常的健康人所能听到的最弱声压约为 2×10^{-5} Pa。火箭离地升空时产生的声压大于 200 Pa。对于变化如此大的数据，用数值直接表示很不方便，为处理这个问题，使用一种基于测量数字间比例的对数值的尺度来表示噪声，并将所测量的数值称为级，其单位则根据 Alexander Graham Bell 的名字命名为贝(bel)，单位符号为"B"，用公式表示如下：

$$L'=\lg\frac{Q}{Q_0} \tag{8-3}$$

式中　L——声级，B；

Q——测量数值；

Q_0——基准数值。

由于"贝"是一个相当大的单位，为了方便起见，又将其分成 10 个小单位，此小单位称为

“分贝”，记作“dB”，声级用分贝表示时计算公式如下：

$$L=10\ \lg\frac{Q}{Q_0} \tag{8-4}$$

① 声功率级

若基准功率已指定，则 dB 具有物理意义。对于噪声的测量，基准声功率规定为 10^{-12} W。声功率级常用 L_W 表示，因此声功率可定义为：

$$L_W=10\ \lg\frac{W}{10^{-12}} \tag{8-5}$$

由式(8-5)计算得到的声功率级的单位为 dB。

② 声强级

声强级常用 L_I 为了测量噪声，式(8-5)中的基准声强级取 10^{-12} W/m^2，因此声强级可按式(8-6)计算：

$$L_I=10\ \lg(I/I_0) \tag{8-6}$$

③ 声压级

声压级常用 L_p 表示，因为声音测量仪器可测得均方根声压级 Prms，因此声压级可用式(8-7)计算：

$$L_p=10\ \lg\frac{P^2}{P_0^2} \tag{8-7}$$

由式(8-7)可得

$$L_p=20\ \lg\frac{P}{P_0^2} \tag{8-8}$$

④ 声压级的计算

由于声压级的对数特征，所以分贝值之间的加和不能按一般加减运算法则进行。如果将一个声压级为 60 分贝的噪声加到另一个声压级为 60 分贝的噪声上，可以得到一个声压级为 63 分贝的噪声。其计算过程为：将各个分贝值先转化为声功率，然后相加，相加后再将其转回分贝单位。图 8-1 提供了一个计算噪声值的图解方法，两声叠加值为较大声级值加上一个 ΔL，ΔL 由两声级差通过查图 8-1 得到。

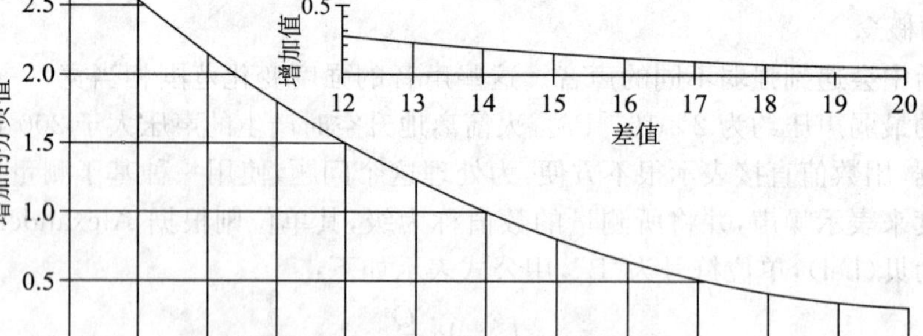

图 8-1　分贝相加曲线

2. 噪声主观评价量

噪声对人的危害和影响包括各个方面。噪声评价的目的是为了有效地提出适合于人们对噪声反应的主观评价量。由于噪声变化特性的差异以及人们对噪声主观反应的复杂性，使得对噪声的评价较为复杂。噪声评价量的建立必须考虑到噪声对人们影响的特点，在研究了人对噪声反应的方方面面的不同特征提出的。

(1) 响度级

试验表明，人对噪声强弱的感觉不仅与噪声的物理量有关，而且还与人的生理和心理状态有密切的关系。对于声压相同而频率不相同的两个声源，人耳的主观感觉是不一样的。对频率高的声源，人耳感觉它的噪声更强。例如，大型离心压缩机与重型汽车的声压级均为90 dB，但人耳的主观感觉是前者比后者响得多。原因是前者的噪声频率以高频成分为主，而后者以低频为主。由此可知，人耳对高频声音比对低频声音更加敏感。

为了使噪声的客观物理量与人耳的主观感觉统一起来，以人的主观感觉为标准来评价噪声的强弱，人们对人耳的听觉、声压级及频率三者之间的关系进行了大量的试验研究。试验中将不同频率纯音的强度由小增大，根据人耳的感觉绘制等响度曲线，见图8-2。

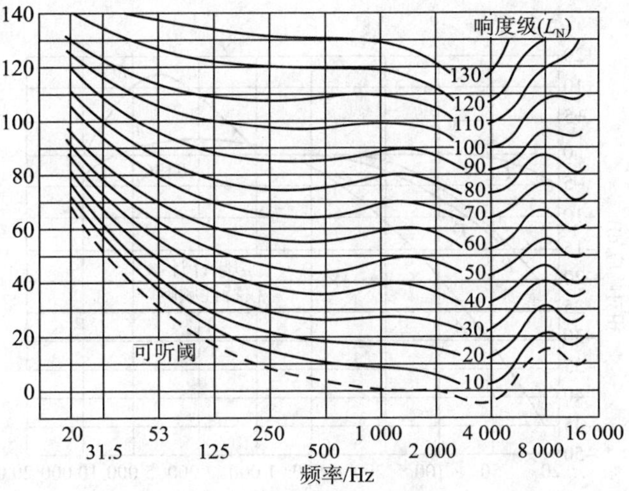

图8-2　分贝相加曲线

图8-2中纵坐标是声压级，横坐标是频率，两者均为客观物理量。这里，仿照声级的概念提出一个新概念，即响度级，其单位定义为“方”(phon)，以 L_N 表示。等响曲线以1 000 Hz的纯音作为基准音，若一个噪声源发出的声音听起来与频率为1 000 Hz的纯音一样响，则其响度级“方”值就等于该1 000 Hz纯音声压级的分贝数。例如，某声源发出的声音听起来与1 000 Hz、声压级为90 dB的纯音一样响，则此声源的响度级为90 L_N。与主观感觉的轻响程度成正比的参量为响度，符号为N，单位为宋(sone)。其定义为正常听着判断一个声音比响度级为40(phon)参考声强响的倍数，规定响度级为40(phon)时响度为1(sone)。

在等响曲线中，每一条曲线上的各点代表不同频率和声压级的纯音，但是人耳的主观响度感觉是一样的，即响度级是一样的，所以称为等响曲线。在等响曲线图中，最下面的一条曲线是人耳刚能感觉到的不同频率纯音的等响曲线，称为闻阈曲线，相当于120 L_N 的响度曲线称为痛阈曲线。

从等响曲线可以看出，人耳对低频率的声音较为迟钝，频率越低的声音，人耳能感觉出时，它的声压级就越高。反之,人耳对高频声较为敏感,特别是对于 3 000～4 000 Hz 的声音尤为敏感。因此,在噪声控制中,应首先降低中、高频率的噪声。

(2) 计权声级

由等响曲线可以看出,人耳对于不同频率的声波反应的敏感程度是不一样的。人耳对于高频声音,特别是频率在 1 000～5 000 Hz 之间的声音比较敏感;而对于低频声音,特别是对 100 Hz 以下的声音不敏感。即声压级相同的声音会因为频率的不同而产生不一样的主观感觉。为了使声音的客观量度和人耳的听觉主观感受近似取得一致,通常对不同频率声音的声压级经某一特定的加权修正后,再叠加计算可得到噪声总的声压级,此声压级称为计权声级。

计权网络是近似以人耳对纯音的响度级频率特性而设计的,通常采用 A、B、C 三种计权网络,见图 8－3。其中 A 网络是为模拟等响曲线中 40 L_N 的曲线而设计的,它对 1 000 Hz以下的声音有较大的衰减。可将声音的低频部分大部滤去,而对高频声不衰减甚至少有放大,故测得的噪声值较接近人的听觉,能很好地模拟人耳的听觉特性。由 A 网络测出的噪声级称为 A 计权声级,简称 A 声级,其单位为 dB(A),记作 L_A。由于用 A 声级测出的量是对噪声所有成分的综合反映,并且与人耳主观感觉接近,因此在测量中,现在大都采用 A 声级来衡量噪声的强弱。

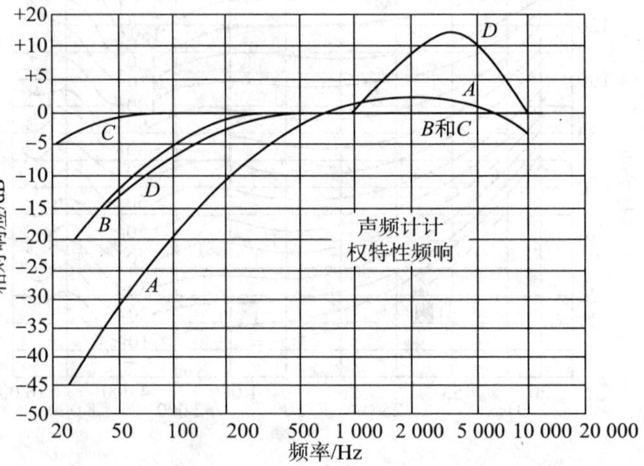

图 8－3 计权网络特征曲线

B 网络是为模拟等响曲线中 70 L_N 的曲线而设计的。由 B 网络测出的噪声级称为 B 计权声级,它对 250 Hz 以下的声音有较大的衰减。一般不用。

C 网络是为模拟等响曲线中 100 L_N 的曲线而设计的。由 C 网络测得的噪声级称为 C 计权声级;它在整个频率范围内近乎平直,在可听声音的频率范围内基本上不衰减,因此一般用它代表总声压级。

声级与声压级是两个不同的概念。声级又称噪声级,它表示经过频率计权后的声压级。用具有 A、B、C 计权网络的声学仪器测量噪声强弱时,其读数称为声级。

(3) 等效连续 A 声级

对于不同的连续而稳定的噪声源,如两台不同的风机,当它们稳定工作时,用噪声计的 A 声级进行测量,能较好地反映人耳对两个噪声源强度的主观感觉。在自然环境中,噪声源的发声往往是不连续的,如在测量公路的交通噪声时,有汽车通过时测得的 A 声级较强,没有汽车通过时测得的 A 声级则较弱，因此，用有或没有汽车通过时测得的噪声强度值来比较两条不同公路的噪声影响都是不合适的。为了合理地比较、评价不同的、非连续噪声源的噪声强度，人们提出将一定时间内不连续的噪声能量用总的发声时间进行平均的方法来评价噪声对人的影响。用这种方法计算出来的声级称为等效声级或等效连续 A 声级，用符号 L_{eq} 表示，单位仍为 dB(A)。等效声级实际上是反映按能量平均的 A 声级，它能合理地反映在 A 声级不稳定的情况下，人们实际接受噪声能量的大小。

1971 年国际标准化组织将等效连续 A 声级定义为：

$$L_{eq} = 10\ \lg \frac{1}{T_2 - T_1}\int_{T_1}^{T_2} 10^{0.1L_{p(t)}}\, dt \tag{8-9}$$

式中　T_1——噪声测量的起始时刻；

T_2——测量的终止时刻；

$L_{p(t)}$——声压随时间变化的函数。

在实际测量中，L_p 的测定都是以一定的时间间隔来读取的，如每 5 s 读一个数，因此采用式(8-10)计算等效连续 A 声级：

$$L_{eq} = 10\ \lg\left(\frac{1}{n}\sum_{i=1}^{n} 10^{L_i/10}\right) \tag{8-10}$$

式中　L_i——间隔时间 t 读取的噪声级；

n——读得的噪声级 L_i 的总个数。

(4)昼夜等效连续 A 声级

反映夜间噪声对人的干扰大于白天的是昼夜等效连续 A 声级(用 L_{dn} 表示)。噪声在夜间对人的影响更大，将夜间噪声进行增加 10 dB(A)加权处理后，用能量平均的方法得出 24 小时 A 声级的平均值，计算公式为：

$$L_{dn} = 10\ \lg\left\{\frac{1}{24}\left[15 \times 10^{0.1L_d} + 9 \times 10^{0.1(L_n+10)}\right]\right\} \tag{8-11}$$

式中　L_d——国际标准时间，白天(07:00—22:00)的等效 A 声级；

L_n——国际标准时间，夜间(22:00—07:00)的等效 A 声级。

(5) 累计百分数声级

对于非稳态的噪声，在某点噪声级有较大的起伏波动，这种起伏可以用噪声出现的时间概率或累计概率来表示，目前采用的评价量为累计百分数声级 L_n。它表示在测量时间内高于 L_n 声级所占的时间为 $n\%$。例如，$L_{10}=70$ dB，表示在整个测量时间内，噪声级高于 70 dB 的时间占 10%，其余 90%的时间内噪声级均低于 70 dB。通常认为，L_{90} 相当于本底噪声级，L_{50} 相当于中值噪声级，L_{10} 相当于峰值噪声。

(6) 计权等效连续感觉噪声级 L_{WECPN}

在航空噪声评价中，对在一段监测时间内飞行的事件噪声的评价采用计权等效连续感觉噪声级 L_{WECPN}。其特点在于考虑了在 24 h 的时间内，飞机通过某一固定点所产生的总噪声级，同时也考虑了不同时间内的飞机对周围环境所造成的影响。是在有效感觉噪声级的基础上发展起来的。计权等效连续感觉噪声级 L_{WECPN} 的计算表达式：

$$L_{WECPN} = \overline{L_{EPN}} + 10\ \lg(N_1 + 3N_2 + 10N_3) - 39.4 \tag{8-12}$$

(7) 交通噪声指数

交通噪声指数 TNI 是城市道路交通噪声评价的一个重要参量，其定义为：

$$TNI = 4(L_{10} - L_{90}) + L_{90} - 30 \tag{8-13}$$

TNI 评价量只适用于机动车辆噪声对周围环境干扰的评价，而且限于车流量较多及附近无固定声源的环境。对于车流量较少的环境，L_{10} 和 L_{90} 的差值较大，得到的 TNI 值也很大，使计算数值明显地夸大了噪声的干扰程度。

(8)噪声冲击指数

在城市区域环境噪声评价中，除要考虑噪声级的分布外，还要考虑受噪声影响的人口数，这对不同区域的噪声影响比较很有意义。噪声冲击指数用 NII 表示，其计算公式为：

$$NII = \frac{\sum W_i P_i}{\sum P_i} \tag{8-14}$$

式中 P_i——受全年昼夜等效声级(L_{dn})其范围内的影响人口数；

W_i——在某昼夜等效声级(L_{dn})范围内的干扰因子(见表 8-3)。

表 8-3 不同等效声级下的干扰因子值

L_{dn}/dB	W_i	L_{dn}/dB	W_i	L_{dn}/dB	W_i
30～40	0.01	56～60	0.18	76～80	1.20
41～45	0.02	61～65	0.32	81～85	1.70
46～50	0.05	66～70	0.54	86～90	2.31
51～55	0.07	71～75	0.83	90 以上	2.80

3. 噪声的测量

为了客观评价噪声的强弱，必须进行噪声测量。噪声的测量是环境噪声监测、控制以及研究的重要手段。环境噪声的测量大部分是在现场进行的，条件很复杂，声级变化范围大。因此其所需的测量仪器和测量方法与一般的声学测量有所不同。噪声的测量系统一般由三部分组成：接受部分、分析部分和显示(记录)部分。这三部分可以汇集成一台仪器，也可以由几台仪器连接组成。常用的噪声测量仪器有：声级计、频谱分析仪、电平记录仪和磁带记录仪等。

(1) 声级计

在噪声测量中声级计是常用的基本声学仪器。它在把声信号转换成电信号时，可模拟人耳对声波反应速度的时间特性；对高低频有不同灵敏度的频率特性，以及不同响度时改变频率特性的强度特性。它所反映的量是通过时间计权、频率计权处理后的量，其大小反映人耳对声音的主观感受，它是一种可测量声压级的便携式仪器。在环境噪声测量中，主要使用Ⅰ型(精密级)和Ⅱ型(普通级)。声级计一般由传声器、放大器、衰减器、计权网络、检波器和指示器等组成。

其原理是声压由传声器膜片接受，将声压信号转换成电信号，经前置放大器作阻抗变换后送到输入衰减器，衰减器衰减较强的信号，再由输入放大器定量放大。放大后的信号由计权网络计权，模拟人耳对不同频率有不同灵敏度的听觉响应。在计权网络处可外接滤波器，这样可作频谱分析。输出的信号由输出衰减器减到额定值，送到输出放大器放大，使信号达到响应的功率输出，输出信号经 RMS 检波后送出有效值电压推动电表，显示所测的声压级分贝值。

传声器是把声压转换成交流电压的换能元件，直接影响声级计测量的准确程度。电容传声器把声音变成电信号，电信号一般很微弱，需要进行放大，需要放大器，声级计内的放大器系统包括输入放大器和输出放大器。衰减器功能是将接到的强信号给予衰减，以免放大器过载，分为输入衰减器和输出衰减器。声级计中的滤波器包括 A、B、C、D 计权网络和 1/1 倍频程滤波器。声级计还包括一些主要附件：防风罩、鼻形锥和延长电缆。

(2) 频谱分析仪

人们听到各种声音是由不同频率、不同强度的纯音组合成复音，因此，常常需要对声音进行频谱分析。以频率为横坐标，相应频率出声信号强弱的量为纵坐标，可得出频谱图。频谱的形状多种多样，典型的噪声频谱有：线状谱、连续谱和复合谱。这些频谱反映了声能量在各个频率处的分布特性。具有对声信号进行频谱分析功能的设备称为频谱分析仪。

8.1.3　噪声污染控制技术

噪声对人的健康和正常生活造成严重危害和影响，每采取一项噪声污染控制措施都必须从环境要求、技术政策、经济条件等多方面进行综合考虑，是一项系统工程。噪声污染控制的基本方法有管理和技术两方面。用行政管理和技术管理控制噪声称为管理控制。用技术手段治理噪声称为工程控制。

声音的产生与传播过程包括声源、传播途径、接收者三个环节，对于所需要的声音，必须为它的产生、传播和接收提供良好的条件。对于噪声，则必须设法抑制它的产生、传播和对接收者的干扰，根据上述三环节，可分别采取措施。

(1) 在声源处抑制噪声：这是最根本的措施，降低声源噪声，包括降低激发力，减小系统各环节对激发力的响应以及改变操作程序或改造工艺过程等。

(2) 在噪声传播途径上采取控制措施：噪声传播过程有两条途径，一条是设备直接激发空气发声，这种声音叫空气声。空气声可以只在空气中传播到达接收者，也可以是经过激发固体振动(如墙、楼板)再传播到达接收者，即空气接收者；另一条是设备振动撞击楼板固体—空气，并经楼板、墙传播而发出噪声，这种声叫固体声。对于空气声可采用吸声、消声、隔声的措施，对于固体声主要采用隔振的方法。在城市规划中应合理进行城市功能分区，将工业区、商业区和居住区分开，将要求安静的居住区尽量远离工业区。高噪声的企业应安置在工业区内。

(3) 对接收者采取防护措施：在某些情况下，噪声特别强烈，在采用上述措施后，仍不能达到需求，或者工作过程中不可避免地有噪声时，就需要对接收器采取保护措施。对于人，可佩带耳塞、耳罩、有源消声头盔等。对于精密仪器设备可将其安置在隔声间内或隔振台上。

1. *声源控制噪声*

控制噪声的根本途径是对声源进行控制，但从目前看，要在声源上根治噪声是比较困难的，而且受到各种条件和环境的限制。噪声源的发生机理可分为机械噪声、空气动力性噪声和电磁噪声。声源通常不是单一的，有可能是由不同发声机理的噪声组成。

(1) 机械噪声源的控制

机械噪声是由于机械设备运转时，各种机械部件间的摩擦力、撞击力或非平衡力，使机械部件和壳体产生震动而辐射噪声。控制它们的噪声有两条途径：一是改进机械设备的结构，提高其中部件的加工精度和装配质量，采用合理的操作方法等，以降低声源的噪声发射功率。二是利用声的吸收、反射、干涉等特性，采用吸声、隔声、减振、隔振等技术，以及安装消声器等，以控制声源的噪声辐射。如将机械传动部分的普通齿轮改为有弹性轴套的齿轮，可降低噪声 15～20 dB；把铆接改成焊接，把锻打改成摩擦压力加工等，一般可降低噪声 30～40 dB。

(2) 空气动力性噪声

空气动力性噪声是一种由于气体流动过程的相互作用,或气流和固体介质之间的相互作用而产生的噪声。气流噪声的特性与气流的压力、流速等因素有关。从声源上控制气流噪声可通过以下几方面解决:降低流速,减少管道内和管道口产生扰动气流的障碍物,适当增加导流片,减小气流出口处的速度梯度,调整风扇叶片的角度和形成,改进管道连接处的密封性等。

(3) 电磁噪声

电磁噪声是由电磁场交替变化而引起某些机械部件或空间容积振动而产生的。对于电动机来说,由于电源不稳定也可以激发定子振动而产生噪声。电磁噪声的主要特性与交变电磁场特性、被迫振动部件和空间的大小形状等因素有关。电动机、发电机、变压器和霓虹灯整流器等发出的噪声是典型的电磁噪声。降低变压器电磁噪声的主要措施有:减小磁力线密度;选择低磁性硅钢材料;合理选择铁芯结构,铁芯间隙填充树脂性材料,硅钢片之间采用树脂材料粘贴。

2. 控制噪声传播途径

通常,由于技术原因,直接从声源上治理噪声往往是不可能的。厂房建好了,再改建和搬迁就不太容易。提高机器精度和周围绿化对于噪声降低也有一定的限度。这往往需要在噪声传播途径上采取吸声、消声、隔声、隔振、阻尼等几种常用的噪声控制技术。

(1) 吸声

吸声降噪是一种在传播途径上控制噪声强度的方法。当声波入射到物体表面时,部分入射声能被物体表面吸收而转化成其他能量,这种现象叫做吸声。在吸声降噪过程中,常采用多孔性吸声材料、板状共振吸声结构、穿孔板共振吸声结构和微穿孔板共振吸声结构等技术。

① 多孔性吸声材料

多孔性吸声材料的内部有许多微小细孔直通材料表面,或其内部有许多相互连通的气泡,具有一定的通气性能。凡在结构上具有以上特征的材料都可以作为吸声材料。其吸声原理如下:多孔材料内部具有无数细微孔隙,孔隙间彼此贯通,且通过表面与外界相通,当声波入射到材料表面时,一部分在材料表面反射,一部分则透入到材料内部向前传播。在传播过程中,引起孔隙中的空气运动,与形成孔壁的固体筋络发生摩擦,由于黏滞性和热传导效应,将声能转变为热能而耗散掉。声波在刚性壁面反射后,经过材料回到其表面时,一部分声波透回空气中,一部分又反射回材料内部,声波的这种反复传播过程,就是能量不断的转换耗散的过程,如此反复,直到平衡,这样,材料就"吸声"了部分声能。

② 吸声结构

多孔吸声材料对于高频噪声有很好的效果,对于低频噪声,吸声材料不是很有效,为了解决这一矛盾,往往采用共振吸收的方法加以控制,取得很好的效果,从而弥补了多孔材料低频吸声性能的不足。常用的共振吸收结构有共振吸声器(单腔共振吸声结构),穿孔板、微穿孔板、膜状和板状等共振吸声结构及空间吸声体。

● 单腔共振吸声结构

单腔共振吸收结构是一个中间封闭有一定体积的空腔,并通过有一定深度的小孔和声场空间相连。封闭的空腔随声波做弹性振动,起着空气弹簧的作用,整个系统类似于弹簧振子,称为亥姆霍兹共振器。孔径的空气柱就像活塞一样往复运动,由于颈壁对空气的阻尼作用,使部分声能转化为热能,当入射声波的频率与共振器的固有频率一致时,即会产生共振现象,此时孔径中的空气柱运动速度最大,因而阻尼作用最大,声能在此情况下得到最大吸收。亥姆霍兹共振器的特点是吸收低频噪声并且频率选择性强。若在颈口处加一些诸如玻璃棉之类的多孔材料，或加贴一层尼龙布等透声织物，可以增加颈口部分摩擦阻力，增加吸声频宽。

● 穿孔板结构

穿孔板共振吸声结构是噪声控制中广泛采用的一种吸声装置。在板材上，一定的孔径和穿孔率打上孔，背后留有一定厚度的空气层，就成为穿孔板共振吸收结构。这种结构实际上可以看作是由单腔共振吸声结构的并联而成。其结构如图8-4所示。

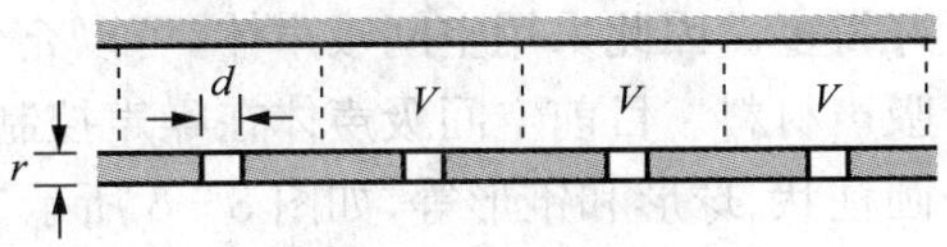

图8-4　穿孔板结构

穿孔板吸声结构的共振频率与穿孔率、孔板厚度和空腔深度有关。穿孔率是穿孔面积占总面积的百分数。这种吸声结构的缺点是自身的声阻很小，对频率的选择性很强，在共振频率时具有最大的吸声性能，偏离共振频率时则吸声效果较差。它吸收声音的频带比较窄，一般只有几十赫兹到200赫兹的范围。在穿孔板后衬贴织物或填放多孔吸声材料可以使这种吸声结构吸收声音的频带加宽。穿孔板的穿孔应均匀地分布在板面上，一般孔径为3～8 mm为宜。此外，为了提高吸声性能，可采用两层穿孔板组成的吸声结构。

● 微穿孔板

微穿孔板吸声结构的理论是我国著名声学专家马大猷于1964年提出的，在普通穿孔板的基础上发展起来的。把穿孔直径减小到1 mm以下，则不需要另加多孔材料也可以使它的声阻增大，这就是微穿孔板。

在板厚度小于1.0 mm薄板上穿以孔径小于1.0 mm的微孔，穿孔率在1%～5%之间，后部留有一定厚度(如5～20 cm)的空气层。空气层内不填任何吸声材料。这样即构成了微穿孔吸声结构，常用的多是单纯或双层微穿孔板结构形式。微穿孔板吸声结构是一种低声质量，高声阻的共振吸声结构，其性能介于多孔吸声材料和共振吸声结构之间。其吸声频率宽度可优于常规的穿孔板共振吸声结构。

这种结构的吸声性能明显优于前面两类共振结构。它的吸声频带较宽，吸声系数较高，由于微穿孔板后的空气层内无需填装多孔吸声材料，因此不怕水和潮气，不霉、不蛀、防火、耐高温、耐腐蚀、清洁无污染。同时它结构简单、设计理论成熟，其吸声特性的理论计算与实测值很接近，而一般吸声材料或结构的吸声系数则要靠试验测量，理论只起指导作用，因此微孔板共振吸声结构近年来已在噪声控制领域得到广泛应用，效果较好。但它的缺点是微孔加工较困难，且易被灰尘堵塞。有时也利用双层微穿孔结构来进一步提高其吸声效果。

● 薄膜和薄板吸声结构

皮革、人造革、塑料薄膜等材料具有不透气、柔软、受张拉时有弹性等特性，这些薄膜材料可与其背后封闭的空气形成共振系统。不穿孔的薄板如金属板、胶合板、石膏板、塑料板等，将它的周边固定，使其背后留一定厚度的空气层，就构成了薄板共振吸声结构，它们对低频声有较好的吸声性能。

当声波作用于薄板表面时，在声压的交变作用下引起薄板的弯曲振动，由于薄板与固定支点之间和薄板内部引起的内摩擦损耗，使振动的动能转化为热能而使声能得到衰减。当入射声波的频率与振动系统的固有频率即共振频率一致时，振动系统即会发生共振现象，此时振幅最大，声能消耗也最多。在此频率下声能将得到最大的吸收。薄板共振吸声结构的共振频率一般为80～300 Hz。

● 空间吸声体

把吸声材料或吸声结构悬挂在室内离壁面一定距离的空间中，称为空间吸声体。由于悬空悬挂，声波可以从不同角度入射到吸声体，其吸声效果比相同的吸声体实贴在刚性壁面上的好得多。因此采用空间吸声体，可以充分发挥多孔吸声材料的吸声性能，提高吸声效率，节约吸声材料。目前空间吸声体在噪声控制工程中得到广泛的应用。常用的空间吸声体有板状、圆柱状、球形和锥形等，如图 8－5 所示。

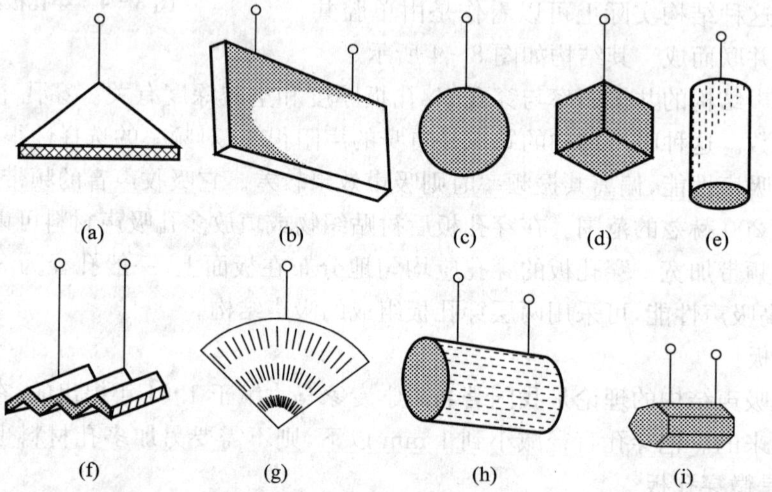

图 8－5 几种形状的空间吸声体

(2) 隔声

声波在空气中传播时，使声能在传播途径中受到阻挡而不能直接通过的措施，称为隔声。隔声是噪声控制工程中常用的主要技术措施之一。隔声的具体形式有隔声墙、隔声罩、隔声间和隔声屏障等。

① 隔声墙

隔声技术中，常把板状或墙状的隔声结构称为隔板或隔墙，简称墙。仅有一层隔板的称单层墙；有两层或多层，层间有空气或其他材料的，称为双层墙或多层墙。单层匀质密实墙的隔声性能与入射波的频率有关，其频率特性取决于隔声墙本身的单位面积的质量、刚度、材料的内阻尼以及墙的边界条件等因素。严格地从理论上研究隔声墙的隔声性能是相当复杂和困难的。

由质量定律可知，增加墙的厚度，从而可增加单位面积的质量，即可以增加隔声量，但是不经济，若把单层墙一分为二，做成双层墙，中间留有空气层，墙的总重量不改变，但隔声量却比单层的提高了。双层结构能提高隔声能力的主要原因是由于空气层的作用。空气层可以看作与两层墙板相连的“弹簧”，声波入射到第一层墙透射到空气层时，空气层的弹性形变具有减震作用，传递给第二层墙的振动大为减弱，从而提高了墙体的总隔声量。

② 隔声间

由隔声墙及隔声门窗等构件组成具有良好隔声性能的房间称为隔声间，它通常包括隔声、吸声、消声器、阻尼和减振等几种噪声控制措施的综合治理装置，它是多种声学构件组合。因此，衡量一个隔声间的效果，不能只看其中一个声学构件的降噪效果，而要看它的综合降噪指标。隔声降噪效果一般为 10～40 dB。隔声间分封闭式和半封闭式两种，一般多采用封闭式结构。它除需要有足够隔声量的墙体外，还需要设这具有一定隔声性能的门、窗。通常门窗为轻型结构，一般采用轻质双层或多层复合隔声板制成，故称作隔声门、隔声窗，隔声门隔声量约为 30～40 dB。具有门、窗等不同隔声构件的墙体称为组合墙。常用的隔声材料有钢板、钢筋混凝土、砖墙、石膏板和三合板等。

隔声间的实际隔声量不仅与各构件的隔声量有关，而且还与隔声间内表面的吸声质量及内表面面积有关。一般来说，隔声间内表面的吸声量越大，隔声间内面积越小，其隔声量则越大。隔声间中的门、窗和孔洞往往是隔声间的薄弱环节。

② 隔声罩

当噪声源比较集中或只有个别噪声源时，可将噪声源封闭在一个小的隔声空间内，这种隔声设备称为隔声罩。隔声罩是噪声控制设计中常被采用的设备，例如空压机、水泵、鼓风机等高噪声源，如果体积小，形状比较规则或者虽然体积较大，但空间及工作条件允许，可以用隔声罩将声源封闭在罩内，以减少向周围的声辐射。

设计隔声罩时，除可采用轻质，隔声性能良好的复合结构外，在罩内须附加吸声系数较高的吸声材料做衬贴。隔声罩应选择适当的材料和形状。罩面必须选择有足够隔声能力的材料制作，板、砖、混凝土、木板或塑料等。罩面形状宜选择曲面形体，其刚度较大，利于隔声，避免方形平行罩壁。隔声罩与设备要保持一定距离，一般为设备所占空间的 1/3 以上，壁面与设备之间的距离不得小于 100 mm。罩壁宜轻薄，宜选用分层复合结构。有些机器，还必须考虑通风散热。

③ 声屏障

在声源与接收点之间设置障板，阻断声波的直接传播，以降低噪声，这样的结构称声屏障。它是控制交通噪声污染的一种治理措施，一些发达国家从 20 世纪 60 年代末就开始了声屏障的研究和应用，近年来，我国一些城市和高速公路、铁路也相继建造了声屏障，而且发展速度很快。

噪声在传播途径中遇到障碍物，若障碍物尺寸远大于声波波长时，大部分声能被反射和吸收，一部分绕射。于是在障碍物背后一定距离内形成“声影区”，声影区的大小与声音的频率和屏障高度等有关，频率越高，声影区的范围越大。声屏障将声源和保护目标隔开，使保护目标落在屏障的声影区内。

(3) 消声

对于空气动力噪声，如各种风机、空压机、柴油机以及其他机械设备的输气管道等的噪声降低，需借助于消声技术，即在各种空气动力设备的气流通道上或进排气口上加装消声器。消声器是一种允许气流通过而能使透过声音得到降低的装置。一个合适的消声器，可以使气流声降低 20～40 dB。但消声器只能用来降低空气动力设备的进排气口噪声或沿管道传播的噪声，而不能降低空气动力设备本身所辐射的噪声。

消声器类型繁多，但按其降低噪声原理来说，主要可分为阻性、抗性和阻抗复合式三类。近年来，消声技术的研究进展很快，为适应某些特性的噪声与环境，已研制出许多新型的消声器，如微穿孔板消声器；喷注耗散消声器，包括小孔喷注、多孔扩散等多种类型的消声器。

3. 隔振与阻尼

声波起源于物体的振动，物体的振动除了向周围空间辐射在空气中传播的声外，还通过其相连的固体结构传播声波，简称“固体声”，固体声在传播的过程中又会向周围空气辐射噪声，特别是当引起物体共振时，会辐射很强的噪声。

振动除了产生噪声干扰人们的的生活、学习和健康外，特别是 1～100 Hz 的低频振动，直接对人有影响。长期暴露于强振动环境中，人的机体将受到损害，机械设备或建筑结构也会受到破坏。

4. 个人采取防护措施

当在声源和传播途径上控制噪声难以达到标准时，往往需要采取个人防护措施。在很多场合下，采取个人防护还是最有效、最经济的方法。目前最常用的方法是佩戴护耳器。一般的护耳器可使耳内噪声降低 10～40 dB。护耳器的种类很多，按构造差异分为耳塞、耳罩和头盔。

耳塞是插入外耳道的耳器，体积小，使用方便，但必须塞入外耳道内部并与外耳道大小形状相匹配，否则效果不好。一般采用柔软及可塑性大的材料制成，如硅橡胶之类物质，注入耳道内，凝固成型。佩戴耳塞应注意保持清洁卫生。

耳罩就是将耳廓封闭起来的护耳装置，类似于音响设备中的耳机，好的耳罩可隔声 30 dB。还有一种音乐耳罩，这种耳罩既可以隔噪声又能听音乐。

头盔的隔声效果比耳塞、耳罩优越，它不仅可以防止噪声的气导泄漏，而且可防止噪声通过头骨传导进入内耳，头盔的制作工艺复杂，价格较贵，通常用于如火箭发射场等特殊环境和场所。

8.2 光污染与防治

爱迪生发明电灯将黑暗的夜空照亮，给人类带来了光明和方便，诞生了千千万万个不夜城。殊不知，高速发展的今天，人类受益最大的光会成为一种污染。光污染已成为继水污染、大气污染、固体废弃物污染和噪声污染后的又一大污染。

8.2.1 光污染来源及其分类

光污染问题于 20 世纪 30 年代在国际天文界被首次提出，他们认为城市室外照明使天空发亮，从而给天文观测带来负面影响。后来，光污染在英美等国被称之为“干扰光”，在日本则被称为“光害”。

广义上的光污染是指现代社会产生的过量的或不适当的光辐射，对人类生活和生产环境产生不良影响的现象，包括一些可能对人的视觉环境和身体健康产生不良影响的事物，它包括可见光、激光、红外线和紫外线等光造成的污染。具体包括生活中常见的书本纸张、墙面涂料的反光甚至是路边彩色广告的“光芒”等。在日常生活中，人们常见的光污染类型多为由镜面建筑反光导致的行人与司机的眩晕感，以及夜晚不合理灯光给人体造成的不适。目前，光污染按波长划分可分为可见光、红外线和紫外线。

(1) 可见光污染

光对人的每一种作用都既包括生理上的也包括心理上的。人在感觉上和生理上的兴奋通过植物神经系统能刺激各种生命机能，增进食欲，加速循环等，并通过这些系统又加强了光对疾病发展过程中的生理影响。太阳光对人们尤其是儿童的健康十分重要，它能促进钙的吸收和某些营养成分的合成。长期缺少太阳光，儿童会得软骨病，皮肤苍白，体质衰弱。但是过度的太阳光照射却对人类的生活和生命带来严重的影响。

人们接触较多的是眩光污染，如电焊时产生的强烈眩光，在无防护情况下会对人的眼睛造成伤害；夜间迎面驶来的汽车头灯的灯光，会使人视物极度不清，造成事故；长期工作在强光条件下，视觉受损；车站、机场、控制室过多闪动的信号灯以及在电视中为渲染舞厅气氛，快速地切换画面，也可属于眩光污染，使人视觉不舒服。城市夜间灯光污染，城市夜间灯光会使夜空亮度增加，影响天文观测；路灯和建筑工地的聚光灯可能会影响居民休息。另外玻璃幕墙或反光玻璃装饰，在阳光或强光的照射下，会形成白亮污染。

随着科学技术的发展，激光特殊性能应用在医学、生物学、环境监测、化学和天文学等领域内，激光污染也逐渐受到人们的关注。激光是一种指向性好、颜色纯、密度高的高能辐射，这一特殊污染可直接造成眼底伤害。功率大的激光甚至可以直接射入人体，危害人的深层组织和社会系统，医学上采用激光化疗消灭癌细胞。

(2) 红外线污染

红外线近年来在军事、科研、工业、卫生等方面应用日益广泛，由此可产生红外线污染。红外线是一种热辐射，会在体内产生热量，红外线通过高温灼伤人的皮肤，还可透过眼睛角膜对视网膜造成伤害，波长较长的红外线还能伤害人眼的角膜，长期的红外照射可以引起白内障。终日与火接触的焊工和玻璃工等工人中的白内障疾病就是由红外线的作用而引起的。

(3) 紫外线污染

波长为250～320 nm的紫外线，因紫外线能进入细胞并破坏细胞的重要组成部分，最早应用于消毒，在污水处理工艺中通过紫外线杀死水中所含的细菌和病毒。对人具有伤害作用，过量的紫外线将使人的免疫系统受到抑制，从而导致疾病发病率增加。主要伤害表现为角膜损伤和皮肤的灼伤。如在有些医院的传染病房安装有紫外线杀菌灯，杀菌灯不可在有人时长时间开着，否则就会灼伤人的皮肤，造成危害。

国际上一般将光污染分成三类，即白亮污染、人工白昼和彩光污染。

(1) 白亮污染，阳光照射强烈时，城市里建筑物的玻璃幕墙、釉面砖墙、磨光大理石和各种涂料等装饰的反射光线，明晃白亮、炫眼夺目。玻璃幕墙的光污染就是白亮污染的一种。专家研究发现，长时间在白色光亮污染环境下工作和生活的人，视网膜和虹膜都会受到程度不同的损害，视力急剧下降，白内障的发病率高达45%，还使人头昏心烦，甚至出现失眠、食欲下降、情绪低落、身体乏力等类似神经衰弱的症状。在室内，也会有光污染，例如读书的时候，纸张的颜色也有光污染；室内墙壁的颜色，如果太亮也会引起视觉不舒服；家具、地板等都会对视力造成不同程度的危害。

(2) 人工白昼

由人为形成的大面积照亮光源导致的光污染。主要指夜幕降临后，商场、酒店等场所上的广告灯、霓虹灯以及美化城市夜景的由人工布置的各种照明灯、泛光灯等。有些强光束甚至直冲云霄，使得夜晚如同白天一样。在这样的夜晚，使人难以入睡，人体正常的生物钟被扰乱，导致白天精神不振，工作效率低下。人工白昼还会伤害昆虫和鸟类，因为强光可破坏夜间活动昆虫的正常繁殖过程。

(3) 彩光污染

由激光灯、彩光灯构成的光污染称为彩光污染。主要是指现代舞厅、夜总会安装的黑光灯、旋转灯、荧光灯以及闪烁的彩色光源，危害人体健康。据测定，黑光灯可产生波长为250～320 nm的紫外线，其强度大大高于太阳光中的紫外线。家庭中普遍采用的照明灯、户外闪烁的各色霓虹灯、广告灯和娱乐场所的各种彩色光源、电视、电脑等带屏幕的家用电器也是彩光污染的主要污染源。人类采用的各种光源中，不仅发出可见光，而且其中很多光源还含有较多的紫外辐射和红外辐射。彩色光源让人眼花缭乱，不仅对眼睛不利，而且干扰大脑中枢神经，使人感到头晕目眩，出现恶心呕吐、失眠等症状。人体长期受到彩光的照射，有可能诱发鼻出血、白内障，严重导致白血病和癌症。科学家最新研究表明，彩光污染不仅有损人的生理功能，还会影响心理健康。

8.2.2 光污染的危害

光污染的危害表现在以下几个方面。

(1) 危害人类健康

光污染对人身体危害首先是眼睛和皮肤。长时间经受光污染会造成眼睛的光照性结膜炎、温热性光化学视网膜损伤和皮肤的红斑与灼伤。还会削弱婴幼儿的视觉功能，影响儿童的视力发育。严重者会导致白内障。长时间光照会使皮肤出现“光照性皮炎”如红斑和小水泡，或使皮肤脱皮坏死加速老化。光污染还会影响心理健康，夜晚环境过亮，人们会难以睡眠，导致白天工作效率低下，造成心理压力过重。彩色光源使人烟花缭乱，对眼睛不利，甚至会干扰大脑中枢神经，使人感到头晕目眩、出现呕吐等症状。

(2) 影响交通安全

光污染容易制造意外交通事故。靠近街道和马路的玻璃幕墙反光会影响车辆和行人的正常视觉，有的甚至会在瞬间干扰司机的视线，引起交通事故。刺眼的路灯和沿途灯光广告及标志，也会使司机视力疲劳，导致交通事故的发生。城市夜景中过强的灯光会形成干扰，造成交通隐患。

(3) 破坏生态环境

光污染引起气候发生变化，城市中大量的照明设备排放热量助长城市的温度增高。光对植物生长起到非常重要的作用，众所周知，植物在白天利用阳光进行光合作用，灯光照明延长了白天，使植物进行光合作用的时间加长。植物对光照和夜晚时间的长短反应非常敏感，长期高辐射的光能作用于植物，对植物的生长繁殖可能是一种威胁。研究表明，过多光照的植物形态发生变化，某些习性也可能发生变化。光污染还会伤害鸟类和昆虫等动物，大多数动物在夜晚喜欢安静，不喜欢强光照射，夜晚的强光打乱了动物昼夜生活的规律，使它们极难适应；无法遵循正常的活动规律，变得精神萎靡、食欲不振，甚至不能保证正常的繁殖活动，最后导致动物的数量减少。

(4) 急剧能源危机

据统计，全球每年照明耗电约 2 万亿度，生产这些电力要排放十几亿吨的二氧化碳和一千多万吨二氧化硫。造成严重污染，又浪费资源。全世界城市的夜景照明每年消耗巨大能源。

8.2.3 光污染的防护措施

光对环境的污染是实际存在的，但由于缺少相应的污染标准与立法，因而不能形成较完整的环境质量要求与防范措施。防治光污染，是一项社会系统工程，需要有关部门制定必要的法律和规定，采取相应的防护措施。

光污染与水污染和大气污染不同，和噪声污染类似，属于感觉公害，这种污染是局部性和分散性，不会造成全球污染，也不存在残余污染，一旦光害停止，这种污染也随之消失。目前光污染的防治有以下几个方面：

(1) 加强城市规划和管理，改善工厂照明条件，减少光源集中布置，以减少光污染来源企业、卫生、环保等部门或个人，一定要对光的污染有一个清醒的认识，要注意控制光污染的源头，要加强预防性卫生监督，做到防患于未然。合理的城市规划和建筑设计可有效地减少光污染。限建或少建带有玻璃幕墙的建筑并尽可能避开居民居住区。已经建成的高层建筑尽可能减少玻璃幕墙的面积并避免太阳光反射光照到居民区。此外，还应选择反射系数较小的材料。在布局上要重点考虑是否对周围环境产生影响，尤其是对居民区、医院和学校的影响。对广告牌和霓虹灯应加以控制，科学管理建筑物和娱乐场所周围，应多种植植物，将反射光改为漫反射，从而改善光环境。科研人员在科学技术上也要探索有利于减少光污染的方法。在设计方案上，合理选择光源。要教育人们科学、合理地使用灯光，注意调整亮度，不可滥用光源，不要再扩大光的污染。

(2) 对有紫外线、红外光污染的场所，采取必要的安全防护措施

应加强管理和制度建设，对紫外消毒设施要定期检查，发现灯罩破损要立即更换，并确保在无人状态下进行消毒，更要杜绝将紫外灯作为照明灯使用。在有人的室内灭菌，应采用无臭氧氙灯，避免因短波紫外线光源在点燃过程中，辐射出 185～200 nm 的紫外线，使天空中的氧分子产生臭氧而危害人的健康。对产生红外线的设备，要定期检查、维护、防止长时间照射。

(3) 采取个人防护措施，如配带眼镜和防护面罩

对于个人来说要增加环保意识，注意个人保健。个人如果不能避免长期处于光污染的工作环境中，应该考虑到防止光污染的问题，采用个人防护措施：防护镜、防护面罩、防护服等。把光污染的危害消除在萌芽状态。特别对于从事电焊、玻璃加工、冶炼等产生强烈眩光、红外线和紫外线的工作人员，应十分重视个人防护工作。已出现症状的应定期去医院眼科作检查，及早发现病情，以防为主，防治结合。

光是一种洁净的能源，给我们生活带来丰富多彩的视觉感受，但要合理利用，否则将会造成严重的光污染，对待光污染要有一个正确的认识，坚持以防为主，防治结合，才能还给人类一个健康的光环境。

8.3　振动公害与防治技术

8.3.1　振动公害

随着现代工业、交通的迅速发展，大功率机械设备和运输工具的不断问世，促进经济发展的同时，也给人类带来了很多负面影响，其中振动公害就是其中之一，已成为一大社会问题。振动和噪声是密切地联系在一切的。

物体振动时，振动的能量一部分由振动的物体直接向空中发射，称之为空气声；另一部分振动能量则通过承载物体的基础向地层或建筑物结构传递。在固体表面以振动次弯曲波的形式转播，因而能激发建筑物的地板、墙面和门窗等的振动，再次向空中发射噪声，这种固体传导的声音称之为固体声。振动由自然现象引起，也有人为振动。自然振动包括火山爆发、地震、雪崩和滑坡等自然灾害。日常生活中的大多数的振动是人为造成的，主要是机械设备和交通工具等，只有在一定频率范围内的振动才能被人们的听觉感受到，频率一般为20～20 000 Hz。

8.3.2　振动公害的危害和防治

振动公害对人体的危害是严重的，各种运输工具和机械设备的振动影响人们的舒适感，降

低工作效率，严重时甚至影响健康和安全，振动可能造成视觉模糊、注意力不集中、头晕、脸色苍白、恶心、呕吐、直至完全丧失活动能力。某些振动级和频率可能对人体内脏造成永久的损害。长期手持振动的机械(如电锯、风镐)会造成“白手病”，使脉管及神经组织逐渐退化，最终使工人的手麻木或失去知觉和操作能力。环境振动在一般情况下虽然不构成对人体的直接危害，但对居民生活、学习、休息、睡眠会有干扰和影响。过强的振动对机械设备也有危害，不仅使机器部件易于产生疲劳损坏，使建筑结构强度降低甚至变形；而且在一般振源周围相当大的范围内，精密设备和仪表因振动而失灵。

振动对人体影响的因素是很复杂的，至今有关人对振动的感觉和反应的定量资料不是很一致。研究表明，不同的人在不同场所保持不同的姿势对振动的感受都是不同的。

振动和噪声的控制类似，对于振动的控制应从以下几方面采取措施：一是对振动源进行改进以减弱振动强度，如在机器基础与其他结构之间铺设具有一定弹性的软材，或者在机器上安装设计合理的减振器，减振器之所以能减振，是以弹性支撑代替振源与地基之间的刚性连接，从而在一定的频率范围内降低了从振源馈入地基的激振力。减振器一般有金属弹簧、橡胶减振器和气体弹簧三大类。除了减振器，还可以通过在机器基础与其他结构之间铺设具有一定弹性的软材料，如矿渣棉毡、玻璃纤维、软橡胶板和软木等减振垫层，破坏设备基础与周围地层刚性连接来达到减振效果。二是在振动传播路径上采取隔振措施，切断振动的传播途径或在传播途径上削弱振动。或用阻尼材料消耗振动的能量并减弱振动向空间的辐射。例如为了阻止表面波的传播，在地表层挖减振沟或者筑减振墙等。从而，直接或间接地使振动降低。

8.4 电磁辐射的危害与防治措施

8.4.1 电磁辐射

在1831年英国科学家法拉第发现电磁感应现象后，人类就开始探索电磁辐射的利用。时至今日，电气与电子设备仪器已遍及生产、科学研究与医疗卫生等各个领域，并已进入人们日常生活之中。电磁辐射超过一定强度会带来严重的电磁污染。随着科学技术和经济的高速发展，电子工业的发展与电子仪器设备的广泛应用，各种视听设备、微波加热设备等广泛进入人们的生活之中，造成的电磁辐射对环境的污染与危害，已愈来愈为人们所认识。目前，电磁辐射是继大气污染、水污染、固体废物污染和噪声污染之后的又一大公害，引起全世界的关注，联合国人类环境大会将电磁辐射列入必须控制的主要污染物之一。减少电磁污染，保障居民与操作人员的身心健康，已经是环境科学工作中的一个重要部分。

在电场和磁场的交互变化产生的电磁波，电磁波向空中发射或汇聚的现象，叫电磁辐射。电磁辐射是以一种看不见、摸不着的特殊形态存在的物质。电磁波有多种，各种电磁波的波长与频率各不相同。人类生存的地球本身就是一个大磁场，它表面的热辐射和雷电都可产生电磁辐射，太阳及其他星球也从外层空间源源不断地产生电磁辐射。围绕在人类身边的天然磁场、太阳光、家用电器等都会发出强度不同的辐射。

电磁辐射是由振荡的电磁波产生的。电磁波有很多种，各种电磁波的波长与频率各不相同。物理学上称在周期波的传播方向上，在某一时间相位相同的两相邻点间的距离为波长。波在每秒内完成的周期数为频率。频率和波长互为倒数关系，因此，频率越高的电磁波，其波长越短。一般发电厂发出的交流电的频率为50 Hz，在电路中它所辐射的电磁波能量可以忽略不计。高频电磁场与微波统称射频，系指振荡频率为100 kHz至300 MHz和300 MHz至300 GHz的电磁辐射。

实际上，电磁波的频带为$0\sim1\times10^{25}$ Hz，包括无线电波、微波、红外线、可见光、紫外线、X射线、γ射线和宇宙射线均属其范畴，通常频率的上限仅取至3×10^{12} Hz，$0\sim1\times10^{12}$ Hz属射频段，$3\times10^{12}\sim3\times10^{15}$ Hz属激光频段，现代无线电使用的频段其频率为0.1 MHz至300 GHz。当交流电的频率超过1×10^{5} Hz，其周围将形成高频电场和磁场，称之为射频电磁场。当射频电磁场达到足够的强度时，就会对生物体产生作用，机体可吸收一定的辐射能量，发生生物学效应，主要表现为热效应。当射频电磁场辐射强度在一定范围内，可对人体有良好的作用，超过一定范围时，则可破坏人体热平衡，有害健康。

8.4.2　电磁辐射污染的来源和传播途径

地球上造成人类生活环境的电磁污染源可分为天然的和人为的两大类。

1. *天然的电磁污染源*

天然的电磁污染源是由某些自然现象引起的。最常见的雷电，除了可能对电气设备、飞机、建筑物等直接造成危害外，而且会在广大地区从几千赫到几百兆赫以上的极宽频率范围内产生严重的电磁干扰。此外，如火山爆发、地震和太阳黑子活动引起的磁暴等都会产生电磁干扰。天然的电磁污染对短波通信的干扰特别严重。

2. *人为的电磁污染*

人为源指人工制造的各种系统、电气和电子设备产生的电磁辐射。人为源按频率的不同可分为工频场源与射频场源。工频场源主要是指大功率输电线路产生的电磁污染，如大功率电机、变压器、输电线路等产生的电磁场，也包括放电型污染源如静电除尘器等，这些设备产生的电磁场，不是以电磁波形式向外辐射，主要是对近场区产生电磁干扰。射频场源主要是指无线电、电视和各种射频设备（如高频加热设备、微波干燥机和理疗机等）在工作过程中所产生的电磁辐射和电磁感应，这些人工辐射源频率范围宽，影响区域大，对近场工作人员危害也较大，因此已成为电磁污染环境的主要因素。另外家用电器包括电热毯、手机、电脑、电视机、微波炉、电磁灶等的使用也会引起不同频段的电磁辐射。

电磁污染从污染源到受体，主要通过空间辐射和线路传导两个途径进行传播。

空间辐射是指通过空间直接辐射。各种电气装置和电子设备在工作过程中，不断地向其周围空间辐射电磁能量。这些发射出来的电磁能，以两种不同的方式传播并作用于受体的：一种是在以场源为中心、半径为一个波长的范围内，传播的电磁能是以电磁感应的方式作用于受体；另一种是在以场源为中心、半径为一个波长的范围之外，电磁能是以空间放射方式传播并作用于受体。

线路传导是指借助电磁耦合由线路传导。当射频设备与其他设备共用同一电源时，或它们之间有电气联接关系，那么电磁能即可通过导线传播。

通过空间辐射和线路传导均可使电磁波能量传播到受体，造成电磁辐射污染。同时存在空间传播与线路传导所造成的电磁污染的情况被称为复合传播污染。

8.4.3　电磁辐射的危害和防护

电磁污染的危害主要集中在射频电磁辐射这一较宽的领域之中。其危害主要表现在以下几个方面。

1. 危害人体健康

电磁辐射对人体危害程度随波长而异，波长愈短对人体作用愈强，微波作用最为突出。射频电磁场的生物学活性与频率的关系为：微波＞超短波＞短波＞中波＞长波。高强度的电磁辐射以热效应和非热效应两种方式作用于人体，能使人体组织温度升高，导致身体发生机能性障碍和功能紊乱，严重时造成植物神经功能紊乱，表现为心动、血压和血象等方面的失调，还可对视觉器官造成严重损伤，同时对生育机能也有显著的不良影响。处于中、短波频段电磁场（高频电磁场）的操作人员或居民，经受一定强度与时间的暴露，将产生身体不适感，严重者可引起神经衰弱症状与反映在心血管系统的植物神经失调。但是这种作用是可逆的，脱离作用区，经过一定时间的恢复，症状可以消失，不形成永久性损伤。微波对生物危害的一个显著特点是具有积累性，在一次伤害未得到恢复前再次受辐射，伤害将积累，多次积累，则伤害不易恢复。

2. 引燃引爆

电磁辐射在高场强作用下会引起火花而导致可燃性油类、气体和武器弹药的燃烧与爆炸事故。

3. 干扰信号

电磁辐射可直接影响电子设备、仪器仪表的正常工作，造成信息失真、控制失灵，对电器设备、飞机、建筑物等可能造成直接破坏。为了消除电磁辐射污染对环境的有害影响，必须采取综合防治的办法。

首先，要加强宏观管理，制定设备的辐射标准并进行严格控制。国家颁布有《中华人民共和国环境电磁波卫生标准》（GB 9175—88）与《电磁辐射防护规定》（GB 8702—88），规定了电磁辐射的安全标准。要合理工业布局，使电磁污染源远离居民稠密区，在集中使用大型电磁辐射发射设备或高频设备的周围，按环境保护和城市规划要求规定的规划限制区域内不得修建居民住房和幼儿园等敏感建筑。

其次，要从产品设计和使用着手，合理设计使用各种电气、电子设备，努力减少设备的电磁漏场及电磁漏能，对各类高频与微波设备在使用过程中不得随意拆开，从根本上减少放射性污染物的排放。

第三，对已经进入到环境中的电磁辐射，要采取一定的技术防护手段，以减少对人及环境的危害。

下面介绍常用的防护电磁场辐射的方法。

（1）电磁屏蔽

电磁屏蔽是利用一些能抑制电磁辐射扩散的材料，将电磁辐射源与外界隔离开来，使辐射能被限制在某一范围内，从而达到防止电磁污染的目的。屏蔽装置一般为金属材料（或导电性好的非金属）制成的封闭壳体，并与地相接。屏蔽防护主要是利用其对电磁能进行反射与吸收，使得传递到屏蔽体上的电磁场，一部分被屏蔽体反射，进入屏蔽体内的电磁能又有一部分被吸收，因此透过屏蔽的电磁场强度会大幅度衰减，从而避免了对人与环境的危害。根据场源与屏蔽体的相对位置，屏蔽方式可分为以下两类：

一类是将电磁场的作用限定在某一范围内，用屏蔽壳体将电磁污染源包围起来，使其不对此范围以外的生物机体或仪器设备产生影响的方法，称为主动场屏蔽或有源场屏蔽。

另一类是将场源放置于屏蔽体之外，用屏蔽壳体将需保护的区域包围起来，使场源对限定范围内的生物机体及仪器设备不产生影响，称为被动场屏蔽或无源场屏蔽。

屏蔽材料可用低电阻率的铜、铝、铁等金属材料。普通玻璃、纤维板、塑料板、有机玻璃等材料缺少屏蔽电磁波的性能，不宜单独使用。

屏蔽装置可以根据不同的屏蔽对象与要求，采用不同的屏蔽体的结构形式，主要有屏蔽罩、屏蔽墙、屏蔽室等形式，可根据具体情况设计制作。

(2) 吸收防护

在微波场源的周围或需要防护的环境四周设置吸波材料或装置，利用电磁匹配、谐振的原理，采用对电磁辐射能量具有吸收作用的材料，将电磁能量进行衰减，并吸收转化为热能。吸收防护是减少微波辐射危害的一项积极有效的措施，可在场源附近将辐射能大幅度降低，多用于近场区的防护上。

石墨、铁氧体、活性炭等是较好的吸收材料。也可在塑料、橡胶、胶木、陶瓷等材料中加入铁粉墨、木材和水等制成，如泡沫吸收材料、涂层吸收材料和塑料板吸收材料等。

(3) 个人防护

我们在平时工作和日常生活中，应自觉采取措施，减少电磁波的危害。应尽量增大人体与发射源的距离。因为电磁波对人体的影响，与发射功率大小及与发射源的距离紧密相关，它的危害程度与发射功率成正比，而与距离的平方成反比。当因工作需要操作人员必须进入微波辐射源的近场区作业时，或因某些原因不能对辐射源采取有效的屏蔽、吸收等措施时，必须采取个人防护措施，以保护作业人员安全；个人防护措施主要有穿防护服、戴防护头盔和防护眼镜等。

(4) 区域控制与综合治理

对工业集中城市，特别是电子工业集中城市或电气、电子设备密集使用地区，可以将电磁辐射源相对集中在某一区域，使其远离一般工作区或居民区。并对这样的区域设置安全隔离带，如利用绿色植物对电磁辐射能具有较好的吸收作用，可采用绿化隔离带，从而在较大的区域范围内控制电磁辐射的危害。

总之，电磁波给人类带来了诸多的方便。神奇的电磁波让我们走进信息高速公路的时代，人们足不出户，瞬间即可分享全球人类的精神文明，使地球村成为现实。但是，如果使用不当，电磁辐射就会成为电磁污染，从而威胁人类的身体健康。对电磁污染问题，我们应该把重点放在提高人们的防护意识上，同时需要对电磁污染进行研究并加以控制，强化防护措施，确保设备和人员的安全。

8.5 放射性污染与处理技术

1895年德国科学家伦琴在研究高真空放电管时发现了被他称作的X光的射线，次年法国科学家贝可勒尔在进一步研究X光时发现铀的化合物也能放出射线，这是被发现的第一个天然放射性元素。1898年居里夫妇发现钍、镭和钋等放射性元素成为化学发展史上的里程碑，也产生了亦福亦祸的核技术。随着核技术的广泛应用和伴生放射性矿物的开发利用，放射性物质达到一定剂量对环境造成放射性污染。

放射性元素的原子核在衰变过程放出人的肉眼看不见也感觉不到的射线，这种现象称为放射性，具有这种放射性质的物质叫做放射性物质。在自然资源中存在着一些能自发地放射出某些特殊射线的物质，这些射线具有很强的穿透性，如铀、钍、镭和自然界中含量丰富的^{40}钾，都是放射性的物质。

8.5.1 放射性污染的来源及其分类

放射性污染是指因人类的生产、生活活动排放的放射性物质，使环境中的放射性水平高于天然本底或放射环境标准，从而危害人体健康的现象。放射性污染物主要通过射线的照射危害人体和其他生物体，这种对人体有害的射线包括 α 射线、β 射线、γ 射线、X 射线和质子束等。α 粒子流形成的射线称为 α 射线。α 有较强的电离作用，但粒子穿透力较小，在空气中易被吸收，外照射对人的伤害不大，但进入人体后会因内照射造成较大的伤害。β 射线是带负电的电子流，穿透能力比 α 射线强，但电离作用比 α 射线小得多。γ 射线是波长很短的电磁波，具有很强的穿透能力，对人的危害最大。

对人类危害的放射性污染源可分为天然放射性污染源和人工放射性污染源。

天然辐射源是自然界中天然存在的辐射源，人类从诞生起一直就生活在这种天然的辐射环境之中，并已经适应了这种辐射。天然辐射源所产生的总辐射水平称为天然放射性本底，它是判断环境是否受到放射性污染的基础。

环境中天然辐射本底主要由宇宙射线、次生放射性核素和原生放射性核素的辐射这三部分组成。宇宙射线主要来源于地球的外层空间，由高能质子组成，具有极大的动能。原生放射性核素主要有^{235}铀、^{40}钾、^{229}镭、^{222}氡等。

人工辐射源是指由生产、研究和使用放射性物质的单位所排出的放射性废物和核武器试验所产生的放射性物质，是对环境造成放射性污染的主要来源。

1. 核爆炸的沉降物

核武器试验是全球放射性污染的主要来源，核试验后的沉降物质带有放射性颗粒，这些放射性沉降物除落到爆区附近外，还可随气流扩散到更广泛的地区，造成对大气、地表、水体、动植物和人体的污染。细小的放射性颗粒甚至可达到平流层并随大气环流流动，经很长时间（甚至几年）才能回落到对流层，造成全球性污染。

2. 核工业过程的排放物

核能应用于动力工业，构成了核工业的主体。核工业生产过程中产生的废水、废气、废渣的排放或逸散是造成环境放射性污染的一个重要原因。核工业的生产过程包括铀矿的开采和冶炼、核燃料的制备、储存和使用、核废物的回收处理等多个环节。在这个过程中的每一个环节都会排放种类、数量不同的放射性污染物，对环境造成程度不同的污染。

核污染涉及核燃料的循环过程，主要包括核燃料的制备与加工过程、核反应堆的运行过程、核燃料后处理过程。对整个核工业而言，正常运行时核电站对环境排放的气态、液态核放射性废物很少，固态放射性废物又被严格地封装在钢罐中。在放射性废物的处理设施不断进行完善的情况下，正常运行时对环境不会造成严重污染。严重的污染往往都是由事故造成的，如 1979 年 3 月美国三里岛核电站事故、1986 年 4 月前苏联切尔诺贝利核电站事故和 2011 年 3 月日本地震核泄漏事件。1986 年 4 月 26 日，位于前苏联乌克兰地区基辅以北 130 公里的切尔诺贝利核电站，发生了自 1945 年日本遭受美国原子弹袭击以来全世界最严重的核灾难，成为人类和平利用核能史上的一大灾难，这就是震惊世界的切尔诺贝利核电站核泄漏事故。爆炸释放了大约 2.6 亿居里的辐射量，大约是日本广岛原子弹爆炸能量的 200 多倍。由于这次事故，核电站周围 30 公里范围被划为隔离区，附近的居民被疏散，庄稼被全部掩埋，周围 7 000 米内的树木都逐渐死亡。在日后长达半个世纪的时间里，10 公里范围以内将不能耕作、放牧；10 年内 100 公里范围内被禁止生产牛奶。到目前为止，还有 200 万人不得不生活在核污染区，其中包括48万不满17岁的少年儿童。据俄“国际文传电讯社”2003年4月23日报道，时至今日乌克兰共有250万人因切尔诺贝利核事故而身患各种疾病，其中包括47.3万名儿童。核事故后的今天，在乌克兰的核受害者中最常见的是甲状腺疾病、造血系统障碍疾病、神经系统疾病以及恶性肿瘤等。1979年3月28日凌晨4时，美国宾夕法尼亚州的三里岛核电站第2组反应堆的操作室里，红灯闪亮，汽笛报警，涡轮机停转，堆心压力和温度骤然升高，2小时后，大量放射性物质溢出。在三里岛事件中，从最初清洗设备的工作人员的过失开始，到反应堆彻底毁坏，整个过程只用了120秒。6天以后，堆心温度才开始下降，蒸气泡消失——引起氢爆炸的威胁免除了。100吨铀燃料虽然没有熔化，但有60%的铀棒受到损坏，反应堆最终陷于瘫痪。此事故为核事故的第五级。事故发生后，约20万人撤出这一地区。日本东北部海域2011年3月11日发生9级强烈地震，导致福岛第一核电站发生爆炸与核泄漏事故，造成数以万计的人放弃家园，造成的危害是惨重的。

3. 医疗照射的射线

随着现代医学的发展，辐射作为诊断、治疗的手段越来越广泛应用。辐照方式除外照射外，还发展了内照射，如诊治肺癌等疾病，就采用内照射方式，使射线集中照射病源，但同时也增加了操作人员和病人受到的辐射。因此，医用射线已成为环境中的主要人工污染源之一。

4. 其他方面的污染源

随着现代科学技术的发展，放射性同位素在控制、分析、测试的设备广泛应用，对职业操作人员会产生辐射危害。同时如夜光表、彩电等一些生活用品中使用了放射性物质，一些建筑材料如含铀、镭量高的花岗岩和钢渣砖等，它们的使用会增加室内的辐照强度。再如磷矿石中经常会有相当数量的铀和钍，若使用磷肥不当，也可造成放射性污染。

由各种辐射污染源产生的放射性废物，按其物理形态可分为放射性气体、放射性废水(液)、放射性固体废物。但不同场合、不同设备所产生的这些放射性废物，其放射性水平各不相同。在处理和处置这些放射性废物时，一般按放射性活度和半衰期将放射性废物分为高放长寿命、中放长寿命、低放长寿命、中放短寿命和低放短寿命五类。依据1977年国际原子能机构的建议，可将放射性废物作如表8-4所示分类。在处理这些放射性废物时，针对不同情况可按比放射性进行分类处理。

表8-4　国际原子能机构建议的放射性废物分类标准

废物相态	类别	比放射性(A)(3.7×10^{10} Bq/m^3)	废物表面剂量(D)[2.58×10^{-4} C/(kg·h)]	备注
液体	1	$A\leqslant10^{-6}$	—	一般可不处理
	2	$10^{-6}<A\leqslant10^{-3}$	—	处理时不用屏蔽
	3	$10^{-3}<A\leqslant10^{-1}$	—	处理时可能需要屏蔽
	4	$10^{-1}<A\leqslant10^{4}$	—	处理时必须屏蔽
	5	$10^{-4}<A$	—	必须先冷却
气体	1	$A\leqslant10^{-10}$	—	一般不处理
	2	$10^{-10}<A\leqslant10^{-6}$	—	一般用过滤法处理
	3	$10^{-6}<A$	—	用其他严格方法处理
固体	1	—	$D\leqslant0.2$	β、γ辐射占优势
	2	—	$0.2<D\leqslant2.0$	含α辐射体微量
	3	—	$2.0<D$	从危险的观点确定α辐射占优势，β、γ辐射微量
	4	—	α放射性用Bq/m^{3}表示	

按照我国《放射防护规定》(GB 8703—88)，对一切产生放射性废物的实践和设施，均应设立相应的放射性废物收集系统，并采取一切必要措施，尽量减少放射性废物的产生量或体积。需要在环境中处置的各类放射性废物，必须按国家处置方针和环保部门的有关规定进行处置。低放液体和气体废物向环境的常规排放，必须事先经环保部门批准后方可进行。除低放液体和气体废物可有控制地向环境排放外，其余废物必须转化为不同类型的固化物，经最优化分析，在保证安全地与生物圈隔离的条件下，以固体废物的形态在环境中处置，并做好长期的管理和检测工作。

8.5.2 放射性污染的危害及其污染途径

放射性污染物与一般的化学污染物有着明显的不同，主要表现在每一种放射性核素均具有一定的半衰期，在其放射性自然衰变的这段时间里，它都会放射出具有一定能量的射线，持续地产生危害作用，除了进行核反应之外。目前，采用任何化学、物理或生物的方法，都无法有效地破坏这些核素，改变其放射的特性。放射性污染物所造成的危害，在有些情况下并不立即显示出来，而是经过一段潜伏期后才显现出来。放射性对人体的危害程度主要取决于所受辐射剂量的大小。

一次或短期内受到大剂量照射时，会产生放射损伤的急性效应，使人出现恶心、呕吐、脱发、食欲减退、腹泻、体温升高和睡眠障碍等神经系统和消化系统的症状，严重时会造成死亡。例如，在数千拉德(rad)高剂量照射下，可以在几分钟或几小时内将人致死，受到 600 rad 以上的照射时，在两周内的死亡率可达 100%，受照射量在 300～500 rad 左右时，在四周内的死亡率可达 52%。

在急性放射病恢复以后，经一段时间或低剂量照射后数月、数年甚至数代后还会产生辐射损伤的远期效应，如致癌、白血病、白内障、寿命缩短和影响生长发育等，甚至对遗传基因产生影响，使后代身上出现某种程度的遗传性疾病。过量的放射性物质进入人体或受到过量的放射性外照射会对人体的健康造成损害，见表 8-5，引发恶性肿瘤、白血病等急慢性的放射病，或损害其他器官，如骨髓、生殖腺等。

表 8-5 高辐射剂量对人体的影响

剂量(雷姆)	影响
100 000	几分钟死亡
10 000	几小时死亡
1 000	几天内死亡
700	几个月内 90%死亡，10%幸免
200	几个月内 10%死亡，90%幸免
100	没有人在短期死亡，但是大大增加了患癌症和其他缩短寿命的机会，女子不育，男子在 2～3 年也不育

注：1 戈瑞(Gy)=100 拉德(rad)，1 希沃特(Sv)=1 000 毫希(mSv)=100 雷姆(rem)

在《放射防护规定》(GBJ—74)中对放射性工作者最大允许剂量当量定为每 5 雷姆(rem)，居民允许的剂量当量为每年 0.5 rem。在此剂量连续照射下其辐射效应极微，一般不易觉察，但对人体的影响问题应予重视并深入研究。

日常工作中不接触辐射性工作的人来说，每年正常的天然辐射(主要是因为空气中的氡辐射)为 1 000～2 400 mSv 的辐射。一次小于 100 mSv 的辐射,对人体无影响。

8.5.3 放射性污染的防护和处理与处置

1. 放射性污染的防护

放射性废物不容易被发现和预防其危害。它是无色无味的有害物质,目前没有有效的办法将其破坏,以使其放射性消失,只能靠放射性测试仪才能探测到。因此,对放射性废物的管理、处理和最终处置必须按照国际和国家标准进行,以期把对人类的危害降到最低水平。具体防护措施有以下几种:

(1) 时间防护

人体受辐照累积剂量与人在辐射场所停留的总时间成正比。因此要求工作人员操作准确敏捷以减少受照时间;也可以增配人员轮流操作以减少每个人的受照时间。

(2) 距离防护

人距离辐射源越近,则受照剂量越大。因此必须远距离操作以减少受照量。

(3) 屏蔽防护

根据各种放射性的穿透物质时被吸收和衰减的原理,可在辐射源与人之间放置一种合适的屏蔽材料的装置以降低外照射剂量。一般来讲,α、β、γ 射线射程短,穿透力弱,在空气中易被吸收,因此用几张纸或薄的铅膜,即可将其屏蔽。但其电离能力强;进入人体后会因内照射造成较大伤害。β射线是带负电的电子流,穿透物质能力强于 α 射线,因此对 β 射线屏蔽的材料可采用有机玻璃、烯基塑料、普通玻璃及铅板。γ 射线是波长很短的电磁波,穿透物质能力很强,危害也最大,常用具有足够厚度的铅、铁、钢、混凝土等材料屏蔽。另外,为防止人们受到不必要的照射,在有放射性物质和射线的地方应设置明显的危险标志。

对于内照射,辐射防护的基本原则是切断放射性物质通过口腔、呼吸器官、皮肤、伤口等进入人体的途径或减少其进入量。如可通过大容量的通风换气,稀释分散操作场所的含放射性的气体,从而减少其可能进入人体的剂量。

2. 放射性污染的处理与处置

(1) 放射性废液的处理与处置对不同浓度的放射性废水可采用不同的方法处理。

① 稀释排放对中、低放短寿命的废液,可采取经适当的预处理后,待其放射强度降低后,达到我国《放射防护规定》(GB 8703—88)中规定的排放标准,可稀释排放。

② 浓缩贮存

对高放长寿命、中放长寿命、低放长寿命的废液,可使用浓缩后贮存的方法。常用的浓缩手段有化学沉淀法、离子交换法和蒸发法。化学沉淀法是在废液中投加一定量的化学药剂,使放射性物质通过絮凝沉淀作用从液相去除;离子交换法是使放射性废液通过装有离子交换材料(一般为树脂或沸石)的装置,使液相中的呈阳离子态的放射性核素(如^{137}铯和^{90}锶)与离子交换材料中的可交换离子(如 H^+、Na^+ 等)进行交换,而液相中的呈阴离子态的放射性核素(如^{131}碘等)与离子交换材料中的可交换离子(如 Cl^- 等)进行交换,从而使废液得到净化;蒸发法是通过蒸发使液相的水分以蒸汽形式分离出去,达到浓缩的目的。用上述方法处理时,分别得到了沉淀物、蒸渣和失效离子交换材料,它们将放射物质浓集到了较小的体积中。对这些浓缩废液,可用专门容器贮存或经固化处理后埋藏,使其自然衰变。一般地,对中、低放射性废液可用水泥、沥青固化;对高放射性的废液可采用玻璃固化。

③ 回收利用

在放射性废液中常含有许多有用物质，可以通过循环使用废水，回收废液中某些放射性物质。这样做既不浪费资源，又可减少污染物的排放。

(2) 放射性废气的处理与处置

对于低放射性废气，特别是含有半衰期短的放射物质的低放射性废气，达到我国《放射防护规定》(GB 8703—88)中规定排放标准，一般可以通过高烟囱直接稀释排放。

对于含有粉尘或含有半衰期长的放射性物质的废气，则需经过一定的处理，通常可采用过滤、吸附和碱液吸收等方法除去放射性的气体和粉尘。经处理后的气体，仍需通过高烟囱稀释排放。

(3) 放射性固体废物的处理与处置

对放射性固体废物根据其放射性活度和半衰期等性质的不同，采用的处理方法有主要去污法、压缩法、焚烧法和熔融法等。

去污法是对于被放射性物质玷污的仪器、设备、器材及金属制品，用溶剂洗涤、磨蚀和机械刮削等手段将放射性物质清除掉，使其可以重新使用。

压缩法对具有压缩性的固体废物，用压缩处理减小体积，便于运输、贮存及焚烧。

焚烧法是对可燃性固体废物可通过高温焚烧大幅度减容，焚烧后使放射性物质残留在灰烬中。焚烧后的灰可封存在密封的金属容器中，也可进行固化处理。采用焚烧方式处理，须严格控制废气的排放。

熔融法是对无回收价值的金属制品，还可在感应炉中熔化，使放射性物质被固封在金属块内。

经上述压缩、焚烧、熔融等方法处理减容后的放射性固体废物可封装在专门的容器中，或固化在沥青、水泥或玻璃中，然后将其深埋于地下或贮存于设于地下的混凝土结构的安全贮存库中。

8.6 热污染与防治

8.6.1 热污染

近一个世纪以来，由于人们生活水平的不断提高，消耗了大量的化石燃料和核能燃料。在能源的消耗和转化过程中，不仅会产生大量的化学有害物质，也产生了对人体虽无直接危害但对环境却可产生增温作用的污染。这种由人类的生产和生活中排出的各种废热影响和危害热环境的现象称为热污染。热污染主要是由于能源消费引起的，在能源消费和能量转换过程中，产生的大量废热蒸气、热废水和化学物质(如 CO_2 和 N_2O 等)，这些物质向环境直接排放，干扰了地球环境的热平衡，造成环境中的水体和空气的温度升高。热污染对自然环境造成的破坏，将会直接或间接对人类和生物产生长远的影响。

热污染一般发生在人口稠密的大城市和工厂、电站等能源消耗大的地区。热污染可以污染大气和水体。以火力发电为例，在燃料燃烧的能量中，约 40％转化为电能，12％随烟气排放，48％随冷却水进入到水体中。在核电站，能耗的 33％转化为电能。其余的 67％均变为废热全部转入水中。在大城市，由于地表状态的改变，使反射率发生变化，影响了地表和大气间的换热，造成大量的废热无法向环境散发。

8.6.2　热污染对大气和水体的影响及其防治措施

1. 热污染对大气的影响及其防治措施

人类使用的全部能源，最终将转化为一定的热量逸散入大气环境之中，向大气排放热量对大气环境造成的影响有两种不同的方面，即温室效应和反射效应。

(1) 温室效应

大气中 CO_2 像水蒸气一样能使太阳辐射透过，但是 CO_2 能吸收从地面辐射的红外线，使得大气升温。吸收了热量的 CO_2 层还能将其能量再辐射到地面，使近地层温度升高，并能够在近地层大气中建立与外界不同的小气候。这种能够使大气升温的热效应成为温室效应。通常在燃料燃烧时会有碳氧化物等产生，在完全燃烧的条件下，CO_2 的产量最高，由于能源的大量消费，使得 CO_2 的量增加，造成近地层大气升温。

(2) 反射效应

在人口相对比较密集的城市，由于工业生产、能源消耗都比较大，大量温度相对要比郊区和乡村高，其温差的大小与很多因素有关，市区与郊区的气温差显著增大，可达 4～5℃以上，若在城市和郊区各处测定温度，把气温相同的点连接起来画成等温线，则城市必然位于高等温线处，形成所谓的"热岛"效应。"热岛"效应形成的环流现象使得城市的污染物不能及时扩散稀释，并使城市上空云雾和降水量有所增加，造成局部气候反常。

(3) 防治措施

为了减低废热排放对大气环境的影响，应采取绿化措施来增加森林覆盖面积。绿色植物通过阳光下的光合作用吸收 CO_2，放出氧气。研究证明，夏季绿化区的温度一般可比建筑物地区低 3～5℃。能明显地减弱大气热污染。此外，发展新能源如太阳能、风能、水能等清洁能源，也能减轻对环境的热污染。最后，改进热能利用技术，提高热能利用率，既节约能源又减少废热的排放。如对高温废气，可用来预热冷的原料气，或利用废锅炉把冷水或冷空气加热，用于淋浴或取暖。至于温热的冷却水，可用于水产养殖，冬季灌溉农田，或用于调节港口水域的水温，防治港口冻结。

2. 热污染对水体的影响及其防治措施

由于向水体排放温热水，使水体温度升高，当温度升高到影响水生生物的生态结构，使水质恶化，并影响人类生产、生活的使用时，称为水体污染。水体热污染主要是由于工业冷却水的排放，其中以电力工业为主，其次为冶金、化工、石油、造纸和机械工业等，另外，核电站也是水体的热污染重要来源之一。水体热污染会影响水质和水生生物和生态，给人类带来间接危害。

水的各种物理性质都会受温度影响。水的黏度随着温度的上升降低，这对沉淀物的水库、流速缓慢的江河和港湾的沉积可能会有重大的影响。例如水温升高导致水中溶解氧的降低，氧气在水中溶解度会降低。水温升高、水体中物理化学和生物反应速度会加快，鱼及水中动物代谢率增高需要更多的溶解氧，此时溶解氧的减少，势必对鱼类生存形成更大的威胁。

水温升高影响水生生物的生长，显著地改变了水生物的习性，活动规律和代谢强度，从而影响到水生物的分布和生长繁殖。在高温条件下，鱼的发育受阻，水体增温幅度过大和升温过快，对水生物有致命的危险。水温的升高，降低了水生动物的抵抗力，破坏水生动物的正常生存。

水体增温加速了水生态系统的演变或破坏。硅藻在 20℃的水中为优势种；水温 32℃时，绿藻为优势种；37℃时，只有蓝藻才能生长。鱼类种群也有类似变化。对狭温性鱼类来说，在10～15℃时，冷水性鱼类为优势种群；超过20℃时，温水性鱼类为优势种群；当水温为25～30℃时，热水性鱼类为优势种群。水温超过33～35℃时，绝大多数鱼类不能生存。升温促使某些生物提前或推迟发育，导致以此为食的其他种生物因得不到充足食料而死亡，食物链中断可能使生态系统组成发生变化，甚至破坏。水温升高，还引起藻类及湖草的大量繁殖，消耗了水中溶解氧，影响鱼类生存，从而不宜饮用和渔业用。

水体升温加速了水及底泥中有机物的降解和营养元素的循环，藻类因而过度生长繁殖，导致水体富营养化；有机物降解又加速了水中溶解氧消耗。某些有毒物质的毒性随水温上升而加强。例如，水温升高10℃，氰化物毒性就增强一倍；而生物对毒物的抗性，则随水温的上升而下降。热污染的影响随着电站所在地区气候的不同而有所不同，在热带和亚热带地区，夏天水温本来就比较高，因此温热水的释放影响就比较显著，而在温带问题就不会那么严重。

水体热污染的防治主要是通过三个方面进行。

(1) 加强监督和管理，制定废热排放标准

随着工业发展，冷却水排出量的增加，水体的热污染现象将日趋明显。为减轻其可能产生的危害，除需加强水体的观察，将环境的热监督作为重要的常规项目外，还必须对我国不同地区水体接纳废热后的水生生物的生理及生态变化。开展广泛调查与研究，以积累资料，制定结合实际、经济可行的允许标准，供参照施行。

(2) 提高降温技术水平，减少废热排放量

在电站的冷却水设计中应针对所在地的自然状态与条件，选用确实可行的降温技术。对于不具备直排条件的水域，需采用冷却池或冷却塔设施使蒸汽冷却水中废热量通过雾化散热冷凝后循环使用。目前，电力及冶金企业已有将冷却设备改水冷式为气冷式。如此，既可减少水量消耗，又可避免热量被混入水体，因而是一种有效的防治热污染方法。

(3) 水体中排入废热源的综合利用

对于电站等排入水体中的冷却水，其中的剩余热量可作为热源加以利用。如利用部分温水进行水产养殖、农业灌溉、冬季供暖、预防水运航道和港口结冰等。废热的综合利用有广阔的前景可待开发，但需要注意的是季节性限制和电站停机期间的调剂等问题。

思考题

1. 噪声源分哪几种？
2. 声压级、声强级与声功率级是怎么定义的？
3. 试述声级计的构造、工作原理和使用方法。
4. 什么是电磁辐射？电磁辐射的主要危害有哪些？
5. 什么是光污染？光污染的危害有哪些？
6. 简述放射性污染来源有哪些？
7. 试述热污染对大气和水体的影响及其防治措施。

第9章　环境监测与环境评价

9.1　环境监测

9.1.1　环境监测的概念

为了有效地控制污染，保护环境，就需要了解环境质量及其变化，监视、测定、监控污染物的浓度和变化趋势。把间断或连续地测定环境中污染物的浓度，观察分析其变化和对环境影响的过程称为环境监测。环境监测是指测定代表环境质量的各种标志数据、监控环境质量及其变化趋势的过程。对任何一个污染问题，要对污染物的性质、含量、状态进行分析测定，即以环境监测的方法和手段得到环境污染数据之后，进行数据模拟，然后进行评价，找出控制方法。可见环境监测能及时了解污染现状，侦察污染物分布、来源、数量以及迁移转化，为制订治理计划和对策提供依据。所以环境监测是环境科学的基础，也是环境科学的重要分支。

9.1.2　环境监测的方法和程序

1. 环境监测的基本程序

环境监测是包含有多个环节的规范化的系统工程，环境监测的经典程序如下：

(1) 现场调查与资料收集应根据监测区域的特点，进行周密的现场调查和资料收集。主要应调查该区域内各种污染源及排放情况、区域自然环境与社会环境特征。自然特征包括地理位置、地形地貌、气象气候、土壤利用情况，社会环境特征包括社会经济发展状况等。

(2) 制订监测方案。监测方案是完成监测任务的总体构思和具体安排。制订监测方案应以监测技术路线为指导，具有可行性和经济性，还要结合实用性原则和优先监测原则，做出合理安排和全面规划。制订监测方案包括确定监测项目和制订监测计划。监测项目应根据国家规定的环境质量标准、本地区内主要污染源及其主要排放物的特点来选择。同时还要测定一些气象及水文项目。

(3) 优化布点及采样时间和方法的确定。采样布点设置、采样时间与频率设计、采样方法选择是否合理，均为能否获得有代表性样品的前提，应予以充分重视。对环境污染物进行分析前，必须获得能代表被测污染物的平均组成的样品。

(4) 环境样品的运输与保存样品采集后，除了在现场测定的项目外，一般需要运输与保存。在此过程中，不应由于吸附、沉淀、氧化还原、微生物作用等影响，致使样品的成分发生变化；不应使样品受到污染，引进了污染成分；不应由于挥发、沉淀、吸附等原因，使待测组分丢失。因此，必须严格按环境标准运输和保存，从采样到分析测试的时间应尽量缩短。

(5) 待测组分的分析测试。根据样品特征及待测组分特点，选择适宜的预处理方法和分析测试方法，分析测定方法应具有高灵敏度、高准确度和高分辨率。

(6) 数据处理与结果上报必须运用数理统计的方法处理环境监测的数据，才可得到符合客观实际的数据。按规定的程序将数据处理的结果和综合评价上报。当前的环境监测程序已经有些变化，例如，连续自动监测，不需要采样后运输及测定，而是采样与监测自动进行。对于监测结果,已经不是简单的数理统计,而是由计算机和网络自动进行环境监测信息的传输和存储,以及数据的解析与模拟。

2. 环境监测的方法

环境监测中有物理量的测定,但更多的是污染物组分测定。一般来说,物理量测定比较简单、快速,易于实现自动连续测定;污染物组分测定比较复杂,其测定方法主要包括化学法、仪器法和生物法。各种方法分属类别及应用测定项目列于表 9-1 中。

表 9-1 常用环境监测方法

测定方法			测定对象或项目
化学法		称量法	残渣,悬浮物,油脂,硫酸盐化速度,大气总悬颗粒物,降尘等
		容量法	生化需氧量,溶解氧,化学需氧量,挥发酚类,氰化物,硫化物,六价铬以及铜锌离子等金属离子,非金属离子,有机化合物等
仪器法	光学分析法	分光光度法	金属离子、非金属离子、有机污染物
		荧光法	苯并芘等多环芳烃、农药,矿物油、硫化物及硼、硒、铍等
		化学发光法	氮氧化物,臭氧等
		发射光谱	多种金属元素
		原子吸收(火焰激发)	水、飘尘、土壤及生物样品中多种金属元素
		原子吸收(无火焰激发)	水、飘尘、土壤及生物样品中多种金属元素
		X射线荧光光谱	飘尘中痕量金属化合物,二氧化硫、气溶胶吸附硫、水体悬浮粒子中重金属及溶解于水中的痕量元素
		光散射法	混浊度、悬浮物、粉尘量等
	电化学分析法	离子选择电极法	pH、氯、氟、氰、氨、镉等
		极谱法	铜、铅、镉、铋、砷、铟、锡等
		阳极熔出伏安法	铜、铅、镉、铋、砷、铟、锡等
		库仑法	大气中二氧化硫、氮氧化物、臭氧、总氧化剂及水中生化需氧量、化学需氧量、卤素、酚、氰、砷、锰、铬等
	色谱法	气相色谱法	有机氯农药、多氯联苯、多环芳烃、苯胺类、硫氧化物、氮氧化物、一氧化碳等以及可转化为挥发性的化合物
		液相色谱法	多环芳烃、除草剂、杀虫剂等
		离子色谱法	阴离子及氨类和一些金属离子
		薄层色谱法	亚硝胺类、多环芳烃、多氯联苯、农药、大分子量有机化合物等
		色谱 质谱	多种有机物
	电子能谱法		对尘埃、土壤、底质存有潜在的有害物质进行多种元素的状态分析
	电子探针法		对尘埃、土壤、底质存有潜在的有害物质进行多种元素的状态分析
	中子活化法		可测 68 种元素
生物法	水污染指示生物		指示水体清洁及污染程度
	大气污染指示生物		二氧化硫、二氧化氮、臭氧、过氧乙酰硝酸酯、氟化氢、氯气等

环境监测在新技术应用方面发展较快,例如联机技术(色谱-质谱,色谱-红外,色谱-原子吸收)、遥测新技术、连续测定新技术,以及小型便携、简易快速测定技术等,在解决污染物分布状态、低含量测定、现场测定等难题上均有长足进展。

3. 环境监测测定方法的选择

测定技术的发展,应用于环境监测测定的方法很多对同一污染物有多种测定方法满足环境监测的要求,但对同一样品不同的测定方法可能会得到不同的测定结果,甚至有显著差异。

为使测定数据具有可比性，最大限度地利用监测信息，在可能的条件下按下述原则选择测定方法。

(1) 选用标准方法：测定方法标准化是各国普遍遵循的一种做法，我国已出版《水和废水监测分析方法》(第四版)与《空气和废气监测分析方法》(第三版)，共确定171项环境监测项目265个统一分析方法，以及国家颁布的一些单项测定方法可供使用，若进行国际合作监测，应选用国际统一监测方法。

(2) 选用专用方法：采用专用方法，使用专用仪器，具有较高的选择性，可省略分离处理操作，增加数据的可靠性和可比性。

(3) 选用自动连续测定方法：自动连续测定可获得更实际，更多的信息，消除反复采样测定繁琐重复操作。但自动连续测定设备必须定期校准。

9.1.3 环境的标准

环境标准是为了保护人体健康、社会财富，维护生态平衡，按程序制定的环境质量、污染物排放及有关环境保护方法的技术规范。它充分反映了人和生态系统对环境质量的综合要求和国家的环境保护政策，也反映了社会为控制污染在技术上实现的可能性和经济上可承担的能力；它是衡量环境质量优劣和污染物排放高低的尺度，也是规划、管理和控制环境的依据。

根据《中华人民共和国环境保护标准管理办法》，我国施行国家和地方两级环境质量、污染物排放、环境基础、环境方法和环境标准样品标准及其他环境标准。其中环境基础标准、环境方法标准和环境标准物质标准只有国家标准，地方必须执行，属强制性标准。这些标准是由政府部门制定的强制性的技术规范，是环境保护法的一部分，具有法律效应。

1. 环境质量标准

为了保护人体健康和生存环境，防止环境污染，国家规定的环境中各种污染物在一定时间和空间范围内允许含量的技术规范，即为环境质量标准。它是国家环境政策的目标规范，也是制定污染物排放标准的基础。

我国已发布实施的环境质量标准有：《(GB 3095—1996)环境空气质量标准》；《(GH 3838—1988)地面水环境质量标准》；《(GB/T 14848—1993)地下水质量标准》；《(GB 3097—1982)海水水质标准》；《(GB 5749—1985)生活饮用水卫生标准》；《(GB 12941—1991)景观娱乐用水水质标准》；《(GB 11607—1989)渔业水质标准》；《(GB 5084—1992)农田灌溉水质标准》；《(GB 15618—1995)土壤环境质量标准》；《(GB 3096—1993)环境噪声标准》；《(GB 12348—1990)工业企业厂界噪声标准》；《(GB 4792—1984)放射卫生防护基本标准》；《(GB 4285—1989)农药安全使用标准》；《(GB/T 18883—2002)室内空气质量标准》；《(GB 3096—2008)声环境质量标准》等。

2. 污染物排放标准(污染物控制标准)

为了实现环境标准，结合当前技术水平和国家经济发展实力和环境特点，对排放到环境中的污染物的排放量和排放浓度所做的规定，即为污染物排放标准。它是实现环境质量的手段，也是检查控制污染物排放以防止或减轻环境污染的依据。

我国已发布实施的污染物排放标准有：《(GB 16297—1996)大气污染物综合排放标准》；《(GB 8978—1996)污水综合排放标准》；《(GB 13271—1991)锅炉大气污染物排放标准》；《(GB 9078—1996)工业炉窑大气污染物排放标准》；《(GB 14554—1993)恶臭污染物排放标准》；《(GB 14761—1999)汽车排放污染物限值及测试方法》；《(GB 4284—1984)农用污泥中污

染物控制标准》;《(GB 8172—1987)城镇垃圾农用控制标准》;《(GB 22337—2008)社会生活环境噪声排放标准》;《[GB 16487(1～12)—1996]进口废物环境保护控制标准(试行)》,其中包括骨废料、冶炼渣、废纸、废金属等12种进口废物控制标准。另外,发布实施的还有各企业生产中污染物排放标准,如《(GB 4915—1996)水泥厂污染物排放标准》;《(GB 13223—2003)火电厂大气污染物排放标准》;《(GB 16171—1996)炼焦炉大气污染物排放标准》;《(GB 3544—2008)造纸工业水污染物排放标准》;《(GB 13458—1992)合成氨工业水污染物排放标准》;《(GB 20426—2006)煤炭工业污染源排放标准》等。

3. 环境基础标准

在环境保护工作领域内,对有指导意义的符号、名词、程序、原则、规范等所做的统一规定,即为环境基础标准。它是制定其他环境标准的基础,也是其他环境技术标准的依据。

我国已发布实施的环境基础标准有:《(GB/T 3839—1983)制定地方水污染物排放标准的技术原则与方法》;《(GB/T 3840—1991)制定地方大气污染物排放标准的技术原则与方法》;《(GB/T 6816—1986)水质词汇》、《(GB 6819—1986)空气质量词汇》;《(GB 5181—1985)汽车排放物术语和定义》、《(GB 15562.1—1995)环境保护图形标志——排放口(源)》、《(GB/T 16705—1996)环境污染类别代码》、《(GB/T 16706—1996)环境污染源类别代码》、《(HJ/T 168—2004)环境监测分析方法标准制订技术导则》、《(HJ 460—2009)环境信息网络建设规范》等。

4. 环境方法标准

在环境保护工作领域内,对实验、检查、分析、采样、统计、计算方法为内容而制定的标准。它是获得可比性数据的依据,也是质量保证的基础。

我国已发布实施的国家环境方法标准较多,如固体废物渗出毒性测定方法(GB/T 1555.1～1555.12—1995);固定污染物源排气中颗粒物测定与气态污染物采样方法(GB/T 16157—1996)以及水质、工业废水系列指标测定方法;环境空气系列指标测定方法;汽车排放污染物测量方法等。

已出版的环境统一监测方法中有:《环境监测分析方法》1983;《水和废水监测分析方法》1989;《空气和废气监测分析方法》1990。

5. 环境标准样品标准

环境标准样品标准是对环境标准样品必须达到的要求所作的规定。它是为了在环境保护工作中和环境标准实施过程中校准仪器、检验监测方法、进行量值传递,由国家法定机关制作的能够确定一个或多个特性值的材料和物质。

6. 环境保护的其他标准

环境保护的其他标准是指除上述标准以外,对在环保工作中还需统一协调的技术规范、分析仪器技术要求、环境保护产品技术要求、环境管理办法等。

环境标准的颁布和实施,有力地推动了我国环境保护工作的规范化进程。但是,任何标准都是在一定的社会基础、经济实力和技术条件下制定的,随着社会发展对环境保护工作的要求,环境标准也在不断地修订、补充和完善。

环境标准现代环境问题不仅仅是某一局部的问题,而是区域性和全球性的问题,区域与区域间或国家与国家之间的环境合作十分普遍,这就要求环境监测数据共享,所以在环境监测的过程中从样品的采集、分析测试到综合评价等要尽可能使用统一的环境标准,即各国的环境标准应尽量与国际接轨。

9.1.4　水环境监测

9.1.4.1　水质监测项目与分析方法

1. 水质监测项目

(1) 监测项目的确定原则

① 目的和要求：环境保护、工程设计、生产运行管理、科学研究等不同的目的要求，有其各自侧重的测定项目。根据国家、地方及各行业对上述各项工作有关的水质标准及规范要求，选择测定项目。

② 水质状况：不同水源的天然水、不同工厂的工业废水，其分析项目各有不同，要考虑水中主要污染物，同时对危害人、影响范围广的污染物质必须进行监测。

③ 分析测定条件：应考虑实验室的仪器设备、操作人员情况，对监测分析的内容必须有可靠的分析方法及相应的监测手段。

(2) 河流、湖泊、水库、饮用水水源地及生活污水通常监测项目

① 河流：水温、pH 值、悬浮物、总硬度、电导率、溶解氧、化学需氧量、生化需氧量、氨氮、亚硝酸盐氮、硝酸盐氮、挥发酚、氰化物、砷、汞、六价铬、铅、镉、石油类等。

② 湖泊、水库：水温、pH 值、悬浮物、总硬度、溶解氧、透明度、总氮、总磷、生化需氧量、挥发酚、氰化物、砷、汞、六价铬、铅、镉等，加选项目如钾、钠、藻类（优势种）、浮游藻、可溶性固体总量、铜、大肠菌群等。

③ 饮用水水源地：水温、pH 值、浑浊度、总硬度、溶解氧、化学需氧量、生化需氧量、氨氮、亚硝酸盐氮、硝酸盐氮、挥发酚、氰化物、砷、汞、六价铬、铅、镉、氟化物、细菌总数、大肠杆菌等，加选项目如锰、铜、锌、阴离子洗涤剂、硒、石油类、有机氯农药、有机磷农药、硫酸盐、碳酸根等。

④ 生活污水：化学需氧量、生化需氧量、悬浮物、氨氮、总氮、总磷、阴离子洗涤剂、细菌总数、大肠菌群等。

2. 分析方法的选择

金属类、非金属类和有机化合物类的分析方法大体有以下几种：金属类化合物——比色法（或称分光光度法，下同）、原子吸收分光光度法；非金属类化合物——比色法、离子选择电极法、容量法；有机化合物——比色法、容量法。而优先污染物的分析方法则以色谱-质谱（GC/MC）联用法为主。表 9-2 给出地面水水质指标及选配分析方法。

表 9-2　地面水水质指标及选配分析方法

序号	参数	测定方法	检测范围/(mg·L^{-1})
1	水温	水温计法	−6～41℃
2	pH 值	玻璃电极法	1～14
3	硫酸盐	硫酸钡重量法	10 以上
		铬酸钠比色法	5～200
		硫酸钡比浊法	1～40
4	氯化物	硝酸银滴量法	10 以上
		硝酸汞滴量法	可测至 10 以下
5	总铁	二氮杂菲比色法	检出下限 0.05
		原子吸收分光光度法	检出下限 0.3

序号	参数	测定方法		检测范围/(mg·L^{-1})
6	总锰	过硫酸铵比色法		检出下限 0.05
		原子吸收分光光度法		检出下限 0.1
7	总铜	原子吸收分光光度法	直接法	0.05～5
			螯合萃取法	0.001～0.05
		二乙基二硫代氨基甲酸钠（铜试剂）分光光度法		检出下限 0.003（3cm 比色皿）0.02～0.70（1cm 比色皿）
		2,9-二甲基-1,10-二氮杂菲（新铜试剂）分光光度法		0.006～3

续表

序号	参数	测定方法	检测范围/(mg·L^{-1})
8	总锌	双硫腙分光光度法	0.005～0.05
9	硝酸盐	酚二磺酸分光光度法	0.02～1
10	亚硝酸盐	分子吸收分光光度法	0.003～0.20
11	非离子氨(NH_3)	纳氏试剂比色法	0.05～2（分光光度法） 0.20～2（目视法）
		水杨酸分光光度法	0.01～1
12	凯氏氮	纳氏试剂比色法	0.05～2（分光光度法） 0.20～2（目视法）
13	总磷	钼蓝比色法	0.025～0.6
14	高锰酸盐指数	酸性高锰酸钾法	0.5～4.5
		碱性高锰酸钾法	0.5～4.5
15	溶解氧	碘量法	0.2～20
16	化学需氧量(COD)	重铬酸盐法	10～800
17	生化需氧量(BOD)	稀释与接种法	3以上
18	氟化物	氟试剂比色法	0.50～1.8
		茜素磺酸锆目视比色法	0.50～2.5
		离子选择电极法	0.50～1 900
19	硒（四价）	二氨基联苯胺比色法	检出下限0.01
		荧光分光光度法	检出下限0.001
20	总砷	二乙基二硫代氨基甲酸银分光光度法	0.007～0.5
21	总汞	冷原子吸收分光光度法：高锰酸钾-过硫酸钾消除法	检出下限0.000 1（最佳条件0.000 05）
		冷原子吸收分光光度法：溴酸钾-溴化钾消除法	
		高锰酸钾-过硫酸钾消解-双硫腙比色法	0.002～0.04
22	总镉	原子吸收分光光度法（螯合萃取法）	0.001～0.05
		双硫腙分光光度法	0.001～0.05
23	铬（六价）	二苯碳酰二肼分光光度法	0.004～1.0
24	总铅	原子吸收分光光度法：直接法	0.2～10
		原子吸收分光光度法：螯合萃取法	0.01～0.2
		双硫腙分光光度法	0.01～0.30
25	总氰化物	异烟酸-吡啶啉酮比色法	0.004～0.25
		吡啶-巴比妥酸比色法	0.002～0.45
26	挥化酚	蒸馏后4-氨基安替比林分光光度法（氯仿萃取法）	0.002～6
27	石油类	紫外分光光度法	0.05～50
28	阴离子表面活性剂	亚甲基蓝分光光度法	0.05～2.0
29	总大肠菌群	多管发酵法 滤膜法	
30	苯并[a]芘	纸层析-荧光分光光度法	2.5 μg/L

9.1.4.2 水质监测方案的制订

水质监测方案是一项监测任务的总体构思和设计，制订前应该首先明确监测目的，在实地调查研究的基础上，掌握污染物的来源、性质以及污染物的变化趋势，确定监测项目，设计监测网点，合理安排采样时间和采样频率，选定采样方法和监测分析方法，并提出检测报告要求，制订质量保证程序、措施和方案的实施细则，在时间和空间上确保监测任务的顺利实施。图9-1为水质监测的工作程序，而图9-1所指实施方案的工作程序则如图9-2所示。

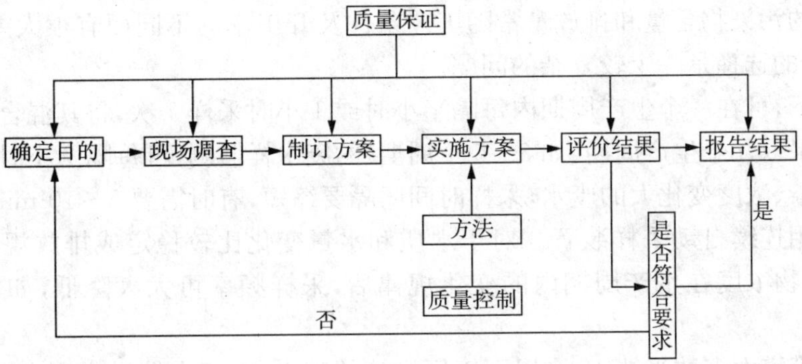

图 9-1　水质监测的工作程序

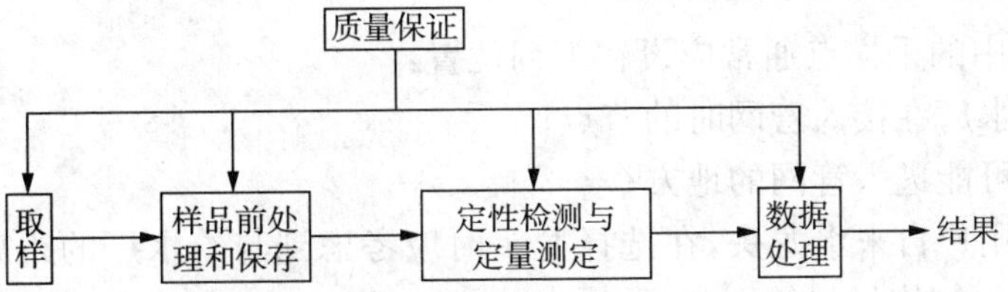

图 9-2　环境监测之分析的工作程序

9.1.4.3　水污染源监测方案的制订

水污染源包括工业废水源、生活污水源、医院污水源等。在制订监测方案时，首先也要进行调查研究，收集有关资料，查清用水情况、废水或污水的类型、主要污染物及排污去向和排放量，车间、工厂或地区的排污口数量及位置，废水处理情况，是否排入江、河、湖、海，流经区域是否有渗坑等。然后进行综合分析，确定监测项目、监测点位，选定采样时间和频率、采样和监测方法及技术，制订质量保证程序、措施和实施计划等。

1. 采样点的设置

水污染源一般经过管道或渠、沟排放，截面积比较小，不需设置断面，而直接确定采样氛位。

(1) 工业废水

① 在车间或车间设备废水排放口设置采样点监测一类污染物。这类污染物主要有汞、镉、砷、铅的无机化合物，六价铬的无机化合物及有机氯化合物和强致癌物质等。

② 在工厂废水总排放口设置采样点监测二类污染物。这类污染物主要有悬浮物、硫化物、挥发酚、氰化物、有机磷化合物、石油类，铜、锌、氟的无机化合物，硝基苯类、苯胺类等。

③ 已有废水处理设施的工厂，在处理设施的排放口设置采样点。为了解废水处理效果，可在进出口分别设置采样点。

④ 在排污渠道上，采样点应设在渠道较直、水量稳定，上游无污水汇入的地方。

(2) 生活污水和医院污水

采样点设在污水总排放口。对污水处理厂，应在进、出口分别设置采样点采样监测。

2. 采样时间和频率

工业废水的污染物含量和排放量常随工艺条件及开工率的不同而有很大差异，故采样时间、周期和频率的选择是一个较复杂的问题。

一般情况下，可在一个生产周期内每隔半小时或1小时采样1次，将其混合后测定污染物的平均值。如果取几个生产周期（如3～5个周期）的废水样监测，可每隔两小时取样1次。对于排污情况复杂、浓度变化大的废水，采样时间间隔要缩短，有时需要5～10 min采样1次，这种情况最好使用连续自动采样装置。对于水质和水量变化比较稳定或排放规律性较好的废水，待找出污染物浓度在生产周期内的变化规律后，采样频率可大大降低，如每月采样测定两次。

城市排污管道大多数受纳10个以下工厂排放的废水，由于在管道内废水已进行了混合，故在管道出水口，可每隔1 h采样1次，连续采集8 h，也可连续采集24 h，然后将其混合制成混合样，测定各污染组分的平均浓度。

9.1.4.4 给水管网中水质的监测

给水管网系统中的采样点通常应设在下列位置：

(1) 每一个给水厂在接入管网时的节点；

(2) 污染物有可能进入管网的地方；

(3) 有选择的用户自来水龙头，在选择龙头时应考虑到与给水厂的距离、需水的程度、管网中不同部分所用的结构材料等因素。

9.1.4.5 流量监测

污染物排放的浓度控制和总量控制制度是目前世界上大多数国家广泛采用的废水或污水排放控制手段。因为，根据排污总量评价排水对环境污染的影响时，一方面，可以结合企业的物料平衡和水平衡对工艺过程和排污情况进行全面的分析比较；另一方面，可以避免个别企业利用大量新鲜水稀释排污水的弊端，有利于节水工作的进行。

计算污染物排放总量的公式为

排污总量＝质量浓度×流量

即

$$M_i = c_i Q_i \times 10^{-6} \qquad (9-1)$$

式中 c_i——i污染物的实测平均质量浓度，mg/L；

Q_i——含i污染物的废水排放量，m^3/L或m^3/a；

M_i——i污染物的排放量，t/d或t/a；

10^{-6}——换算系数。

由式(9-1)可知，计算排污总量首先必须进行排放污水质量浓度的测定和流量（或流速）的测量。在我国《水污染物排放总量监测技术规范》(HJ/T92—2002)中，已对实施排放污水的流量测量原则和测量方法进行了规范，分别简介如下。

(1) 流量测量原则

选择流量测定地点时，要认真考虑以下几个条件，并尽可能选择那些符合条件的地点作为测定点。

① 在测定地点的上、下游至少要有一段相当于河面宽度几倍距离的直流部分，而且又不是形成堆积和冲刷的地点。

② 河床状况必须良好，应避免明显不规则形状的河床和多岩石的地方。

（2）流量测量频率

① 水质比较稳定的废水（污水）的采样按生产周期确定监测频率，生产周期在 8 h 以内的，每 2 h 采样一次；生产周期大于 8 h 的，每 4 h 采样一次；其他污水采样，24 h 不少于两次。最高允许排放浓度按日平均值计算。

② 废水污染物浓度和废水流量应同步监测，并尽可能实现同步的连续在线监测。

③ 不能实现连续监测的排污单位，采样及测流时间、频次应视生产周期和排污规律而定。在实施监测前，增加监测频次（如每个生产周期采集 20 个以上的水样），确定采样时间和最佳采样频次。

④ 总量监测使用的自动在线监测仪，应得到环境保护主管部门的确认、具有相应资质的环境监测仪器检测机构的认可，方可使用。但必须对检测系统进行现场适应性检测。

⑤ 对重点污染源（日排水量 100 t 以上的企业）每年至少进行 4 次总量控制监督性监测（一般每个季度 1 次）；一般污染源（日排水量 100 t 以下的企业）每年 2～4 次（上、下半年各 1～2 次）监督性监测。

9.1.5　大气环境监测

9.1.5.1　大气监测的目的和作用

监测是指对健康和环境参数进行的日常监视和测量工作。空气污染物监测在整个空气质量管理过程中具有关键性的作用，它为政策和战略的制定、环境空气质量控制目标的设立、监督检查污染物的排放和环境标准的实施情况等提供了必要的科学依据。空气污染监测工作一般可分为三类：第一类是环境大气监测，监测对象是环境大气；第二类是污染源的监测，如烟囱、汽车排气口的监测；第三类是室内空气污染监测。

环境大气监测的监测对象是整个大气，目的是了解和掌握环境污染的情况，进行大气污染质量评价，并提出警戒限度。通过长期监测，为修订或制定国家卫生标准及其他环境保护法规积累资料，为预测预报创造条件。研究有害物质在大气中的变化，如二次污染物的形成（光化学反应等）以及某些大气污染的理论，也需要进行大气监测。此外，制定城市规划、防护距离等，均需要以监测资料为依据。

污染源监测主要是了解这些污染源所排出的有害物质是否符合现行排放标准的规定，分析它们对大气污染的影响，以便对其加以限制。排放口的监测还应对现有的净化装置的性能进行评价，确定在排放时失散的材料或产品所造成的经济损失。通过长时间的定期监测积累数据，也可为进一步修订和充实排放标准及为制定环境保护法规提供科学依据。

室内空气污染监测是近年来的热点，它主要是通过采样和分析手段，研究室内空气中有害物质的来源、组成成分、数量、动向、转化和消长规律。它是以消除污染的危害、改善室内空气质量和保护居民健康为目的的。

9.1.5.2　监测项目

空气中的污染物质多种多样，应根据监测空间范围内实际情况和优先监测原则确定监测项目，并同步观测有关气象参数。我国目前要求的空气常规监测项目见表 9-3。

表 9-3 空气污染常规监测项目

类别	必测项目	按地区情况增加的必测项目	选测项目
空气污染物监测	TSP、SO_2、NO_2、(或 NO_x)硫酸盐化速率、灰尘自然沉降率	CO、总氧化剂、总烃、PM_{10}、F_2、HF、B(*a*)P、Pb、H_2S、光化学氧化剂	CS_2、Cl_2、氯化氢、硫酸雾、HCN、NH_3、Hg、Be、铬酸雾、非甲烷烃、芳香烃、苯乙烯、酚、甲醛、甲基对硫磷、异氰酸甲酯等
空气中降水监测	pH 值、电导率	K^+、Na^+、Ca^{2+}、Mg^{2+}、NH_4^+、SO_4^{2-}、NO_3^-、Cl^-	

9.1.5.3 大气监测中常用的定义术语

大气监测过程中常用的一些术语和定义如下。

(1) 总悬浮颗粒物(TSP):指能悬浮在空气中,空气动力学当量直径≤100μm 的颗粒物。

(2) 可吸入颗粒物(PM_{10}):指能悬浮在空气中,空气动力学当量直径≤10μm 的颗粒物。

(3) 氮氧化物(以 NO_2 计):指空气中主要以一氧化氮和二氧化氮形式存在的氮的氧化物。

(4) 总挥发性有机化合物(TVOC):利用 TenaxGC 或 TenaxTA 采样,非极性色谱柱(极性指数小于 10)进行分析,保留时间在正己烷和正十六烷之间的挥发性有机化合物。

(5) 铅(Pb):指存在于总悬浮颗粒物中的铅及其化合物。

(6) 苯并[a]芘(B[a]P):指存在于可吸入颗粒物中的苯并[a]芘。

(7) 氟化物(以 F 计):以气态及颗粒态形式存在的无机氟化物。

(8) 年平均:指任何一年的日平均浓度的算术均值。

(9) 季平均:指任何一季的日平均浓度的算术均值。

(10) 月平均:指任何一月的日平均浓度的算术均值。

(11) 日平均:指任何一日的平均浓度。

(12) lh 平均:指任何 lh 的平均浓度。

(13) 植物生长季平均:指任何一个植物生长季、月平均浓度的算术均值。

(14) 环境空气:指人群、植物、动物和建筑物所在地的室外空气。

(15) 标准状态:指温度为 273K,压力为 101.325kPa 时的状态。

9.1.5.4 大气中污染物的浓度表示方法

大气中污染物的浓度有两种表示方法,即质量浓度和体积比浓度,根据污染存在状态选择使用。

1. 质量浓度

质量浓度是指单位体积大气中所含污染物的质量,常用 mg/m^3 或 $\mu g/m^3$ 表示。这种表示方法对任何状态的污染物都适用。

2. 体积比浓度

体积比浓度常用 mL/m^3 和 $\mu L/m^3$ 表示。显然这种表示方法仅适用于气态或蒸气态物质,它不受空气温度和压力变化的影响。

因为质量浓度受温度和压力变化的影响,为使计算出的浓度具有可比性,我国空气质量标准采用标准状况(0℃,101.325 kPa)时的体积。非标准状况下的气体体积可用气态方程式换算成标准状况下的体积,换算式如下

$$V_0 = V_t \cdot \frac{273}{273 + t} \cdot \frac{p}{101.325}$$

式中　V_0——标准状况下的采样体积，L 或 m^3；

V_t——现场状况下的采样体积，L 或 m^3；

t——采样时的温度，℃；

p——采样时的大气压力，kPa。

美国、日本和世界卫生组织开展的全球环境监测系统采用的是参比状况（25℃，101.325 kPa），进行数据比较时应注意。两种浓度单位可按下式进行换算：

$$c_v = \frac{22.4}{M} \cdot c_m$$

式中　c_v——以 mL/m^3 表示的气体体积比浓度（标准状况下）；

c_m——以 mg/m^3 表示的气体质量浓度；

M——气态物质的相对分子质量，g；

22.4——标准状况下气体的摩尔体积，L。

9.1.5.5　大气污染监测方案的制订

1. 调研及资料收集

（1）污染源分布及排放情况

通过调查，将监测区域内的污染源类型、数量、位置、排放的主要污染物及排放量一一弄清楚，同时还应了解所用原料、燃料及消耗量，注意将由高烟囱排放的较大污染源与由低烟囱排放的小污染源区别开来。因为小污染源的排放高度低，对周围地区地面空气中污染物浓度影响比高烟囱排放源大。另外，对于交通运输污染较重和有石油化工企业的地区，应区别一次污染物和由于光化学反应产生的二次污染物。因为二次污染物是在大气中形成的，其高浓度可能在远离污染源的地方，在布设监测点时应加以考虑。

（2）气象资料

污染物在空气中的扩散、迁移和一系列的物理、化学变化在很大程度上取决于当时当地的气象条件。因此，要收集监测区域的风向、风速、气温、气压、降水量、日照时间、相对湿度、温度垂直梯度和逆温层底部高度等资料。

（3）地形资料

地形对当地的风向、风速和大气稳定情况等有影响，是设置监测网点应当考虑的重要因素。例如，工业区建在河谷地区时，出现逆温层的可能性大；位于丘陵地区的城市，市区内空气污染物的浓度梯度会相当大；位于海边的城市会受海、陆风的影响；而位于山区的城市会受山谷风的影响等。为掌握污染物的实际分布状况，监测区域的地形越复杂，要求布设监测点就越多。

（4）土地利用和功能分区状况

监测区域内土地利用情况及功能区划分也是设置监测网点应考虑的重要因素之一。不同功能区的污染状况是不同的，如工业区、商业区、混合区、居民区等，还可以按照建筑物的密度、有无绿化地带等作进一步分类。

（5）人口分布及人群健康情况

环境保护的目的是维护自然环境的生态平衡，保护人群的健康，因此，掌握监测区域的人口分布、居民和动植物受空气污染危害情况及流行性疾病等资料，对制订监测方案、分析判断监测结果是有益的。此外，对于监测区域，以往的空气监测资料等也应尽量收集，供制订监测方案参考。

2. 监测点位的布设

(1) 监测布点原则

由于大气污染物的时空分布受工业布局、气象条件、地形地貌、人口密度等多种因素的影响，所以在大气污染监测中，就要根据影响污染物分布的因素，合理布置采样点的位置和数目。基本原则有以下几点：

① 采样点应设在整个监测区域的高、中、低 3 种不同污染物浓度的地方。

② 采样点应疏密有别：在污染源比较集中、主导风向比较明显的情况下，污染源的下风向应布设较多的采样点，上风向布设少量采样点作为对照；工业较密集的城区和工矿区、人口密集区及污染物超标地区，要适当增设采样点；城市郊区和农村、人口密度小及污染物浓度低的地区，可酌情少设采样点。

③ 采样点的周围应开阔，周围无局部污染源：采样口的水平线与周围建筑物高度的夹角应不大于 30°，并应避开树木及吸附能力较强的建筑物；交通密集区的采样点应设在距人行道边缘至少 1.5m 远处。

④ 各采样点的设置条件要尽可能一致或标准化，使获得的监测数据具有可比性。

⑤ 采样高度应相应于监测口的：研究大气污染对人体的危害，采样口应在离地面 1.5～2 m 处；研究大气污染对植物或器物的影响，采样口高度应与植物或器物高度相近；连续采样例行监测采样口高度应距地面 3～15 m；若置于屋顶采样，采样口应与基础面有 1.5 m 以上的相对高度，以减小扬尘的影响；特殊地形地区可视实际情况选择采样高度。

(2) 采样点数目

采样点的设置数目是与经济投资和精度要求相适应的一个效益函数，根据监测范围的大小、人口密度的分布、污染物的空间分布情况，还要依据气象、地形等条件综合考虑。目前世界卫生组织(WHO)和世界气象组织(WMO)提出了按城市人口多少设置城市大气地面自动监测站点的数目，见表 9-4。

表 9-4 城市大气地面自动监测的布点

城市人口/万人	飘尘	SO_2	NO_2	氧化剂	CO	风向风速	城市人口/万人	飘尘	SO_2	NO_2	氧化剂	CO	风向风速
≤100	2	2	1	1	1	1	400～800	8	8	4	3	4	2
100～400	5	5	2	2	2	2	>800	10	10	5	4	5	5

我国根据自己的国情提出了大气环境例行监测点设置数目，见表 9-5。

表 9-5 中国大气环境例行监测点设置

城市人口/万人	SO_2、NO_2、TSP	灰尘自然降尘量	硫酸盐化速率	城市人口/万人	SO_2、NO_2、TSP	灰尘自然降尘量	硫酸盐化速率
≤50	3	≥3	≥6	200～400	6	12～20	18～30
50～100	5	4～8	6～12	>400	7	20～30	30～40
100～200	5	8～16	12～18				

(3) 采样频率和采样时间

采样频率是指在一个时段内的采样次数；采样时间是指每次采样从开始到结束所经历的时间，两者要根据监测目的、污染物分布特征、分析方法灵敏度等因素确定。例如，为监测空气质量的长期变化趋势，连续或间歇自动采样测定为最佳方式；事故性污染等应急监测要求快速测定，采样时间尽量短；对于一级环境影响评价项目，要求不得少于夏季和冬季两期监测，每期应取得有代表性的7天监测数据，每天采样监测不少于6次(2:00、7:00、10:00、14:00、16:00、19:00)。表9-6列出了国家环保总局颁布的城镇空气质量采样频率和时间规定；表9-7列出了环境空气质量标准(GB 3095—1996)对污染物监测数据的统计的有效性规定。

表9-6　大气质量监测采样频率和周期

项目	频率	周期
二氧化硫	隔日采样，14～16天，12个月/年	连续(24±0.5)h/次
氮氧化物	隔日采样，14～16天，12个月/年	连续(24±0.5)h/次
总悬浮颗粒物	隔双日采样，5～6天，12个月/年	连续(24±0.5)h/次
降尘	每月监测，12个月/年	(30±2)h/次
硫酸盐化速率	每月监测，12个月/年	(30±2)h/次

表9-7　污染物监测数据统计的有效性的规定

污染物	取值时间	数据有效性规定
SO_2、NO_x、NO_2	年平均	每年至少有分布均匀的144个日均值，每月至少有分布均匀的12个日均值
TSP、PM_{10}、Pb	年平均	每年至少有分布均匀的60个日均值，每月至少有分布均匀的5个日均值
SO_2、NO_x、NO_2、CO	日平均	每日至少有18h的采样时间
TSP、PM_{10}、B[a]P、Pb	日平均	每日至少有12h的采样时间
SO_2、NO_x、NO_2、CO、O_3	1小时平均	每小时至少有45min的采样时间
Pb	季平均	每季至少有分布均匀的15个日均值，每月至少有分布均匀的5个日均值
	月平均	每月至少采样15d以上
F	植物生长季平均	第一个生长季至少有70%个月平均值
	日平均	每日至少有12h的采样时间
	1小时平均	每小时至少有45min的采样时间

(4) 采样布点方法

① 功能区布点法：这种方法多用于区域性常规监测。布点时先将监测地区按环境空气质量标准(GB 3095—1996)划分成若干"功能区"，再按具体污染情况和人力、物力条件在各区域内设置，在各功能区内设置若干采样点，区域采样点不要平均分布，而要在污染集中的工业区多设点，人口集中的区域多设点。

② 网格布点法：将监测区域地面划分成若干网状方格，采样点设在两条直线的交叉点处，或方格中心(见图9-3)。网格大小由污染物浓度、人口分布、后勤保证等因素确定，风向的下风口、污染源地都应增加采样点，网格划分越小监测结果越接近真值，监测效果好，这种布点方

法适用于有多个污染源，且污染源分布比较均匀的情况。

③ 同心圆布点法：这种布点方法主要用于多个污染源构成的污染群，或污染集中的地区。方法是先找出污染群中心，以此为圆心在地面画若干个同心圆，再从同心圆中心画出若干放射线，而放射线与同心圆周交点即是采样点。同心圆半径一般为 4 m、10 m、20 m、40 m，由里向外各圆周布点 4、8、8、4 个，主导风向的下风口多布点（见图 9－4）。

④ 扇形布点法：适用于主导风向明显的地区，或孤立的高架点源，以点源为顶点，呈 45°扇形展开，采样点在距点源不同距离的若干弧线上。扇形布点主要用于大型烟囱排放污染物的取样，烟囱高度越高，污染面越大，采样点就要越多（见图 9－5）。

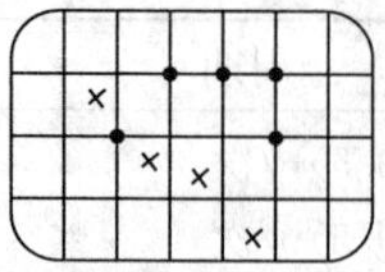

图 9－3 网格布点法

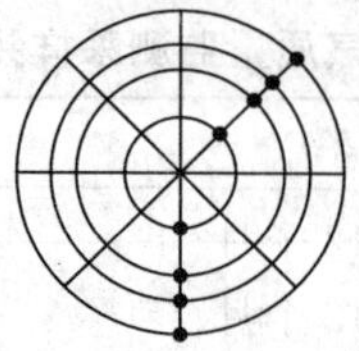

图 9－4 同心布点法

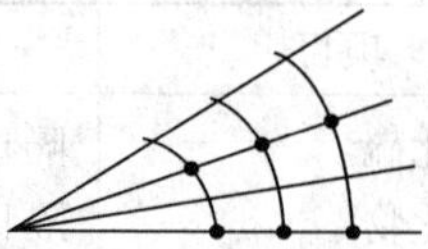

图 9－5 扇形布点法

以上四种采样布点方法，可以单独使用，也可以综合使用，目的就是要求有代表性地反映污染物浓度，为大气环境监测提供可靠的样品。

关于采样时间和采样频率，不同污染物的要求不一样，按标准规定进行或用连续自动采样仪器连续采样。若人工采样，一要在污染最严重时采样；二要保证每日监测次数不少于 3 次；三要测定最高的平均浓度全年不得少于 20 天，最大一次浓度样点不准少于 25 个。

9.2 环境质量评价概述

9.2.1 环境质量的概念

环境质量一般是指在一个具体的环境中，环境的总体或某些要素对人类的生存繁衍及社会经济发展的适宜程度。它是环境系统客观存在的一种本质属性，是反映人类具体要求而形成的一种概念，是能够用定性和定量的方法加以描述的环境系统所处的状态。

环境质量包括环境的整体质量和各环境要素的质量，如大气环境质量、水环境质量、土壤环境质量和生态环境质量等每一个环境要素可以用多个环境质量参数或者因素加以定性或定量的描述，而环境质量参数通常用环境介质中物质的浓度来加以表征。环境质量是相对的和动态变化的。在不同的地方，不同的历史时期，人类对环境适宜性的要求是不同的。

9.2.2 环境质量评价

环境质量评价是按照一定的评价标准和评价方法，对一定区域内的环境质量进行说明、评价和预测。环境质量评价可以判断环境优劣程度，确定环境质量与人类生存发展之间的关系，为保护和改善环境质量提出具体可行的措施。

9.2.3 环境质量评价的类型

环境质量评价包括自然环境质量评价和社会环境质量评价。目前我国的环境评价以自然环境质量评价为主，社会环境质量评价刚刚起步。

(1) 按照所评价的环境质量的时间属性，环境质量评价可以分成环境质量回顾评价、环境质量现状评价和环境影响评价三种类型。

① 环境质量回顾评价是根据历史资料，对某一地区过去一定时期的环境质量进行回顾性评价，以揭示该地区环境质量的变化过程。新、扩、改项目正常运行后，也要进行回顾性评价，以检验环境影响评价的可靠性，以便及时发现环境问题，及时解决。

② 环境质量现状评价是利用近期的环境监测数据，反映环境质量的现状，是区域环境综合整治和区域环境规划的基础。

③ 环境影响评价是对拟议中的建设项目或规划、政策等可能对环境产生的影响进行分析、预测和评估，并提出减缓这些影响的对策和措施。

(2) 按照评价所涉及的环境要素划分，可分为综合评价（涉及区域所有重要环境要素）和单要素评价（如大气环境质量评价、水环境质量评价、土壤环境质量评价等）。

(3) 按评价的区域类型，可分为行政区域评价和自然地理区域评价。按照自然地理区域进行环境评价有利于揭示污染物的迁移转化规律；按照行政区域进行环境评价易于获取监测数据等原始资料，也有利于对环境评价的采纳。

9.2.4　环境质量评价的基本内容

环境质量评价因对象不同、要求不同、目的不同、方法不同，评价的内容也不同。但就其基本内容说，包括以下内容：

(1) 各种污染源的调查、监测、分析和评价。通过这些工作找出各种污染源、污染物及污染物的运动规律，确定环境污染现状。

(2) 环境自净能力的调查和分析。通过这部分工作确定污染物在运动过程中状态的变化情况，以便找出污染物在自然环境中的迁移规律和自然环境对污染物的净化能力。

(3) 对生态系统的调查和评价。通过对生态系统（动物、植物、人体）的调查，研究污染物、环境与生态系统的因果关系，掌握环境污染对生态系统的影响。

(4) 防治污染措施的确定。在评价中，根据对环境污染物的调查分析及可能造成的污染，一般都要针对主要污染源和主要污染物，提出相应的控制方案和治理措施。

(5) 经济和环境效益分析。调查所有污染带来的直接或间接的经济损失和各种治理措施的费用，分析改善环境和综合利用带来的经济效益和环境效益，以及损失、费用和效益之间的相互关系。

9.2.5　环境质量评价方法

从实际应用出发，环境评价方法分为两大类：环境评价方法和影响预测技术。环境评价方法系指环境影响识别、评价和各种方案决策中应用的许多通用方法。环境影响预测技术系指应用各种环境模型（包括物理模型和数学模型）以及专家的职业经验进行预测，而其中运用数学模型进行模拟是常用的方法。但由于许多环境影响难以定量地模拟预测，故又常需应用专家经验判断方法。本书把专家预测法归入“环境评价方法”类。

常用的方法可分为两种类型。

(1) 综合评价方法　这类方法主要用于综合地描述、识别、分析和（或）评价一项开发行动对各种环境因子的影响或引起的总体环境质量的变化。因为综合地识别、分析和评价环境影响需要大量信息或数据，所以必须通过监测调查和从文献资料中收集信息，或者采用专项分析和评价方法间接地获取信息。

常用的综合评价方法包括：核查表法（Checklist）、矩阵法（Matrix）、网络法（Network）、环境指数法（Environmental index）、叠图法（Overlay）和幕景分析法（Scenario Analysis）等。每种方法又可衍生出许多改型的方法以适应不同的对象和不同的评价任务。例如核查表可分为简单的、描述性的和决策应用等多种。随着地理信息系统（Geographic Information System）的广泛应用，叠图法和幕景分析法都可利用地理信息系统在计算机上实现。逐层分解综合影响评价法则是以上方法的综合运用。

（2）专项分析和评价方法　这一类型方法常用于定性、定量地确定环境影响程度、大小及重要性；对影响大小排序、分级；用于描述单项环境要素及各种评价因子质量的现状或变化；还可对不同性质的影响，按环境价值的判断进行归一化处理。属于这一类型的方法有：环境影响特征度量法、环境指数和指标法、专家判断法（Expert Judgment）、智暴法（Brainstorming）、德尔斐法（Delphi Technique）、巴特尔指数法（Battele Environmental Evaluation System）、费用—效益分析法（Cost-benefit Analysis）以及定权方法等。此外，还有许多其他方法，如现场监测和调查（Field Monitoring Reconnaissance）、统计与多元分析法（Statistical and Multivariate Analysis）等。

9.3 环境质量现状评价

对一定区域内人类近期的和当前的活动致使环境质量变化，以及受此变化引起人类与环境质量之间的价值关系的改变进行评价，称为环境质量现状评价。环境质量的现状反映了人类已经进行或当前正进行的活动对环境质量的影响。由于人类除了对环境质量要求维持生存繁衍的基本条件外，还要求能满足人类追求安逸舒适的需求，因而对这种影响的评价应根据一定区域内人类对环境质量的价值取向来进行评价。环境质量状况所能反映出的价值大致有以下四种；自然资源的价值、生态价值、社会经济价值和生活质量价值。自然资源的价值主要是指大气、水和土壤在人类利用它们的过程中体现出来的一种属性。人们把大气、水和土壤看作是一种有限的资源。工业化革命以来，由于污染事件的不断发生，人们逐渐认识到它们作为自然资源的价值。因此，人们在对大气、水和土壤进行评价时更多注意的是污染评价，即评估人类的生产与生活活动所排放出来的各种污染物对大气、水和土壤的污染程度，以及由此对人体健康所造成的危害程度。生态价值的评估主要以生态学原理为基础，以保护生态平衡、可持续利用自然资源为目的，评估一定区域内生态系统是否处于良性循环状态，以及生态系统被破坏的程度。

社会经济价值与生活质量价值，可称为文化价值，它们可从不同的角度去评价。例如以适应人类生活的美好舒适的需要，从审美的观点出发，采用一定的评价方法对环境美学价值进行评价；以适应人类公共健康的需要，可从卫生学的角度进行评价；以社会经济协调发展为目的，可从经济学的角度进行评价。

9.3.1 环境质量现状评价程序与内容

环境质量现状评价可以从不同的角度来理解。狭义的理解就是根据环境调查与监测资料，应用一定的评价方法对一个地区的环境质量状况作出定量的描述和评定。广义的理解则是在完成环境质量现状评价的基础上进行区域环境污染综合防治研究。环境质量现状评价程序如图 9-6 所示。

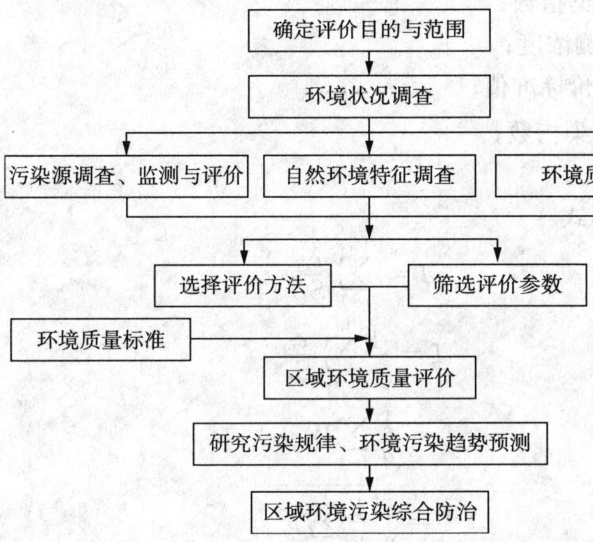

图9－6　区域环境质量现状评价流程

(1) 确定评价目的与范围:是指本次评价的性质、要求以及评价结果的作用。评价目的决定了评价区域的范围、评价因子、采用的评价标准。

(2) 污染源的调查、监测与评价:通过对污染源的调查与评价,确定主要污染源与主要污染物,以及污染物的排放方式、途径、特点和规律,综合评价污染源对环境的危害作用,以确定污染源治理的重点。

(3) 环境质量监测:根据区域环境污染特点及主要污染物的环境化学行为,选取有代表性的监测项目,对不同环境要素进行监测,为评价提供数据。

(4) 区域环境质量评价:根据环境状况调查结果和评价目的,筛选评价参数,并确定评价标准,利用评价模式计算环境质量指数。在对一个区域的各种单要素评价的基础上,还需对环境质量进行总体的定性和定量的评定,即区域环境质量的综合评价。

(5) 环境污染趋势预测研究:运用模式计算,结合未来区域经济发展的规模及污染治理水平,预测地区未来环境污染的变化趋势。

(6) 提出区域环境污染综合防治建议:通过环境质量评价确定影响地区的主要污染源和主要污染物,根据环境污染的特征及污染预测结果,提出区域环境保护的近期治理、远期规划布局及综合防治方案。

9.3.2　环境质量现状评价方法

1. 环境污染评价方法

环境污染评价方法的目的在于分析现有的污染程度、划分污染等级、确定污染类型。经常使用的是污染指数法。分为单因子指数和综合指数两大类。单因子污染指数的计算公式为

$$p_i = \frac{c_i}{S_i} \tag{9-2a}$$

其算术平均值为:

$$\bar{p}_i = \frac{1}{R}\sum_{i=1}^{k} p_i \tag{9-2b}$$

式中　p_i——污染物 i 的污染指数；

c_i——污染物 i 的实测浓度；

S_i——污染物 i 的评价标准值；

$\bar{p}_i$——污染物综合污染指数；

R——监测次数。

综合污染指数有以下几种形式

叠加型指数
$$I=\sum_{i=1}^{n}\frac{c_i}{S_i} \tag{9-3}$$

均值型指数
$$I=\frac{1}{n}\sum_{i=1}^{n}\frac{c_i}{S_i} \tag{9-4}$$

加权均值型指数
$$I=\frac{1}{n}\sum_{i=1}^{n}W_i p_i \tag{9-5}$$

均方根型指数
$$I=\sqrt{\frac{1}{n}\sum_{i=1}^{n}p_i^2} \tag{9-6}$$

式中　I——综合污染指数；

n——评价因子数；

W——污染物 i 的权系数。

上述指数形式仅是基本形式，根据评价工作的需要可自行设计。

2. 生态学评价方法

生态学评价方法是通过各种生态因素的调查研究，建立生态因素与环境质量之间的效应函数关系，评价自然景观破坏、物种灭绝、植被减少、作物品质下降与人体健康和人类生存发展需要的关系。由于生态学的内容非常丰富，生态学评价方法也有许多种，这里主要介绍植物群落评价、动物群落评价和水生生物评价。

(1)植物群落评价　一个地区的植物与环境有一定的关系。评价这种关系可用下列指标：①植物数量。植物数量说明该地区的植被组成、植被类型和各物种的相对丰盛度。②优势度。优势度是指一个种群的绝对数量在群落中占优势的相对程度。③净生产力。净生产力是指单位时间的生长量或产生的生物量，这是一个很有用的生物学指标。④种群多样性。种群多样性可用种群数量和每个种群的个体数量来反映群落的繁茂程度，它反映了群落的复杂程度和"健康"情况。通常使用辛普生指数，其公式为

$$D=\frac{N(N-1)}{\sum n(n-1)} \tag{9-7}$$

式中　D——多样性指数；

N——所有种群的个体总数；

n——一个种群的个体数。

由于指数受样本大小的影响，所以必须用两个以上同样大小的群落进行对比研究。

(2) 动物群落评价　一个地区的动物构成取决于植物情况。因此，植物群落的评价结果及方法，在动物群落评价中有一重要作用：动物群落评价注重优势种、罕见种或濒危种，通过物种表、直接观察等方法确定动物种群的大小。

(3) 水生生物评价　水生态系统（包括河流、海洋）的生物在很多方面与陆生生物和陆生群落不一样，因此，采集的方法和评价的方法也不同。例如，由于藻类是水生生物王国中主要

的食物生产者，如果水质、水温、水位、流量、有机质含量等发生变化，藻类的生产就会受到影响；对某些评价工作就需要对藻类进行评价。在评价过程中，通常需要了解组成成分，即某区域内有什么生物体存在；丰盛度，即某种水生生物在该研究区域内所有水生生物中相对数量；生产力，即说明某种生物在它的群落食物链中的相对重要性。其次是对水生动物的评价。水生动物包括范围很广，种类繁多，应根据评价的目的不同选择评价因子。

3. 美学评价法

美学评价法是从审美准则出发，以满足人们追求舒适安逸的需求为目标，对环境质量的文化价值进行评价。评价的方法主要有定性评价，如美感的描述；定量评价，如美感评分，对风景环境的美学评价；还可以采用艺术评价手段，如摄影艺术，以此可以烘托出环境美的意境来。美感的描述主要包括对人文要素和环境要素的构成美的内在联系的描述。美感评分主要采用主观概率法计算美感值，其计算公式为

$$Q = \sum_{i=1}^{n} Q_i W_i \tag{9-8}$$

式中　Q——评价对象的美感值；

Q_i——第 i 个要素美感值；

W_i——第 i 个要素的权系数。

例如，在北戴河风景区环境质量评价中，确定的评分等级如表 9-8 所示。

表 9-8　北戴河风景区环境质量评价中的评分等级

评价对象的美感值	100～90	89～80	79～70	<70
等级	最美	较美	美	一般

需要指出的是，美感值的评价结果往往受评价者主观因素影响较大。在评价中，应该使有经验的专家评分与公众的调查评定结果相结合，再加以分析调整，才有可能得到比较客观的评价结果。目前环境质量的美学评价方法还不成熟，需要进一步完善。

9.4　环境影响评价

9.4.1　环境影响评价和环境影响评价制度

1. 环境影响评价

环境影响评价是指对拟议中的建设项目、区域开发计划、规划和国家政策实施后可能对环境产生的影响（或后果）进行的系统性识别、预测和评估，并提出预防或减缓不良环境影响的对策和措施。其根本目的是鼓励在决策中考虑环境因素，使人类活动更具环境相容性。1964 年在加拿大召开的“国际环境质量评价会议”上首次提出这一概念，它是人们认识到环境质量的优劣取决于人们对之产生的影响，仅仅事后评价并无法保证其质量而提出的一个新概念。

2. 环境影响评价制度

环境影响评价制度是指把环境影响评价工作以法律、法规或行政规章的形式确定下来从而必须遵守的制度。世界上最早建立环境影响评价制度的国家是美国。自 1969 年美国国会通过《美国国家环境政策法》建立环境影响评价制度以来，环境影响评价已在全球迅速普及和发展起来。目前已有 100 多个国家建立了环境影响评价制度。

1979 年颁布的《中华人民共和国环境保护法（试行）》中规定：扩建、改建、新建工程必须提

出环境影响报告书，首次确立了中国实施环境影响评价的法律地位。1989 年颁布的《中华人民共和国环境保护法》对环境影响评价的法律地位进行了重申。

随着环境影响评价制度在预防和减轻环境污染与生态破坏中发挥的作用日益明显，我国于 2002 年颁布并于 2003 年实施了《中华人民共和国环境影响评价法》，在第一条中明确规定了其立法目的：为了实施可持续发展战略，预防因规划和建设项目实施后对环境造成不良影响，促进经济、社会和环境的协调发展。

9.4.2 环境影响评价的意义和作用

环境影响评价是环境管理的有效手段，它具有不可替代的预防功能、导向作用和调控作用。对于开发活动而言，环境影响评价可以保证开发活动选址和布局的合理性，同时提出预防或者减轻不良环境影响的对策和措施并评价其经济技术可行性，指导环境保护措施的设计，强化环境管理。对于规划、政策层次的战略进行环境影响评价可以从决策的源头控制污染的产生，在决策过程中加强科学论证，强调公开、公正，对我国决策民主化、科学化具有重要的推进作用。具体表现在以下几个方面：

(1) 保证建设项目选址和布局的合理性。合理的经济布局是保证环境与经济持续发展的前提条件，而不合理的布局则是造成环境污染的重要原因。环境影响评价是从建设项目所在地区的整体出发，考察建设项目的小区选址和布局对区域整体的不同影响，并进行比较和取舍，选择最有利的方案，保证建设项目选址和布局的合理性。

(2) 指导环境保护措施的设计。强化环境管理一般来说，开发建设活动和生产活动，都要消耗一定的资源，给环境带来一定的污染与破坏，因此必须采取相应的环境保护措施。环境影响评价是针对具体的开发建设活动或生产活动，综合考虑开发活动特征和环境特征，通过对污染治理设施的技术、经济和环境论证，可以得到相对最合理的环境保护对策和措施，把因人类活动而产生的环境污染或生态破坏限制在最小范围。

(3) 为区域的社会经济发展提供导向。环境影响评价可以通过对区域的自然条件、资源条件、社会条件和经济发展状况等进行综合分析，掌握该地区的资源、环境和社会承受能力等状况，从而对该地区发展方向、发展规模、产业结构和产业布局等作出科学的决策和规划，以指导区域活动，实现可持续发展。

(4) 促进相关环境科学技术的发展。环境影响评价涉及自然科学和社会科学的广泛领域，包括基础理论研究和应用技术开发。环境影响评价工作中遇到的问题，必然是对相关环境科学技术的挑战，进而推动相关环境科学技术的发展。

9.4.3 环境影响评价类型

根据评价对象，可以将环境影响评价分为三种类型：

(1) 建设项目的环境影响评价（environmental impact assessment，EIA）：是我国目前开展得最多的一种环境影响评价，其目的是为项目的布局、选址和确定其发展规模提供决策基础和环境保护措施方面的服务，在项目的可行性研究阶段进行。

(2) 区域开发的环境影响评价（region environmental assessment，REA）：是指对区域内拟议的所有开发建设行为进行的环境影响评价。评价的重点是论证区域内未来建设项目的布局、结构和时序，提出技术可行、经济布局合理、对全区环境影响较少的整体优化方案，促使区域内人口、环境与开发建设之间协调发展，可为开展环境容量分析，进行环境污染总量控制，提出区域环境管理及环境保护机构设置意见。

(3) 战略环境影响评价(strategic environmental assessment,SEA):是指对人类环境质量有重大影响的宏观人为活动,如国家的计划(规划)、立法、政策方案(或建议案)等进行环境影响评价。着眼于全国的、长期的环境保护战略,考虑的是一项政策、一个规划可能造成的影响。这类评价所采用的方法多是定性和半定量的预测方法和各种综合判断、分析的方法,是为最高层次的开发建设决策服务的。

从对单个项目到区域开发,再到对计划、规划、政策进行环境影响的评价,从时间上看,环境影响评价介入的时间越来越提前;从空间上来看,涉及的地域越来越广。这反映出人们对环境影响评价的重要性的认识在逐步地深化。

9.4.4　环境影响评价的工作程序

建设项目环境影响评价的管理程序包括以下几个环节:编制环境影响评价大纲→编制环境影响报告书(表)→评估环境影响报告书(表)→审批环境影响报告书(表)。

与管理程序相对应,环境影响评价的工作程序可以分为三个主要阶段(图 9-7):第一阶

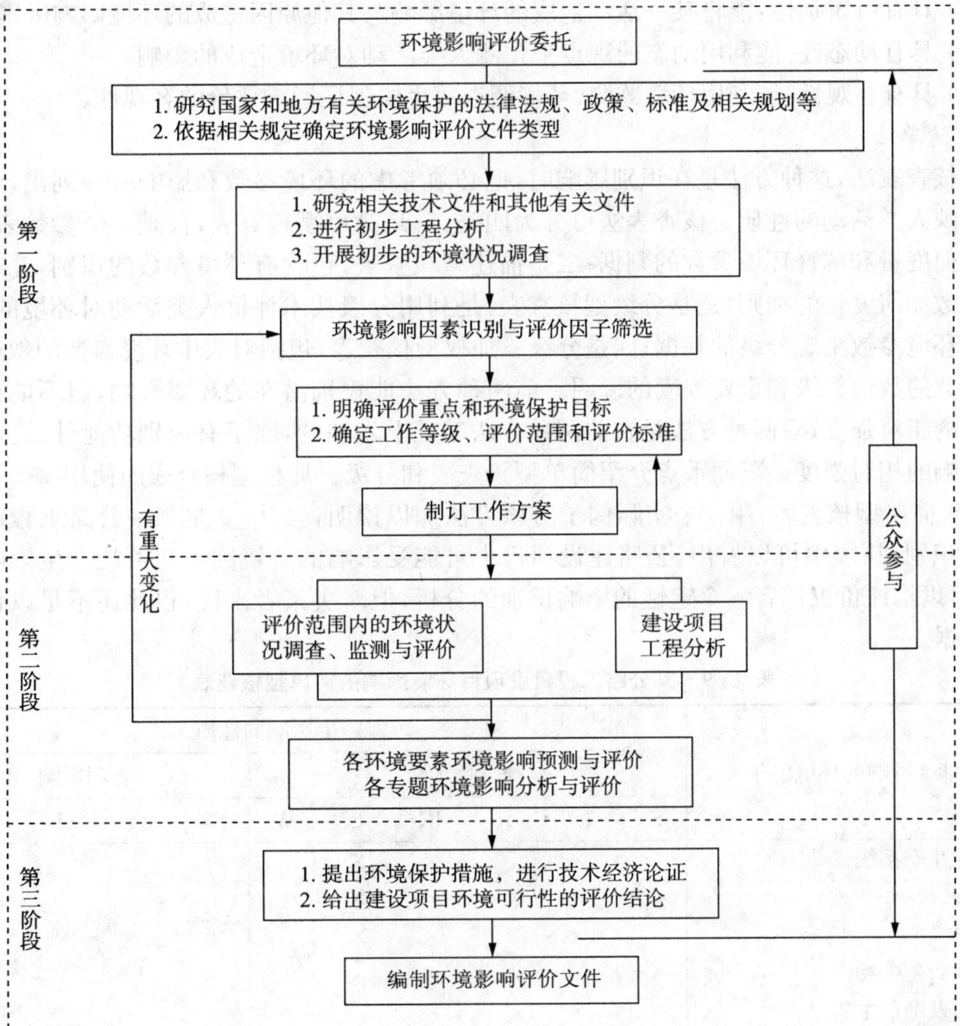

图 9-7　环境影响评价的工作程序

段为准备阶段，主要工作为研究有关文件，进行初步的工程分析和环境现状调查，筛选重点评价项目，确定各单项环境影响评价的工作等级，编制评价大纲；第二阶段为正式工作阶段，其主要工作为详细的工程分析和环境现状调查，并进行环境影响预测和评价环境影响；第三阶段为报告书编制阶段，其主要工作为汇总、分析第二阶段工作所得的各种资料、数据，给出结论，完成环境影响报告书的编制。

9.4.5 环境影响评价方法

所谓环境影响评价方法，是指在环境影响评价的实际工作中，按照评价工作的规律，为解决某些环境问题而创造和发展的一类方法。环境影响评价的方法不是简单地搬用其他专业的方法，而是针对环境影响评价的特点，综合性地发展起来的反映人类活动与环境状况的方法。环境影响评价的方法有以下一些共同的特点。

(1) 具有综合性：从孤立地处理单个的环境参数发展到综合处理各参数之间的联系，能反映出人类活动对环境影响的整体轮廓和整体关系。

(2) 具有可比性：能将不同的环境影响换算为具有同一量纲或无量纲的结果表示形式。

(3) 具有可辨别性：能将某一活动造成的环境影响与其他原因造成的环境影响区别开来。

(4) 具有动态性：能利用动态的观点来预测人类活动对环境造成的影响。

(5) 具有客观性：能利用环境监测、环境调查等手段保证影响评价的客观性。

1. 清单法

即核查表法，这种方法是在识别影响时，把必须考虑的环境参数和影响一一列出，经修正后可反映人类活动的性质。核查表法可分为四类：一是简单型核查表，仅是一个参数表，不能说明如何度量和解释环境参数的判据；二是描述型核查表，包含有环境参数的识别，并有说明环境参数如何度量的准则；三是分级型核查表，是利用分级技术评价人类活动对环境的影响，附有对环境参数主观分级的判据；四是分级—加权型核查表，包括对表中环境参数的叙述和对每个参数的数值等级和重要程度的说明。前两种方法能识别潜在的环境影响，但不能评估这些影响的相对强度；后两种方法是在前两种方法基础上发展的，除了有识别功能外，还能评估这些影响的相对强度。下面重点介绍简单型核查表和分级—加权型核查表的使用。

(1) 简单型核查表：用一个实际例子对该方法加以说明，表 9－9 是某一公路工程对环境影响的识别，从表中可以看出，公路建设项目中可能受影响的环境因子与可能产生影响的性质，它可以给评价工作者一个定性的影响识别的分析，但对决策者来说，仅此还不足以作出决策的依据。

表 9－9 某公路工程建设项目环境影响的简单型核查表

可能受影响的环境因子	可能产生影响的性质									
	不利影响						有利影响			
	ST	LT	R	IR	L	W	ST	LT	SI	N
水生生态系统		×		×	×					
渔业		×		×	×					
森林		×		×	×					
陆生野生生物		×		×		×				
稀有及濒危生物		×		×		×				
陆地水文		×		×		×				

续表

可能受影响的环境因子	可能产生影响的性质									
	不利影响						有利影响			
	ST	LT	R	IR	L	W	ST	LT	SI	N
地表水质量		×								
地下水		*		*	*	*	*	*	*	*
土壤										
空气质量					×					
航行		×			×					
陆上运输								×	×	
农业								×	×	
社会经济								×		×
美学		×			×					

注：ST 表示短期影响，LT 表示长期影响，R 表示可逆的影响，IR 表示不可逆影响，L 表示局部的影响，W 表示大范围的影响，SI 表示显著的影响，N 表示正常的影响。×表示不可忽略的影响，* 表示可忽略的影响。

(2) 分级—加权型核查表

这种方法是由美国 Battelle 哥伦布实验室为水资源项目而建立的。它对核查表中所列可能受影响的环境因子进行描述，并指出每个环境因子与其他因子的相对比例及重要性。这种方法的关键是要计算一项工程对环境产生的净影响，即计算在有工程项目和没有工程项目两种情况下的环境质量之差 EI，若 EI＜0 说明工程对环境有不利影响，若 EI＞0 说明工程对环境有有利的影响，若 EI＝0 说明工程对环境产生的各种影响可以忽略。表 9－10 给出了水资源项目环境影响的分级—加权型核查表。

表 9－10　水资源项目环境影响的分级—加权型核查表

环境影响类别		无工程项目情况下的环境质量	有工程项目情况下的环境质量	环境的净影响
生态影响	陆地生态	883	693	−190
	水生生态	484.3	721.6	237.3
	小计	1 367.3	1 414.6	47.3
物理-化学影响	土地	518.5	368.3	−150.2
	地表水	535.9	341.9	−194.0
	地下水	530.8	270.6	−260.2
	大气	405.6	355.3	−50.3
	小计	1 990.8	1 336.1	−654.7
社会经济影响	健康	247.6	779	531.4
	经济	806.0	1 586.2	780.2
	小计	1 053.6	2 365.2	1 311.6
美学影响	美学	660.5	618.2	−42.3
合　计		5 072.2	5 734.1	661.9

评价结果显示，该工程环境的净影响值 661.9，表明该项目对人体健康和经济效益有很大好处。

2. 矩阵法

矩阵法是核查表的延伸，该方法是把人类活动和受影响的环境特征和标志组成一个矩阵，在它们之间建立起直接的因果关系，定量或半定量地说明人类活动对环境的影响。

(1) Leopold 矩阵法

这种方法是 Leopold 等人设计的一种用于资源开发过程的环境影响评价矩阵，后来被用作许多矩阵法的基础，比如迭代矩阵法、关联矩阵法、最优通道矩阵法及交叉影响矩阵法等。表 9－11 是某纸浆厂工程的 Leopold 矩阵，具体做法是在矩阵的每个空格都填上以下内容：

表 9－11　某纸浆厂工程的 Leopold 矩阵表

环境因素 \ 工程活动	工厂建设	红麻种植	杀虫剂及化肥的使用	原料运输	抽水	固体废弃物	废水排放	废气排放	职工雇用
地表水质量			6/7			4/4	2/8		5/5
地表水水文					1/7				
空气质量	3/6			2/6				4/5	
渔业			2/5				2/7		
水生生态			2/6				2/5		
陆生野生生物栖居地	3/4								
陆生野生生物	2/5								
土地利用形式	5/6								
公路、铁路				6/5					
供水			3/6				2/7		
农业		7/7							
住房									7/6
健康						3/5	2/8	2/6	
社会经济状况		10/8							8/8

① 如果一种某项活动对某一环境因素的影响可能发生，则在活动与该因素对应的空格上划一对角线；

② 在对角线的上方写上 1～10 之间的一个数值表示这一影响的幅度(1 最小，10 最大)；

③ 在对角线的下方写上 1～10 之间的一个数值表示这一影响的重要性(1 最小，10 最大)。

上述幅度定义为影响程度的范围，重要性则是影响显著程度的加权，前者以事实为依据，后者则以判断为基础。

把所有有关空格都填好就可以编制一个简化的矩阵表，此表中只包括有相互影响的工程活动和环境因素。Leopold 的简化矩阵可用来进行煤矿、电厂、供水系统和传输线路、公路、铁路等项目的环境影响评价。

(2) 交叉影响矩阵法

该法对于一组将来可能产生的影响用两种数据表示。第一种数据估计每一种影响在将来某个特定的时间间隔内要发生的概率，第二种数据估计任何一种可能发生的影响会对其他影响作用的概率。通过适当的分析，并应用主观概率估计法，把这些概率的估计值直接填到交叉影响矩阵的每一个方格中。主要步骤如下：

① 估计各个影响事件之间的相互作用(交叉影响)的范围、方式、强度和时间延迟程度；

② 选定任一影响，利用模拟技术，确定其是否发生；

③ 根据在第一步骤中估计的相互作用调整其他事件的概率；

④ 从其余事件中选择另一事件，和第二步骤一样决定它是否发生；

⑤ 继续这个过程，直到全部影响被决定为止。按照以上步骤，计算了一个实例(见表 9-12 和表 9-13)，该矩阵反映了一个发展中国家在发展科学技术时应考虑的环境影响和社会影响。

表 9-12　每一种影响将发生的概率

影响	T	P	A	S	H	Cp	Tp	E
概率	0.1	0.005	0.005	0.001	0.001	0.001	0.000 1	0.001 5

表 9-13　交叉影响矩阵表

	T	P	A	S	H	Cp	Tp	E
T	0.75	0	0	−1	0	0	0	0
P	0.5	0	0	0	0	0.9	0	0
A	0	0.5	0	0	−0.8	0	0	0
S	0	0.5	1	0	0	0	0	−0.5
H	0	0	0	0.8	0.1	0	0	0
Cp	0	0	0	1	0	0	0.2	0
Tp	0	0.6	0	0	0	0	0	0
E	0	0	0	0	0	0.1	0.15	0

3. 网络法

网络法的原理是采用原因—结果的分析网络来阐明和推广矩阵方法，它要求首先弄清楚建设项目的原生影响面，说明在这些范围内的影响是什么？第二级影响是什么？第三级影响是什么？等等。网络法是一种很有用的环境影响评价方法。

为了说明网络法的具体运用过程，可把某项目的环境影响分支概括地列出(如图 9-8 所示)：设某项目有两个基本的工程方案 A 和 B，其中方案 A 有两种原生影响，3 种第二层影响和 2 种第三层影响；方案 B 有两种原生影响，4 种第二层影响和 4 种第三层影响。整个影响链构成 10 个分支。由于这种图形很像树枝，故也称影响树法。

设 P_i：为分支 i 上的环境影响评分，$i=1,2,3,\cdots,10$，则其各种影响(X)可定义如下：

$M(X)$=(+或−)影响(X)的大小

$I(X)$=影响(X)的权重值

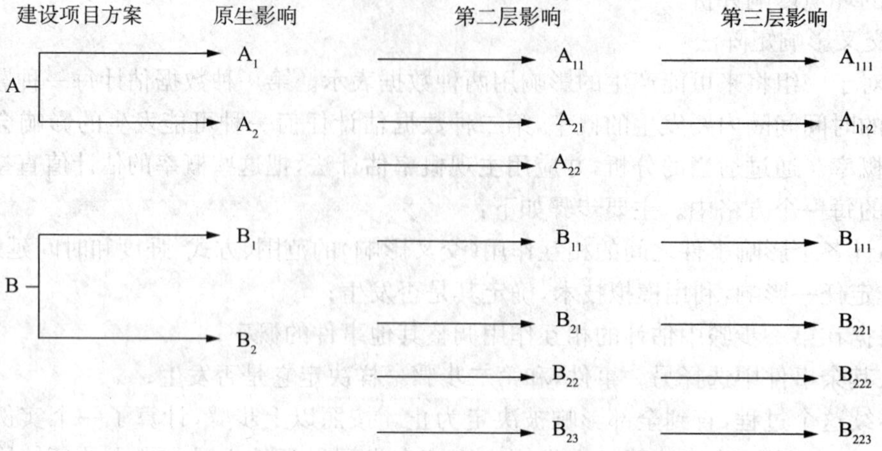

图 9-8　建设项目的环境影响网络法图解

设 $M(X)$ 和 $I(X)$ 都有一定的值域(1～10)，则某给定分支的环境影响评分为：

$$\sum M(X)I(X)$$

通过上式可以求出某分支上 X 的总合，其环境影响评分为：

$M(\mathrm{A}_1)I(\mathrm{A}_1)+M(\mathrm{A}_{11})I(\mathrm{A}_{11})+M(\mathrm{A}_{111})I(\mathrm{A}_{111})$

用同样的方法可求出其他 9 个分支的环境影响评分。由于项目的原生、第二层、第三层的影响都有某种不确定性，所以应按发生的概率求取各分支的权重值，以便修正各分支的评分。最后，求出所有各个分支的权重评分之和，即可得出"期望环境影响评分"。

$$期望环境影响 = \sum_{i=1}^{10} P_i\,(分支的环境影响评分)$$

4. 评价函数作图法

具体作法是利用评价函数，采用函数曲线作图的方法，将各种参数值转换成环境质量等级值，然后将环境质量等级值与参数重要性的权重值相乘，得出环境影响值，根据环境影响值对各种活动进行评价工作步骤如下：

① 获得没有项目时的各种环境因子的参数材料，将这些参数材料转换为环境质量等级值，再乘以权值，得出没有项目时环境的混合评分。

② 对各种选择方案，预测环境参数的变化。

③ 利用参数值的预测变化，确定各种参数及选择方案的环境质量等级。

④ 将各种选择方案的环境质量等级乘以权重，并综合这些资料，得出总的混合评分，最后通过对混合评分的直接对比，对供选择的方案作出抉择。

5. 图形叠置法

这种方法是将一张透明纸覆盖在表明工程位置和评价区主要环境特征的底图上进行的。这些特征是经专家们判断将要受到工程影响的。每评价一种环境特征，就要进行一次覆盖透视，影响程度用黑白相间的颜色符号做成不同的明暗强度来表示根据图上绘有一定阴影的透明图的面积，可得知影响的范围。工程总影响的表示，是把每种颜色代号的透明图覆盖在底图上得到。对不同地区的总影响用阴影相对强度来表示。

6. 模拟模型法

在环境影响评价中，已提出的模拟模型有如下几种。

(1) 污染分析模拟模型

① 环境管理通用系统模型：日本渡边、千初等提出的以防止水质污染模拟系统为中心的环境管理通用系统模型。

② 三阶段系统模型：日本平泉泰提出，先用负荷模型预测环境负荷，再根据环境模型预测污染负荷引起的环境变化，最后根据社会费用模型评价环境变化引起的社会问题。

③ 环境污染分析模型：根据一个地区内的生产、消耗和环境污染之间的相互关系而建立起来的模型。

(2) 生态系统模拟模型

这是一种评价生态系统的模型，其中包括生态系统的变化趋势分析和根据环境变化过程所作出的评价。这种模型特别适用于自然资源管理战略的制定、评价和选择。

(3) 环境影响综合评价模型

在对各个单要素进行环境影响评价的基础上，通过对影响的加权或集合产生出所有影响的总的评价值。

(4) 动态系统模拟模型

以动态观点综合研究一定范围内人口、经济发展、环境和资源之间的复杂关系，在进行这类模拟时，由于范围大、条件复杂，往往需要对社会行为和经济、技术发展作一系列严格的假定。

7. 环境系统综合评价法

这一方法是根据北京师范大学刘培桐教授关于少、类生态系统的学术思想提出的，已在一些项目的环境影响评价工作中得到应用。该法强调把各环境要素作为环境系统整体的一个组成部分，研究它们之间的联系和各种过程的时空变化规律，并在区域自然环境特点和社会经济特点的背景上来研究建设项目的环境影响。该方法由三部分组成。

(1) 建设项目的环境影响分析

① 影响形式的分析：不仅要注意单个要素和过程的直接影响，而且还应注意建设项目对各要素和过程相互作用和联系的影响，注意对环境对策的后果和环境影响社会的经济后果。

② 影响程度分析：引入开发程度指标进行影响程度分析，开发程度指标是建设项目对环境施加影响的一种度量，通过它可以把建设项目的规模、性质与对环境的预测及环境对策分析结合起来，该指标应具有确切的物理意义，可定量计算，并应是时间的函数，可动态地反映项目的整个开发过程。

(2) 环境要素与环境过程变化预测包括定性分析方法、数学模型方法(统计—预测模型、“灰箱”模型等)。其中“灰箱”模型是一类表示环境要素与环境过程变化机制和变化过程的模型，其中反映的各个参数之间的关系又是不确定的，这类模型用于对需要预测的环境要素和环境变化过程有一定程度的了解，但又不完全了解，或对其中一部分了解而对另一部分不甚了解的情况。应用“灰箱”模型进行环境预测一般分三步进行，第一步是“结构识别”，即根据预测问题的要求，从已有的各种模型中选择决定采用的模型或建立新的模型；第二步是“参数识别”，即在模型选定或建立后，根据局部的观测数据确定模型中的各个系数，得到评价地区适用的模型；第三步是利用电子计算机进行预测。

(3) 对策分析方法

环境对策分析是在环境预测的基础上，对建设项目的环境影响、环境后果的防治途径及其效果进行分析，以提出整个建设项目方案的环境总体分析。它包括以下内容：

① 确定区域环境保护目标和环境质量标准；

② 提出环境后果防治措施并进行分析；

③ 建设项目开发方案环境总体分析，用货币作为单位，从经济上对开发方案做环境总体上的分析。

9.4.6 环境影响报告书的编写

1. 环境影响报告书的编制原则

(1) 环境影响报告书是环境影响评价程序和内容的书面表现形式之一，是环境影响评价项目的重要技术文件。在编写时应遵循下列原则：

① 环境影响报告书应该全面、客观、公正，概括地反映环境影响评价的全部工作；评价内容较多的报告书，其重点评价项目另编分项报告书；主要的技术问题另编专题报告书。

② 文字应简洁、准确，图表要清晰，论点要明确，大型项目或比较复杂的项目，应有主报告和分报告(或附件)，主报告应简明扼要，分报告把专题报告、计算依据列入。环境影响报告书应根据环境和工程特点及评价工作等级进行编制。

2. 环境影响评价的工作程序

环境影响评价工作大体分为三个阶段。

第一阶段为准备阶段，主要工作为研究有关文件，进行初步的工程分析和环境调查，筛选重点评价项目，确定各单项环境影响评价的工作等级，编制评价大纲；

第二阶段为正式工作阶段，其主要工作为进一步做工程分析和环境现状调查，并进行环境影响预测和评价环境影响；

第三阶段为报告书的编制阶段，其主要工作为汇总、分析第二阶段工作所得的各种资料、数据，给出结论，完成环境影响报告书的编制。

如通过环境影响评价对原选厂址给出否定结论时，对新选厂址的评价应重新进行，如需进行多个厂址的优选，则应对各个厂址分别进行预测和评价。

3. 环境影响评价工作等级的确定

环境影响评价工作的等级是指需要编制环境影响评价报告书和各专题工作深度的划分，各单项环境影响评价划分为三个工作等级。一级评价最详细，二级次之，三级较简略。各单项影响评价工作等级划分的详细规定，可参阅本书相应章节及有关导则。每个单项影响评价的工作等级不一定相同。

对于单项影响评价的工作等级均低于第三级的建设项目，不需编制环境影响报告书，只需按国家颁发的《建设项目环境保护管理办法》的规定填写《建设项目环境影响报告表》。

工作等级的划分依据如下。

(1) 建设项目的工程特点：工程性质、工程规模、能源及资源的使用量及类型、源项等。

(2) 污染物排放特点：主要包括污染物的排放量、排放方式、排放去向，主要污染物种类、性质、排放浓度等。

(3) 项目所在地区的环境特征：自然环境特点、环境敏感程度、环境质量现状及社会经济状况等。

(4) 国家或地方政府所颁布的有关法规：包括环境质量标准和污染物排放标准等。

对于某一具体建设项目，在划分各评价项目的工作等级时，根据建设项目对环境的影响、所在地区的环境特征或当地对环境的特殊要求情况可作适当调整。

4. 环境影响报告书的编制基本要求

环境影响报告书的编写要满足以下基本要求。

(1) 环境影响报告书总体编排结构应符合《环境影响评价技术导则 总纲(HJ 2.1—2011)》要求,内容全面,重点突出,实用性强。

(2) 基础数据可靠。

基础数据是评价的基础,基础数据如果有错误,特别是污染源排放量有错误,即使选用正确的计算模式和精确的计算,其计算结果都是错误的。因此,基础数据必须可靠。对不同来源的同一参数数据出现不同时应进行核实。

(3) 预测模式及参数选择合理。

环境影响评价预测模式都有一定的适用条件,参数也因污染物和环境条件的不同而不同。因此,预测模式和参数选择应“因地制宜”。应选择模式的推导(总结)条件和评价环境条件相近或相同的模式。选择总结参数时的环境条件和评价环境条件相近或相同的参数。

(4) 结论观点明确,客观可信。

结论中必须对建设项目的可行性、选址的合理性作出明确回答,不能模棱两可。结论必须以报告书中客观的论证为依据,不能带感情色彩。

(5) 语句通顺、条理清楚、文字简练、篇幅不宜过长。凡带有综合性、结论性的图表应放到报告书的正文中,对有参考价值的图表应放到报告书的附件中,以减少篇幅。

(6) 环境影响报告书中应有评价资格证书,报告书的署名,报告书编制人员按行政总负责人、技术总负责人、技术审核人、项目总负责人依次署名盖章,报告编写人署名。

5. 建设项目环境影响报告书的编制要求

1) 专项设置内容

根据工程特点、环境特征、评价级别、国家和地方的环境保护要求,选择下列但不限于下列全部或部分专项评价。

污染影响为主的建设项目一般应包括工程分析,周围地区的环境现状调查与评价,环境影响预测与评价,清洁生产分析,环境风险评价,环境保护措施及其经济、技术论证,污染物排放总量控制,环境影响经济损益分析,环境管理与监测计划,公众参与,评价结论和建议等专题。生态影响为主的建设项目还应设置施工期、环境敏感区、珍稀动植物、社会等影响专题。

2) 编制内容

(1) 前言

简要说明建设项目的特点、环境影响评价的工作过程、关注的主要环境问题及环境影响报告书的主要结论。

(2) 总则

① 编制依据 须包括建设项目应执行的相关法律法规、相关政策及规划、相关导则及技术规范、有关技术文件和工作文件,以及环境影响报告书编制中引用的资料等。

② 评价因子与评价标准 分列现状评价因子和预测评价因子,给出各评价因子所执行的环境质量标准、排放标准、其他有关标准及具体限值。

③ 评价工作等级和评价重点 说明各专项评价工作等级,明确重点评价内容。

④ 评价范围及环境敏感区 以图、表形式说明评价范围和各环境要素的环境功能类别或级别,各环境要素环境敏感区和功能及其与建设项目的相对位置关系等。

⑤ 相关规划及环境功能区划 附图列表说明建设项目所在城镇、区域或流域发展总体规

划、环境保护规划、生态保护规划、环境功能区划或保护区规划等。

(3) 建设项目概况与工程分析

采用图表及文字结合方式,概要说明建设项目的基本情况、组成、主要工艺路线、工程布置及与原有、在建工程的关系。对建设项目的全部组成和施工期、运营期、服务期满后所有时段的全部行为过程的环境影响因素及其影响特征、程度、方式等进行分析与说明,突出重点;并从保护周围环境、景观及环境保护目标要求出发,分析总图及规划布置方案的合理性。

(4) 环境现状调查与评价

根据当地环境特征、建设项目特点和专项评价设置情况,从自然环境、社会环境、环境质量和区域污染源等方面选择相应内容进行现状调查与评价。

(5) 环境影响预测与评价

给出预测时段、预测内容、预测范围、预测方法及预测结果,并根据环境质量标准或评价指标对建设项目的环境影响进行评价。

(6) 社会环境影响评价

明确建设项目可能产生的社会环境影响,定量预测或定性描述社会环境影响评价因子的变化情况,提出降低影响的对策与措施。

(7) 环境风险评价

根据建设项目环境风险识别、分析情况,给出环境风险评估后果、环境风险的可接受程度,从环境风险角度论证建设项目的可行性,提出具体可行的风险防范措施和应急预案。

(8) 环境保护措施及其经济、技术论证

明确建设项目拟采取的具体环境保护措施。结合环境影响评价结果,论证建设项目拟采取环境保护措施的可行性,并按技术先进、适用、有效的原则,进行多方案比选,推荐最佳方案。按工程实施不同时段,分别列出其环境保护投资额,并分析其合理性。给出各项措施及投资估算一览表。

(9) 清洁生产分析和循环经济

量化分析建设项目清洁生产水平,提高资源利用率、优化废物处置途径,提出节能、降耗、提高清洁生产水平的改进措施与建议。

(10) 污染物排放总量控制

根据国家和地方总量控制要求、区域总量控制的实际情况及建设项目主要污染物排放指标分析情况,提出污染物排放总量控制指标建议和满足指标要求的环境保护措施。

(11) 环境影响经济损益分析

根据建设项目环境影响所造成的经济损失与效益分析结果,提出补偿措施与建议。

(12) 环境管理与环境监测

根据建设项目环境影响情况,提出设计、施工期、运营期的环境管理及监测计划要求,包括环境管理制度、机构、人员、监测点位、监测时间、监测频次、监测因子等。

(13) 公众意见调查

给出采取的调查方式、调查对象、建设项目的环境影响信息、拟采取的环境保护措施、公众对环境保护的主要意见、公众意见的采纳情况等。

(14) 方案比选

建设项目的选址、选线和规模,应从是否与规划相协调、是否符合法规要求、是否满足环境功能区要求、是否影响环境敏感区或造成重大资源经济和社会文化损失等方面进行环境合理性论证。如要进行多个厂址或选线方案的优选时，应对各选址或选线方案的环境影响进行全面比较，从环境保护角度，提出选址、选线意见。

(15) 环境影响评价结论

环境影响评价结论是全部评价工作的结论，应在概括全部评价工作的基础上，简洁、准确、客观地总结建设项目实施过程各阶段的生产和生活活动与当地环境的关系，明确一般情况下和特定情况下的环境影响，规定采取的环境保护措施，从环境保护角度分析，得出建设项目是否可行的结论。

环境影响评价的结论一般应包括建设项目的建设概况、环境现状与主要环境问题、环境影响预测与评价结论、建设项目建设的环境可行性、结论与建议等内容，可有针对性地选择其中的全部或部分内容进行编写。环境可行性结论应从与法规政策及相关规划一致性、清洁生产和污染物排放水平、环境保护措施可靠性和合理性、达标排放稳定性、公众参与接受性等方面分析得出。

(16) 附录和附件

将建设项目依据文件、评价标准和污染物排放总量批复文件、引用文献资料、原燃料品质等必要的有关文件、资料附在环境影响报告书后。

思考题

1. 水质监测有哪些类型？
2. 对于工业废水排放源，怎样布设采样点和采集有代表性的水样？
3. 简述我国环境标准的分类和分级。
4. 什么是环境评价？环境评价主要有哪些方法？
5. 什么是环境影响评价？进行环境影响评价的基本程序是什么？

第 10 章　环境规划与管理

10.1 环境规划

10.1.1　环境规划概述及其作用

环境规划是实行环境目标管理的基本依据和准绳，是环境保护战略和政策的具体体现，也是国民经济和社会发展规划体系的重要组成部分。编制和实施环境规划对于协调人与环境、经济与环境的关系，保证国家长治久安、可持续发展都具有深远的意义。

1. 环境规划的含义与基本特征

1972 年，联合国人类环境会议上世界各国共同探讨了保护全球环境战略，一致认识到各国社会经济发展规划中缺乏环境规划是导致环境问题产生的重要原因。在《人类环境宣言》中明确指出“合理的计划是协调发展的需要和保护与改善环境的需要相一致的”，“人的定居和城市化工作需加以规划”，“避免对环境的不良影响”，“取得社会、经济和环境三方面的最大利益”，“必须委托适当的国家机关对国家的环境资源进行规划、管理或监督，以期提高环境质量”。根据会议所提出的环境规划原则，各国开始编制环境规划。我国《环境保护法》第四条规定：“国家制定的环境保护规划必须纳入国民经济和社会发展规划，国家采取有利于环境保护的经济、技术政策和措施，使环境保护工作同经济建设和社会发展相协调。”将环境规划写入环境保护法中，这为制定环境规划提供了法律依据。环境规划是指为使环境与社会经济协调发展，把“社会—经济—环境”作为一个复合生态系统，依据社会经济规律、生态规律和地学原理，对其发展变化趋势进行研究而对人类自身活动和环境所做的时间和空间上的合理安排。环境规划的目的在于发展经济的同时保护环境，使经济与社会协调发展。环境规划实质上是一种为克服人类经济社会活动和环境保护活动的盲目和主观随意性所采取的科学决策活动。它是国民经济和社会发展的有机组成部分，是环境管理的首要职能，是环境决策在时间、空间上的具体安排，是规划管理者对一定时期内环境保护目标和措施作出的具体规定，是一种带有指令性的环境保护方案。

环境规划的内涵：

(1) 环境规划是在一定条件下的优化，它必须符合特定历史时期的技术、经济发展水平和能力。

(2) 环境规划的主要内容是合理安排人类自身活动与所处环境的协调发展，其中包括对人类经济社会活动提出符合环境保护需求的约束要求，也包括对环境保护和建设做出的安排和部署。

(3) 环境规划任务在于使该系统协调发展，维护系统良性循环，以谋求系统最佳发展。

(4) 环境规划依据社会经济原理、生态原理、系统理论、地学原理和可持续理论，充分体现这一学科的交叉性、边缘性。

(5) 环境规划研究对象是“社会—经济—环境”这一大的复合生态系统，它可能是指整个国家，也可能是指一个区域(城市、省区、流域)。

在传统的国民经济与社会发展规划中，引进环境规划的主要考虑是：

(1) 扩大发展的范畴。除经济指标之外，需要增加环境质量指标，既要求经济效益又要求环境效益。发展不仅是为了创造丰富的物质财富，更要维护与创造一个适合人类生存的良好环境。

(2) 健全可持续发展的基础。既要正确处理局部与整体、眼前与长远利益的关系，也要正确处理发展与环境的关系，做到瞻前顾后，统筹兼顾。

环境规划的基本特征主要表现如下：

(1) 整体性　环境规划具有的整体性反映在环境的要素和各个组成部分之间构成一个有机整体，虽然各要素之间也有一定的联系，但各要素自身的环境问题特征和规律却十分突出，有其相对确定的分布结构和相互作用关系，从而各自形成独立的、整体性强、关联度高的体系。

(2) 综合性　环境规划的综合性反映在它涉及的领域广泛，影响因素众多，对策措施综合，部门协调复杂，21世纪的环境规划将是自然、工程、技术、经济、社会相结合的综合体，也是多部门的集成产物。

(3) 区域性　环境问题的地域性特征十分明显，因此环境规划必须注重"因地制宜"，总结精炼出的环境规划的基本原则、规律、程序和方法必须融入地方特征才是有效的。

(4) 动态性　环境规划具有较强的时效性，它的影响因素在不断变化，因此，随社会经济发展方向、发展政策、发展速度以及实际环境状况的变化，势必要求环境规划工作具有快速响应和更新的能力。

(5) 信息密集　信息的密集、不完备、不准确和难以获得是环境规划所面临的一大难题。在环境规划的全过程中，自始至终需要收集、消化、吸收、参考和处理各类相关的综合信息。

(6) 政策性强　政策性强也是环境规划的一个特征，从环境规划的最初立题、课题总体设计至最后的决策分析，制订实施计划的每一技术环节中，经常会面临从各种可能性中进行选择的问题，完成选择的重要依据和准绳，是我国现行的有关环境政策、法规、制度、条例和标准。

2. 环境规划的作用

在环境保护中，环境规划所起的重要作用如下：

(1) 促进环境与经济、社会可持续发展环境问题的解决必须注重预防为主，防患于未然，否则损失巨大、后果严重，环境规划的重要作用就在于协调环境与经济、社会的关系，预防环境问题的发生，促进环境与经济、社会的可持续发展。

(2) 保障环境保护活动纳入国民经济和社会发展计划，环境保护是我国经济生活中的重要组成部分，它与经济、社会活动有密切联系，必须将环境保护活动纳入国民经济和社会发展计划之中，进行综合平衡，环境保护才能得以顺利进行。

(3) 合理分配排污削减量、约束排污者的行为。根据环境的纳污容量以及"谁污染谁承担削减责任"的基本原则，公平地规定各排污者的允许排污量和应削减量，为合理地、指令性地约束排污者的排污行为、消除污染提供科学依据。

(4) 以最小的投资获取最佳的环境效益环境是人类生存的基本要素，生活的重要指标，又是经济发展的物质源泉，在有限的资源和资金条件下，特别是对发展中的中国来讲，如何用最小的资金，实现经济和环境的协调发展，显得十分重要。环境规划正是运用科学的方法、保障，在发展经济的同时，以最小的投资获取最佳环境效益的有效措施。

(5) 实行环境管理目标的基本依据环境规划制定的功能区划、质量目标、控制指标和各种措施以及工程项目，给人们提供环境保护工作的方向和要求，可以指导环境建设和环境管理活动的开展,对有效实现环境科学管理起着决定性作用。环境规划具体体现了国家环境保护政策和战略,其所做的宏观战略、具体措施、政策规定,为实行环境目标管理提供了科学依据,是各级政府和环保部门开展环境保护工作的依据。

10.1.2 环境规划制定的原则

环境规划是一种克服人类经济社会活动和环境保护活动的盲目性和主观随意性的科学决策活动,环境规划涉及的领域广泛、影响因素复杂又是一个开放型的动态系统,因而环境规划必须强调掌握充分的信息,运用科学方法,以保证环境规划的科学性和合理性。但是,环境规划不可能是理想化的产物,环境规划有多个目标,它又必须符合一定历史时期的技术及经济发展水平和支持能力,环境规划的影响因素也在不断地变化,因此,规划是有条件的最优化,是一种合理的安排。

在环境规划的编制与实施中,必须注意以下几项原则。

(1) 保障环境与经济社会协调、持续发展

环境问题的产生是伴随着人类的发展过程而产生的,是发展战略的失误,那种只注重经济发展,忽视环境,甚至以牺牲环境为代价的发展战略,只能在人类历史发展的初期,获得暂时繁荣,环境问题的恶化将造成对人类的危害、资源的枯竭,进而抑制经济的发展。随着人类对环境与发展问题的深刻认识,发展战略从单纯注重经济向环境与经济协调发展转变,环境问题将逐步得到解决,使人类得到持续发展。

环境规划的根本目的是保障环境与经济协调发展,保障环境与经济社会协调、持续发展是环境规划最重要的原则。为了贯彻这一原则,环境规划必须将环境、经济和社会作为一个大系统来规划,研究经济和社会的发展对环境的影响(正影响和负影响),环境质量和生态平衡对经济和社会发展的反馈要求与制约,进行综合平衡,做到经济建设、城乡建设、环境建设同步规划、同步实施、同步发展,使环境与经济、社会发展相协调。

(2) 遵循经济和生态规律

环境规划要正确处理环境与经济的关系,保障环境与经济协调发展,必须遵循经济规律和生态规律。在经济系统中,经济规模、增长速度、产业结构、能源结构、资源状况与配置。生产布局、技术水平、投资水平、供求关系等都有着各自及相互作用的规律。在环境系统中,污染物产生、排放、迁移转换,环境自净能力,污染物防治,生态平衡等也有自身的规律。在经济系统与环境系统之间的相互依赖、相互制约的关系中,也有着客观的规律性。那种只遵循经济规律,忽视生态规律的发展战略,会造成环境恶化、危害人类健康、制约经济正常发展的恶果,只遵循生态规律,忽视经济规律的发展战略也是行不通的,为实现经济与环境协调发展,环境规划必须既尊重经济规律,也尊重生态规律,两者绝不可偏废。

(3) 提供合理和优化的环境保护方案,实现经济效益、社会效益、环境效益的统一

环境规划的主要任务是提出合理和优化的环境保护方案,实现环境规划规定的目标。然而正确的目标、合理和优化的方案都要有一个衡量的标准,即评价的准则,以此作为评价和选择目标与方案的依据。根据环境与经济协调发展的原则和经济建设、城乡建设和环境建设同步设计、同步实施、同步发展,实现经济效益、社会效益、环境效益统一的基本方针,评价的准则应该是“三效益的统一”。

在环境规划的编制中,由于社会效益与环境效益的货币化计量方法仍不成熟,难以与经济效益直接加和,评价和优化的方法多采用多目标的规划方法,找到或提出以最小的投入获取最

佳的环境效益的方案，其中投入用货币单位计量、环境效益用物理量来计量。

(4)“实事求是、因地制宜、突出重点、兼顾一般”

环境问题的地域性十分突出，不同地区的环境问题，由于其自然地理条件、经济发展水平、社会人文状况的差异，在环境问题的类型、原因，解决环境问题的手段等方面都不尽相同，因此要特别注意这些原则，才能使环境规划符合客观实际，具有可操作性。

10.1.3 环境规划的类型

环境规划是国民经济和社会发展计划体系的重要组成部分，是一个多层次、多要素、多时段的环境保护方面的专项规划，内容十分丰富。根据环境规划的特征，从不同的角度，环境规划可以有不同的分类。不同类型的环境规划的内容、深度和规划的方法是不同的，要根据环境建设和管理的需要，选择环境规划的类型。

目前常见的环境规划大致可以如下划分。

(1) 按地域范围划分

环境问题的地域性特征十分明显，环境规划按地域范围划分，可以分为：全国环境规划、大区(如经济区)环境规划、省域环境规划、流域环境规划、城市环境规划、乡镇环境规划、厂区(如开发区)环境规划等。

(2) 按管理层次划分

环境管理是解决环境问题的主要手段，而环境规划是环境管理的基础和依据，从环境管理的层次划分，环境规划可以分为：国家环境规划、省级环境规划、城市环境规划、区县级环境规划、乡镇环境规划、企业环境规划等。

(3) 按环境要素划分

环境是一个由多要素组成的自然和人工生态系统，虽然各要素之间也有一定的联系，但各要素环境问题的特征和规律十分突出。环境规划，按环境要素划分，可以分为：生态环境规划和污染防治规划两大类。生态环境规划，又可分为：森林生态环境规划、草原生态环境规划、土地资源环境规划、海洋生态环境规划、生物多样性环境规划等；污染防治规划可以分为：大气环境污染防治规划、水环境污染防治规划、固体废弃物污染防治规划、声环境污染防治规划、其他物理污染防治规划等。

(4) 按时间跨度划分

环境规划，与其他规划一样，也是一种时效性很强的规划，按时间跨度划分，可以分为：长(远)期环境规划(一般在10年以上)、中期环境规划(一般在5～10年)、短期环境规划(一般为5年以下，主要是年度计划)。长期环境规划是纲要性计划，其主要内容是：确定环境保护战略目标、主要环境问题的重要指标、重大政策、措施；中期环境规划是环境保护的基本计划，其主要内容是：确定环境保护目标、主要指标、环境功能区划、主要的环境保护设施建设和修改项目及环境保护投资的估算和筹集渠道等；年度环境保护计划是中期规划的实施计划，内容比中期规划更为具体、可操作，但不一定面面俱到，年度间可以也应该有所侧重。

(5) 按环境与经济的制约关系划分

按环境与经济的制约关系划分，环境规划可以分为：经济制约型规划、环境与经济协调发展型规划、环境制约型规划。经济制约型规划是在确定了经济和社会发展目标、产业结构、生产布局、工艺进程及设备的前提下，预测污染物的产生量，根据环境质量要求和环境容量的大小，规划去除污染物的数量和方式，经济和社会发展规划不考虑环境的反馈要求。环境与经济协调发展型规划是将环境与经济作为一个大系统来规划，既要考虑经济对环境的影响，为了保障经济的繁荣，环境保护要采取有效的措施，也要考虑环境对经济发展的制约关系，在规划经济发展目标、规模、结构、布局、科学技术等方面时要考虑环境质量的要求，实现经济与环境的协调发展。环境制约型规划是在某些特殊环境下，环境保护成为了环境与经济关系的主要矛盾方面，经济发展要服从环境质量的要求，例如，饮用水源保护区、重点风景游览区、历史遗迹等的环境规划。

从大的方面来说，一个完整的环境规划体系大致包括环境战略规划、国土环境整治规划、中长期环境规划（即通常所说的环境规划），其中环境战略规划是为确定长期的环境目标和环境保护政策而制定的。它的作用在于指导所有其他类型环境规划的制定，规定环境规划的主要内容和总的方向与任务。《全国2000年环境规划纲要》即属于这一类型。国土环境整治规划是国土规划的重要组成部分，它对于综合协调和平衡环境保护与经济开发的关系，拓展环境保护领域以及促进将环境规划纳入国民经济和社会发展计划方面起重要作用。国土环境整治规划融环境污染防治、生态保护与改善以及资源合理利用于一体，宏观地提出目标、任务和重大工程项目，从而为国家或区域（省城）的环境决策提供依据。环境规划是以控制污染为主要内容的中长期环境保护规划，主要目的在于指导五年计划和短期计划的制订。

10.1.4 环境规划的编制程序及主要内容

1. 环境规划的基本程序

环境规划是协调环境资源的利用与经济社会发展的科学决策过程。环境规划因对象、目标、任务、内容和范围等不同，编制环境规划的侧重点各不相同，但规划编制的基本程序大致相同，主要包括：编制环境规划工作计划、现状调查和评价、环境预测分析、确定环境规划目标、制订环境规划方案、环境规划方案的审批、环境规划方案的实施等步骤，见图10-1。

2. 环境规划的主要步骤和内容

1）编制环境规划的工作计划

在开展规划工作前，有关人员要根据环境规划目的和要求，对整个规划工作进行组织和安排，提出规划编写提纲，明确任务，制订详实的工作计划。

2）环境、经济和社会现状调查和评价

包括规划区域内环境质量现状、自然资源现状及相关的社会和经济现状调查，明确存在的主要环境问题，并作出科学分析和评价。

通过环境调查与评价，认识环境现状，发现主要环境问题，确定造成环境污染的主要污染源。环境评价包括自然环境评价、经济和社会评价、污染评价。环境调查与评价要特别重视污染源的调查与评价，将污染物排放总量、“三废”超标排放情况进行排序，决定本区域污染物总量控制的主要污染物和主要污染源。对区域环境的功能、特点、结构及变化规律进行分析研究，并建立环境信息数据库，为合理利用环境资源、制定切实可行的环境规划奠定基础。

（1）经济和社会发展概况调查

环境与经济、社会相互依赖、相互制约。随着工业化进程加快，尤其是科技进步，经济和社会发展在人地系统中的主导作用越来越明显。经济和社会发展规划是制定环境规划的前提和依据；但经济和社会发展又受环境因素的制约，经济和社会发展要充分考虑环境因素，满足环境保护要求。在某些条件下，环境因素又可能变为某些方面的决定因素。因此，区域经济和社会发展规模、速度、结构、布局应在环境规划中给以概要说明（包括现状及发展趋势），以阐述经

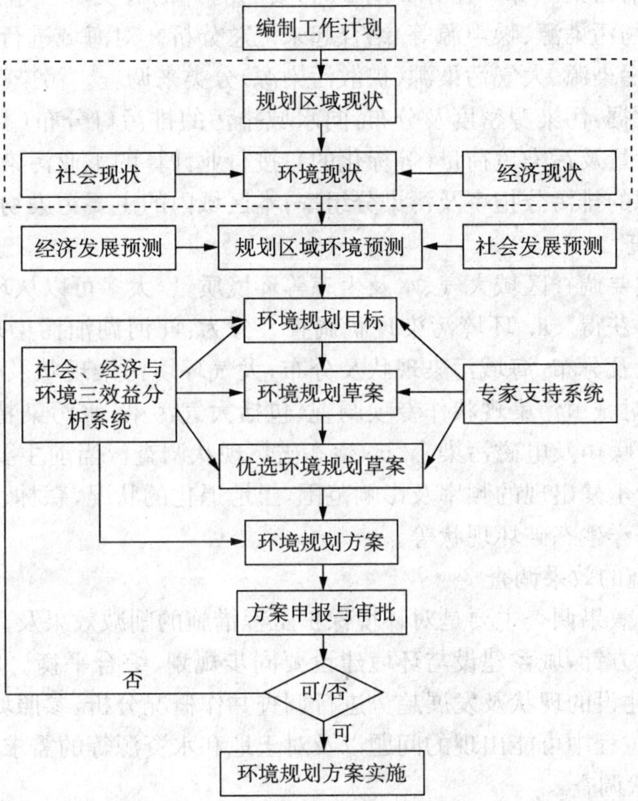

图10-1　环境规划编制基本程序

济发展对资源需求的增大和伴生的环境问题，以及人口、技术和社会变化带来的消费需求增长及其环境影响。

(2) 环境调查

基本内容包括环境特征调查、生态调查、污染源调查、环境质量的调查、环保治理措施效果的调查以及环境管理现状的调查等。

① 环境特征调查

环境特征调查主要有：自然环境特征调查（如地质地貌，气象条件和水文资料，土壤类型、特征及土地利用情况，生物资源种类形状特征、生态习性，环境背景值等）；社会环境特征调查（如人口数量、密度分布，产业结构和布局，产品种类和产量，经济密度，建筑密度，交通公共设施，产值，农田面积，作物品种和种植面积，灌溉设施，渔牧业等）；经济社会发展规划调查（如规划区内的短、中、长期发展目标，包括国民生产总值、国民收入、工农业生产布局以及人口发展规划、居民住宅建设规划、工农业产品产量、原材料品种及使用量、能源结构、水资源利用等）。

② 生态调查

生态调查主要有环境自净能力、土地开发利用情况、气象条件、绿地覆盖率、人口密度、经济密度、建设密度、能耗密度等。首先是选定生态因子，按要求进行生态登记；然后进行生态特征分析，包括自然生态子系统、社会生态子系统和经济生态子系统。

③ 污染源调查

污染源调查主要包括工业污染源、农业污染源、生活污染源、交通运输污染源、噪声污染源、放射性和电磁辐射污染源等。在分类调查时，要与另外的分类（大气污染源、水污染源、土壤污染源、固体废弃物污染源、噪声源等）结合起来汇总分析。对海域进行污染源调查时，主要按陆上污染源、海上污染源、大气污染源（扩散污染源）分类来调查。污染源调查主要需获得以下几方面的资料或数据：污染源密度及分布，向水域排污的排污口分布（要求绘图）；各污染源的主要污染物年排污量及污染负荷量（等标化的）；按行业计算的工业污染源排污系数（乡镇企业可另列）；各污染源的排污分担率及污染分组率；本区域内的主要污染物及重点污染源。

④ 环境质量调查

环境质量调查主要调查区域大气、水及生态等环境质量，大多可以从环境保护部门及工厂企业历年的监测资料获得。a. 环境污染现状调查。分为：江河湖泊污染现状及污染分布（绘图）；地下水污染现状及分布；海域污染现状及分布；大气环境污染现状及分布；土壤污染现状及分布。另外，还应对城镇污染现状作专项调查（包括大气污染、水污染特别是饮用水源的污染、固体废弃物污染、噪声及电磁污染）。b. 生态破坏现状调查。当前主要调查土地荒漠化现状，水土流失状况，沙尘暴出现的频率及影响范围，土地退化的状况，森林、草原破坏现状，生物多样性的锐减以及海洋生态破坏现状等。

⑤ 环境保护措施的效果调查

环境保护措施的效果调查主要是对环境保护工程措施的削减效果及其综合效益进行分析评价。根据“三同步”方针，城乡建设与环境建设要同步规划、综合平衡。所以，在制定区域环境规划时，要对城乡建设的现状及发展趋势进行调查并作概况分析，参照城乡建设总体规划和实地调查，搞清建设过程中可能出现的问题以及对土地和水资源等的需求。

⑥ 环境管理现状调查

环境管理现状调查主要包括环境管理机构、环境保护工作人员业务素质、环境政策法规和标准的实施情况、环境监督的实施情况等。

3）环境质量评价

环境质量评价即按一定的评价标准和评价方法，对一定区域范围内的环境质量进行定量的描述，以便查明规划区环境质量的历史和现状，确定影响环境质量的主要污染物和主要污染源，掌握规划区环境质量变化规律。预测未来的发展趋势，为规划区的环境规划提供科学依据。环境质量评价的基本内容如下：

① 污染源评价　通过调查、监测和分析研究，找出主要污染源和主要污染物以及污染物的排放方式、途径、特点、排放规律和治理措施等。

② 环境污染现状评价　根据污染源结果和环境监测数据的分析，评价环境污染的程度。

③ 环境自净能力的确定。

④ 对人体健康和生态系统的影响评价　主要包括环境污染与生态破坏导致的人体效应（对人体健康损害的状况）、经济效应（直接及间接的经济损失）以及生态效应。

⑤ 费用效益分析调查由污染造成的环境质量下降带来的直接、间接的经济损失，分析治理污染的费用和所得经济效益的关系。

3. 环境预测分析

在区域现状调查和掌握资料的基础上，根据区域社会经济发展规划，预测区域社会经济发展对环境的影响及其变化趋势。环境预测是根据所掌握的区域环境信息资料，结合国民经济和社会的发展状况，对区域未来的环境变化（包括环境污染和环境质量变化）的发展趋势做出科学的、系统的分析。预测未来可能出现的环境问题，包括预测这些环境问题出现的时间、分布范围及可能产生的危害，并针对性地提出防治可能出现的环境问题的技术措施及对策。它是环境决策的重要依据，没有科学的环境预测就不会有科学的环境决策，当然也就不会有科学的环境规划。环境预测通常需要建立各种环境预测模型。环境预测的主要内容如下。

(1) 社会和经济发展预测

社会发展预测重点是人口预测，包括人口总数、人口密度以及分布等；经济发展预测包括能源消耗预测、国民生产总值预测、工业部门产值预测以及产业结构和布局预测等内容。社会和经济发展预测是环境预测的基本依据。

(2) 资源供需预测

自然资源是区域经济持续发展的基础。随着人口的增长和国民经济的迅速发展，我国许多重要自然资源开发强度都较大，特别是水、土地和生物资源等在资源开发利用中，应该既要做好资源的合理开发和高效利用，同时分析资源开发和利用过程中的生态环境问题，关注其产生原因并预测其发展趋势。所以，在制定环境规划时必须对资源的供需平衡进行预测分析，主要有水资源的供需平衡分析、土地资源的供需平衡分析、生物资源（森林、草原、野生动植物等）供需平衡分析、矿产资源供需平衡分析等。

(3) 污染源预测

污染源预测包括大气污染源预测、废水排放总量及各种污染物总量预测、污染源废渣产生量预测、噪声预测、农业污染源预测等。污染源的预测必须结合区域产业发展的趋势，包括产业结构调整情况、区域产业布局情况、区域人口和城市功能分区等，提出环境污染源排放量和分布变化趋势。

(4) 环境质量预测

根据污染源预测结果，在预测主要污染物增长的基础上，结合区域环境模型（如大气质量模型、水质模型等），分别预测环境质量的变化情况，包括大气环境、水环境、土壤环境等环境质量的时间、空间变化。

(5) 生态环境预测

生态环境预测包括城市生态环境预测、农业生态环境预测、森林环境预测、草原和沙漠生态环境预测、珍稀濒危物种和自然保护区现状及发展趋势的预测、古迹和风景区的现状及变化趋势预测。

(6) 环境污染和生态污染造成的经济损失预测

环境污染和生态破坏会给区域经济发展和人民生活带来损失。环境污染和生态污染造成的经济损失，就是根据环境经济学的理论和方法，调查和计量因环境污染和生态破坏而带来的直接和间接经济损失。

4. 确定环境规划目标

环境目标是在一定的条件下，决策者对环境质量所想要达到的状况或标准，是特定规划期限内需要达到的环境质量水平与环境结构状态。

环境目标一般分为总目标、单项目标、环境指标三个层次。

总目标是指区域环境质量所要达到的要求或状态。

单项目标是依据规划区环境要素和环境特征以及不同环境功能所确定的环境目标。环境规划目标可用精练而明确的文字概括地阐明，在确定总目标的基础上，针对最突出的环境问题和规划期的工作焦点，将必须实施的规划目标和措施作为纲领或总任务确定下来，充分体现规划的重点。

环境指标是体现环境目标的指标体系，是目标的具体内容和环境要素特征和数量的表述。环境规划指标体系是由一系列相互联系、相互独立、互为补充的指标所构成的有机整体。在实际规划工作中，根据规划区域对象、规划层次、目的要求、范围、内容而选择适当的指标。指标选取的基本原则是：科学性原则、规范化原则、适应性原则、针对性原则、超前性原则和可操作性原则。指标类型主要包括：环境质量指标、污染物总量控制指标、环境管理与环境建设指标、环境投入以及相关的社会经济发展指标等。

需特别强调的是环境规划目标必须科学、切实、可行。确定恰当的环境目标，即明确所要解决的问题及所达到的程度，是制定环境规划的关键。规划目标要与该区域的经济和社会发展目标进行综合平衡，针对当地的环境状况与经济实力、技术水平和管理能力，制定出切合实际的规划目标及相应的措施。目标太高，环境保护投资多，超过经济负担能力，环境目标会无法实现；目标太低，就不能满足人们对环境质量的要求，造成严重的环境问题。因此，在制定环境规划时，确定恰当的环境保护目标是十分重要的。环境规划目标是否切实可行是评价规划好坏的重要标志。

(1) 确定环境目标的原则

确定环境目标，需要遵循以下这些原则：①要考虑规划区域的环境特征、性质和功能要求；②所确定的环境目标要有利于环境质量的改善；③要体现人们生存和发展的基本要求；④要掌握好“度”，使环境目标和经济发展目标能够同步协调，能够同时实现经济、社会和环境效益的统一。

(2) 环境功能区划与环境目标的确定

功能区是指对经济和社会发展起特定作用的地域或环境单元。环境功能区划是依据社会发展需要和不同区域在环境结构、环境状态和使用功能上的差异，对区域进行合理划分。进行环境功能分区是为了合理进行经济布局，并确定具体环境目标，也便于进行环境管理与环境政策执行。环境功能区，实际上是社会、经济与环境的综合性功能区。

环境功能区划可分为综合环境功能区划和分项(专项)环境功能区划两个层次，后者包括大气环境功能区划、水环境功能区划、声环境功能区划、近海海域环境功能区划等。

环境功能区划中应考虑以下原则：

① 环境功能与区域总体规划相匹配，保证区域或城市总体功能的发挥。

② 根据地理、气候、生态特点或环境单元的自然条件划分功能区，如自然保护区、风景旅游区、水源区或河流及其岸线、海域及其岸线等。

③ 根据环境的开发利用潜力划分功能区，如新经济开发区、生态绿地等。

④ 根据社会经济的现状、特点和未来发展趋势划分功能区，如工业区、居民区、科技开发区、教育文化区、开放经济区等。

⑤ 根据行政辖区划分功能区，按定层次的行政辖区划分功能，往往不仅反映环境的地理特点，而且也反映某些经济社会特点，有其合理性，也便于管理。

⑥ 根据环境保护的重点和特点划分功能区，特别是一些敏感区域，可分为重点保护区、一般保护区、污染控制区和重点整治区等。

根据规划区内各区域环境功能不同分别采取不同对策确定并控制其环境质量。确定环境保护目标时，至少应包括环境总体目标(战略目标)、污染物总量控制目标和各环境功能区的环境质量目标三项内容。

在区域环境规划的综合环境功能区划中，常划分出以下几类区域。

① 特殊(重点)保护区:包括自然保护区、重要文物古迹保护区、风景名胜区、重要文教区、特殊保护水域或水源地、绿色食品基地等。

② 一般保护区:主要包括生活居住区、商业区等。

③ 污染控制区:往往是现状的环境质量尚好,但需严格控制污染的工业区。

④ 重点治理区:通常是受污染较严重或受特殊污染物污染的区域。

⑤ 新建经济技术开发区:根据环境管理水平确定,一般应该从严要求。

⑥ 生态农业区:应满足生态农业的相关要求。

5. 提出环境规划方案

规划方案是实现规划目标的具体途径。编制规划方案需要针对环境调查、筛选主要环境问题,根据所确定的环境目标和环境目标指标体系,提出环境对策措施,包括具体的污染防治和自然保护的措施和对策。

(1) 拟定环境规划草案

根据国家或地区有关政策和规定,根据区域环境保护战略和环境目标以及区域技术政策、法规、标准,在环境目标及环境预测结果的分析的基础上,结合区域或部门的财力、物力和管理能力的实际情况,为实现规划目标拟定出切实可行的规划方案。在进行某个区域环境规划时,通常可以从各种角度出发拟定若干种满足环境规划目标的规划草案,提供多个可供选择的方案。

(2) 优选环境规划草案

环境规划工作人员,在对各种草案进行系统分析和专家论证的基础上,筛选出最佳的环境规划草案。环境规划方案的选择是对各种方案权衡利弊,选择环境、经济和社会综合效益高的方案,以便推荐其中的优选方案供决策。

(3) 形成环境规划方案

根据环境规划目标和规划任务的要求,对优选出的环境规划草案进行修正、补充和调整,形成最后的环境规划方案。

6. 环境规划方案的申报与审批

环境规划的申报与审批,是把规划方案变成实施方案的基本途径,也是环境管理中一项重要工作制度。环境规划方案必须按照一定的程序上报有关决策机关,等待审核批准。

7. 环境规划方案的实施

环境规划的实用价值主要取决于它的实施程度。环境规划的实施既与编制规划的质量有关,又取决于规划实施所采取的具体步骤、方法和组织。实施环境规划要比编制环境规划复杂和困难。环境规划按照法定程序审批下达后,在环境保护部门的监督管理下,各级政策和有关部门,应根据规划提出的任务要求,强化规划执行。实施环境规划的具体要求和措施,归纳起来有如下几点。

(1) 切实把环境规划纳入国民经济和社会发展计划中

保护环境是发展经济的前提和条件,发展经济是保护环境的基础和保证。要切实把环境规划的指标、环境技术政策、环境保护投入以及环境污染防治和生态环境建设项目纳入国民经济与社会发展规划,这是协调环境与社会经济关系不可缺少的手段。同时,以环境规划为依据,编制环境保护年度计划,把规划中所确定的环境保护任务、目标进行分解、落实,使之成为可实施的年度计划。

(2) 强化环境规划实施的政策与法律的保证

政策与法律是保证规划实施的重要方面，尤其是在一些经济政策中，逐步体现环境保护的思想和具体规定，将规划结合到经济发展建设中，是推进规划实施的重要保证。

(3) 多方面筹集环境保护资金

把环境保护作为全社会的共同责任。一方面，政府要积极推动落实"污染者负担"原则，工厂、企业等排污者要积极承担污染治理的责任，同时政府要加大对公共环境建设的投入，鼓励社会资金投入环境保护基础设施建设通过多方面筹集环境保护建设资金，确保环境保护的必要资金投入。

(4) 实行环境保护的目标管理

环境规划是环境管理制度的先导和依据，而管理制度又是环境规划的实施措施与手段。要把环境规划目标与政府和企业领导人的责任制紧密结合起来。

(5) 强化环境规划的组织实施，进行定期检查和总结

组织管理是对规划实施过程的全面监督、检查、考核、协调与调整，环境规划管理的手段主要是行政管理、协调管理和监督管理。建立与完善组织机构，建立目标责任制，实行目标管理，实行目标的定量考核，保证规划目标的实现。

10.1.5 环境规划方法研究

环境规划的技术方法应包括环境评价、环境预测、环境区划、环境优化、环境决策等方法，其中环境预测和决策是环境规划中具有重要作用的两项基本活动。它们贯穿渗透在环境规划过程的许多环节中。下面从综合集成的角度，重点介绍环境规划常用的预测与决策技术方法。

1. 环境预测方法

环境规划中，为实现协调环境与经济发展所能达到的目标，环境预测是不可缺少的环节，这也是环境规划决策的基础。环境预测主要有社会发展预测、经济发展预测、环境质量与污染预测和其他预测。

与一般预测的技术方法相同，有关环境预测的技术方法也大致分为两类：定性预测技术，如专家调查法(召开会议，征询意见)，历史回顾法，列表定性直观预测等。定量预测技术，各类方法多种多样，常用的有外推法、回归分析法、环境系统的数学模型等。

环境预测方法的选择应该力求简便和适用。由于目前所发展的预测模型大多还不完善，均有各自的不足与弱点，因而实际预测时，亦可采用几种模型同时对某一环境对象进行预测，然后通过比较、分析和判断，得出可以接受的结果。

预测结果的综合分析评价，目的在于找出主要环境问题及其主要原因，并由此进一步确定规划的对象、任务和指标。预测的综合分析主要包括下述内容：资源态势和经济发展趋势分析、环境发展趋势分析及其他重要问题分析。

2. 环境规划的决策分析

环境系统是一个复杂的人工和生态复合系统，它的规划决策问题涉及环境、经济、政治、社会、技术等多种因素，因此它具有以下一般决策问题的典型特征：非结构化特征、多目标特征、基于价值观念的特征。针对规划决策的三个主要特征，在环境系统方案决策分析过程中所采用的方法和手段对应具有适应性。

所谓决策分析，是进行决策方案选择的一套系统分析方法。它通常是关于决策过程中具体的程序、规则和推算的组合。决策分析并不意味着为决策者制定决策，它仅仅是试图通过适当的处理或分析方法，帮助决策者有效地组织信息改进决策过程，辅助决策。

按照决策问题的内容和信息的数量化特性，决策分析的方法可以分为两种：定性决策分析和定量决策分析。在环境规划的决策问题中，往往既有部分可数量化描述的问题，也有许多难以定量化的成分。因此合理地选择定性与定量决策分析并有机地结合，是支持决策的有效途径。

针对环境规划具有多方案、多目标决策问题的特征，可采用决策树这样的结构框架进行分析，即将这种多方案、多目标的决策过程，按因果关系、隶属层次和复杂程度分成若干有序的方案和若干等级的目标，形成由对策—目标组成的递阶展开的"树枝状"决策分析系统。

在决策树分析过程中，关键的问题在于不同性质的目标之间的价值应如何综合比较分析。显然这种价值的估计带有很强的主观成分，这与分析者和决策者以及两者的配合直接有关。但是原则上还是可以通过价值的测定，取得能反映出客观现实的价值共识，获得较为统一的认识和普遍接受的决策结果。

根据环境规划决策分析基本框架，在实际应用中，系统规划的决策分析可归纳为两种类型：一是基于最优化技术来构造的环境系统规划决策分析模型，可称之为"最优化决策分析模型"；另一种是基于各种备选方案进行系统目标的模拟分析，从而选择满意方案，可称之"模拟优化决策分析模型"。

现代决策科学已经形成和建立了许多有效的决策分析技术方法，特别是通过将决策论、系统分析、心理学等多领域研究成果融合起来，朝着定量和计算机化方向发展起来的决策分析技术方法及其计算工具，正在广泛地渗透到各种决策问题及其决策过程中。目前使用较为普遍的决策分析技术方法大体包括：费用效益（效果分析）、数学规划和多目标决策分析技术三种基本类型。

10.2　环境管理

10.2.1　环境管理的概述

现代环境管理学是20世纪70年代初产生并逐步发展的一门跨学科领域的综合性学科。经过30余年环境管理的实践，对其基本含义有了比较一致的认识。

1. 环境管理的提出

1972年，斯德哥尔摩人类环境会议以前，环境问题常常被看做只是污染问题。斯德哥尔摩会议在《联合国人类环境会议宣言》中提出"保护和改善人类环境是关系到全世界各国人民的幸福和经济发展的重要问题，也是全世界各国人民的迫切希望和各国政府的责任"。会议提出了环境管理的原则，包括应用科学和技术控制环境恶化和解决环境问题；指定适当的国家机关管理环境资源；开展环境教育和发展环境科学研究；确保各国际组织在环境保护方面的有效和有力的协调作用等。1974年，联合国环境规划署和联合国贸易与发展会议在墨西哥联合召开的资源利用、环境与发展战略方针专题讨论会上形成了三点共识：①全人类的一切基本需要应得到满足。②要发展以满足需要，但又不能超出生物圈的容许极限。③协调这两个目标的方法即环境管理。

2. 环境管理的含义

1974年，美国学者休威尔（Sewell）编写的《环境管理》中对环境管理的含义做了专门论述，指出"环境管理是对损害人类自然环境质量的人的活动（特别是损害大气、水和陆地外貌的质量的人的活动)施加影响”。并说明,“施加影响”系指“多人协同活动,以求创造一种美学上令人愉快,经济上可以生存发展,身体上有益于健康的环境所做出的自觉的、系统的努力。”该定义指出了环境管理的实质是规范和限制人类的观念和行为。

1987年,多诺尔(Dorney)在《环境管理专业实践》中认为环境管理是一个“桥梁专业”,“它致力于系统方法发展信息协调技术”,“在跨学科的基础上,根据定量和未来学的观点,处理人类环境的问题。”库克(Cooke)等人在其《环境管理中的地形学》中采用类似的定义,将环境管理描述为“人类利用土地、大气、植物和水的一系列活动”,涉及公共机构和企业环境规划与发展的许多专家领域,包括工程师、规划师、景观建筑师、政治家、律师和专业管理人员,这类定义强调了环境管理跨学科的性质。

1987年,刘天齐主编的《环境技术与管理工程概论》中对环境管理的含义做出了如下论述:“通过全面规划,协调发展与环境的关系;运用经济、法律、技术、行政、教育等手段,限制人类损害环境质量的活动;达到既要发展经济满足人类的基本需要,又不超出环境的容许极限。”这是从管理的任务、目标和方法手段几方面较具体说明了环境管理的含义。

进入20世纪90年代以来,随着全球环境问题日趋严重,国内外学者对环境管理的认识也在不断深化。根据国内外学者的研究成果,要比较全面地理解环境管理的含义,应注意以下几个基本问题:

(1) 协调发展与环境的关系,建立可持续发展的经济体系、社会体系和保持与之相适应的可持续利用的资源和环境基础,这是环境管理的根本目标。

(2) 动用各种手段限制人类损害环境质量的行为,人在管理活动中扮演着管理者和被管理者的双重角色,具有决定性的作用。因此,环境管理实质上是要限制人类损害环境质量的行为。

(3) 环境管理是一个动态过程,环境管理要适应科学技术和经济规模的迅猛发展,及时调整管理对策和方法,使人类的经济活动不超过环境承载力和环境容量。而且,环境管理也和任何管理程序一样,通过履行管理的规划、组织、协调和控制职能开展工作。

(4) 环境管理是跨学科领域的新兴综合学科,环境管理面对的是由人类社会和自然环境组成的复合系统,承担着将自然规律和社会规律相藕合的重要责任,是两者之间的“桥梁专业”。因而它既需汲取社会科学中的经济学、管理学、社会学和伦理学等精髓,也需吸收自然科学中的生态学、生物学和环境科学等学科的成果。

(5) 环境保护是国际社会共同关注的问题,环境管理需要各国超越文化和意识形态等方面的差异,采取协调合作的行动。

10.2.2 环境管理的职能和内容

1. 环境管理的职能

所谓环境管理的职能,就是指环境管理的职责与功能。这种职责与功能贯穿于环境管理工作的全过程。环境管理表现为通过计划、组织、监督和协调而达到既定目标的过程。因此,环境管理可分为四个基本职能:计划职能、组织职能、监督职能和协调职能。另外,为了正确处理经济建设与环境保护的对立统一关系,环境管理还应具有指导与服务两个辅助职能。

(1) 计划职能

所谓计划职能是指对未来的环境管理目标、对策和措施进行规划和安排。计划具有重要意义。首先,计划是管理的依据,没有计划,管理就会出现盲目性和随意性,也无法衡量管理的成效。另外，计划还是预防未来不确定性的一种手段，可以减少资源和时间的浪费，提高管理效益。因此，计划职能是环境管理的首要职能。

计划职能的主要内容包括：

① 分析和预测环境管理对象未来的情况变化。

② 制订环境管理目标，包括确定任务、对策、措施等。

③ 拟定实现计划目标的方案，作出决策，对各种方案进行可行性研究，选出可靠的满意方案。

④ 编制环境保护的综合规划、环境保护的年度计划和各专项活动的具体计划。

⑤ 检查总结计划的执行情况。

环境保护计划按计划期限的长短可以分为长期计划、中期计划和短期计划三种，按对计划执行者的约束力大小可分为指令性计划和指导性计划两种。

(2) 组织职能

环境管理的组织职能是指为了实现环境管理目标，对人们的环境保护活动进行合理的配备和使用各种资源，合理的分工、协调和动员社会各方面的力量，正确处理人际关系和调整社会各阶层的经济利益关系的职能。

因此，环境管理的组织职能包括两大方面：外部组织职能和内部组织职能。外部组织职能是指环境保护部门的对外组织职能。例如，在地方政府的领导下组织本地区的城市、乡镇和农业环境保护工作；组织本地区以资源开发活动为中心的生态环境保护工作；协调、组织本地区重大环境问题的执法监督管理工作等。内部组织职能是指环境保护部门对内部的组织职能。例如，建立合理的组织机构；按照业务性质进行分工，确定各部门的职责范围，明确部门之间、个人之间的领导与协作关系；配备、使用和培训环境管理工作人员；建立考核和奖惩制度等。

在环境管理的组织职能中，外部组织职能是第一位的，内部组织职能是第二位的。如何有效发挥环境管理的外部组织职能，无法从一般管理学中得到现成的答案，这是环境管理学所需面对的实践问题，需要通过环境管理体制改革加以解决。

(3) 监督职能

环境管理的监督职能是指对环境管理的活动进行监察和处理，对环境质量进行检测和检查的职能。监督是环境管理的核心职能，也是环境保护行政主管部门的一种基本管理职能。

环境监督的基本程序：

① 制定监督标准。

② 监督计划执行的实际情况。

③ 比较实际情况与预定管理目标，找出偏差。

④ 制订具有针对性的纠正措施或者强化管理，以调整管理主体的监督标准或增强管理力度。

按照监督的功能划分，环境管理监督可分为内部管理监督和外部管理监督。顾名思义，内部管理监督是指对管理组织的自身监督；外部管理监督是指环境管理部门依据国家的环境法律法规、标准以及行政执法规范对一切经济行为主体以及行政主管部门开展的环境监督。按照监督的时序划分，环境管理监督可分为预先监督、现场监督和反馈监督。按照监督的对象划分，环境管理监督包括经济主体监督和行政主体监督。

(4) 协调职能

协调职能是指在实现管理目标的过程中协调各种横向和纵向关系及联系的职能。协调是环境管理的一个重要职能。尤其是在监督管理中，强化监督管理离不开协调。宏观上讲，环境管理就是要协调环境保护与经济建设和社会发展的关系，实现国家的可持续发展。微观上讲，环境管理就是要协调社会各个领域、各个部门、不同层次人群的各种需求和经济利益与环境保护的关系，使其符合环境标准。

环境管理涉及范围广、综合性强，需要各部门分工合作，各尽其责。因此，协调就显得尤为重要。只有协调好环境机构的内部管理和外部管理，才能使各部门的环境工作步调一致，提高管理效率。例如，为加强对汽车尾气的管理，需要环境保护部门、环境科研部门、能源部门和交通部门的共同配合，任何一个部门都无法单独实现这一管理目标。

(5) 指导与服务职能

指导职能是指环境管理者在管理过程中对有关部门实行的业务指导职能。指导职能包括纵向指导和横向指导两个方面：纵向指导是指上级环境管理部门对下级环境管理部门的业务指导；横向指导是指在同一政府领导下的环境管理部门对同级相关部门开展环境保护工作的业务指导。

服务职能是从指导职能中派生出来的。加强环境监督管理，服务必须到位，这是新形势下对环境管理提出的新要求。从广义上讲，环境管理工作要服务于经济建设的大局。从狭义上讲，环境管理中相当一部分内容就是向经济部门和企业提供服务。例如，环境法律、政策、标准等的咨询服务，污染防治技术咨询服务，清洁生产咨询服务等。

指导与服务是环境管理中的两个辅助职能，对实现管理目标，强化监督管理起着“软着陆”的作用。指导与服务是一个范畴的两个方面。对于环境管理者而言，指导职能较服务职能具有更大的责任和义务，是管理者必须主动履行的。而服务职能是以服务需求的存在为前提的，没有客体的需求，就没有主体的服务。

2. 环境管理的内容

由管理目标和对象确定的管理内容是广泛而复杂的，一般可作如下划分。

(1) 从环境管理的范围来划分

① 资源环境管理。依据国家资源政策，以资源利用为目的，以实现可再生资源的恢复和扩大再生产，不可再生资源的开发为内容的环境管理。资源管理的目标是在经济发展过程中，合理使用资源从而优化选择。

② 区域环境管理。区域环境管理是以行政区划为界，以特定区域为管理对象，以解决该区域内环境问题为内容的一种环境管理。

③ 部门环境管理。部门环境管理是以具体的单位为管理对象，以解决该单位或部门内的环境问题为内容的一种环境管理。

(2) 从环境管理的性质来划分

① 环境规划与计划管理。环境规划与计划管理是依照计划而开展的环境管理。这是一种超前的主动管理。其主要内容包括：制定环境规划，对环境规划的实施情况进行检查和监督。

② 环境质量管理是一种以环境标准为依据，以改善环境质量为目标，以环境质量评价和环境监测为内容的环境管理。它是一种标准化的管理，包括环境调查、监测、研究、信息、交流、检查和评价等内容。

③ 环境技术管理。环境技术管理是一种通过制定环境技术政策、技术标准和技术规程，以调整产业结构，规范企业的生产行为，促进企业技术改造与创新为内容，以协调技术经济发

展与环境保护关系为目的的环境管理。它包括环境标准的不断完善、环境监测与信息管理系统的建立、环境科技支撑能力的建设、环境教育的深化与普及、国际环境科技的交流与合作等。环境技术管理要求有比较强的程序性、规范性、可比性和可操作性。

10.2.3 环境管理思想的发展历程

1. 全球环境管理思想的发展

环境管理思想来源于人类对环境问题的认识和社会实践。随着环境保护实践的开展以及人们对于环境问题认识的深入，环境管理的思想演变大致经历了以下三个阶段。

(1) 污染治理阶段的环境管理思想

这一阶段大致从20世纪中叶人类社会意识到环境问题的存在开始到70年代末。由于最初人们直接感受到的环境问题主要是"公害"问题即局部的污染问题，人们沿袭工业文明的思维定式，把环境问题作为一个单纯的技术问题，这个时期的环境管理实质上只是污染治理，主要的管理原则是"污染者治理"。

(2) 环境与经济协调发展阶段的环境管理思想

这一时期大致从20世纪80年代初到90年代初。由于末端治理的技术手段并没有取得预想的效果，加之其他环境问题诸如生态破坏、资源枯竭等问题进一步凸现，人们开始从经济学的角度去探寻产生环境问题的根源与消除的对策。这类研究在原因方面抓住了环境成本外部性等市场失灵问题，于是解决问题的思路就是试图通过"环境经济一体化"使"环境成本内部化"，具体的环境管理原则就变为"污染者负担、受益者补偿"。

把保护环境的希望寄托在对经济活动过程的管理，通过对资源、环境进行赋值，使环境污染和生态破坏的成本在一定程度上由经济开发建设行为负担，提高了环境保护的绩效。但大量实践表明，经济活动为其固有的运行准则所制约，很难或不可能在其原有运行机制中给环境保护提供应有的空间和地位，因而对经济运行机制进行小修小补还是不能从根本上解决环境问题。

(3) 把环境问题作为发展问题阶段的环境管理思想

这一时期大致从20世纪90年代初至今。《里约宣言》标志着人们对环境问题的认识提高到一个新的境界。人们终于认识到环境问题是人类社会在传统的自然观和发展观等人类基本观念支配下的发展行为造成的必然结果。在这种根本发展观念和发展模式发生偏差的情况下，管理和技术手段都是"治标不治本"的。只有改变传统的发展观及由之所产生的财富观、科技观、消费观、伦理道德观和价值观等，才能找到从根本上解决环境问题的途径与方法。

环境保护的要求被渗透到各项经济、社会政策之中，环境保护的领域由以关注生产环节为主，拓展到关注索取、流通、分配、消费、处置等各个环节，并覆盖再生产的全过程，推动着环境保护和经济社会发展的同步。不少环境科学家从人类文明进步和转型的高度上，分析环境问题的起因和探讨环境科学的内涵，提出从根本上解决环境问题必须研究环境社会系统和生态系统的整体行为，着眼于转变社会发展的战略模式和改变人类的生存方式，并在各个层次上调控人类的社会行为，使人类社会的发展活动、社会物质系统的运动与环境的自然演化相互协调，如较早的复合生态系统理论、三种生产理论、地球系统科学和当前的环境社会系统学理论、可持续性科学等。

2. 中国环境管理思想的发展

我国的环境管理思想是在环境保护理论和实践中不断发展起来的。从1973年第一次全国环境保护会议以来，我国的环境管理思想也大致经历了三个发展阶段。

(1) 以组织环境污染治理为中心的发展阶段(1973—1981年)

这一阶段，从国家到省(区、市)的环保部门都把主要精力放在组织实施对工业污染和城市污染的治理上。当时的环境管理工作是在"全面规划、合理布局，综合利用、化害为利，依靠群众、大家动手，保护环境、造福人民"的环保工作方针的指导下逐步开展起来的。管理部门的任务是：统筹规划、全面安排、组织实施、检查督促。

此间，国家环保部门出面组织了官厅水库、白洋淀、蓟运河、渤黄海水质污染的治理，以及沈阳、淄博等城市环境污染的治理。各省(区、市)也组织了以消烟除尘为主要内容的锅炉改造和工业污染的治理。通过组织污染治理，解决了一些群众反映强烈的环境污染问题。

在组织环境污染治理的过程中，各级环境管理部门开始逐步认识到转变职能和分清环保责任制的重要性。污染物是由企业排放的，如果缺乏治理环境污染的积极性，把责任推给政府和社会，不仅治理环境污染的资金难以筹集，而且环境污染也将难以根治。老污染根治了，新的污染又出现了。正是基于这种认识，在1979年颁布的《中华人民共和国环境保护法(试行)》中明确规定了"谁污染、谁治理"的政策，从而明确了环保的责任制。这是我国环境管理思想的重大转变。

1980年2月，在太原市召开了中国环境管理、经济与法学学会成立大会，会议提出"要把环境管理放在环境保护工作首位"。会后编辑出版了论文集《论环境管理》(李超伯、于光远等著)，这是我国第一本环境管理论文集。

1980年初开展了环境标准制定工作，其中包括环境质量标准、行业排放标准和部分地方排放标准。环境监测和环境质量评价工作，20世纪70年代就已开始，1980年前后又得到进一步发展。1980年11月，召开了第一次全国环境监测工作会议，并决定每年要向政府提供环境质量报告，制定了《环境监测工作条例》等规章制度。大部分重点企业都建立了监测站，部分工业部门还建立了监测中心，开展了对新建企业的环境影响评价。

1981年5月，国家计划委员会(简称国家计委)、基本建设委员会、经济委员会、国务院环境保护领导小组颁发了《基本建设项目环境保护管理办法》。1982年2月，国务院根据环境保护法发布了《征收排污费暂行办法》，排污收费这一经济手段，尽管实行不久，一旦进入企业经济活动之中，便起到了限制污染物随意排放的积极作用。同年8月，在北京召开了全国工业污染防治会议。会后，国务院发布了"关于结合技术改造防治工业污染的几项规定"。

(2) 通过强化环境管理促进环境污染治理和控制的发展阶段(1982—1991年)

从1982年国家建立城乡建设环境保护部以来，环境管理思想发生了深刻的变化，即认识到在我国目前的经济条件下，依靠高投入和采取先进的科学技术来控制和解决环境污染问题不符合我国国情，必须把工作重点转移到强化管理的轨道上来，通过有效的管理促进环境污染的治理和控制。

1983年召开的第二次全国环境保护会议明确提出，环境保护是我国的一项基本国策，同时制定了"同步发展"的指导方针，并形成了以强化环境管理为主体的三大政策体系。这个政策体系的基本精神就是由单纯的环境污染治理转变到以防为主和防治结合。这标志着我国的环境管理思想开始逐步走向成熟，摸索到了适合我国国情的环保方针和政策。环境管理思想的一大进步，还表现在环境管理的职能由注意微观管理向宏观管理的方向转变。从发展经济和保护环境的需要出发，对布局不合理，资源、能源浪费大，环境污染严重的产业实行关、停、并、转、迁等措施，取得了比较明显的污染控制效果。

1985年10月,国务院环境保护委员会在洛阳市召开了城市环境综合整治会议,明确提出当前综合整治的重点是"除四害",即大气污染防治、水污染防治、固体废物处理与利用和噪声污染防治。在此阶段,我国还陆续颁布了《中华人民共和国水污染防治法》、《中华人民共和国大气污染防治法》等环境保护法律法规,环境立法工作取得一定进展,使环境管理逐步向法制管理发展。但应指出,在此阶段,我国环境管理机构建设经历了一段弯路。1982年国务院机构改革,成立城乡建设环境保护部,并将原国务院环境保护领导小组撤销,其办公室并入城乡建设环境保护部,称环境保护局,成为该部内设的司局级机构。绝大多数地方各级政府上行下效,纷纷将环保与城建部门合并,形成"城乡建设与环境保护一体化"的管理模式。

这次机构改革,意在通过设立一个高规格的常设机构来加强保护工作。但是,由于环境保护与城乡建设内涵不一而且两者存在着管理与被管理、监督与被监督、环境管理与环境建设的关系,两项职能应该分离,由不同的机构(载体)承担,而不能合二为一,归同一机构负责。总之,此次机构改革,不仅未达到预期目的,反而冲击了刚刚成型的环境保护队伍,削弱了环境保护工作。

也正是由于这种机构模式不适应环境保护工作的需要,1984年底,城乡建设环境保护部环境保护局升格为部委归口管理的国家局,对外称国家环境保护局。与此同时,地方各级政府也做了适当调整。

1988年,国务院机构改革,将国家环境保护局从原城乡建设环境保护部中独立出来,成为国务院直属机构,而原城乡建设环境保护部改称为建设部。国家环境保护局的成立标志着我国的环境管理机构建设进入了一个新阶段。运行实践表明,一个独立的具有较大权限的环保常设机构的设置,能够极大改善国家的环境管理,提高管理水平。

1989年5月召开的第三次全国环保会议,强化环境管理的思想又有了新的发展,会议提出在继续运用"三大法宝"(老三项制度)的基础上,为了进一步强化环境管理,将全力推行环境管理的五项新制度。实践证明,这些制度在环境管理的工作上是行之有效的,是强化环境管理的有效措施。

1989年12月26日,第七届全国人民代表大会常务委员会(简称全国人大常委会)第十一次会议通过了《中华人民共和国环境保护法》的修正。新的环境保护法的实施,为强化环境管理,提供了强有力的法律保障。

1990年12月5日,国务院作出《关于进一步加强环境保护的决定》。决定指出,"当前,防治环境污染和生态破坏已成为十分紧迫的任务。为促使经济持续、稳定、协调发展,深入贯彻执行《中华人民共和国环境保护法》,在改革开放中要进一步搞好环境保护工作。"这个决定是进一步加强和发展我国环境管理的纲领性文件。

在创建阶段,我国确定了环境保护基本国策的地位,明确提出了环境保护的大政方针,建立了独立的具有较大权限的环境管理机构,形成了具有中国特色的环境管理政策和制度,加快了环境保护立法和执法工作,促进了我国环境保护工作的开展。

3. 新时期环境管理思想的发展成熟阶段(1992年至今)

1992年6月,联合国环境与发展大会召开,这是人类环境管理发展史上的第二座里程碑,国务院总理李鹏率团出席了会议,代表中国政府在会上作出了履行《二十一世纪议程》等文件的承诺。1992年7月,党中央、国务院批准了《中国环境与发展十大对策》,明确提出了实行可持续发展战略及主要对策措施。此后,我国环境管理在可持续发展战略的指引下,开创了崭新的发展阶段。

1993年，国务院发布《关于开展加强环境保护执法检查，严厉打击违法活动的通知》。从1993年起，全国人大常委会环境资源保护委员会和国务院环境保护委员会连续5年组织了全国环保执法大检查。

1994年1月，国家环保局发布《全国环境保护工作纲要(1993～1998)》，指出环境保护所面临的任务，存在的主要问题，环保工作的指导思想、目标和主要任务。

1994年3月，国务院发布《中国二十一世纪议程——中国二十一世纪人口、环境与发展白皮书》，确定了实施可持续发展战略的行动目标、政策框架和实施方案。

1994年8月，国家计划委员会和国家环保局联合颁布了《环境保护计划管理办法》，规范了环境保护计划工作。

1995年2月中国人民银行发出《贯彻信贷政策与加强环境保护工作有关问题的通知》，提出了有利于环境保护的金融政策。

1995年7月，财政部发出《充分发挥财政职能，进一步加强环境保护工作的通知》，提出了有利于环境保护的财税政策。

1995年12月，全国环境保护厅局长会议在江苏省张家港市召开，会议推出两大举措——“实施污染物排放总量控制计划”和“中国跨世纪绿色工程计划”。

1996年3月，八届全国人大四次会议审议通过了《国民经济和社会发展“九五”计划和2010年远景目标纲要》，对环保工作提出了明确的目标和要求：到2000年，力争使环境污染和生态破坏加剧的趋势得到基本控制，部分城市和地区的环境质量有所改善；到2010年，基本改变生态环境恶化的状况，城乡环境有比较明显的改善。

1996年7月，第四次全国环境保护会议召开。8月，国务院发布的《关于环境保护若干问题的决定》中，明确提出，在1996年9月30日前，对小造纸、小制革、小染料厂及土法炼焦、炼硫、炼砷、炼汞、炼铅锌、炼油、选金和农药、漂染、电镀、石棉制品、放射性制品“十五小”企业实行取缔、关闭或停产。在全国掀起了关停“十五小”的高潮。截至当年9月30日，全国共取缔关停“十五小”企业48 458家，占应取缔总数的69.2%。9月，国务院批准了《国家环境保护“九五”计划和2010年远景目标》，其附件《“九五”间全国主要污染物排放总量控制计划》和《中国跨世纪绿色工程规划(第一期)》是实现“九五”环保目标采取的两项重大举措。

1997年3月8日，中央计划生育和环境保护工作座谈会在中南海举行，江泽民总书记和李鹏总理发表了重要讲话。中央政治局常委听取环保工作汇报，研究解决问题，表明党中央对环境保护非常重视，已经把环境保护与计划生育摆到同等重要位置。

1998年6月，根据第九届全国人民代表大会第一次会议批准的国务院机构改革方案和《国务院关于机构设置的通知》，经国务院批准，国务院办公厅发布《国家环境保护总局职能配置、内设机构和人员编制规定》，设置正部级的国家环境保护总局。

1998年11月，国务院发布了《建设项目环境保护管理条例》。

2001年12月26日，国务院批准了《国家环境保护“十五”计划》，确定了“十五”期间的环境保护目标：“到2005年，环境污染状况有所减轻，生态环境恶化趋势得到初步遏制，城乡环境质量特别是大中城市和重点地区的环境质量得到改善，健全适应社会主义市场经济体制的环境保护法律、政策和管理体系”。

2002年1月8日，国务院召开第五次全国环境保护会议，强调走可持续发展的道路。同年1月，国务院颁布了《排污费征收使用管理条例》。

2002年6月29日，全国人民代表大会常务委员会第二十八次会议通过《中华人民共和国清洁生产促进法》,自2003年1月1日起施行。

2002年10月,全国人大常委会通过了《中华人民共和国环境影响评价法》,2003年9月实施。

2003年10月,根据《关于环保总局调整机构编制的批复》(中央编办复字[2003]139号)文件,国家环境保护总局调整了内部机构设置,撤销监督管理司,设置环境影响评价管理司、环境监察局。

2005年12月,国务院为全面落实科学发展观,加快构建社会主义和谐社会,实现全面建设小康社会的奋斗目标,发布了《国务院关于落实科学发展观加强环境保护的决定》,把环境保护摆在更加重要的战略位置。

2008年3月,国务院机构改革组建环境保护部。实现了环保机构30年"三级跳":1978年我国成立了国务院环境保护领导小组办公室;1988年国家环境保护局成立,成为国务院直属机构;1998年国家环境保护局升格为国家环境保护总局;2008年国家环境保护总局升格为环境保护部。

在党的十一届三中全会确定以经济建设为中心以后,我国经济发展进入了一个新时期,但与之伴生的环境问题使人们无法回避。我国的环境管理应经济社会发展的需要而产生并发展起来,在社会经济的发展过程中对环境保护起到了十分重要的作用,而且还将继续发挥其积极的作用。中国环境管理经历了30多年的实践,无论管理思想,抑或管理手段和技术、政策以及法律体系和管理制度,还是管理机构等,都发生了极大的变化和进步。

中国环境管理在很多方面仍然存在不足,处于进一步完善之中。中国环境管理将通过自身的完善和建设,为中国的环境保护事业和可持续发展发挥更大的作用。

10.2.4 环境管理方法的发展

"环境管理"这一概念受到不断发展的环境科学、管理理论、经济学理论和法学理论等的巨大影响。世界各国,主要是发达国家的环境管理方法,大致经历了四个发展阶段。

1. 采取限制措施

环境污染事件早在19世纪就已发生,如英国泰晤士河的污染、日本足尾铜矿的污染事件等。20世纪50年代前后,相继发生了比利时马斯河谷烟雾、美国洛杉矶光化学烟雾、美国多诺拉镇烟雾、英国伦敦烟雾、日本水俣病和骨痛病、日本四日市大气污染和米糠油污染事件,即所谓的"八大公害事件"。由于当时尚未搞清这些公害事件产生的原因和机理,所以一般只是采取限制措施。例如,英国伦敦发生烟雾事件后制定了法律,限制燃料使用量和污染物排放时间。

2. 开展"三废"治理

20世纪50年代末60年代初,发达国家环境污染问题日益突出,各发达国家因此相继成立环境保护专门机构。人们直接感受到的环境问题主要是工业污染和局部地区污染问题,如河流污染、城市空气污染等。人们把环境问题局限于污染问题,认为污染问题仅仅是技术问题,所以环境保护工作主要就是治理污染源、减少排污量,试图单纯通过技术发展和末端治理来解决环境问题。因此,在法律措施上,颁布了一系列环境保护的法规和标准,加强法治。在经济措施上,采取给工厂企业补助资金,帮助工厂企业建设净化设施;并通过征收排污费或实行"谁污染、谁治理"的原则,解决环境污染的治理费用问题。

在理论研究上,各个学科分别从不同的角度研究污染物在环境中的迁移扩散规律,研究污染物对人体健康的影响、污染物的降解途径等，从而形成了早期的环境科学的基本形态，如环境化学、环境生物学、环境物理学、环境医学、环境工程学等。

3. 进行预防为主、综合防治

1972年联合国召开了人类环境会议，成为人类环境保护工作的历史转折点，它加深了人们对环境问题的认识，扩大了环境问题的范围。《人类环境宣言》指出，环境问题不仅仅是环境污染问题，还应该包括生态破坏问题。人们开始把环境与人口、资源和发展联系在一起。对环境污染问题，也开始从单项治理发展到综合防治。

随着时间的推移，其他环境问题诸如生态破坏、资源枯竭等问题也都陆续凸现出来，同时，以末端治理作为环境管理主要手段存在种种问题，包括需要投入大量资金、治理难度大、不能彻底解决环境问题等。于是，20世纪70年代末，人们提出了预防为主、综合防治的环境保护策略，在环境管理措施上逐渐从消极控制污染转向积极的防治，包括实行环境影响评价制度、对污染物排放同时实行"浓度控制"和"总量控制"、制定地区环境规划、推行清洁生产等。这一阶段大致从20世纪70年代末到80年代后期。

4. 实行综合决策

从20世纪80年代后期开始，随着《我们共同的未来》的出版以及1992年在巴西里约热内卢联合国环境与发展大会的召开，人们对环境问题的认识提高到一个新的阶段。人们终于认识到环境问题是人类社会在传统自然观和发展观等人类基本观念支配下的发展行为造成的必然结果。要真正解决环境问题，首先必须改变人类的发展观，推行可持续发展。"发展不能仅局限于经济发展，不能把社会经济发展与环境保护割裂开来，更不应对立起来，发展应是社会、经济、人口、资源和环境的协调发展和人的全面发展。"

在继续加大环境治理力度的基础上，引进综合决策机制是这一阶段进行环境管理的基本特征，它也是实现可持续发展的保证。20世纪80年代初，由于发达国家经济萧条和能源危机，各国都急需协调发展、就业和环境三者之间的关系，并寻求解决的方法和途径。该阶段环境保护工作的重点是：制定经济增长、合理开发利用自然资源与环境保护相协调的长期政策。要在不断发展经济的同时，不断改善和提高环境质量，但环境问题仍然是对城市社会经济发展的一个重要制约因素。

"里约环境与发展大会"是世界环境保护工作的新起点，探求环境与人类社会发展的协调方法，实现人类与环境的可持续发展。"和平、发展与保护环境是相互依存和不可分割的"。至此，环境保护工作已从单纯的污染问题扩展到人类生存发展、社会进步这个更广阔的范围，"环境与发展"成为世界环境保护工作的主题。

10.3 环境规划与管理

10.3.1 环境规划与管理的关系

环境规划与管理已被国内外30多年的实践证明是环境保护工作行之有效的主要途径。环境管理与环境规划紧密相连，难以分割。但是，两者又存在各自独立的内容和体系。两者的相关相容性和差异性可从以下几方面说明。

(1) 环境规划与管理的共同核心——环境目标　环境管理是关于特定环境目标实现的管理活动，环境目标可根据环境质量保护和改善的需要，采用多种表达形式。而环境规划的核心亦是环境目标决策，涉及目标的辨识和目标实现手段的选择。为实现共同的环境目标，使环境规划与环境管理具备共同的工作基础。当然，从时空特征出发，环境规划被看做探索未来的科学方法，而环境管理更关心当前环境问题的解决，并通过各种管理手段为实现环境目标而努力。

(2) 环境管理的首要职能——规划职能　从现代管理的职能来看，无论是三职能说（规划、组织和控制）、五职能说（规划、组织、指挥、协调和控制），还是七职能说（规划、组织、用人、指导、协调、报告和预算），均将规划职能作为管理的首要职能。在环境管理中，环境预测、决策和规划这三个概念，既相互联系又相互区别：环境预测是环境决策的依据；环境规划是环境决策的具体安排，它产生于环境决策之后；预测是规划的前期准备工作，是使规划建立在科学分析基础上的前提。因此，从环境管理职能来看，环境规划是环境预测与环境决策的产物，是环境管理的重要内容和主要手段，是环境管理部门的一项重要的职能。

(3) 环境规划与管理具有共同的理论基础　从学科领域来看，环境规划属于规划学的分支，环境管理属于管理学的分支，在内容和方法学体系上存在一定差异。但是，从理论基础分析，现代管理学、生态学、环境经济学、环境法学、系统工程学和社会伦理学等又是两者共同的基础，同属自然科学与社会科学交叉渗透的跨学科领域。共同的理论基础、共同的目标、密切联系的工作程序、跨学科领域的基本特征形成了"环境规划与管理"课程。

10.3.2　环境规划与管理的目的

实践证明，工业革命以来的发展观、科学观、价值观、伦理道德观和消费观，都是建立在错误地看待人与自然关系的基础上所形成的。这些观念指导着人们的行为，导致了整个社会运行机制的失当，背离了与自然和谐共处这一根本原则。基于这种思考，人们认识到必须对人类自身的行为进行规划与管理，保证人类与环境能够持久地、和谐地协同发展下去。这就是环境规划和管理的根本目的。

10.3.3　环境规划与管理的任务

文化决定着人类的行为，只有转变了过去那种视环境为征服对象的观念，才能从根本上去解决环境问题。依据上述目的，环境管理的基本任务应该是：转变人类社会的基本观念和调整人类社会的行为。人类的社会行为分为政府行为、市场行为和公众行为三种。

(1) 政府行为是总的国家的管理行为，诸如制定政策、法律、法令、发展计划并组织实施等。

(2) 市场行为是指各种市场主体，包括企业和生产者个人，在市场规律的支配下，进行商品生产和交换的行为。

(3) 公众行为则是指公众在日常生活中（诸如消费、休闲和旅游等方面）的行为。这三种行为都可能会对环境产生不同程度的影响。因此，调整人类社会行为，提倡环境友好型行为方式是环境规划与管理的基本任务。

10.3.4　环境规划与管理的作用

(1) 促进环境与经济、社会可持续发展环境规划与管理的重要作用就在于协调环境与经济、社会的关系，预防环境问题的发生，促进环境与经济、社会的可持续发展。

(2) 实施环境政策、法规和制度的主要途径所谓政策、法规和制度，系指国家或地区为实现一定历史时期的路线和任务而规定的行动准则。我国已颁布的一系列环境法规“三大政策”和“八项环境管理制度”需要通过强化环境规划与管理得以实施，环境规划与管理已成为我国实施环境政策、法规和制度的主要途径。

(3) 保障环境保护活动纳入国民经济和社会发展计划环境保护是我国经济生活中的重要组成部分，与经济、社会活动有着密切联系，因此必须将环境保护活动纳入国民经济和社会发展计划之中，进行综合平衡，才能得以顺利进行。环境规划就是环境保护的行动计划，而环境管理则是实施环境规划的基本保障。

(4) 实现以较小的投资获取较佳的环境效益。环境是人类生存的基本要素，又是经济发展的物质源泉，在有限的资源和资金条件下，如何用较少的资金，实现经济和环境的协调发展，显得十分重要。环境规划与管理正是运用科学的方法，在发展经济的同时，实现以较小的投资获取较佳环境效益、社会效益和经济效益的有效措施。

10.3.5 环境规划与管理的对象和手段

环境管理的主体是指“管理谁”和“谁来管理”的问题。其广义的理解，是指环境管理活动中的参与者或相关方，而不一定是狭义的所谓“管理者”。

环境管理的对象是指“管理什么”的问题，由前所述，环境管理是人类社会管理人类社会作用于环境的行为，环境管理本身也是一种人类的社会行为。

环境管理的内容，显然应该是对影响“环境—社会系统”中物质流动行为所发生的场所和方式进行管理的行为。具体是指人类行为作用的环境领域及在这些环境领域中产生的物质流动过程。

1. 环境规划与管理的对象

环境规划与管理是从现代管理学角度研究生态经济系统的结构和运动规律的学科。任何管理活动都是针对一定的管理对象而展开的。研究管理对象，也就是研究“管什么”的问题。可以从“现代系统管理”的“五要素论”和人类社会经济活动主体两个方面展开环境规划与管理对象的研究。

(1) 现代系统管理的“五要素论”

管理学由“现代管理”发展到“系统管理”，在研究对象上，由重视物的因素发展到重视人的因素，又发展到重视资金、信息和时空等环境要素。对于环境规划和管理，其研究对象也应包括人、物、资金、信息和时空五个方面。

① 人是第一个主要对象，对于以限制人类损害环境质量的行为作为主要任务的环境规划和管理来说尤其重要。管理过程各个环节的主体是人，人与人的行为是管理过程的核心。

② 物也是重要研究对象，环境规划和管理也可认为是实现预定环境目标而组织和使用各种物质资源的过程，即资源的开发、利用和流动全过程的管理。环境规划与管理的根本目标是协调发展与环境的关系。从宏观上说，要通过改变传统的发展模式和消费模式去实现，保护环境就是保护生产力。从微观上讲，要管理好资源的合理开发利用，要规划和管理好能量交换、物质生产、消费方式和废物处理等各个领域。

③ 资金是系统赖以实现其目标的重要物质基础，也是规划与管理的研究对象。从社会经济角度出发，经济发展消耗了环境资源，降低了环境质量，但又为社会创造了新增资本。随着我国向社会主义市场经济体制的转变，在政府的宏观调控下，市场价格机制应该在规范对环境的态度和行为方面发挥越来越重要的作用。

④ 时空条件亦是重要的研究对象，任何管理活动都是在一定的时空条件下进行的，环境规划与管理的一个突出特点是时空特性日益突出，时空条件亦应成为重要的研究对象。规划管理活动处在不同的时空区域，就会产生不同的管理效果。各种管理要素的组合和安排，也都存在一个时序性问题。同时，空间区域的差别往往是环境容量和功能区划的基础，而这些时空条件又构成了成功管理的要旨。

⑤ 信息是系统的“神经”，信息也是规划与管理的重要对象。信息是指能够反映管理内容的，可以传递和加工处理的数据、文字或符号，常见形式有报表、资料、报告、指令和数据等。只有通过信息的不断交换和传递，把各个要素有机地结合起来，才能实现科学的规划管理。

(2) 人类社会经济活动主体的三个方面

环境规划与管理是以环境与经济协调发展为前提，对人类的社会经济活动进行引导并加以约束，使人类社会经济活动与环境承载力相适应，因此，环境规划与管理的对象主要是人类的社会经济活动。人类社会经济活动的主体大体可以分为以下三个方面。

① 个人：个人作为社会经济活动的主体，主要是指个体的人为了满足自身生存和发展的需要，通过生产劳动或购买获得用于消费的物品和服务。要减轻个人的消费行为对环境的不良影响，首先必须明确，个人行为是环境规划和管理的主要对象之一。为此，在唤醒公众环境意识的同时，还要采取各种技术和管理的措施。

② 企业：企业作为社会经济活动的主体，其主要目标通常是通过向社会提供产品或服务来获得利润。无论企业的性质有何不同，在它们的生产过程中，都必须向自然界索取自然资源，并将其作为原材料投入生产活动中，同时排放出一定数量的污染物。

③ 政府：政府作为社会经济活动的主体，其行为同样会对环境产生影响。其中特别值得注意的是宏观调控对环境所产生的影响具有极大的特殊性，既牵涉面广、影响深远又不易察觉。由此可见，作为社会经济行为主体的政府，其行为对环境的影响是复杂的、深刻的。既有直接的一面，又有间接的一面；既可以有重大的正面影响，又可能有巨大的难以估计的负面影响。要解决政府行为所造成和引发的环境问题，关键是促进宏观决策的科学化。

2. 环境规划与管理的手段

(1) 行政手段

行政手段主要是指国家和地方各级行政管理机关，根据国家行政法规所赋予的组织和指挥权力，制定政策、方针、颁布标准、建立法规、进行监督协调，对环境资源保护工作实施规划和管理。

(2) 法律手段

法律手段是环境规划管理的一种强制性手段，依法管理环境是控制并消除污染，保障自然资源合理利用并维护生态平衡的重要措施。环境规划管理一方面要靠立法，把国家对环境保护的要求、做法，全部以法律形式固定下来，强制执行；另一方面还要靠执法。

(3) 经济手段

经济手段是指利用价值规律，运用价格、税收、信贷等经济杠杆，控制生产者在资源开发中的行为，限制损害环境的社会经济活动，奖励积极治理污染的单位，促进节约和合理利用资源，充分发挥价值规律在环境管理过程中的杠杆作用，包括排污收费、使用者收费、资源征税、排污权交易、排污罚款，以及废物减量减免税和综合利用流程奖励等。

(4) 技术手段

技术手段是指借助那些既能提高生产率，又能把对环境污染和生态破坏控制到最小限度的工艺技术以及先进的污染治理技术等来达到保护环境目标的手段，包括通过环境监测、环境统计对本地区、本部门、本行业污染状况进行调查；制定环境标准；编写环境报告书和环境公报；交流推广无污染、少污染的清洁生产工艺及先进治理技术；组织开展环境影响评价工作；组织环境科研成果和环境科技情报的交流等。

(5) 宣传教育手段

宣传教育是环境管理不可缺少的手段。环境宣传既普及环境科学知识，又是一种思想动员。环境教育可以通过专业的环境教育培养各种环境保护的专门人才，提高环境保护人员的业务水平；还可以通过基础的和社会的环境教育提高社会公民的环境意识，来实现科学管理环境以及提倡社会监督的环境管理措施。

思考题

1. 环境管理的含义是什么？环境管理的原则有哪些？
2. 简述环境管理思想的发展历程。
3. 中国环境管理思想的发展经历了哪些阶段？简述之。
4. 环境管理方法经历了哪些阶段？简述之。
5. 环境规划的定义是什么？环境规划有哪些特点？
6. 环境规划有哪些类型？
7. 环境规划通常包括哪些步骤？其主要内容是什么？
8. 环境规划与管理的关系？

第11章 资源、能源、人口与环境

11.1 矿产资源

矿产资源是指经过地质成矿作用，埋藏于地下或露出地表，并具有开发利用价值的矿物或有用元素的集合体。矿产资源是地球演化过程中经过地质作用形成的，是天然产出于地表或地壳中的原生富集物；产出形式有固态、液态和气态；既包括已经发现的对其数量、质量和空间位置等特征已取得一定认识的矿产，也包括经预测或推断可能存在的矿物质；既包括当前开发并具有经济价值的矿产，也包括将来可能开发并具有经济价值的资源。矿产资源是重要的自然资源，是社会生产发展的重要物质基础，现代社会人们的生产和生活都离不开矿产资源。

1. 世界矿产资源

矿产资源一般可分为能源矿产（或称燃料矿产）和非能源矿产资源两大类。能源矿产是指石油、天然气、煤炭、铀等。非能源矿产资源又分为黑色金属矿产（或称铁、铁合金金属）资源，是指铁、锰、铬等；有色金属矿产（或称非铁金属）资源，按物理、化学、价值和在地壳中的分布状况，有色金属分为五类，即重、轻、贵、半金属和稀有金属等。还有非金属矿产，其中又把钾盐、磷、硫等称为农用矿产资源。能源矿产资源主要包括石油、天然气、煤炭以及核能原料如铀等。世界能源矿产储量还是比较丰富的，其中已探明石油储量约 1 400 亿吨，天然气 838 244 亿吨，煤炭 42 980 亿吨，铀矿 1 886 千吨。能源矿产资源的地理分布不平衡，局部不配套，致使国家或地区间贫富悬殊。

世界矿产资源分布很不平衡，主要集中在少数国家和地区。这与各国各地区的地质构造、成矿条件等密切相关。矿产资源最丰富的国家有：南非、美国、中国、俄罗斯、加拿大、澳大利亚等；较丰富的国家有：巴西、印度、墨西哥、秘鲁、智利、赞比亚、扎伊尔、摩洛哥等。目前在世界上广泛应用的矿产资源有 80 余种，其价值高、利用范围广、在国际市场与占有重要地位的非能源矿产有铁、铜、铝土、锌、铅、镍、锡、锰、金和磷酸盐等 10 种，总资源量达 8 500 亿吨，探明储量 4 000 亿吨，其中铁矿含铁量 930.8 亿吨，主要分布在巴西（占 17.5%）、俄罗斯（16.8%）、加拿大（11.7%）、澳大利亚（11.5%）、乌克兰（9.8%）、印度、中国、法国、南非、瑞典、英国等。其中富铁矿 1 400 亿吨，以澳、巴西、俄、乌、印度、瑞典、南非等居多。

2. 中国矿产资源

中国为世界上矿产资源总量丰富、矿种比较齐全的少数几个资源大国之一。截至 2005 年底，中国已发现 170 多种矿产，查明有资源储量的矿产 159 种，其中：能源矿产 10 种，金属矿产 54 种，非金属矿产 92 种，水气矿产 3 种。已发现矿床、矿点 20 多万处，其中有查明资源储量的矿产地 1.8 万余处。煤、稀土、钨、锡、钽、钒、锑、菱镁矿、钛、萤石、重晶石、石墨、膨润土、滑石、芒硝、石膏等 20 多种矿产，无论在数量上或质量上都具有明显的优势，有较强的国际竞争能力。中国的矿产开发利用也成绩斐然，目前已成为世界矿业大国之一，全国年矿石总产量为 50 亿吨，其中国有生产矿山开发利用的矿种数为 150 个，年产矿石量约为 20 亿吨（不含石油、天然气），非国有小型矿山开发利用的（亚）矿种数为 179 个，年产矿石量约 30 亿吨，2009 年原油产量达到 1.89 亿吨。我国原油、煤炭、水泥、粗钢、磷矿、硫铁矿 10 种有色金属产量已跃居世界前列。中国固体矿产开发的总规模已居世界第二位。

中国能源矿产资源比较丰富,但结构不理想,煤炭资源比重偏大,石油、天然气资源相对较少。煤炭资源的特点是:蕴藏量大,但勘探程度低;煤种齐全,但肥瘦不均,优质炼焦用煤和无烟煤储量不多;分布广泛,但储量丰度悬殊,东少西多,北丰南贫;资源赋存东深西浅,露采煤炭不多,且主要为褐煤;煤层中伴生矿产多。油气资源的特点是:石油资源量大,是世界可采资源量大于150亿吨的10个国家之一;资源的探明程度低,陆上探明石油地质储量仅占全部资源的1/5,近海海域的探明程度更低;分布比较集中,大于10万平方千米的14个盆地的石油资源量占全国的73%,中部和西部地区的天然气资源量超过全国总量的一半。其他能源矿产,如地热,油页岩等在中国也比较丰富。

中国属于世界上金属矿产资源比较丰富的国家之一。世界上已经发现的金属矿产在中国基本上都有探明储量。其中,探明储量居世界第一的有钨、锡、锑、稀土、钽、钛,居世界第二位的有钒、钼、铌、铍、锂,居世界第四位的有锌,居世界第五位的有铁、铅、金、银等。金属矿产资源的特点是:分布广泛,但又相对集中于几个地区,如铁矿主要分布在鞍山—本溪、冀北和山西等3大地区,铝土矿主要集中于山西、河南、贵州、广西等省区,钨矿主要分布于江西、湖南、广东,锡矿主要分布于云南、广西、广东和湖南;部分矿产储量大,质量高,在国际上具有较强竞争力,如钨、锡、铝、锑、稀土等;许多重要矿产质量欠佳,铁、锰、铝、铜等矿产,贫矿多,难选冶矿多;中小型矿床所占比例大,大型、超大型矿床所占比例小。

中国是世界上非金属矿产品种比较齐全的少数国家之一,全国现有探明储量的非金属矿产产地5 000多处。大多数非金属矿产资源探明储量丰富,其中菱镁矿、石墨、萤石、滑石、石棉、石膏、重晶石、硅灰石、明矾石、膨润土、岩盐等矿产的探明储量居世界前列;磷、高岭土、硫铁矿、芒硝、硅藻土、沸石、珍珠岩、水泥灰岩等矿产的探明储量在世界上占有重要地位;大理石、花岗石等天然石材,品质优良,蕴藏量丰富;钾盐、硼矿资源短缺。但是,一些非金属矿产分布不平衡,特别在沿海和经济发达地区,探明储量尚不能满足本地区经济发展和出口创汇资源的需求。

经过多年的发展,总体上我国的矿产资源既有优势,也有劣势。其基本特点主要表现在以下几个方面:

(1) 矿产资源总量丰富、品种齐全,但人均占有量少。

(2) 大多矿产资源质量差,国际竞争力弱。

(3) 一些重要矿产短缺或探明储量不足。

(4) 成分复杂的共(伴)生矿多,大大增加了开发利用的技术。

(5) 中、小型矿和坑采矿多,大型、超大型矿和露采矿少,严重制约着矿产开发的规模效益。

(6) 矿产资源地理分布不均衡,产区与加工消费区错位。

(7) 能源矿产结构性矛盾突出。

(8) 贫矿多,富矿、易选的矿少,致使商品矿的成本大大增加。

11.2 土地资源

土地,就是指地球表层的陆地(包括内陆水域和沿海滩涂),它是由地质、地貌、土壤、植被、气候和水文等地理要素组成的,并受到人类活动长期影响而不断变化的自然与经济的综合体。

土地资源，就是指在一定的时间、地点和条件下，能够实现其经济价值，成为财富来源的土地。从这个观点出发，在一定的技术经济条件下，能够为人类生产和生活所利用，并能产生效益的土地，即对人类目前或可预见的将来有用的土地被称为土地资源。土地是最宝贵的自然资源，是最重要的社会财富，是最基本的生产要素，是宏观调控的重要手段。

1. 世界土地资源

在地球 51 000 万平方公里的总面积中，大陆和岛屿面积只有 14 940 万平方公里，占地球总面积的 29.2%，其中还包括南极大陆和其他大陆上的高山和冰川，减去这部分长年被冰雪覆盖的土地，则地球上无冰雪的陆地面积仅为 13 300 万平方公里。对于全世界的居民来说，这似乎是一个颇为巨大的数字。1900 年世界人口约为 15 亿，平均每人占有的陆地面积约为 10 公顷(150 亩)，1987 年世界人口达到 50 亿，人均占有陆地面积仍有 3 公顷(45 亩)。这个数字从任何意义上来说都不能算小。

但是，如果考虑到土地的质量属性，则这些数字必须打一个大大的折扣。所谓土地的质量，如果从农业利用的角度来看，它包括土地的地理分布、土层厚薄、肥力高低、水源远近、潜水埋深和地势高低、坡度大小等，这些性质对农业生产都有着不同的影响。如果土地用于工矿和城镇建设等用途，则还要考虑地基的稳定性、承压性能和受地质地貌灾害(如火山、地震、滑坡等)、气象灾害(如暴雨山洪等)威胁的程度等。在土地质量诸要素中，还有一个很重要的因素，就是土地的通达性，它取决于土地的地理分布即离居民点的远近，以及道路、交通等情况，这些都影响劳力与机械通达该土地所消耗的时间和能量。

如果考虑到土地质量的上述因素，则陆地面积中大约有 20%处于极地和各大陆的高寒地区，另有 20%属于干旱区，20%为山地的陡坡，还有 10%岩石裸露，缺乏土壤和植被。以上四项，共占陆地面积的 70%，在土地利用上存在着不同的限制性因素，地理学家和生态学家称之为“限制性环境”。其余的 30%限制性较小，适于人类居住，称为“适居地”，意为可居住的土地，包括可耕地和住宅、工矿、交通、文教与军事用地等。按上述人均 3 公顷的 30%计算，人均占有量为 0.9 公顷(约合 14.5 亩)。在全部适居地中，可耕地约占 60%～70%，折合人均 0.54～0.63 公顷(约 8～9.5 亩)。

随着人口的持续增长，对土地资源的需求也不断增加。这种需求一方面表现为耕地面积的扩大，另一方面也表现为对非农业用地需求的增加。

据美国环境质量委员会的资料，20 世纪下半叶世界耕地面积在不断扩大，大约每 10 年增加 1 亿公顷。即从 50 年代初的 12.7 亿公顷增加到 60 年代初的 13.8 亿公顷、70 年代初的 14.8 亿公顷和 80 年代的 15.1 亿公顷。但 80 年代以后，由于种种原因，增加的速度减慢。

尽管城镇的出现有着久远的历史，但是城市化则还是近一二百年才出现的现象。它与工业化是一对孪生姐妹，对城市周围农村地区的环境、资源、产业结构、人口迁移与土地利用都带来了强烈的影响。

城市化是以人口来定义的，它是指居住在大城市中心及其紧邻地区人口比重的增加。20 世纪初，世界城市人口的比重仍然很低，约占总人口的 10%，1925 年达到 28%，1985 年增至 41%，其中西方发达国家城市化水平最高，达 71.5%。值得注意的是，作为发展中地区的拉丁美洲城市人口竟达 68.9%，而亚洲和非洲的城市化水平最低，城市人口分别占 28.1%和 29.7%(据《世界资源报告》，1987)。目前，世界人口将有 47%住在城市里，而发达国家的城市人口将达 75%，大多数发展中国家也将达 50%以上，只有非洲和南亚仍在 50%以下。城市化的加速对城市及其周围地区的土地资源与环境造成了多方面的影响。首先是大量的良田被占用，变成建成区和水泥、沥青覆盖的地面。另外，城市化加速也导致交通运输用地的大量增加。

2. 我国土地资源

我国土地面积辽阔，陆地面积约为960万平方公里，居世界第三位，仅次于俄罗斯和加拿大，占世界陆地面积的14%。据2003年全国土地利用变更调查，我国有耕地面积123.392万平方公里，居世界第四位，占世界耕地面积的7%；林地面积236.26万平方公里，居世界第八位，占世界林地面积的3%；牧草地面积265.73万平方公里，居世界第三位，占世界草地面积的10%。我国广袤的土地和复杂的自然地理特征孕育了我国复杂多样的土地类型。全国有12个土地纲，仅湿润中亚热带土地纲就有11个土地类，92个土地型，但全国土地利用类型划分结果中仅有3个一级类、15个二级类、71个三级类。

我国土地总量数目巨大，但作为土地资源精华、决定人类生存和发展的耕地资源却明显不足。首先，我国耕地的比重和人均耕地面积相对较少，虽然从耕地资源数量上看，中国耕地资源绝对数量较大，居世界第4位，但全国人均耕地仅为0.095 km^2(1.43亩)，不足世界人均耕地面积的40%。其次，我国耕地后备资源明显不足。目前我国共有宜耕后备土地资源800万平方公里，按60%的垦殖率计算，可开发耕地480万平方公里，约为全国耕地面积的4%。以1996年为基期，全国能通过土地整理补充耕地600万平方公里，实施土地复垦补充耕地200万平方公里，通过土地开发补充耕地533.3万平方公里。补充耕地的总潜力仅为1 333.3万平方公里，耕地后备资源明显不足。

我国是世界上多山的国家，广义的山地占全国土地面积的69.27%，占去了我国国土的绝大部分。山地地面坡度大，土层薄；海拔高，气温低，生长期短；而且山地灾害多，生态系统脆弱；再加上基础设施薄弱，建设难度大等因素的制约，造成了我国土地开发利用难度大的现状。我国难利用的土地还有沙漠戈壁、高寒荒漠和石漠山地等类型，面积广阔。据统计，我国有沙漠戈壁11 600万平方公里，占全国土地面积的12.08%，主要分布在我国西北的内蒙古、甘肃、新疆；高寒荒漠1 533.33万平方公里，占全国土地面积的1.6%，主要分布在青藏高原，即昆仑山以南，北纬30°以北，青藏公路以西，新藏公路以东。石漠山地4 600万平方公里，占全国土地面积的4.8%，主要分布在西北、青藏高原、西南山区以及东南山区。难利用土地大面积的存在，对我国土地的利用制约严重。此外，我国幅员广阔，各地区水热条件差异很大。长江流域及其以南地区的耕地仅占全国耕地面积的36.3%，但年降水量就占了全国年降水量的82.3%，农业发展自然条件优越，是我国重要的粮食基地和蔬菜基地集中分布区域，而其余地区的耕地虽占全国耕地的63.7%，年降水量却仅占全国年降水量的17.7%，水热条件的差异严重制约该地区土地开发利用。

我国土地资源利用区域差异也非常明显。广袤的土地孕育了多样化的地势、地貌、气候、土壤和植被，而各种类型的不同组合导致了区域间自然条件特征的较大差异，从而出现明显的土地资源利用区域差异分化，主要表现为东西区域差异和南北区域差异。东西区域差异的土地利用界线为大兴安岭向西经黄河河套、鄂尔多斯高原中部，一直延伸到景泰、永登和湟水谷地，再转向南，沿着青藏高原东缘至中缅边界。东部季风区以低山、丘陵、盆地、平原为主，集中了我国人口的93.8%，土地的50%，耕地的85.8%，林地的80.4%，水域的66.2%，建设用地的64%，牧草地的21.8%，难利用土地的23.2%，土地生产力和集约经营水平都较高；西部干旱高寒地区以高原、山地、盆地为主，集中了我国人口的6.2%，土地的50%，耕地的14.2%，林地的19.6%，水域的33.8%，建设用地的36%，牧草地的78.2%，难利用土地的76.8%，土地生产力和集约经营水平都较低。南北区域差异的土地利用界线在东部地区以秦岭—淮河为界，在西部地区以阿尔金山为界。东部地区南方气候暖热湿润，活动积温≥4 500℃，年降水量≥800 mm；主要土地类型有热带雨林—砖红壤、亚热带常绿阔叶林—红黄壤、北亚热带落叶与常绿阔叶混交林—黄棕壤等；以水田农业为主。北方气候温暖，属湿润半湿润地区，活动积温<4 500℃，年降水量<800 mm；主要土地类型有暖温带落叶阔叶林—棕色森林土、暖温带半干旱落叶阔叶林与森林草原—褐色土、温带针阔叶混交林—灰化棕色森林土、温带森林草原—淋溶黑土、寒温带明亮针叶林—灰化土等；以旱地农业为主。西部地区蒙新干旱区气候干旱，主要土地类型有暖温带半干旱干草原—黑垆土、暖温带干旱荒漠—棕色荒漠土、温带半干旱草原—栗钙土、温带干旱荒漠—灰棕钙土；土地利用方式以灌溉农业、绿洲农业及放牧业为主。青藏高寒区气候高寒，主要土地类型有山地灌丛草甸—山地草甸土、高山草原—高山草原土、高山荒漠—高山荒漠土等；土地利用方式以高寒农业及放牧业为主。

11.3　生物资源

生物资源是指在目前的社会经济技术条件下人类可以利用与可能利用的生物以及生物群落与其周围环境组成的具有一定结构和功能的生态系统。

生物资源是自然资源的有机组成部分，包括基因、物种以及生态系统三个层次，对人类具有一定的现实和潜在价值，它们是地球上生物多样性的物质体现。自然界中存在的生物种类繁多、形态各异、结构千差万别，分布极其广泛，对环境的适应能力强，如平原、丘陵、高山、高原、草原、荒漠、淡水、海洋等都有生物的分布。目前已经鉴定的生物物种约有 200 万种，据估计，在自然界中生活着的生物约有 2 000～5 000 万种。它们在人类的生活中占有非常重要的地位，人类的一切需要如衣、食、住、行、卫生保健等都离不开生物资源。此外，它们还能提供工业原料以及维持自然生态系统稳定。

生物资源包括动物资源、植物资源和微生物资源三大类，其中动物资源包括陆栖野生动物资源、内陆渔业资源、海洋动物资源；植物资源包括森林资源、草地资源、野生植物资源和海洋植物资源；微生物资源包括细菌资源、真菌资源等。从研究和利用角度，通常分为森林资源、草场资源、栽培作物资源、水产资源、驯化动物资源、野生动植物资源、遗传基因(种质)资源等。

微生物生物资源的基本特性主要有。

(1) 生物资源的再生性

再生性是指在自然和人为条件下，生物所具有的不断自然更新和人为繁殖的能力。再生性是生物资源的基本属性，可以为人类提供无穷无尽的各种产品。

(2) 生物资源的可解体性

可解体性是指生物资源受自然灾害和人为的破坏而导致某些生物种类减少以致灭绝的特性。每种生物都有自身独特的遗传基因，并且存在于该种生物的种群之中，任何其他的生物个体都不能代表其种群的基因库。生物资源破坏后难以自然恢复，从这个意义上看，生物资源是有限的。

(3) 生物资源用途的多样性

生物资源种类和功能的多样性决定了其用途的多样性，其直接用途是为人类提供各种产品，比如粮食、医药、木材以及大量工业原料，其间接用途甚至较直接用途更重要，因为生态系统是由很多物种所构成，完善而稳定的生态系统对调节气候、稳定水文、保护土壤作用巨大。目前没有得到利用的诸多物种在所处的生态系统中几乎都有不可替代的重要作用。

(4) 生物资源分布的区域性

生物总是生长在与其生态相应的环境中,而非一切地方都能生存,生物资源在不同区域的分布有较大差异,甚至截然不同。生物资源分布的区域性是人类进行开发利用生物资源的重要依据。

(5) 生物资源的未知性

生物资源的未知性是指很多生物还不知或不完全知道其价值;即使现在已经认识、开发的生物资源,也不是完全清楚其所有的价值,这也决定了生物资源具有巨大的可利用潜力。

(6) 生物资源的可引种驯化性

野生生物资源可以通过人为的引种驯化而成为家养生物。生物的引种驯化,不仅可以解决野生生物资源获取的困难,而且可以拯救、保护濒危物种,扩大分布区,提高产量。

(7) 生物资源的不可逆性

生物资源属可更新自然资源,在天然或人工维护下可不断更新、繁衍和增殖;反之在环境条件恶化或人为破坏及不合理利用下,会退化、解体、耗竭和衰亡,有时这一过程具有不可逆性。

(8) 生物资源的稳定性和变动性

生物资源具有一定的稳定性和变动性。相对稳定的生物资源系统能较长时间保持能量流动和物质循环平衡,并对来自内外部干扰具有反馈机制,使之不破坏系统的稳定性。但当干扰超过其所能忍受的极限时,资源系统即会崩溃。不同的资源系统的稳定性不同。通常,资源系统的组成种类和结构越复杂,抗干扰能力越强,稳定性也越大,反之亦然。

我国是生物多样性最丰富的国家之一。有 3 万多种高等植物, 6 347 种脊椎动物,和 599 类陆生生态系统类型。其中生物特有属种比例大,动植物区系起源古老,珍稀物种众多。从而提供了大量可资利用的生物资源。丰富的生物资源是具有战略价值的无形资产,也是我国在知识产权竞争格局中比较优势之所在;善加利用,可以对我国经济建设和科学技术发展发挥重大作用。生物资源具有重要的科学研究价值,为医学、农业、制药等生物技术创新提供样本或工具,进而形成产业应用。基因运用于基因工程,野生植物品系用于育种,野生动植物或其提取物用于生物制药,可能产生巨大的经济效益。

据估计,地球上曾经有过 5 亿种生物。在整个生物进化过程中,生物赖以生存的地理环境曾发生过多次重大变化,生物在自然选择和本身的遗传与变异共同控制下,也不断地发生变异与发展,旧种逐渐灭亡,新种相继产生,不断演化和发展而成今日地球繁荣的生物界,构成丰富而宝贵的生物资源。现在大约有数百万种生物,其中占绝大多数的是无脊椎动物和植物。物种的数量以热带地区最多,向两极逐渐减少。过去的灭绝大都是自然发生的,但近 400 年来,人类活动的影响日趋加剧,导致了大量人为的物种的灭绝。10 年前全球平均每 4 天就有 1 种动物绝迹,而现在每 4 个小时就有 1 个物种在地球上消失。这种大量物种相继消失的过程,不亚于过去数百万年发生的灭绝的规模。预计未来 30 年,我们将失去 5%～10%的热带雨林,随之将有 60 000 个植物品种,甚至更多的脊椎动物和昆虫灭绝。有资料显示,到 2015 年全世界将有 25%的物种趋于灭绝,地球已基本丧失自我再生的能力。因此,如何根据生物资源的特性,合理利用和保护生物资源,已成为当前国际科学界密切关注的问题之一。

11.4 能源

能源亦称能量资源或能源资源，是指可产生各种能量(如热量、电能、光能和机械能等)或可做功的物质的统称，具体是指能够直接取得或者通过加工、转换而取得有用能的各种资源，包括煤炭、原油、天然气、煤层气、水能、核能、风能、太阳能、地热能、生物质能等一次能源和电力、热力、成品油等二次能源，以及其他新能源和可再生能源，是国民经济的重要物质基础，能源的开发和有效利用程度以及人均消费量是生产技术和生活水平的重要标志。

能源种类繁多，而且经过人类不断的开发与研究，更多新型能源已经开始能够满足人类需求。根据不同的划分方式，能源也可分为不同的类型，主要分法如下。

1. 按来源分

此可分为3类：①来自地球外部天体的能源(主要是太阳能)。除直接辐射外，并为风能、水能、生物能和矿物能源等的产生提供基础。人类所需能量的绝大部分都直接或间接地来自太阳。正是各种植物通过光合作用把太阳能转变成化学能在植物体内贮存下来。煤炭、石油、天然气等化石燃料也是由古代埋在地下的动植物经过漫长的地质年代形成的。它们实质上是由古代生物固定下来的太阳能。②地球本身蕴藏的能量。如原子核能、地热能等。③地球和其他天体相互作用而产生的能量，如潮汐能。温泉和火山爆发喷出的岩浆就是地热能的表现。

2. 按能源的基本形态分

此可分为一次能源和二次能源。前者即天然能源，是指在自然界现成的能源，如煤炭、石油、天然气、水能等。后者是指由一次能源加工转换而成的能源产品，如电力、煤气、蒸汽及各种石油制品等。一次能源又可分为可再生能源(如水力资源)和不可再生能源(如煤炭、石油、天然气资源)。

3. 按能源性质分

此主要有燃料型能源(煤炭、石油、天然气、泥炭、木材)和非燃料型能源(水能、风能、地热能、海洋能)。人类利用自己体力以外的能源是从用火开始的，最早的燃料是木材，以后用各种化石燃料，如煤炭、石油、天然气、泥炭等。现正研究利用太阳能、地热能、风能、潮汐能等新能源。当前化石燃料消耗量很大，但地球上这些燃料的储量有限。未来铀和钍将提供世界所需的大部分能量。一旦控制核聚变的技术问题得到解决，人类实际上将获得无尽的能源。

4. 按能否造成污染分

根据能源消耗后是否造成环境污染可分为污染型能源和清洁型能源，污染型能源包括煤炭、石油等，清洁型能源包括水力、电力、太阳能、风能以及核能等。

5. 根据能源使用的类型

此可分为常规能源和新型能源。利用技术上成熟，使用比较普遍的能源叫做常规能源，包括一次能源中的可再生的水力资源和不可再生的煤炭、石油、天然气等资源。新近利用或正在着手开发的能源叫做新型能源，是相对于常规能源而言的，包括太阳能、风能、地热能、海洋能、生物能、氢能以及用于核能发电的核燃料等能源。由于新能源的能量密度较小，或品位较低，或有间歇性，按已有的技术条件转换利用的经济性尚差，还处于研究、发展阶段，只能因地制宜地开发和利用；但新能源大多数是再生能源，资源丰富，分布广阔，是未来的主要能源之一。

中国是当今世界上最大的发展中国家，发展经济，摆脱贫困，是中国政府和中国人民在相当长一段时期内的主要任务。20世纪70年代末以来，中国作为世界上发展最快的发展中国家，社会经济发展取得了举世瞩目的辉煌成就，成功地开辟了有中国特色社会主义道路，为世界的发展和繁荣作出了重大贡献。目前，中国是世界上第二位能源生产国和消费国，能源供应持续增长，为经济社会发展提供了重要的支撑；能源消费的快速增长，为世界能源市场创造了广阔的发展空间。中国已经成为世界能源市场不可或缺的重要组成部分，对维护全球能源安全，正在发挥着越来越重要的积极作用。

中国政府正在以科学发展观为指导，加快发展现代能源产业，坚持节约资源和保护环境的基本国策，把建设资源节约型、环境友好型社会放在工业化、现代化发展战略的突出位置，努力增强可持续发展能力，建设创新型国家，继续为世界经济发展和繁荣作出更大贡献。中国能源资源有以下特点：

(1) 能源资源总量比较丰富。中国拥有较为丰富的化石能源资源，其中煤炭占主导地位。2006 年，煤炭保有资源量 10 345 亿吨，剩余探明可采储量约占世界的 13%，列世界第三位。已探明的石油、天然气资源储量相对不足，油页岩、煤层气等非常规化石能源储量潜力较大。中国拥有较为丰富的可再生能源资源。水力资源理论蕴藏量折合年发电量为 6.19 万亿千瓦时，经济可开发年发电量约 1.76 万亿千瓦时，相当于世界水力资源量的 12%，列世界首位。

(2) 人均能源资源拥有量较低。中国人口众多，人均能源资源拥有量在世界上处于较低水平。煤炭和水力资源人均拥有量相当于世界平均水平的 50%，石油、天然气人均资源量仅为世界平均水平的 1/15 左右。耕地资源不足世界人均水平的 30%，制约了生物质能源的开发。

(3) 能源资源赋存分布不均衡。中国能源资源分布广泛但不均衡。煤炭资源主要赋存在华北、西北地区，水力资源主要分布在西南地区，石油、天然气资源主要赋存在东、中、西部地区和海域。中国主要的能源消费地区集中在东南沿海经济发达地区，资源赋存与能源消费地域存在明显差别。大规模、长距离的北煤南运、北油南运、西气东输、西电东送，是中国能源流向的显著特征和能源运输的基本格局。

(4) 能源资源开发难度较大。与世界相比，中国煤炭资源地质开采条件较差，大部分储量需要井工开采，极少量可供露天开采。石油天然气资源地质条件复杂，埋藏深，勘探开发技术要求较高。未开发的水力资源多集中在西南部的高山深谷，远离负荷中心，开发难度和成本较大。非常规能源资源勘探程度低，经济性较差，缺乏竞争力。

改革开放以来，我国能源工业迅速发展，为保障国民经济持续快速发展作出了重要贡献。经过几十年的努力，已经初步形成了以煤炭为主体、以电力为中心、石油天然气和可再生能源全面发展的能源供应格局，基本建立了较为完善的能源供应体系，供给能力明显提高，能源节约效果显著，能源消费结构优化，科技水平提高，能源市场环境逐步完善。

11.5 人口

中国是世界上人口最多的国家。2011 年，在中国大陆上居住着 1 339 724 852 人(不包括香港特别行政区、澳门特别行政区和台湾省)，约占世界总人口的 19%。中国每平方公里平均人口密度为 130 人，且分布很不均衡：东部沿海地区人口密集，每平方公里超过 400 人；中部地区每平方公里为 200 多人；而西部高原地区人口稀少，每平方公里不足 10 人。1949 年新中国成立时，中国大陆人口为 54 167 万人。由于社会安定、生产发展、医疗卫生条件改善，致使人口迅速增长，到 1969 年已达 80 671 万人。从 1969 年开始，中国政府越来越深刻地认识到：人口增长过快对经济、社会发展不利，还会对居民的就业、住房、交通、医疗等方面造成极大困难；如果不能有效地遏制人口的过快增长、不能缓解人口增长对土地、森林和水资源等构成的巨大压力，那么未来几十年后的生态和环境恶化将不可避免，这无疑危及人民起码的生存条件和社会经济的可持续发展。鉴于国家大、底子薄、人口多、耕地少等基本国情，我国于20世纪70年代初开始大力推行计划生育，并在1978年以后将计划生育纳入基本国策，控制人口增长，以促进人口与经济、社会、资源、环境协调发展。这一政策实施后，人口出生率逐年下降。第六次人口普查的数据显示，同第五次全国人口普查2000年11月1日0时的126 588万人相比，十年共增加7 390万人，增长5.83%。平均每年增加739万人，年平均增长率为0.57%，已属世界上人口增长最慢的国家之一。

人口众多、环境承载能力较弱是我国现阶段的基本国情，短时间内难以改变。人口问题是我国在社会主义初级阶段长期面临的问题，是关系我国经济社会发展的关键性因素。

统筹解决人口问题始终是我国实现经济发展、社会进步和可持续发展面临的重大而紧迫的战略任务。从20世纪70年代以来，我国政府坚持不懈地在全国范围推行计划生育基本国策，要求晚婚晚育，强制一对夫妻生育一个孩子，少数民族依照法律法规可以安排生育第二个子女。经过30年的努力，中国在经济还不发达的情况下，骤然减少了人口增长，把生育水平降到了更替水平以下，实现了人口再生产类型由高出生率、低死亡率、高自然增长率向低出生率、低死亡率、低自然增长率的历史性转变，使中国成为一个“未富先老”的国家，对稳定世界人口作出了积极的贡献。我国政府坚持人口与发展综合决策，将人口发展纳入国民经济和社会发展总体规划，努力使人口发展与经济社会发展相协调，与资源利用和环境保护相适应。

自20世纪90年代以来，每年召开人口、资源、环境工作专题座谈会，统筹考虑，协调部署，动员全社会力量，采取法律、倡导、经济、行政等多种措施综合治理和解决人口问题，把发展经济、开展计划生育、普及教育、提高健康水平、消除贫困、完善社会保障、提高妇女地位、建设文明幸福家庭等紧密结合起来。2003年，将国家计划生育委员会更名为国家人口和计划生育委员会，以加强人口发展战略研究和综合协调，更加科学地制定和实施人口发展规划。2004年初，我国政府组织多学科的专家学者，正式启动了“国家人口发展战略研究”，对人口数量、素质、结构、分布等的变化趋势及其与经济、社会、资源、环境的相互影响进行全面、深入、系统的研究。国家人口发展战略研究已经提出了优先投资于人的全面发展，将人口大国转变为人力资本强国的人口发展战略思路，为科学制定国家中长期人口发展规划和国民经济总体规划，实现人口经济社会资源环境的协调、可持续发展提供决策支持。

我国政府实行的计划生育政策，大大减缓了中国人口的进一步增长，人口素质不断提高。近年来，由于积极推进人口城镇化和产业结构升级，实施城市带动农村、工业反哺农业的发展战略，采取多种措施和合理规划，引导农村富余劳动力向非农产业转移，努力改善农民进城务工环境，促进农村劳动力有序流动。但是由于人口基数大，我国人口总数依然很大，并且有较严重的老龄化趋势，性别比例失衡，流动迁移人口持续增加，劳动年龄人口总量保持增长态势，就业压力始终较大等社会问题加重。

人口与环境是一个完整的、具有一定结构和功能的系统，两者都是一定的生产力和生产关系的产物。生活在环境总体中的人口，从各种不同环境中取得生存所必需的各项资源，不时与环境中的不利因素相抗衡又相适应，并通过劳动作用着、改变着环境。人类无法脱离自然界而独立生存，但人口的发展不能单纯依靠自然界的赐予，而必须适应和改造自然。全球自然生态系统的生产能力所能维持的人口，为数极为有限，估计不超过2 000万人。整个人类社会发展史，从生产力方面而言，是人类适应、改造自然的历史。在一定生产关系下的生产力发展中，包含着利用、开发自然的新方法和新型的人口生态行为。人们不可能超越自然规律和社会规律而任意地改变环境，否则，改变的能量越大，所受的惩罚也越大。

长期以来，人们对人口与环境的相互依存、相互制约的关系认识不足，重视不够。在改造环境上，往往为了局部的、眼前的利益而损害整体的和长远的利益，导致生态危机。例如，盲目地开垦林地草原、围耕湖塘水域，虽然在一定时间内产出增多，但从长远看造成土地和草原的沙化、盐碱化以及水土流失，耕地面积缩小和肥力递减。又如滥伐林木、掠夺性的捕捉野生和海洋生物，破坏了生态平衡，远不是短期内所能恢复的。古代美索不达米亚、小亚细亚等地区为了扩大耕地，把森林砍伐殆尽，失去了积聚和贮存水分的中心，终于使这些地方成为不毛之地。在人口与环境的矛盾上，人口膨胀是核心问题。人口对环境的压力不仅表现在人口数量的增加上，还由于人均消费水平的提高。如果人口增加和人均消费提高两者结合，对环境的冲击则更为强烈。人类无时无刻不对自然施加影响，或大或小地打破着原有的生态平衡，要求环境提供新的发展条件，以建立新的生态平衡。随着工业化的发展而出现的种种环境污染问题和生态危机，并不表明人口压力已绝对地超过了地球的承载能力，更非地球生态系统已临近崩溃。问题的产生，在很大程度上起因于人类对资源的严重浪费、社会机制的缺陷和国际经济体制的不合理。只要适当控制人口，提高科技水平，合理利用资源，推动社会进步，当前的生态危机是可以缓和并消除的。

思考题

1. 地球上主要有哪些自然资源？
2. 中国矿产资源的特点是什么？
3. 生物资源有何重要性？
4. 怎样理解资源、能源、人口与环境的关系？

第12章　可持续发展与环境

12.1　环境与发展

环境与发展，是当今国际社会普遍关注的重大问题。人类经过了漫长的奋斗历程，特别是自从产业革命以来，在改造自然和发展经济方面取得了辉煌的成绩。在人类社会生产力和生活水平提高的同时，也带来了环境质量恶化、生态失衡、资源匮乏、能源枯竭等负面影响。人们认识到通过资源、能源的高消耗，片面追求经济数量的增长和"先污染后治理"的传统发展模式已经不再适应当今及未来发展的要求，而是必须努力寻求一条人口、经济、社会、环境和资源相互协调，既能够满足当代人的需求，又不对满足后代人需求的能力构成危害的可持续发展模式。

环境与发展的关系是人类的经济活动和社会行为与环境的关系，包括了经济与环境、人口与环境、科学技术与环境、政治与环境、文化与环境、道德与环境等关系。

1. 经济与环境

经济生产的过程也就是把自然资源变成社会财富的过程。但是环境资源毕竟是有限的，环境作为经济发展的物质条件和基础，一方面可以直接支持与促进经济发展；另一方面也会在一定的条件下制约经济发展的方向、规模和速度。

在经济与环境的关系中，经济是矛盾的主要方面，起着主导作用。若以大量消耗资源、能源的粗放型发展模式盲目进行开发建设，牺牲环境求发展，势必会造成环境的污染和破坏。而以建立低消耗、高效益的社会经济结构，转变经济增长方式，提高资源、能源利用率与转化率，为环境保护提供物质和技术支持，才能促使经济与环境协调发展。

2. 人口与环境

环境是人口发展的物质基础和制约因素。人口是开发环境的动力，保持适度的人口数量有利于合理开发利用资源、保护生态环境；但是，一旦人口增长失控，作为社会消费主体，过多的人口将对环境构成巨大压力，造成环境的污染和破坏。因此，有计划地控制人口增长，提高人口素质，有助于与环境之间协调发展。

3. 科学技术与环境

科学技术的进步在增强人类利用和改造环境的能力同时，也大规模地改变了环境的组成和结构，改变了环境中的物质循环系统。随着建立在科学技术成果之上的现代化工业的迅猛发展，造成了气候变化、臭氧层破坏、生物物种锐减等环境问题。反过来，人们也可以利用科学技术来保护环境。例如，人类可以通过节能、新能源开发等来应对气候变化问题；开发新的制冷技术，寻找氟利昂的替代物，来制止其对臭氧层的破坏；大力推行清洁生产，逐步扩大生态设计和生态建设的范围和规模等。因此，重点在于如何合理地运用科学技术，使其与环境之间协调发展。

12.2 可持续发展的提出与发展

“可持续发展”是人类探索发展的一种新思路，它不仅涉及人类未来的前途和命运，而且对人们的思维方式、生产方式和生活方式都将产生巨大的影响。作为一种全新的发展观，它经历了启蒙、争论到形成共识的过程。

20世纪50～60年代，一些有远见的科学家对环境问题进行了深刻的反思。作为人类生存危机和发展危机的先觉者，他们写下充满忧患意识的“绿色经典”，向人类发出了警告和劝诫。遗憾的是，当时的人们盲目沉迷于经济增长所带来的种种好处之中，对这些明智的劝告无动于衷。20世纪70年代初，罗马俱乐部以异常鲜明的论点把全球问题摆在世人面前，再次向人类敲响了警钟。此后，一大批关心人类前途和命运的学者就资源、环境、人口、经济和社会发展等问题展开了激烈的辩论，并提出了解决全球问题的种种方案。探索者的呐喊以及全球范围内的大辩论，终于使人类从困惑中觉醒。到20世纪80年代，人类终于就走可持续发展之路达成共识。

12.2.1 启蒙与探索

1.《沙乡年鉴》

奥尔多·利奥波德被誉为美国新保护运动的“先知”、“美国新环境理论的创始者”，其代表作《沙乡年鉴》被认为是自然史文献中的一部经典，是环境保护主义的圣经。1933年，威斯康星大学农业管理系野生动物管理学教授利奥波德在威斯康星河畔购买了一座荒芜的沙乡农场，在此后的十几年间，利奥波德在沙乡上进行恢复生态完整性的探索。通过长年的细心观察和深刻思考，他写下了《沙乡年鉴》一文。利奥波德在文中指出，人口和经济不可能无限地增长，不能盲目地追求所谓“密度”，人类应该维持生态系统“持续的承载能力”。

遗憾的是，利奥波德关于人口、经济增长有限的观点虽然比《增长的极限》要早24年，但他的呐喊并没有引起当时人们的反应。

2.《寂静的春天》

1958年1月，美国海洋生物学家蕾切尔·卡逊收到了一封来自马萨诸塞州杜可波斯里镇的朋友奥尔加·哈金丝的信，信中说她生活的小村镇已变得毫无生气，她在家居后院所饲养的野鸟都死了，1957年飞机曾在那儿喷过杀虫剂消灭蚊虫。卡逊于是开始收集杀虫剂危害环境的证据。1962年，卡逊所著《寂静的春天》出版，向公众陈述了杀虫剂的潜在危险，书中描述“这是一个没有声息的春天。这儿的清晨曾经荡漾着乌鸦、鹩鸟、鸽子的合唱以及其他鸟鸣的音浪；而现在一切声音都没有了，只有一片寂静覆盖着田野、森林和沼泽。”因其影响，在美国各州通过立法以限制杀虫剂的使用，曾获得诺贝尔奖的DDT和其他几种剧毒杀虫剂都被从生产与使用的名单中彻底清除。

卡逊指出，人类正站在两条道路的交叉口上：长期以来，人类一直行驶在“控制自然”的道路上高速行驶，取得了一系列成就，这条道路使人容易错认为是一条舒适的、平坦的超级公路，在它的前面，等待着人类的将是灾难；而另一条道路，“自然控制”，是一条很少有人走过的岔路，为我们提供了最后唯一的机会让我们保住我们的地球。

《寂静的春天》为人类的前途描绘出一幅黯淡的图景。它警告人们要正视由于人类自身的生产活动而导致的严重后果，标志着人类关心生态环境问题的开始。

12.2.2　碰撞与争鸣

1.《增长的极限》

1972 年,以美国麻省理工学院米都斯为首的美国、西德、挪威等一批西方科学家组成的罗马俱乐部发表了关于世界趋势的研究报告《增长的极限》,其中心论点是:人口增长、粮食生产、投资增长、环境污染和资源消耗具有按指数增长的性质,如果按这个趋势继续下去,我们这个星球上的经济增长在今后 100 年内的某个时期将达到极限,世界就会面临一场"灾难性"的崩溃,而避免这种前景最好方法是限制增长,即"零增长"。

针对《增长的极限》所提出的观点,许多学者纷纷提出自己的看法,并就有关问题展开争鸣。论辩主要集中在以下三个方面:①关于《增长的极限》所用模型的缺陷;②关于技术在人类社会发展中的作用;③关于"零增长"模式。

增长极限论以"增长—资源—环境"的相互关系为出发点,将人置于完全被动的地位,忽视了人类把握自己命运和行为的能动作用,忽视了技术进步对经济社会发展的巨大促进作用,过分夸大了人口爆炸、粮食和能源短缺、环境污染等问题的严重性,它提出的解决问题"零增长"方案在现实世界中也难以推行,从急需摆脱贫困的发展中国家到仍想增加财富的发达国家都有许多人不同意它的方案,所以反对和批评的意见很多。

《增长的极限》所表达的发展观尽管过于悲观,但却警告人类要从人与自然的和谐角度看待发展。在发展过程中,经济发展不能过度消耗资源、破坏环境,人类要注意经济增长与资源环境的协调,应考虑资源环境的最终极限对人类发展和人类行为的影响,无疑给人类开出了一副清醒剂。

2.《今后二百年——美国和世界的一幅远景》

关于"极限"问题的争论,明显形成了两大派别:一派是米都斯等人,被称为悲观主义者;另一派以卡恩为代表,被称为乐观主义者。

1976 年,赫尔曼·卡恩、威廉·布朗和利昂·马特尔发表了他们在美国赫德森研究所职员的协助下完成的《今后二百年——美国和世界的一幅远景》,该书对《增长的极限》进行了几乎是逐条的批评。

卡恩等人把目前存在的种种问题放到人类历史上从 1775 年到 2175 年这长达 400 年的从世界性贫困迈向世界性繁荣的过渡时期的脉络中去观察。结果认为,未来确有可能潜存着既悲惨又不幸的危机,但这一潜在性悲惨的未来,绝不是人类必定遭到不可避免的毁灭性命运的预言,而是由于太成功、太幸福反而滋长和扩大痛苦感所造成的。

卡恩等人既承认人类面临着诸多现实困境,同时又对人类的未来充满信心。他们认为,人口增长过快、环境污染加剧、资源匮乏等全球问题是"基本上能解决的问题,或者是在近期或中期的未来可解决的问题,是过渡时期中的一些过渡问题,是处在世界贫穷和世界繁荣之间的一个时期的问题。"

3.《公元 2000 年的地球》

20 世纪 70、80 年代先后爆发了两次石油危机,随之发生在发达国家之间的经济危机进一步加深。资源、能源、环境及其对世界未来的影响问题,以非常现实的方式引起了人们对全球问题的高度重视。于是,在 80 年代,围绕增长极限论而展开的争论形成了第二次高潮。

1977 年 5 月,美国总统吉米·卡特指示由总统咨询机构环境质量委员会与国务院一起会同农业部、能源部、国际开发署、中央情报局等 11 个联邦政府机构,组织上千名专家着手开展一项投资百万美元、历时三年、规模空前的未来研究。目的是研究“到本世纪末时，世界人口、自然资源和环境可能发生的变化”，作为长期规划的基础。1980 年美国政府发表了《公元 2000 年的地球》的研究报告，从全球角度对未来人口、资源和环境进行预测的报告。该报告的基调与《增长的极限》形成和弦和共振，指出照目前趋势发展，到 2000 年可能会发生规模惊人的世界性问题："环境、资源和人口的压力正在加剧，并将日益决定着地球上的人类的生活质量。这种压力已经严重到难以满足千百万人民对食物、住房、健康和就业的基本需要，或有任何改善的愿望。与此同时，地球的负担能力，生物系统为人类的需要提供资源的能力，正在下降。”

许多学者认为，这份报告过于悲观。报告的所有结论都一再用“如果目前这种趋势继续下去”这种假设。但是，人类在面临危险或不愉快的局面时，几乎从来不持消极被动的态度，许多国家已经采取了改变局面的行动。

4.《没有极限的增长》

对《公元 2000 年的地球》批评最激烈的是美国马里兰大学教授朱利安·林肯·西蒙。

1981 年，西蒙发表了《没有极限的增长》一书。他认为，自然资源的供应不是有限的，而是无限的。地球资源的量在任何时候都是搞不清的，各种资源只是在需要时才被探寻和开采；即使我们十分精确地知道自然资源的数量也没有什么经济意义，因为我们有能力开辟其他途径来满足我们的需要；技术总是不断进步的，所以自然资源的供应在任何一种经济意义上说都是无限的。

1984 年，西蒙发表了《资源丰富的地球——驳〈公元 2000 年的地球〉》。他认为，世界总的发展趋势是处于不断的改进之中，而不是逐渐恶化。人类在谈到未来时不免要担心资源枯竭、环境污染等危机，但正是这些危机在刺激着人类去寻找新的能源、新的生存之道。知识是推动世界进步的动力，世界需要人类的共同努力去改变自己的命运。

12.2.3 全球的觉醒

20 世纪 70 年代以后，世界环境保护运动进入了自觉的阶段，人们自觉地投身于环境保护运动的行列。人们的视野已开始超越地区和国家、民族的地理界限，开始从全球的角度思考环境污染问题。与此同时，世界相继爆发了能源危机、粮食危机、经济危机。人类面临这些困境和危机，陷入深刻的反思。国际社会召开了一系列会议，探讨人类面临的环境问题。人们发现，环境问题其实不是一个孤立的问题，它与经济、政治、文化、社会发展等因素息息相关，必须从整个生态系统和整个社会发展的角度思考人类面临的困境和难题。必须建立一种全新的发展观，必须寻找一种全新的发展方式。

1972 年 6 月联合国在瑞典斯德哥尔摩召开人类环境会议，为可持续发展奠定了初步的思想基础。这是首次讨论和解决环境问题的全球性会议，共有 114 个国家代表参加，发表了题为《只有一个地球》的人类环境宣言。会议宗旨是取得共同的看法和制定共同的原则以鼓舞世界人民保持和改善人类环境。

由于当时发展中国家经济比较落后，环境问题并不突出，偏颇地认为环境污染是资本主义发展的必然趋势，社会主义在这方面有无比的优越性。所以在此大会上只是强调发达国家造成的污染，强调的是单纯的环境问题，没有更直接的关注环境与发展之间的相互依存性，就环境问题去治理环境，不能从根本上找到解决问题的出路，因此各国在解决环境问题上未能达成共识。但是，这次会议唤起了世人对环境问题的觉醒，西方发达国家开始了对环境的认真治理，会议文件中已闪烁出可持续发展思想的火花，为研究和解决全球环境问题带来了新的曙光，是人类关于环境与发展问题思考的第一个里程碑。

12.2.4　全球的共识

1980 年 3 月 5 日，联合国向全世界发出呼吁："必须研究自然的、社会的、生态的以及利用自然资源过程中的基本关系，确保全球的持续发展。"1983 年 12 月，联合国第 38 届大会通过 38/161 号决议，决定成立世界环境与发展委员会(WECD)。1984 年 10 月，该委员会正式成立，由挪威首相布伦特兰夫人任主席，成员有在经济、政治、社会、科学、教育等方面的 22 位代表，其中 14 人来自发展中国家，包括中国的马世骏教授。联合国要求世界环境与发展委员会以"可持续发展"为基本纲领，制定"全球的变革日程"。世界环境与发展委员会经过 3 年的努力，历时 900 余天，于 1987 年完成了《我们共同的未来》报告。

在《我们共同的未来》中首次正式提出了可持续发展的概念，使可持续发展的思想和战略逐步得到各国政府和各界的认可与赞同。这反映了人类对自身以前走过的发展道路的怀疑和抛弃，也反映了人类对今后选择的发展道路和发展目标的憧憬和向往。人们逐步认识到过去的发展道路是不可持续的，或至少是不够持续的，因而是不可取的。唯一可供选择的道路是走可持续发展之路。人类的这一次反思是深刻的，得出的结论具有划时代的意义。这正是可持续发展的思想得以在全世界不同经济水平和不同文化背景的国家能够得到共识和普遍认同的根本原因。

12.2.5　从理论走向实践

1992 年 6 月，联合国在巴西的里约热内卢召开了环境与发展大会，共 183 个国家的代表团和联合国及其下属机构等 70 个国际组织的代表出席了会议，102 位国家元首或政府首脑到会讲话，我国也派出了由总理率团的代表团出席。这次大会深刻认识到环境与发展密不可分，否定了工业革命以来那种"高生产、高消费、高污染"的传统发展模式及"先污染、后治理"的道路，主张要为保护地球生态环境、实现可持续发展建立"新的全球伙伴关系"，通过和签署了为开展全球环境与发展领域合作、实现可持续发展的一系列重要文件，如《里约热内卢环境与发展宣言》、《21 世纪议程》、《关于森林问题的原则声明》、《生物多样性公约》等等。

会议使人类转变传统发展模式和生活方式，第一次把可持续发展由理论和概念推向行动，加深了人们对环境问题根源与实质的认识，把环境问题与经济、社会发展结合起来，树立了环境与发展相互协调的观点，明确了在发展中解决环境问题的新思路，是人类关于环境与发展问题思考的第二个里程碑。

12.3　可持续发展的内涵与原则

12.3.1　可持续发展的定义

"可持续发展"一词在国际文件中最早出现于 1980 年由世界自然保护同盟在世界野生动物基金会的支持和协助下制定和发布的《世界自然保护大纲》，指的是对资源的一种管理战略，即如何仅将全部资源中合理的那一部分加以收获，使得资源恢复能力不受破坏，而新成长的资源数量足以弥补所收获的资源数量。之后，可持续发展这一战略思想更广泛地被哲学、经济学和社会学等社会科学领域诸多学者所接受和使用。这些学者分别从可持续发展的自然属性、社会属性、经济属性、科技属性等方面出发，对可持续发展的概念提出了自己的理解。

1. 强调可持续发展自然属性的定义

持续性这一概念最早是由生态学家提出来的，用于说明生态的持续性问题。

生态学家们主要从自然科学的角度，把可持续发展视为“自然资源及其开发利用之间的平衡”，1991 年 11 月，在国际生态学联合会（INTECOL）和国际生物科学联合会（IUBS）联合举行的关于可持续发展问题的专题研讨会，可持续发展被定义为：“保护和加强环境系统的生产和更新的能力。”该定义强调可持续发展的自然属性，明确提出可持续发展是不超越环境系统更新能力的发展。

有的学者从整个人类生存生活的生物圈的概念出发，强调可持续发展的自然属性，认为可持续发展是寻求一种最佳的生态系统，以支持生态的完整性和人类整体生存生活愿望的实现，使人类的生存环境得以持续。

2. 强调可持续发展社会属性的定义

1991 年，在世界自然保护同盟（INCN）、联合国环境开发署（UNEP）和世界野生生物基金会（WWF）共同发布的《保护地球——可持续生存战略》中，提出了突出强调可持续发展社会属性的概念，将可持续发展定义为：“在生存于不超出维持生态系统涵容能力的情况下，改善人类的生活品质。”

该战略充分论证了可持续发展的最终落脚点在人类社会，即改善人类社会的生活品质，创造美好的生活环境。明确提出，虽然任何国家都可以根据自己的国情制订各不相同的发展目标，但是只有在发展的内涵中包含有提高人类健康水平、改善人类生活质量和获得必须资源的途径，并创造一个保证人人平等、自由、人权的环境，只有使我们的生活在所有这些方面都得到改善的发展，才是真正的发展。

3. 强调可持续发展经济属性的定义

从经济属性定义可持续发展的学者很多，表述方式也不尽相同，但不管哪一种表述，都具有以下共同特征：都认为可持续发展的核心是经济的发展；都强调经济发展不再是以牺牲资源和环境为代价的经济发展，而是“不降低环境质量和不破坏世界自然资源基础的经济发展”。

例如，爱德华在他的著作《经济、自然资源、不足和发展》中，把可持续发展定义为：“在保持自然资源的质量和其所提供的服务的前提下，使经济发展的净利益增加到最大限度”；还有的学者进一步明确提出，可持续发展就是“今天的资源使用，不应减少未来的实际收入”；英国环境经济学家皮尔斯等认为，可持续发展就是“当发展能够保证当代人的福利增加时，也不会使后代人的福利减少”。

4. 强调可持续发展科技属性的定义

实现可持续发展，离不开科技进步的支撑，正因为如此，一些学者又尝试着从技术选择的角度扩展可持续发展的定义。其中，有的学者提出：“可持续发展就是转向更清洁、更有效的技术，尽可能接近‘零排放’或‘密闭式’的工艺方法，尽可能减少能源和其他自然资源的消耗”；还有的学者提出：“可持续发展就是建立极少产生废料和污染物的工艺和技术系统”。

这些学者有这样一点共识：污染并不是工业活动不可避免的结果，而是技术差、效率低、管理不善造成的，因此主张发达国家与发展中国家之间加强技术合作，以缩小技术差距，提高发展中国家的经济生产力，增加环境保护的投入，建议在全球范围内开发更有效地使用矿物能源的技术，提供安全而又经济的可再生能源技术，以限制二氧化碳的排放，并通过恰当的技术选择，停止某些化学品的生产与使用，以保护臭氧层，逐步解决全球环境问题。

上述的各种定义强调的侧重点虽然不同，但却都力图从不同侧面来体现可持续发展的战略思想所追问的最基本的问题关键：人类的活动与自然环境之间的关系。未来的发展模式必须解决人类活动与自然环境之间的矛盾，这是所有想给可持续发展下定义的人的共同想法。

当前人们普遍接受的可持续发展的定义主要来自《我们共同的未来》，该报告指出可持续发展是既满足当代人的需求，又不对后代人满足其自身需求的能力构成危害的发展。

12.3.2 可持续发展的内涵

可持续发展应当是经济可持续、社会可持续和生态可持续三个方面的和谐统一，是一个涵盖内容极为广泛的概念。

1. 经济可持续发展

可持续发展鼓励经济持续增长。因为经济增长是国家实力和社会财富的体现，它既为提高人民生活水平及其质量提供保障，也为可持续发展提供必要的物力和财力。我们强调可持续发展，但不能以保护环境为由遏制经济增长。

当然，经济持续增长不仅要重视数量的增长，更要追求质量的增长，这就客观地要求改变传统的以"高投入、高消耗、高污染"为特征的粗放型经济增长模式，实现以"提高效益、节约资源、减少废物"为特征的集约型经济增长。同时，要相应改变传统的消费模式，进行文明消费。

2. 社会可持续发展

可持续发展强调社会公平，没有社会公平，就没有社会的稳定。不同的国家或区域，因其发展水平不同，在不同时期可持续发展的具体目标可能不尽相同，但其本质应当是一致的，即改善人类生活质量，提高人类健康水平，创造一个保障人人平等、自由和免受暴力，保障人人有受教育权和发展权，保障人权的社会环境。

3. 生态可持续发展

可持续发展不是无限的，而是有限的，因为它要与有限的自然承载能力相协调。正是这种发展的有限性，保证了生态的可持续性，也才使得持续的发展具有可能性。因此，生态的可持续与可持续发展是相辅相成的，前者是后者的前提，没有生态的可持续，就没有可持续发展；反过来，通过可持续发展又能够实现生态的可持续。

这就要求我们在追求发展时，必须同时注意保护环境，包括控制环境污染，改善环境质量，保护生命支持系统，保持地球生态的完整性，保证以持续的方式使用可再生资源，使人类的发展保持在地球的承载能力之内。

12.3.3 可持续发展的原则

可持续发展是一个内容很丰富的概念。就其经济观而言，主张建立在保护地球自然系统基础上的持续经济发展；就其社会观而言，主张公平分配，既满足当代人又要满足后代人的社会需求；就其自然观而言，主张人类与自然和谐相处。因此，可持续发展应遵守以下原则：

1. 公平性原则

可持续发展中蕴涵着一个全新的价值追求，即实现社会公平的发展。这种公平包含两方面的内容，即代内公平和代际公平。

(1) 代内公平

代内公平指发展要满足整代人的需求，而不是只满足一部分人的需求，同代人要依照公正、合理的原则担负各自的责任。可持续发展强调在满足全人类基本需求上的公平性和在社会财富分配上或以社会财富为基础的社会福利事业、社会文化发展分享上的公平性，即生存与发展权利上的公平性。发展是为了给人们创造更好的生存与发展条件，让全人类分享物质财富增长和社会进步所带来的好处。如果日益增加的物质财富和精神财富仅为少数阶层、少数集团享用，大多数民众所得很少，甚至成为经济增长的牺牲品，生活处于贫困状态，就可以说没有实现真正意义的发展。建立公平分配的格局，给当代人以公平的生存与发展权，是实现可持续发展的首要任务。

(2) 代际公平

可持续发展承认并遵守新的伦理准则，讲求代际公平，即当代人的发展与后代人的可持续发展的公平性。由于资源是有限的，所以，可持续发展要求当代人的发展不能以损害后代人满足其需求所必需的自然资源和环境为代价，强调今天的发展不能损害后代人满足需求的能力，应让后代人享有公平的自然资源和环境的利用权。代际之间应依照公正、合理的原则去使用和管理属于全人类的资源与环境。

2. 持续性原则

持续性原则强调的是人类的经济活动和社会发展不能超越自然资源与环境的承载能力，也就是说，可持续发展要求在人与自然之间实现和谐。这意味着人类的发展要以大气、水、土壤、生物等自然资源与环境的承受能力为限度，一旦这一基础遭到破坏，则人类的生存将受到威胁，发展更是无从谈起。

3. 共同性原则

可持续发展以全人类的发展为前提，将之定位为全球性和全人类的可持续发展，把实现可持续发展目标视为全球的联合行动，它关系到人类共有的家园——地球，进而关系到每一个国家、地区、每一个产业和企业，关系到每一个民族、每一个社会群体和家庭，关系到地球上的每一个人。因此，可持续发展是全球的发展目标。

可持续发展的共同性原则，在《我们共同的未来》中得到了具体体现。该报告强调指出，无论是发达国家还是发展中国家，无论是市场经济国家还是计划经济国家，其经济和社会发展的目标必须根据可持续性原则加以确定。解释可以不一，但必然有一些共同特点，必须从可持续发展的基本概念上和实现可持续发展大战略的共同认识出发。

12.4 可持续发展战略在中国的实施

可持续发展战略的实施对中国的发展具有重大意义，中国的人口多、人均资源少、生态脆弱，只有实施可持续发展才能振兴中华。中国政府把可持续发展既看作是挑战，更看作是机遇，十分重视对可持续发展战略的研究和实施，走出了一条独具特色的可持续发展道路。

12.4.1 可持续发展在中国的实施与成果

1992 年联合国环境与发展大会后，中国为了履行大会提出的任务，在世界银行和联合国开发署的支持下，先后完成了多项重大研究和方案，包括《中国环境与发展十大对策》和《中国 21 世纪议程》等。

2002 年中国政府向可持续发展世界首脑会议提交了《中华人民共和国可持续发展国家报告》，该报告全面总结了自 1992 年，特别是 1996 年以来，中国政府实施可持续发展战略的总体情况和取得的成就。

1. 控制人口增长，提高人口素质

经过长期不懈的努力，中国的人口增长率已明显低于世界其他发展中国家的平均水平，人口增长速度过快的势头得到初步控制，减缓了人口对环境的压力。居民的健康水平和受教育的程度都有较大的提高，特别是妇女在文化教育、劳动就业、参与社会活动等方面的成绩显著。

2. 加大扶贫力度，努力消除贫困

1994 年中国制定并开始实施《国家八七扶贫攻坚计划》，决心用 7 年左右的时间基本解决 8 000 万农村贫困人口的温饱问题。经过三年的努力，到 1996 年底，全国农村贫困人口已经由 8 000 万人降至 5 800 万人。

3. 综合整治城市环境，加快居民住宅建设

中国在城市化进程中，普遍按照城市总体规划的要求，加强基础设施建设，调整工业布局，加大城市工业污染防治力度，使城市的基础设施和环境质量都有了一定程度的改善；城市的住房建设取得较大的进展。

4. 强化土地资源管理，保持农业和农村经济持续稳定增长

1992 年联合国环境与发展大会之后，中国重新修订了《水土保持法》、《土地管理法》，颁布了《农业法》、《水法》、《农业技术推广法》，加大了农业执法的力度。划分了基本农田保护区，加强了对农业环境的整治，强化了对农业资源特别是耕地的保护，缓解了农业生态恶化的趋势。实施科教兴农战略，转变农业增长方式，大力推行生态农业，初步探索出一条具有中国特色的生态农业发展的道路。加大农田水利基本建设和水土保持的投入，在连续几年自然灾害比较严重的情况下，夺取了农业丰收，推进了农村经济的可持续发展。

5. 推行清洁生产，防治工业污染，促进工业增长方式的转变

通过调整工业结构，加快工业发展的技术进步和企业的技术改造步伐，强制淘汰污染严重的工艺技术和能耗、物耗高的设备、产品等方式，推行清洁生产，努力促进工业增长方式的转变。在工业污染防治方面，开始实行污染物全过程控制、浓度与总量控制相结合、集中控制与分散治理相结合的三个战略性的转变，完成了一批污染治理项目。实行优惠政策鼓励资源综合利用，不断提高资源的利用率。

6. 坚持能源开发与节约并重，把节约放在首位的方针，降低能源消耗，防治环境污染

正在制定《中华人民共和国节能法》。加强了工业生产的节能技术改造，淘汰了一大批能耗高的落后机电产品，调整了能源价格，通过这一系列措施，提高了能源的利用率，减少了能源的浪费。加快火电厂的技术改造，限制凝汽式小火电机组的发展，推广洁净煤技术，鼓励居民和工业生产使用型煤，减少对环境的污染。积极开发和推广新能源，加强农村小水电建设，缓解农村地区能源紧缺的状况。

7. 加强森林资源培育，继续实施林业生态体系工程建设

自 1990 年以来，全国已完成人工造林 2 410 万公顷，飞播造林 1 274 万公顷，封山育林 2 626 万公顷，森林覆盖率从 12.98%提高到现在的 13.92%，有 12 个省(区)基本消灭荒山荒地。除继续实施“三北”、“长江中上游”、“沿海”三个防护林体系建设工程和太行山绿化工程、平原农田防护林体系建设工程外，1995 年又新启动了淮河、太湖、珠江、辽河流域和黄河中游防护林体系建设工程。

8. 合理开发利用和保护水资源

1994 年，中国政府先后实施了淮河、海河、辽河以及太湖、滇池、巢湖等三河三湖的水污染防治工程。在工程治理的同时，下大力气调整产业结构，关闭造纸、皮革、印染、电镀等重污染

的小型企业。加强了农业节水与工业节水示范工程建设，实施了主要江河的防洪治理，建成了一批重要的、具有控制性功能和综合效益的大中型水利工程。在西部严重缺水的内蒙古、新疆、西藏等地区，开始实施一批大型水资源开发工程。配合扶贫工作，实施贫困地区饮水工程，5年来共解决了1.74亿人口的安全饮水问题。

9. 强化海洋资源管理，保护海洋环境

制定和完善海洋环境污染控制、生态保护、资源开发管理的法规体系，强化执法监督。实行休渔期制度，保护海洋渔业资源。建立海洋自然保护区，有效地保护了典型海洋生态系统和珍稀濒危物种。加强海洋生态监测系统与保护体系和环境预报服务体系建设，严格对沿岸海域污染的监督管理。实施科技兴海战略，开展海岛综合开发试验，加强海岸带资源与环境利用关键技术研究，积极发展海洋产业。

10. 合理开发利用气候资源，加强气候资源监测、评估和规划工作

合理开发利用气候资源是制定国民经济和社会发展计划以及规范经济活动的一项重要的基础性工作。近几年来，中国组织制定了《气候资源管理大纲》，在气候资源监测评价、区域规划和开发利用试验示范等方面作出了积极的努力，开展了中国三北地区农业气候资源开发利用潜力的研究活动。在青海、内蒙古等地建设了风能、太阳能综合发电示范工程，筹集资金组织进行了农业气候资源开发利用示范项目建设，极大地推动了气候资源的利用和开发工作。

11. 开展防灾减灾，努力减轻自然灾害

1989年4月，中国政府成立了“中国国际减灾十年委员会”，各级地方政府也分别成立了相应的综合减灾机构，制定了国家和重点地区综合减灾规划。加大抗灾工程建设的力度，建立和完善国家和重点地区灾害监测、预警与通讯系统，提高灾害应急能力。在救灾和灾害恢复方面，国家每年都拨出救灾专款，安排救济粮、救灾物资，保障了灾民的基本生活，做到了大灾之后基本杜绝传染病的流行。积极参与减灾领域的国际合作和交流，减轻各种灾害对社会、经济发展的影响。

12. 防治大气污染，认真履行国际公约

修订颁布了《大气污染防治法》，逐步试行城市大气污染物排放许可证制度。发展集中供热和城市燃气化建设。为了保护臭氧层，从1993年12月起，中国政府规定不准新建氯氟烃项目，并从1995年起对氯氟烃生产实行了许可证制度，限制生产数量。在家电行业，替代产品生产已从试验室阶段进入批量试生产阶段，气溶胶行业氯氟烃替代转化工作接近完成。中国政府高度重视《联合国气候变化框架公约》，积极参加了《公约》的有关工作，并作出自己的贡献。根据公约的有关规定，中国已提出了所需的技术转让初步清单，目前正在积极准备初始履约信息通报。中国正以积极的态度，采取适合中国国情的措施，努力减缓温室气体排放的增长率。

13. 开展固体废物的资源化和无害化管理

中国于1995年10月颁布了《固体废物污染环境防治法》。大力开展固体废物的综合利用，推行废物最小量化生产。加强了放射性废物的安全监督与管理。认真履行《控制危险废物越境转移及其处置巴塞尔公约》，严格控制危险废物的进口，多次查获并按该公约严肃处理了国外危险废物的非法进口事件。

14. 保护生物多样性，认真履行《生物多样性公约》

编制《中国生物多样性保护行动计划》及《中国生物多样性国别研究报告》。完善了生物多样性保护的法律、法规及管理制度，加强了能力建设，初步形成了中国自然保护区网络。实施了一系列濒危物种拯救工程。

中国政府积极履行《生物多样性公约》,成立了国家履约工作协调小组,认真履行《公约》的有关义务,积极推进生物多样性保护的国际合作。

12.4.2　“十二五”期间中国将采取的节能环保措施

《“十二五”规划纲要》指出,中国要走绿色发展的道路,建设资源节约型、环境友好型社会,并提出了一系列节能环保重点工程。

1. 积极应对全球气候变化

坚持减缓和适应气候变化并重,充分发挥技术进步的作用,完善体制机制和政策体系,提高应对气候变化能力。

(1) 控制温室气体排放

综合运用调整产业结构和能源结构、节约能源和提高能效、增加森林碳汇等多种手段,大幅度降低能源消耗强度和二氧化碳排放强度,有效控制温室气体排放。合理控制能源消费总量,严格用能管理,加快制定能源发展规划,明确总量控制目标和分解落实机制。推进植树造林,新增森林面积 1 250 万公顷。加快低碳技术研发应用,控制工业、建筑、交通和农业等领域温室气体排放。探索建立低碳产品标准、标识和认证制度,建立完善温室气体排放统计核算制度,逐步建立碳排放交易市场。推进低碳试点示范。

(2) 增强适应气候变化能力

制定国家适应气候变化总体战略,加强气候变化科学研究、观测和影响评估。在生产力布局、基础设施、重大项目规划设计和建设中,充分考虑气候变化因素。加强适应气候变化特别是应对极端气候事件能力建设,加快适应技术研发推广,提高农业、林业、水资源等重点领域和沿海、生态脆弱地区适应气候变化水平。加强对极端天气和气候事件的监测、预警和预防,提高防御和减轻自然灾害的能力。

(3) 广泛开展国际合作

坚持共同但有区别的责任原则,积极参与国际谈判,推动建立公平合理的应对气候变化国际制度。加强气候变化领域国际交流和战略政策对话,在科学研究、技术研发和能力建设等方面开展务实合作,推动建立资金、技术转让国际合作平台和管理制度。为发展中国家应对气候变化提供支持和帮助。

2. 加强资源节约和管理

落实节约优先战略,全面实行资源利用总量控制、供需双向调节、差别化管理,大幅度提高能源资源利用效率,提升各类资源保障程度。

(1) 大力推进节能降耗

抑制高耗能产业过快增长,突出抓好工业、建筑、交通、公共机构等领域节能,加强重点用能单位节能管理。强化节能目标责任考核,健全奖惩制度。完善节能法规和标准,制定完善并严格执行主要耗能产品能耗限额和产品能效标准,加强固定资产投资项目节能评估和审查。健全节能市场化机制,加快推行合同能源管理和电力需求管理,完善能效标识、节能产品认证和节能产品政府强制采购制度。推广先进节能技术和产品。加强节能能力建设。开展万家企业节能低碳行动,深入推进节能减排全民行动。提出节能改造、节能产品惠民工程、节能技术产业化示范工程以及合同能源管理推广工程等 4 项节能重点工程。

(2) 加强水资源节约

实行最严格的水资源管理制度,加强用水总量控制与定额管理,严格水资源保护,加快制定江河流域水量分配方案，加强水权制度建设，建设节水型社会。强化水资源有偿使用，严格水资源费的征收、使用和管理。推进农业节水增效，推广普及管道输水、膜下滴灌等高效节水灌溉技术，新增 5 000 万亩高效节水灌溉面积，支持旱作农业示范基地建设。在保障灌溉面积、灌溉保证率和农民利益的前提下，建立健全工农业用水水权转换机制。加强城市节约用水，提高工业用水效率，促进重点用水行业节水技术改造和居民生活节水。加强水量水质监测能力建设。实施地下水监测工程，严格控制地下水开采。大力推进再生水、矿井水、海水淡化和苦咸水利用。

(3) 节约集约利用土地

坚持最严格的耕地保护制度，划定永久基本农田，建立保护补偿机制，从严控制各类建设占用耕地，落实耕地占补平衡，实行先补后占，确保耕地保有量不减少。实行最严格的节约用地制度，从严控制建设用地总规模。按照节约集约和总量控制的原则，合理确定新增建设用地规模、结构、时序。提高土地保有成本，盘活存量建设用地，加大闲置土地清理处置力度，鼓励深度开发利用地上地下空间。强化土地利用总体规划和年度计划管控，严格用途管制，健全节约土地标准，加强用地节地责任和考核。单位国内生产总值建设用地下降 30%。

(4) 加强矿产资源勘查、保护和合理开发

实施地质找矿战略工程，加大勘查力度，实现地质找矿重大突破，形成一批重要矿产资源的战略接续区。建立重要矿产资源储备体系。加强重要优势矿产保护和开采管理，完善矿产资源有偿使用制度，严格执行矿产资源规划分区管理制度，促进矿业权合理设置和勘查开发布局优化。实行矿山最低开采规模标准，推进规模化开采。发展绿色矿业，强化矿产资源节约与综合利用，提高矿产资源开采回采率、选矿回收率和综合利用率。推进矿山地质环境恢复治理和矿区土地复垦，完善矿山环境恢复治理保证金制度。加强矿产资源和地质环境保护执法监察，坚决制止乱挖滥采。

3. 大力发展循环经济

按照减量化、再利用、资源化的原则，减量化优先，以提高资源产出效率为目标，推进生产、流通、消费各环节循环经济发展，加快构建覆盖全社会的资源循环利用体系。提出了资源综合利用、废旧商品回收体系示范、“城市矿产”示范基地、再制造产业化、餐厨废弃物资源化、产业园区循环化改造和资源循环利用技术示范推广等 7 项重点工程。

(1) 推行循环型生产方式

加快推行清洁生产，在农业、工业、建筑、商贸服务等重点领域推进清洁生产示范，从源头和全过程控制污染物产生和排放，降低资源消耗。加强共伴生矿产及尾矿综合利用，提高资源综合利用水平。推进大宗工业固体废物和建筑、道路废弃物以及农林废物资源化利用，工业固体废物综合利用率达到 72%。按照循环经济要求规划、建设和改造各类产业园区，实现土地集约利用、废物交换利用、能量梯级利用、废水循环利用和污染物集中处理。推动产业循环式组合，构筑链接循环的产业体系。资源产出率提高 15%。

(2) 健全资源循环利用回收体系

完善再生资源回收体系，加快建设城市社区和乡村回收站点、分拣中心、集散市场“三位一体”的回收网络，推进再生资源规模化利用。加快完善再制造旧件回收体系，推进再制造产业发展。建立健全垃圾分类回收制度，完善分类回收、密闭运输、集中处理体系，推进餐厨废弃物等垃圾资源化利用和无害化处理。

(3) 推广绿色消费模式

倡导文明、节约、绿色、低碳消费理念，推动形成与我国国情相适应的绿色生活方式和消费模式。鼓励消费者购买使用节能节水产品、节能环保型汽车和节能省地型住宅，减少使用一次性用品，限制过度包装，抑制不合理消费。推行政府绿色采购，逐步提高节能节水产品和再生利用产品比重。

(4) 强化政策和技术支撑

加强规划指导、财税金融等政策支持，完善法律、法规和标准，实行生产者责任延伸制度，制订循环经济技术和产品名录，建立再生产品标识制度，建立完善循环经济统计评价制度。开发应用源头减量、循环利用、再制造、零排放和产业链接技术，推广循环经济典型模式。深入推进国家循环经济示范，组织实施循环经济“十百千示范”行动。推进甘肃省和青海柴达木循环经济示范区等循环经济示范试点、山西资源型经济转型综合配套改革试验区建设。

4. 加大环境保护力度

以解决饮用水不安全和空气、土壤污染等损害群众健康的突出环境问题为重点，加强综合治理，明显改善环境质量。提出重点生活污水与垃圾处理设施建设工程、重点流域水环境整治工程、脱硫脱硝工程以及重金属污染防治工程等4项重点工程。

(1) 强化污染物减排和治理

实施主要污染物排放总量控制。实行严格的饮用水水源地保护制度，提高集中式饮用水水源地水质达标率。加强造纸、印染、化工、制革、规模化畜禽养殖等行业污染治理，继续推进重点流域和区域水污染防治，加强重点湖库及河流环境保护和生态治理，加大重点跨界河流环境管理和污染防治力度，加强地下水污染防治。推进火电、钢铁、有色、化工、建材等行业二氧化硫和氮氧化物治理，强化脱硫脱硝设施稳定运行，加大机动车尾气治理力度。深化颗粒物污染防治。加强恶臭污染物治理。建立健全区域大气污染联防联控机制，控制区域复合型大气污染。地级以上城市空气质量达到二级标准以上的比例达到80%。有效控制城市噪声污染。提高城镇生活污水和垃圾处理能力，城市污水处理率和生活垃圾无害化处理率分别达到85%和80%。

(2) 防范环境风险

加强重金属污染综合治理，以湘江流域为重点，开展重金属污染治理与修复试点示范。加大持久性有机物、危险废物、危险化学品污染防治力度，开展受污染场地、土壤、水体等污染治理与修复试点示范。强化核与辐射监管能力，确保核与辐射安全。推进历史遗留的重大环境隐患治理。加强对重大环境风险源的动态监测与风险预警及控制，提高环境与健康风险评估能力。

(3) 加强环境监管

健全环境保护法律法规和标准体系，完善环境保护科技和经济政策，加强环境监测、预警和应急能力建设。加大环境执法力度，实行严格的环保准入，依法开展环境影响评价，强化产业转移承接的环境监管。严格落实环境保护目标责任制，强化总量控制指标考核，健全重大环境事件和污染事故责任追究制度，建立环保社会监督机制。

5. 促进生态保护和修复

坚持保护优先和自然修复为主，加大生态保护和建设力度，从源头上扭转生态环境恶化趋势。提出天然林资源保护二期工程、退耕还林还草、防护林体系建设、京津风沙源治理、重点自然生态系统保护、草原生态保护与建设、水土保持与河湖生态修复、岩溶地区石漠化综合治理、黄土高原地区综合治理、西藏生态安全屏障保护与建设、三江源自然保护区生态保护与建设、祁连山水源涵养区生态保护和综合治理、甘南黄河重要水源补给生态功能区生态保护与建设以及青藏高原东南缘生态环境保护等14项重点工程。

(1) 构建生态安全屏障

加强重点生态功能区保护和管理,增强涵养水源、保持水土、防风固沙能力,保护生物多样性,构建以青藏高原生态屏障、黄土高原—川滇生态屏障、东北森林带、北方防沙带和南方丘陵山地带以及大江大河重要水系为骨架,以其他国家重点生态功能区为重要支撑,以点状分布的国家禁止开发区域为重要组成的生态安全战略格局。

(2) 强化生态保护与治理

继续实施天然林资源保护工程,巩固和扩大退耕还林还草、退牧还草等成果,推进荒漠化、石漠化和水土流失综合治理,保护好林草植被和河湖、湿地。搞好森林草原管护,加强森林草原防火和病虫害防治,实施草原生态保护补偿奖励机制。强化自然保护区建设监管,提高管护水平。加强生物安全管理,加大生物物种资源保护和管理力度,有效防范物种资源丧失与流失,积极防治外来物种入侵。

(3) 建立生态补偿机制

按照谁开发、谁保护、谁受益、谁补偿的原则,加快建立生态补偿机制。加大对重点生态功能区的均衡性转移支付力度,研究设立国家生态补偿专项资金。推行资源型企业可持续发展准备金制度。鼓励、引导和探索实施下游地区对上游地区、开发地区对保护地区、生态受益地区对生态保护地区的生态补偿。积极探索市场化生态补偿机制。加快制定实施生态补偿条例。

思考题

1. 如何理解环境与发展的关系?
2. 什么是可持续发展?
3. 可持续发展应遵循哪些原则?
4. 我国在可持续发展方面取得了哪些成就?
5. 你认为我国今后应如何实现可持续发展?

参考文献

[1] 盛连喜. 现代环境科学导论. 北京:化学工业出版社,2002.
[2] 林肇信、刘天齐,等. 环境保护概论. 北京:高等教育出版社,1999.
[3] 何强,等. 环境学导论. 北京:清华大学出版社,1987.
[4] 窦贻俭. 环境学原理. 南京:南京大学出版社,1997.
[5] 唐永銮. 环境学导论. 北京:高等教育出版社,1987.
[6] 关伯仁. 环境科学基础教程. 北京:中国环境科学出版社,1995.
[7] G. M. 马斯特斯. 环境科学技术导论. 北京:科学出版社,1982.
[8] 程发良,等. 环境保护基础. 北京:清华大学出版社,2002.
[9] 陈英旭. 环境学. 北京:中国环境科学出版社,2001.
[10] 刘培桐. 环境学概论. 北京: 高等教育出版社. 1994.
[11] 贾振邦,黄润华. 环境学基础教程. 北京: 高等教育出版社. 2004.
[12] 钱易,唐孝炎. 环境保护与可持续发展. 北京:高等教育出版社,2000.
[13] 孙鸿烈. 生态系统综合研究. 北京: 科学出版社,2009.
[14] 杨志峰,刘静玲. 环境科学概论. 北京: 高等教育出版社,2004.
[15] 郑度,谭见安,王五一. 环境地学导论. 北京: 高等教育出版社,2007.
[16] 左玉辉,华新,柏益尧,等. 环境学原理. 北京: 科学出版社,2010.
[17] 周敬宣,陈云峰,李湘梅. 环境与可持续发展. 武汉:华中科技大学出版社,2007.
[18] 中华人民共和国国民经济和社会发展第十二个五年规划纲要. 北京:人民出版社,2011.
[19] 林肇信,刘天齐,刘逸农. 环境保护概论(修订版). 北京:高等教育出版社,1999.
[20] 刘培桐,薛纪渝,王华东. 环境学概论. 2 版. 北京:高等教育出版社,1995.
[21] 张惟杰. 生命科学导论. 2 版. 北京:高等教育出版社,2008.
[22] 王连生. 环境科学与工程词典. 北京:化学工业出版社,2002.
[23] 何强,井文涌,王翊亭. 环境学导论. 3 版. 北京:清华大学出版社,2004.
[24] 吴群河,陈新庚,吴仁海,等. 区域合作与水环境综合整治. 北京:化学工业出版社,2005.
[25] 国家统计局,环境保护部. 2010 中国环境统计年鉴. 北京:中国统计出版社,2011.
[26] 林肇信. 大气污染控制工程. 北京:高教出版社,1991.
[27] 郝吉明,马广大. 大气污染控制工程. 2 版. 北京:高教出版社,2002
[28] 郭静,阮宜纶. 大气污染控制工程. 北京:化学工业出版社,2001.
[29] 蒲恩奇. 大气污染治理工程. 北京:高教出版社,2004.
[30] Noel de Nevers. 大气污染控制工程(影印版). 北京:清华大学出版社,2000.
[31] 蒋维楣,孙鉴泞,曹文俊,等. 空气污染气象学教程. 2 版. 北京:气象出版社,2004.
[32] 罗辉. 环保设备设计与应用. 北京:高等教育出版社,1997.
[33] 郝吉明,马广大. 大气污染控制工程习题集. 北京:高等教育出版社,2002.

[34] 张自杰,林荣忱,金儒森. 排水工程下册. 4 版. 北京:中国建筑工业出版社, 2000.
[35] 高廷耀,顾国维,周琪. 水污染控制工程下册. 3 版. 北京:高等教育出版社, 2007.
[36] William P,等. 环境科学:全球关注(下册). 戴树桂,译. 北京:科学出版,2004.
[37] 胡筱敏,成杰民,王凯荣. 环境学概论. 武汉:华中科技大学出版社,2010.
[38] 熊顺贵. 基础土壤学. 北京:中国农业大学出版社,2001.
[39] 王果. 土壤学. 北京:高等教育出版社,2009.
[40] 陈怀满. 环境土壤学. 北京:科学出版社,2005.
[41] 宁平. 固体废物处理与处置. 北京:高等教育出版社,2007.
[42] 高艳玲. 固体废物处理处置与资源化. 北京:高等教育出版社,2007.
[43] 孙秀云. 固体废物处置与资源化. 南京:南京大学出版社,2007.
[44] 张国泰. 环境保护概论. 北京:中国轻工业出版社,1999.
[45] 李国学. 固体废物处理与资源化. 北京:中国环境科学出版社,2005.
[46] 边炳鑫. 固体废物预处理与分选技术. 北京:化学工业出版社,2005.
[47] 杜功焕. 声学基础. 南京:南京大学出版社,2001.
[48] 马大猷. 噪声与振动控制工程手册. 北京:机械工业出版社,2002.
[49] 郑长聚. 环境噪声控制工程. 北京:高等教育出版社,1998.
[50] 洪宗辉. 环境噪声控制工程. 北京:高等教育出版社,2002.
[51] 毛东兴. 环境噪声控制工程. 北京:高等教育出版社,2010.
[52] 陈亢利, 钱先友, 许浩瀚. 物理性污染与防治. 北京:化学工业出版社,2006.
[53] 朱鲁生. 环境科学概论. 北京:中国农业出版社,2005.
[54] 胡筱敏,成杰民,王凯荣. 环境学概论. 武汉:华中科技大学出版社,2010
[55] 李青山,李怡庭. 水环境监测实用手册. 北京:中国水利水电出版社,2003.
[56] 国家环境保护总局,《水和废水监测分析方法》编委会. 水和废水监测分析方法. 4 版. 北京:中国环境科学出版社, 2002.
[57] 奚旦立,孙裕生,刘秀英. 环境监测. 3 版. 北京:高等教育出版社,2004.
[58] 吴邦灿,齐文启. 环境监测管理学. 北京:中国环境科学出版社,2004.
[59] 吴忠标. 环境监测. 北京:化学工业出版社,2003.
[60] 孙福生. 环境监测. 北京:化学工业出版社,2007.
[61] 陆书玉,栾胜基,朱坦. 环境影响评价. 北京:高等教育出版社,2001.
[62] 陆雍森. 环境评价. 上海:同济大学出版社,1999.
[63] 叶文虎,栾胜基. 环境质量评价学. 北京:高等教育出版社,2000.
[64] 赵景联. 环境科学导论. 北京:机械工业出版社,2005.
[65] 王玉梅,等. 环境学基础. 北京:科学出版社,2010.
[66] 矫彩山. 环境监测. 哈尔滨:哈尔滨工程大学出版社,2006.
[67] 李广超. 环境监测. 北京:化学工业出版社,2010.
[68] 杨若明,金军. 环境监测. 北京:化学工业出版社,2009.
[69] 张丛. 环境评价教程. 北京:中国环境科学出版社,2002
[70] 张俊秀. 环境监测. 北京:中国轻工业出版社,2010
[71] 刘绮,潘伟斌. 环境监测教程. 广州:华南理工大学出版社,2008.
[72] 刘琨,李永峰,王璐. 环境规划与管理. 哈尔滨:哈尔滨工业大学出版社,2010.

[73] 刘利,潘伟斌. 环境规划与管理. 北京:化学工业出版社,2006.
[74] 郭廷忠,周艳梅,王琳. 环境管理学. 北京:科学出版社,2009.
[75] 姚建. 环境规划与管理. 北京:化学工业出版社,2009.
[76] 盛连喜. 现代环境科学导论. 北京:化学工业出版社,2002.
[77] 白志鹏,王珺. 环境管理学. 北京:化学工业出版社,2007.
[78] 丁忠浩. 环境规划与管理. 北京:机械工业出版社,2007.
[79] 马晓明. 环境规划理论与方法. 北京:化学工业出版社,2004.
[80] 沈洪艳,任洪强. 环境管理学. 北京:中国环境科学出版社,2005.
[81] 尚金城. 环境规划与管理. 北京:科学出版社,2005.

内容提要

本书以人类生态系统的基本原理为基础，着重阐述环境问题的发生、发展；探讨人类活动对诸多环境要素的影响。重点介绍大气、水、土壤、生物等环境要素对环境的影响与污染处理方法；以及物理性污染、环境规划与管理、环境监测与环境影响评价、资源、能源、人口与可持续发展的理论等。因为是概论性的，故本书涉及的内容主要介绍环境科学中的基本概念、基础理论和研究方法。

本书作为环境科学的教学用书，既有较强的理论深度，又有最新的实例分析；既适合各类环境类专业读者的学习，也可供其他专业学生及有关技术人员学习参考。